江苏省高等学校立项精品教材

U1000941

工程流体力学

（第3版）

主　编　郭楚文

副主编　李意民　陈更林　王利军

中国矿业大学出版社

·徐州·

内容提要

本书是江苏省高等学校立项精品教材，主要内容包括：流体的定义与物理性质、流体静力学、流体动力学、相似理论、黏性流动和水力计算、流体的涡旋流动、理想不可压流体的无旋流、边界层理论基础、气体动力学基础、气体紊动射流、多孔介质中的渗流。

本书可作为高等院校热能与动力工程、建筑环境与能源应用工程、环境工程、安全科学与工程等专业的教材。

图书在版编目(CIP)数据

工程流体力学/郭楚文主编. —3版. —徐州：中国矿业大学出版社，2017.2(2024.7重印)

ISBN 978-7-5646-3404-9

Ⅰ. ①工… Ⅱ. ①郭… Ⅲ. ①工程力学—流体力学 Ⅳ. ①TB126

中国版本图书馆CIP数据核字(2017)第008775号

书　　名 工程流体力学(第3版)
主　　编 郭楚文
责任编辑 陈红梅
出版发行 中国矿业大学出版社有限责任公司
(江苏省徐州市解放南路　邮编221008)
营销热线 (0516)83885307　83884103
出版服务 (0516)83995789　83884920
网　　址 http://www.cumtp.com　**E-mail**:cumtpvip@cumtp.com
印　　刷 徐州中矿大印发科技有限公司
开　　本 787 mm×960 mm　1/16　**印张** 18　**字数** 333千字
版次印次 2017年2月第3版　2024年7月第3次印刷
定　　价 38.00元

前　言

一、流体力学发展简史

流体力学是一门基础性很强和应用性很广的学科。它的研究对象随着生产的需要与科学的发展在不断地更新、深化和扩大。虽然人们对流体的特性和规律早就有所认识，并大量地应用于生产和生活中，如农业灌溉、水利工程等，但是直到 17 世纪下叶才逐步建立和发展了解决流体力学问题的理论与实验方法。

4 000 多年前的大禹治水，说明我国古代已有大规模的水利工程。

公元前 256～前 251 年，李冰父子带领民众修建的都江堰水利工程，既有利于岷江洪水的疏排，又能常年用于灌溉农田。这说明当时人们对明槽水流和堰流流动规律的认识已经达到相当的水平。

在我国古代，以水为动力的简单机械也有长足的发展，如水轮提水、水磨等；还根据流体力学原理发明了铜壶滴漏计时工具，也就是利用孔口出流使铜壶的水位变化来计算时间。这说明当时人们对孔口出流已有相当的认识。

对流体力学学科的形成作出第一个贡献的人是古希腊的阿基米得，他建立了包括物理浮力定律和浮体稳定性在内的液体平衡理论，奠定了流体静力学的基础。此后千余年间，流体力学没有重大发展。

目前，流体力学已发展成为基础科学体系的一部分，同时又在工业、农业、交通运输、天文学、地学、生物学、医学等方面得到广泛应用。由于工业生产和尖端技术的发展需要，促使流体力学和其他学科相互浸透，形成了许多边缘学科，使这一古老的学科发展成包括多个学科分支的全新的学科体系，焕发出强盛的生机和活力。这一全新的学科体系目前已包括：（普通）流体力学、黏性流体力学、计算流体力学、气体动力学、稀薄气体动力学、水动力学、渗流力学、非牛顿流体力学、多相流体力学、磁流体力学、化学流体力学、生物流体力学、流变学、地球流体力学，等等。

二、流体力学的研究方法

目前，解决流体力学问题、进行流体力学研究的方法可以分为现场观测、实验室模拟、理论分析、数值计算 4 个方面。

流体力学学科的形成和发展过程见下表：

时期	有代表性的事件
公元前3世纪	阿基米得提出浮力定律
1638年	托里拆利论证了孔口出流的基本规律
1653年	帕斯卡提出流体静力学的基本关系式
1687年	牛顿提出黏性流体的剪应力公式
1732年	皮托发明了测量流体总压的皮托管
1738年	伯努利提出著名的定常不可压流体的伯努利定理
1744年	达朗伯提出了达朗伯疑题
1755年	欧拉提出流体运动的描述方法和无黏性流体运动的方程组
1781年	拉格朗日引进流函数和势函数的概念
1845年	亥姆霍兹提出了涡旋第一定理与第二定理
1856年	达西通过实验，提出著名的达西公式
1883年	雷诺通过实验发现流动有两种状态，即层流与湍流
1895年	雷诺提出湍流基本方程
1902年	库塔与儒可夫斯基分别提出库塔—儒可夫斯基定理和假定
1904年	瑞利首先提出用量纲分析法求流动相似性参数
1904年	普朗特在自建水槽中进行了试验后，提出著名的边界层理论
1906年	普朗特在格丁根建造马赫数为1.5的超声速风洞
1910年	儒可夫斯基首先用共形映射法获得儒可夫斯基理想翼型
1911年	卡门证明圆柱尾流内涡街的稳定性
1913年	布拉休斯提出了计算紊流光滑管阻力系数的经验公式
1914年	伯金汉提出了著名的π定理，进一步完善了量纲分析法
1930年	卡门提出了计算紊流粗糙管阻力系数的理论公式
1933年	尼古拉兹公布了阻力系数的实测结果
1938年	钱学森提出了平板可压缩层流边界层的解法——卡门—钱学森解法
1939年	科勒布茹克提出过渡区阻力系数计算公式
1940年	周培源奠定湍流模式理论基础
1944年	莫迪给出实用管道的当量粗糙度阻力系数图
1946年	钱学森和郭永怀提出高超声速流动中的相似律
1947年	第一台电子计算机问世后，数值计算方法成为解决流体力学问题的新方法
1952年	吴仲华发表《在轴流、径流和混流式亚声速和超声速叶轮机械中的三元流普遍理论》
1965年	中国在无锡建成长474 m的实验水池

1. 现场观测

现场观测是对自然界固有流动现象或已有工程的实际流动现象，利用各种仪器进行系统观测，进而总结出流体运动的规律，并以此预测流动现象的演变。例如，16 世纪以前，人们只能根据肉眼观测到的天象物象来判断天气或气候的变化，一些有预示性的云天现象被编成谚语而流传，如“朝霞不出门，晚霞行千里”、“东虹日头西虹雨”等。今天，这些谚语仍然在我国农村广为流传。17 世纪中叶，意大利人托里拆利发明了气压表，气象观测进入到应用仪器阶段，随着气象站的建立和气象理论的发展，出现了根据当地气象资料演变规律来预测未来天气的单站预报方法。

现场观测的优点是能够直接对真实的流动进行观测，容易发现新的流动现象。但是，现场流动现象的发生往往不能控制，发生条件几乎不可能完全重复出现，影响到对流动现象的研究和规律的总结；现场观测还要花费大量物力、财力和人力。

2. 实验室模拟

在流体力学的发展过程中，实验方法是最先使用的一种，对流体力学的发展作出过巨大贡献。实验能显示运动特点及其主要趋势，有助于形成概念，检验理论的正确性。200 多年来流体力学发展史上每一项重大进展都离不开实验。

应用实验方法的主要步骤是：(1) 对所给定的问题，选择适当的无量纲相似参数，并确定其大小范围；(2) 准备试验条件，其中包括模型的设计制造与设备仪器的选择使用等；(3) 制订试验方案并进行试验；(4) 整理和分析实验结果，并与其他方法所得的结果进行比较。

实验方法的优点是：能直接解决生产中的复杂问题，能发现流动中的新现象和新原理，它的结果可以作为检验其他方法是否正确的依据。这种方法的缺点是：对于不同情况，需要做不同的实验，即所得结果的普适性较差。

3. 理论分析

理论分析是根据流体运动的普遍规律(如质量守恒、动量守恒、能量守恒等)，利用数学分析的手段研究流体的运动，解释已知的现象，并预测可能发生的结果。

应用理论分析方法的主要步骤是：(1) 根据所给流动问题的特点进行合理的假定，建立简化的数学力学模型；(2) 根据实际流动情况，给定流动的初始条件与边界条件；(3) 求出方程组的解析解，并结合具体流动解释这些解的物理含义和流动机理；(4) 选取适当的算例，用分析解进行具体的数值计算以检验简化模型的合理性。

理论分析方法的优点是：能明确给出各种参量之间的变化关系，具有普遍规律性。其缺点:数学上的困难很大,只有极少数流动问题能获得分析解。按目前数学发展的水平来看,有不少问题将在今后几十年以内是难以从纯数学角度完善解决的。

4. 数值计算

流体力学的基本方程组非常复杂,如果不依靠计算机进行数值计算,就只能对比较简单的情形进行计算。随着计算机技术的不断进步,以及流体力学各种计算方法的发明,使许多原来无法用理论分析求解的复杂流体力学问题得以求解。

应用数值计算方法的主要步骤:(1) 选择适当的数学力学模型;(2) 将流体运动方程进行离散化,转化为高阶线性方程组;(3) 选用适当的数值方法,利用计算机的速度与容量,进行具体的数值计算,并将所得结果绘制成图表。

数值方法的优点:许多用分析法无法求解的问题,用此法可以求得它们的数值解;其缺点:对复杂而又缺乏完善数学模型的问题仍无能为力。

解决流体力学问题时,现场观测、实验室模拟、理论分析和数值计算 4 种方法是相辅相成的。实验只有通过理论指导,才能从大量分散的、表面上毫无联系的现象和实验数据中得出规律性的结论。反之,理论分析和数值计算也要以现场观测和实验室模拟结果为基础,建立流动的数学力学模型;并通过实验来检验这些模型的完善程度。此外,很多实际流动往往异常复杂,理论分析和数值计算会遇到巨大的数学和计算方面的困难,难以得到具体结果,只能通过现场观测和实验室模拟进行研究。

三、工程流体力学

流体力学是宏观地研究流体受力和运动规律的科学,是力学的一个重要分支,是许多工业技术部门必须应用和研究的一门重要的基础学科。

工程流体力学是以流体力学理论为基础,研究并解决在工程上遇到的各种流动问题。它是一门专业基础性课程,其应用领域极其广泛,如水利工程、造船工业、航空工业、水电站、润滑、冷却、液压传动、给水排水、采暖通风等。

虽然流体力学是一门成熟的基础学科,理论体系已经非常完善,但是各个特定的专业对流体力学基础知识的要求各有侧重。而且工程流体力学更是以工程问题为背景,要求教材能够更好地与实践相结合,因而其专业针对性更强。

在 2002 年,我们针对热能与动力工程专业,同时兼顾建筑环境与能源应用工程、环境工程、安全科学与工程等专业组织编写了《工程流体力学》(第 1 版),该书已在中国矿业大学以及部分兄弟院校的本科教学中使用多年。另外,本书作为“江苏省高等学校立项精品教材”项目,于 2010 年进行了再版工作,出版了《工程流体力学》(第 2 版)。随着教育改革的不断深入,此次再版主要是在第 2

版的基础上对全书内容进行修订、更新，使其不断满足能源动力类专业本科教学的需求，并兼顾建筑环境与能源应用工程、环境工程、安全科学与工程等专业。教师在教学过程中，通过选择教学内容，可满足不同专业、不同学时的工程流体力学课程的教学要求。

本书内容理论联系实际，注重学生动手能力、观察能力和分析问题能力的培养。书中的例题和习题主要取材于工程实践，在介绍流体力学基本理论的同时，通过工程应用实例和习题，培养学生理论联系实际的综合能力。此外，考虑到目前大学生的英语基础较好，本教材特意加入了所有专业词的英译，使学生在学习专业知识的同时，积累和掌握流体力学的有关专业英语词汇，为将来阅读原文专业资料打下基础。

本教材共分 11 章：

第 1 章流体的定义与物理性质，主要讲述连续介质假设和流体的物性。

第 2 章流体静力学，主要讲述流体处于平衡和相对平衡状态下的压强分布规律及流体对固体壁面的作用力。

第 3 章流体动力学，主要讲述流动的基本概念、流体动力学基本方程及其应用。

第 4 章相似理论，主要讲述相似条件、相似准则和量纲分析方法。

第 5 章黏性流动和水力计算，主要讲述黏性流体的流动规律和流动的阻力计算。

第 6 章流体的涡旋流动，主要讲述有旋流动的规律。

第 7 章理想不可压流体的无旋流，主要讲述典型的势流及其叠加。

第 8 章边界层理论基础，主要讲述边界层的基本概念、边界层的近似计算和分离现象。

第 9 章气体动力学基础，主要讲述可压缩流体的流动规律。

第 10 章气体紊动射流，主要讲述射流的基本结构、动力特性。

第 11 章多孔介质中的渗流，主要讲述在多孔介质中流体的渗透流动规律。

本书由中国矿业大学郭楚文担任主编，由中国矿业大学李意民、陈更林、王利军担任副主编。

由于水平有限，书中错漏之处在所难免，恳请读者批评指正。

编　者

2016 年 11 月

目　　录

1　流体的定义与物理性质

流体力学(fluid mechanics)是力学的重要分支。流体的运动规律不但与外界条件有关,而且与其自身的物理性质有关。本章将介绍流体的定义和有关主要物理性质。

1.1　流体的定义

任何物质都是由原子和分子组成的。在不同的外界条件下,组成物质的原子和分子间的距离及其相互作用会发生变化,因而在自然界和工程技术领域,物质的一般存在状态有气态、液态和固态 3 种。而等离子态和凝聚态是两种极端状态,不在本书的讨论范围。

凡具有一定体积和形态的物体称为固体,它是物质存在的基本状态之一。组成固体的分子之间的距离很小,分子之间的作用力很大,绝大多数分子只能在平衡位置附近做无规则振动,所以固体能保持一定的体积和形状。在受到不太大的外力作用时,其体积和形状改变很小。当撤去外力的作用,能恢复原状的物体称弹性体,不能完全恢复的称为塑性体。

气体分子间的距离很大,分子间的相互作用力很小,彼此之间不能约束,所以气体分子的运动速度较快,其体积和形状都随着容器而改变。气体分子都在做无规则的热运动,在它们之间没有发生碰撞(或碰撞器壁)之前,气体分子做匀速直线运动,只有在彼此之间发生碰撞时,才改变运动的方向和运动速度的大小。由于与器壁碰撞和自身相互碰撞而产生压强(pressure),因此温度越高,分子运动越剧烈,压强就越大。又因为气体分子间的距离远远大于分子本身的体积,所以气体的密度较小,且很容易被压缩。总之,对一定量的气体而言,它既没有一定的体积,也没有一定的形状,它总是充满盛它的容器。

液体的分子结构介于固体与气体之间,它有一定的体积,却没有一定的形状。液体的形状取决于容器的形状。在外力作用下,液体的压缩性极小,不易改变其体积,但流动性较大。从微观结构来看,液体分子之间的距离要比气体分子之间的距离小得多,所以液体分子彼此之间是受分子力约束的,一般情况下分子不容易逃逸。液体分子一般只在平衡位置附近做无规则振动,在振动过程中各分子的能量将发生变化。当某些分子的能量大到一定程度时，将做相对的移动而改变它的平衡位置，所以液体具有流动性(flowability)。

根据以上分析可知，气体和液体都是在自然条件下没有固定形状的物质，我们将其统称为流体(fluid)，即能够流动的物质，流动性是其主要特征。从力学的角度，流体的定义如下：

流体是一种受任何微小剪切力作用都能产生连续变形的物质。

流体不能承受切应力(又称剪应力，shear stress)，在切应力作用下能够发生无限制的变形，即流动(如空气、水)。固体则能承受一定的切应力，其切应力与变形的大小呈一定的比例关系。

然而流体与固体之间并没有明显的界限，同一物质在不同的条件下可以呈现不同的力学特性，既可能呈现流体的特性，也可能呈现固体的特性。还有些物质介于固体和液体之间，如泥浆、沥青、牙膏等，必须受到大于某程度的剪应力才会开始流动，因而不能算是严格的流体。

自然界中观察到的流体运动通常都是非常混乱的，然而流体的运动必须符合力学的一般原理。因此，力学的基本概念成为研究流体运动不可或缺的工具。

1.2 连续介质假说

流体由大量的分子组成。从微观上看，流体分子间存在大量的间隙，每个分子都在不停地不规则运动着，互相碰撞，交换动量、能量，因而流体的微观结构和运动无论在时间或空间都充满着不均匀性、离散性和随机性。通常情况下，一个很小的体积内流体的分子数量极多，例如：在标准状态下，1 mm^3 体积内含有2.69×10^{16}个气体分子，分子之间在 10^{-6} s内碰撞 10^{20}次。所以，人们用仪器测量到的或肉眼观察到的流体的宏观结构和运动却又明显地呈现出均匀性、连续性、确定性。微观运动的不均匀性、离散性、随机性和宏观运动的均匀性、连续性和确定性如此不同却又和谐地统一在流体中，形成了流体运动的两个重要方面。

在关于流体运动的一般工程和科学问题中，将描述流体运动的空间尺度精确到 0.01 mm，也即空间尺度 10^{-6} mm^3，就可以满足精度要求。在这样小的体积内，所包含的分子数量仍然足以使其统计平均物理量与个别分子的运动无关。而流体力学是研究流体的宏观机械运动，它研究的是流体的宏观特性，即大量分子的平均统计特性。

因此，在研究流体的宏观机械运动时，可以取到宏观上足够小的一个流体微团(fluid element)，其尺度与所研究问题的特征尺寸相比要足够小，完全可以满足精度的要求；同时，它又包含有足够数量的分子，使个别分子的随机性不影响其物理性质，呈现大量分子的平均特性，即微观上足够大。我们将这种宏观上足够小、微观上足够大的流体微团称为流体质点。

根据以上分析，提出流体的连续介质假说（continuum hypothesis）如下：

虽然流体是由大量分子组成的非连续介质，但是流体力学研究的是流体的宏观机械运动。可以取到宏观上足够小、微观上足够大的流体微团（称为流体质点），从而将流体看做是由空间上连续分布的流体质点（fluid particle）所组成的连续介质（continuum）。

根据流体的连续介质模型，任意时刻流动空间的任一点都为相应的流体质点占据，表征流体性质和运动特性的物理量一般为时间和空间的连续函数，可以应用数学分析中连续函数这一有力工具来分析和解决流体力学问题。

但是，在一些特殊的场合，如研究高空稀薄气体中飞行的物体，此时研究问题的特征尺寸与分子平均自由行程达到同一数量级（例如，在 120 km 高处空气分子平均自由行程约为 1.3 m）就不能采用这一假设了。

1.3 流体的物理性质

1.3.1 流体的惯性

物质维持原有运动状态的特性称为惯性，它是物质本身固有的属性，运动状态的任何变化都必须克服惯性的作用。衡量惯性大小的物理量是质量，也可以用单位体积的质量即密度表示。

流体的密度（density）是指单位体积流体所具有的质量，单位为 kg/m^3，即

$$\rho = \frac{\mathrm{d}m}{\mathrm{d}V} \tag{1-1}$$

表 1-1 列出了在标准状态下常见流体的密度。表 1-2 列出了在标准大气压下不同温度时水、空气的密度。

表 1-1　　标准状态下常见流体的密度

流体名称	蒸馏水	汽油	酒精	水银	润滑油	空气	海水	氧气	氮气
密度/($kg \cdot m^{-3}$)	1 000	725	800	13 600	900	1.293	1 025	1.492	1.251

流体的比体积（specific volume）是指单位质量流体所具有的体积，单位为 m^3/kg，即

$$v = \frac{1}{\rho} \tag{1-2}$$

表 1-2　　不同温度下水、空气的密度　　单位：kg/m^3

流体类别 \ 温度/℃	0	10	20	40	60	80	100
水	999.87	999.72	998.23	992.24	983.24	971.83	958.38
空　气	1.293	1.247	1.205	1.128	1.060	1.000	0.9465

混合气体的密度可按各组分气体所占的体积分数计算，即

$$\rho = \sum_{i=1}^{n} \rho_i \alpha_i \tag{1-3}$$

1.3.2　流体的压缩性和膨胀性

流体的体积随压力变化的特性称为流体的压缩性(compressibility)。流体的压缩性的大小用体积压缩系数(compression coefficient)来度量，单位为 Pa^{-1}。温度不变时，增加单位压强所引起流体体积的相对变化量称为体积压缩系数。设流体的体积为 V，则

$$k = -\frac{1}{V}\frac{\mathrm{d}V}{\mathrm{d}p} \tag{1-4}$$

或

$$k = \frac{1}{\rho}\frac{\mathrm{d}\rho}{\mathrm{d}p} \tag{1-5}$$

式(1-4)中，符号"－"表示体积与压强的变化相反，即压强增大时，体积减小，以使得流体的体积压缩系数总为正值。压缩系数越大，表示越容易压缩。

体积压缩系数的倒数称为体积模量(压缩模量，bulk modulus)，单位为 Pa，即

$$K = \frac{1}{k} = -\frac{V\mathrm{d}p}{\mathrm{d}V} = \rho\frac{\mathrm{d}p}{\mathrm{d}\rho} \tag{1-6}$$

体积模量物理意义是压缩单位体积的流体所需要做的功，它表示了流体反抗压缩的能力。K 值越大，说明流体越难以压缩。

不同温度、不同压力下水的体积模量列于表 1-3。可以看出，水的 K 值很大，故它的压缩系数很小；其他液体也是如此。所以，工程实际中常将压缩性很小的液体视为不可压流体。

流体的体积和密度随温度变化的特性称为流体的膨胀性(expansibility)。流体的膨胀性用体积膨胀系数(volume expansion coefficient)来表示，单位为 K^{-1}。当压力不变时，增加单位温度所引起的体积相对变化量称为体积膨胀系数。若流体的体积为 V，则

$$\alpha_V = \frac{\mathrm{d}V/V}{\mathrm{d}T} = \frac{1}{V}\frac{\mathrm{d}V}{\mathrm{d}T} \tag{1-7}$$

表 1-3　　水的体积模量　　单位：GPa

温度/℃ \ 压强/MPa	0.49	0.981	1.961	3.923	7.845
0	1.85	1.86	1.88	1.91	1.94
5	1.89	1.91	1.93	1.97	2.03
10	1.91	1.93	1.97	2.01	2.08
15	1.93	1.96	1.99	2.05	2.13
20	1.94	1.98	2.02	2.08	2.17

与压缩性一样，液体的膨胀性也很小。除温度变化很大的场合外，在一般工程问题中不必考虑液体的膨胀性。

通常情况下，气体的密度随压力和温度的变化很明显。对实际气体而言，当压力不大于 10 MPa 时，它们之间的关系遵守理想气体（完全气体，perfect gas）状态方程

$$pV = RT \tag{1-8}$$

由上述可知，流体的压缩性是流体的基本属性，任何流体都是可以压缩的，只是可压缩的程度不同而已。例如，液体的压缩性一般比较小的，而气体的压缩性比较大。

在工程实际问题中，通常把液体视为不可压流体（incompressible fluid），即忽略体积的微小变化，而把液体的密度视为常量，使工程计算大为简化。只有当液体的温度和压力变化很大时，如研究水中爆炸和高压液压系统时，才需要考虑液体的可压缩性。

通常把气体作为可压缩流体（compressible fluid）来处理，特别是在流速较高、压强变化较大的场合，它们的体积变化是不容忽视的。但是，在流速不高、压强变化较小的场合中，便可忽略压缩性的影响，把气体视为不可压流体。例如，在标准状态下，当空气的流速等于 102 m/s 时，不考虑压缩性所引起的相对误差约等于 2.3%，这在工程计算中一般是可以忽略不计的。

根据流体的压缩性，可将流体分成可压缩流体和不可压流体。

1.3.3　流体的黏滞性

流体在受到外部剪切力作用时会发生变形，其内部相应会产生对变形的抵抗，并以内摩擦力的形式表现出来。

流体的黏滞性（viscosity）是指流动流体内部存在内摩擦力的特性，或者说是流体抵抗变形的特性，简称黏性。流体的黏性是流体的固有属性。流体在平衡时不能承受剪切力，即在很小的剪切力作用下，流体就会连续变形。但是，不

同的流体在相同的剪切力作用下其变形的速度是不同的，即不同的流体抵抗剪切力的能力不同。例如，液体能够沿着微小倾斜的平板任意流动，但不同的液体流动速度是不一样的。

牛顿(Newton)在其所著的《自然哲学的数学原理》中研究了流体的黏性。设有两块相距很相近且足够大的平行平板，平板之间充满流体，如图1-1所示。下平板固定不动，上平板在牵引力 F 的作用下以匀速 U 做惯性运动，与平板接触的流体附着于平板的表面，与下平板接触的流体速度为0，与上平板接触的流体速度为 U。运动平板相当于在流体表面作用了一个剪切力，带动两平板之间的流体运动。在 h 和 U 不大的情况下，两板之间流体的速度呈线性分布。由于流体内部各流层的运动速度不同，存在相对运动，使流体内部流层间出现了内摩擦力。内摩擦力总是成对出现的，流体所受的内摩擦力总与相对运动速度相反。内摩擦力方向应根据流体运动的方向进行判别，分析上平板的受力可知，它在数值上与 F 相等。

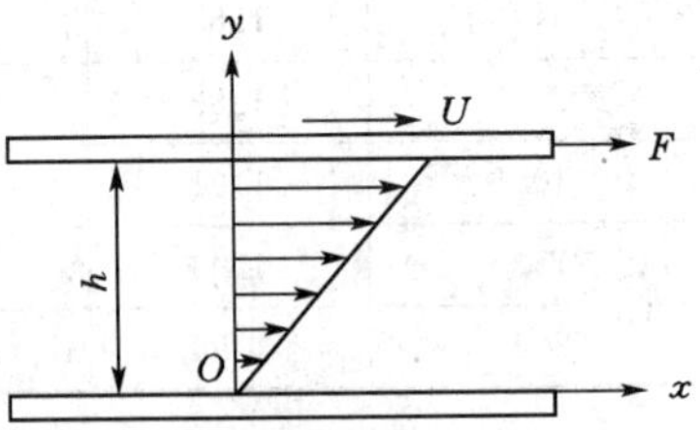

图1-1　牛顿平板实验

实验证明：流体的内摩擦力 F 与平板面积 A 和速度 U 成正比，而与平板间的距离 h 成反比，即

$$F \propto A\frac{U}{h} \tag{1-9}$$

引入比例系数 μ，则式(1-9)可以写成

$$F = \mu A\frac{U}{h} \tag{1-10}$$

于是，单位面积上的内摩擦力称为切应力(shear stress)，即

$$\tau = \mu\frac{U}{h} \tag{1-11}$$

式中，μ 称为流体的动力黏度(dynamic viscosity)，简称黏度(viscosity)，单位为Pa·s。它是与流体的种类、温度和压强有关的比例系数。U/h 表示在垂直于流速的方向上单位长度的速度增量，即流速在其法线方向上的变化率，称为速度梯度(velocity gradient)。

一般情况下，流体的流动速度并不是线性分布的。如图1-2所示，取一厚度为 $\mathrm{d}y$ 的流体层进行分析，流体层的上、下表面相当于牛顿平板实验中的上、下平板，应用式(1-11)，可得

$$\tau = \frac{F}{A} = \mu \frac{\mathrm{d}u}{\mathrm{d}y} \tag{1-12}$$

式(1-12)称为牛顿内摩擦定律(Newton's resistance law)。该式表明,流体内摩擦力与动力黏度和速度梯度成正比。

速度梯度和流体的变形密切相关。为了说明这一点,取如图 1-3 所示的矩形流体微团,经过 $\mathrm{d}t$ 时间后,微团发生了剪切变形。由图 1-3 的几何关系容易得到

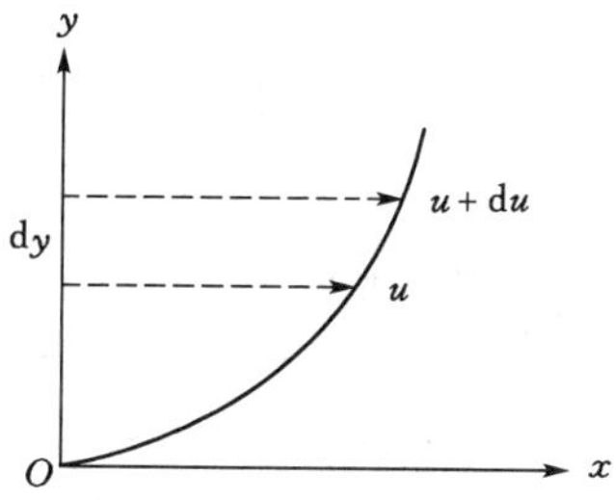

图 1-2 任意速度分布

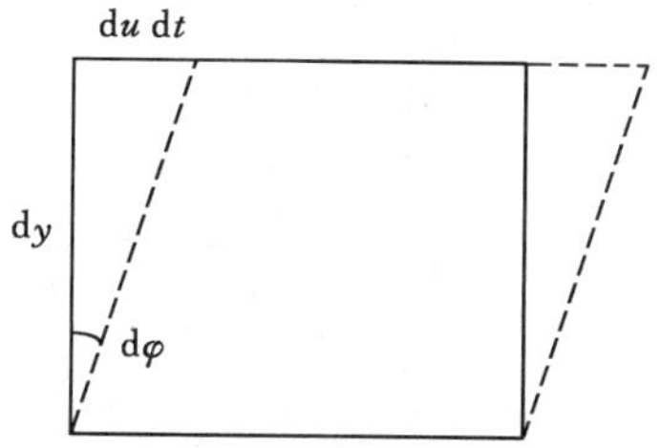

图 1-3 流体微团变形示意图

$$\mathrm{d}\varphi \approx \tan(\mathrm{d}\varphi) = \mathrm{d}u\mathrm{d}t/\mathrm{d}y$$

故角变形速度为

$$\frac{\mathrm{d}\varphi}{\mathrm{d}t} = \frac{\mathrm{d}u}{\mathrm{d}y} \tag{1-13}$$

式(1-13)表明,速度梯度和角变形速度在数值上是相等的。

动力黏度 μ 表征了流体抵抗变形的能力,即流体黏性的大小。工程中还常用动力黏度 μ 和流体密度 ρ 的比值来表示黏度,称为流体的运动黏度(kinematic viscosity),单位为 $\mathrm{m^2/s}$,可表示为

$$\nu = \frac{\mu}{\rho} \tag{1-14}$$

表 1-4 和表 1-5 分别给出了标准大气压时、不同温度下水和空气的动力黏度和运动黏度。

黏度是流体黏性的度量,受流体温度和压力的影响。但压力的影响很小,通常只需考虑温度的影响。

温度对液体和气体黏性的影响规律截然不同:一方面,液体的温度升高时,其黏性降低,这是因为液体黏性主要是由液体分子之间的内聚力引起的,温度越高,内聚力就越弱,黏性就越小;另一方面,气体的温度升高时,其黏性增加,这是因为造成气体黏性的主要原因在于气体分子的热运动,温度越高,热运动越强

烈，黏性就越大。

表 1-4　　不同温度下水的黏度

温度/℃	$\mu\times10^3$ /(Pa·s)	$\nu\times10^6$ /($m^2\cdot s^{-1}$)	温度/℃	$\mu\times10^3$ /(Pa·s)	$\nu\times10^6$ /($m^2\cdot s^{-1}$)
0	1.792	1.792	40	0.658	0.661
5	1.519	1.519	45	0.599	0.605
10	1.308	1.308	50	0.549	0.556
15	1.140	1.141	60	0.469	0.477
20	1.005	1.007	70	0.406	0.415
25	0.894	0.897	80	0.357	0.367
30	0.801	0.804	90	0.317	0.328
35	0.723	0.727	100	0.284	0.296

表 1-5　　空气的黏度与温度的关系

温度/℃	$\mu\times10^6$ /(Pa·s)	$\nu\times10^6$ /($m^2\cdot s^{-1}$)	温度/℃	$\mu\times10^6$ /(Pa·s)	$\nu\times10^6$ /($m^2\cdot s^{-1}$)
0	17.09	13.20	260	28.06	42.40
20	18.08	15.00	280	28.77	45.10
40	19.04	16.90	300	29.46	48.10
60	19.97	18.80	320	30.14	50.70
80	20.88	20.90	340	30.80	53.50
100	21.75	23.00	360	31.46	56.50
120	22.60	25.20	380	32.12	59.50
140	23.44	27.40	400	32.77	62.50
160	24.25	29.80	420	33.40	65.60
180	25.05	32.20	440	34.02	68.80
200	25.82	34.60	460	34.63	72.00
220	26.58	37.10	480	35.23	75.20
240	27.33	39.70	500	35.83	78.50

流体的黏度一般无法直接测量，往往是先测量与其有关的物理量，再通过相关方程进行计算得到。人们对黏度的测量早已开始，并且发展了许多相当成熟

的方法，如传统的毛细管法、管流法、落球法、旋转法及振动法等。

根据泊松定律可知，一定体积的液体在一定压力梯度下通过给定毛细管所需时间正比于层流液体的黏度。因此，通过测量液体流速和液体流经毛细管产生的压力差即可得到液体的黏度。毛细管黏度计制造简单，价格较低，温度控制简单，实验操作方便，测量精度高，能够进行黏度的绝对测量，因此毛细管法是一种有吸引力的测量方法。但是，毛细管容易被小颗粒物堵塞，对样品纯度要求较高；另外，由于样品容易与毛细管发生反应，因此不适合高温下使用。

旋转法测量液体黏度是目前应用比较广泛的一种方法。其基本原理是：当流体与浸于其中的物体两者之一或两者都做旋转运动时，物体将受到流体黏滞力矩的作用而改变原来的转速或转矩，通过测量流体作用于物体的黏滞力矩或物体的转速来确定流体的黏度。

旋转法适用范围广，测量方便，容易得到大量的数据，但测量精度较低，测得的黏度值一般为相对值。旋转式黏度计对于性质随时间变化材料的连续测量来说，可以在不同的剪切速率下对同种材料进行测量，因而广泛用于测量牛顿型液体的绝对黏度、非牛顿型液体的表观黏度及流变特性。

振动法测量方式较多，有扭转振动式、振动片式等。常用的为扭转振动式测量，包括衰减振动式和强制振动式。衰减振动式基于的工作原理：浸于液体中做扭转振动的物体由于受到液体施加的黏滞力，其扭转振幅会衰减，测量出振幅衰减情况和衰减周期，即可通过相应公式计算出液体黏度。强制振动式的工作原理：外界补充振动的物体由于黏滞性所损耗的能量，使振动物体维持恒定振动频率和振幅，由所补充的能量和液体黏度之间的关系计算黏度值。振动法常用于低黏度液体的黏度测量。振动法具有振动周期和衰减测量方便、样品用量少、控温方便的优点，但没有公认的理想黏度计算公式。

近年来，微型测量技术在黏度测量中得到了应用，这使得测量样品用量极大地减少。根据原子力显微镜悬臂共振频率随其浸入不同黏性介质发生变化的原理，通过研究原子力显微镜悬臂共振频率的移动可测量溶液的黏度，所需样品量一般少于 0.2 mL。这种技术在生物液黏度测量上有很大的优势。又由于是微观测量，因而黏度测量精确。

超声波技术很早就引入液体的黏度测量，但直到近年来才有了一定的发展。这是一种非接触式的黏度测量方法，可以测量密封液体的黏度。高温下测量流体黏度时，为防止被测样品与容器接触面间发生化学或物理反应，非接触式测量技术非常有用。

但是，并不是所有的流体都遵守牛顿内摩擦定律，即流动过程中切应力和变形率成正比，其黏度为常数。将遵守牛顿内摩擦定律的流体称为牛顿流体

(Newtonian fluid);反之称为非牛顿流体(non-Newtonian fluid)。常见的牛顿流体有水、空气等;非牛顿流体有血液、泥浆、纸浆、油漆、油墨等。

非牛顿流体流动中切应力和变形率之间的关系很复杂,如图 1-4 所示。图中直线 A 表示牛顿流体流动中切应力和变形率之间的关系,曲线 B、C、D 分别表示塑性流体(plastic fluid)、伪塑性流体(pseudo-plastic fluid)和宾汉流体(Bingham fluid)3 种非牛顿流体流动中切应力和变形率之间的关系。有的与切应力作用的时间长短有关,有的与切应力的大小有关,而有的只有应力高于其屈服应力时才表现出流体的特性。研究非牛顿流体受力和运动规律的科学称为流变学。本书只讨论牛顿流体。

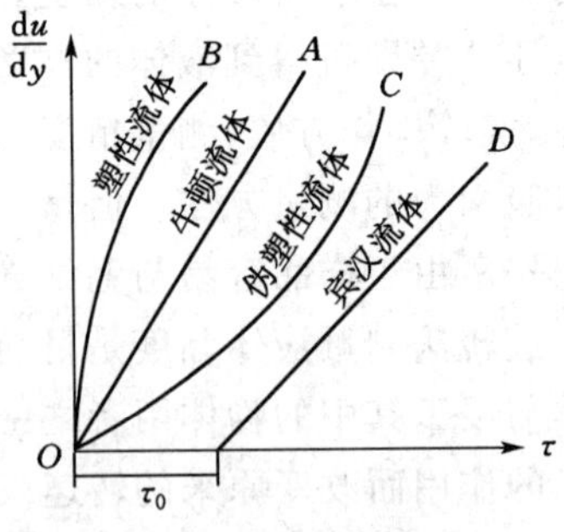

图 1-4　牛顿流体和非牛顿流体

实际流体都具有黏性,称为黏性流体(viscous fluid)。当分析比较复杂的流动时,如果考虑黏性,必将给分析研究带来很大的困难,有时甚至无法进行。为此,引入一个所谓的理想流体模型,将复杂的流动问题简化。理想流体就是忽略流体的黏性,将流体当成是完全没有黏性的理想流体(ideal fluid)。

1.3.4　液体的表面张力

如果把一根棉线系在铁丝环上,然后把环浸到肥皂水里再拿出来,环上出现一层肥皂薄膜,如图 1-5(a)所示;如果用针刺破棉线左侧的薄膜,则棉线会被右边的薄膜拉向右弯,如图 1-5(b)所示;如果刺破右侧,则棉线会被左边的薄膜拉向左弯,如图 1-5(c)所示。可以看出,液体表面具有自动收缩的趋势,这种趋势是由使液体表面收缩的力——表面张力(surface tension)所造成的。所谓液体表面张力,是指由于液体自由表面上分子内聚力而产生的力,该力沿着液体表面作用,并且与液体的边界垂直,其大小用表面张力系数表示。

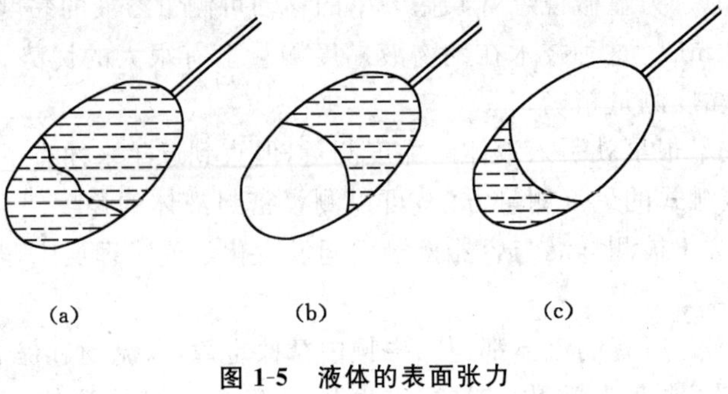

图 1-5　液体的表面张力

若棉线的长度为 L，则由实验表明：表面张力的大小与长度成正比，即

$$T = \sigma L \tag{1-15}$$

式中，σ 称为表面张力系数，其大小与液体的性质、纯度、温度及其接触的介质有关，单位为 N/m。表面张力系数在数值上等于增加单位表面积时所增加的表面自由能。

表 1-6 所列为常见物质的表面张力系数值。表 1-7 所列为饱和水的表面张力系数随温度变化的情况。可以看出，表面张力系数还与液体相邻的物质种类以及液体的温度有关，温度越高，σ 值越小。

表 1-6　常见液体的表面张力系数

液体名称	温度/K	$\sigma \times 10^3/(\mathrm{N \cdot m^{-1}})$
水与空气	291	73
水银与空气	291	490
水银与水	293	472
酒精与空气	291	23
乙醚与空气	293	16.5
肥皂水与空气	293	40

表 1-7　饱和水的表面张力系数与温度的关系

温度/K	273	290	310	350	400
$\sigma \times 10^3/(\mathrm{N \cdot m^{-1}})$	75.5	73.7	70.0	63.2	53.6

由表 1-6 和表 1-7 可知，σ 值是很小的，在一般的流体力学问题中可以忽略不计。但是，在某些特殊问题如毛细管流动中，表面张力就成为很重要的影响因素。此外，当液体自由表面为曲面时，表面张力还会使液体自由表面两边产生附加压力差。

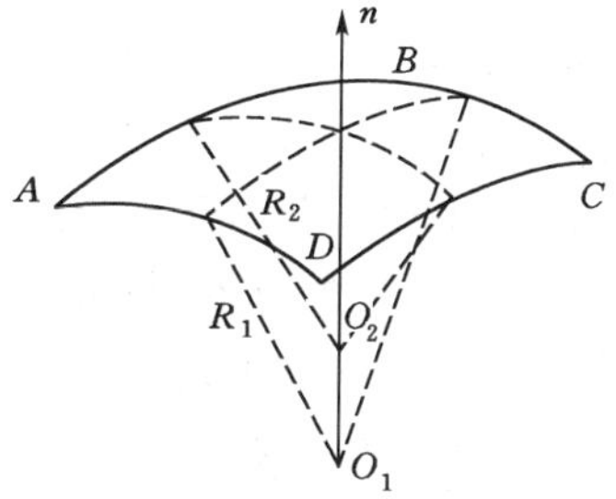

图 1-6　曲面两边附加压力差

如图 1-6 所示，构成曲面 $ABCD$ 的两条主要曲线的曲率半径为 R_1 和 R_2，则由表面张力引起的液体自由表面两边的附加压力差为

$$\Delta p = \sigma\left(\frac{1}{R_1} + \frac{1}{R_2}\right) \tag{1-16}$$

在互不相混合的液体间，液体和气体间或液体和固体间，其分界面附近的分

子都将受到两种介质的分子力的引力作用，表面的形状将取决于相邻的两种物质的特性。当液体与固体接触时，液体分子间的吸引力大于液体分子和固体分子间的引力，则液体就自己抱成团与固体不浸润，如玻璃板上放一滴水银，则水银缩成一个小球，这种现象称为不浸润现象。水银对玻璃来说是不浸润液体。当液体分子间的引力小于液体和固体分子的引力，则液体就能浸润固体表面。如把水滴在清洁的玻璃板上，水滴不但不能缩成小球，而且很快向四周扩展，这种现象称为浸润现象，水对玻璃来说就是浸润液体。

把一根细管插入对它浸润的液体中，管中液面就会比自由液面高，而且在细管中呈凹形自由液面；如果细管插入对它不浸润的液体中，则管中的液面要比自由液面低，而且在细管中呈凸形液面，如图 1-7 所示。这种液面上升或下降的现象称为毛细现象(capillarity)；而能够发生毛细现象的管子称为毛细管。

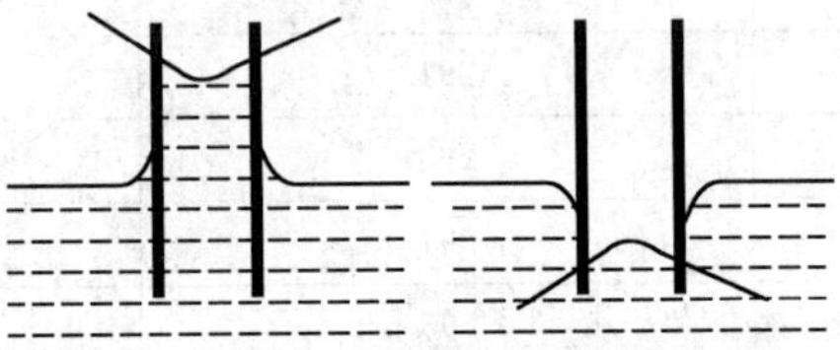

图 1-7　毛细管现象

毛细管中液面的上升(或下降)高度可由表面张力与液柱重量的平衡得出

$$\pi d\sigma\cos\theta = \rho gh\pi d^2/4 \tag{1-17}$$

也即

$$h = \frac{4\sigma\cos\theta}{\rho gd} \tag{1-18}$$

对于水，玻璃管的内径大于 20 mm 时，毛细管现象可忽略；对于水银，玻璃管的内径大于 12 mm 时，毛细管现象可忽略；在多数工程问题中，由于固体边界足够大，同其他一些作用力相比，表面张力可忽略不计。但是，对于某些液柱式测压计等小尺寸的仪器、小尺寸的模型试验、液体薄膜沿固体壁面的流动、液滴和气泡的形成、液体射流的破碎等，则必须考虑表面张力的作用；否则，将得到与事实不相符合的错误结果。

习　题　1

1-1　什么是连续介质假说？引入连续介质假说的目的是什么？应用连续介质的条件是什么？

1-2 流体的黏度与运动黏度有什么不同？它们之间有什么关系？

1-3 液体和气体的黏度随温度的变化规律有什么不同？为什么？

1-4 列举测量流体黏性的方法，并简单说明测量原理。

1-5 什么是毛细管现象？试举例说明，哪些情况不能忽略毛细管力？

1-6 当压强增加 50 000 Pa 时，某种液体的密度增加 0.02%，求此液体的体积弹性模量。

1-7 油箱内装满石油，箱内压强为 49 000 Pa，油的密度为 890 kg/m^3。假设油箱在排出 40 kg 石油以后，压强降为 9 800 Pa。已知石油的体积弹性模量为1.32 GPa，求油箱的体积？

1-8 体积为 1.5 m^3 某种流体，当压强增加了 49 000 Pa 时，其体积减少了 3.6×10^{-5} m^3，求该流体的体积弹性模量和压缩系数。

1-9 某冷却水系统中水的总体积为 200 L，15 ℃的水经过热交换后，水温升到 85 ℃。假设水的体积膨胀系数为 0.000 5 $℃^{-1}$，求溢出的水的体积？

1-10 一块平板距离另一块固定的平板 0.5 mm，两平板间充满某种流体，上平板在 4.8 N 的力作用下，以 0.25 m/s 的速度移动。如果上平板的面积为 2.4 m^2，求该流体的动力黏度。

1-11 两块无限大平行平板，下板固定，上板以 0.5 m/s 的速度滑移，保持两板的间距为 0.2 mm，板间充满黏度为 0.01 Pa·s 的锭子油，油的密度为 800 kg/m^3。假设油中沿平板垂直方向 y 的速度 $u(y)$ 为线性分布，试求：(1) 锭子油的运动黏度 ν；(2) 上、下板的黏性切应力 τ_1、τ_2。

1-12 在相距 40 mm 的两块平行平板间充满动力黏度为 0.7 Pa·s 的静止液体。液体中有一块面积 0.06 m^2 的薄板以 15 m/s 的速度平行于平板方向运动。假设由于薄板运动带动周围的液体运动产生的速度在垂直方向是线性分布的，试求：

(1) 当薄板距离下平板 10 mm 时，薄板受到的液体阻力；

(2) 当薄板距离下平板多远时，薄板受到的液体阻力最小是多少？

1-13 直径为 150 mm 的圆柱固定不动，内径为 151.24 mm 的圆筒同心地套在圆柱外。两者的长度均为 250 mm。圆柱与圆筒间的空隙充满甘油。当圆筒以 100 r/min 旋转时，测得阻力矩为 9.091 N·m，求甘油的动力黏度。

1-14 一块直径为 d 的圆盘水平地放在厚度为 h 的油膜上。用力矩 M 驱动圆盘以每分钟 n 转的转速转动，求油的动力黏度。

1-15 已知直径为 d 的轴在同心缝隙为 δ、长度为 L 的轴承中旋转，轴的转速为每分钟 n 转。如果测得轴所受的摩擦阻力矩为 T，试确定缝隙中润滑油的动力黏度 μ。

1-16　如图所示，圆锥体绕轴旋转，转速为 160 r/min，内锥体的底部半径为 0.3 m，外锥体的底部半径为 0.301 2 m，锥体高 0.5 m，间隙充满动力黏度为 0.1 Pa·s的润滑油，求锥体受到的阻力矩？

1-17　如图所示，这是一根内直径 $d=74$ mm 的垂直圆管，管内有一质量为 2.5 kg的活塞，其直径 $D=73.8$ mm，长度 $L=150$ mm。活塞与圆管完全同轴，两者间隙为 0.1 mm，间隙中充满润滑油膜。润滑油动力黏度 $\mu=7\times10^{-3}$ Pa·s。若不考虑空气压力，求当活塞自由下落时其最终的平衡速度(即活塞重力与活塞表面摩擦力相等时的速度)。

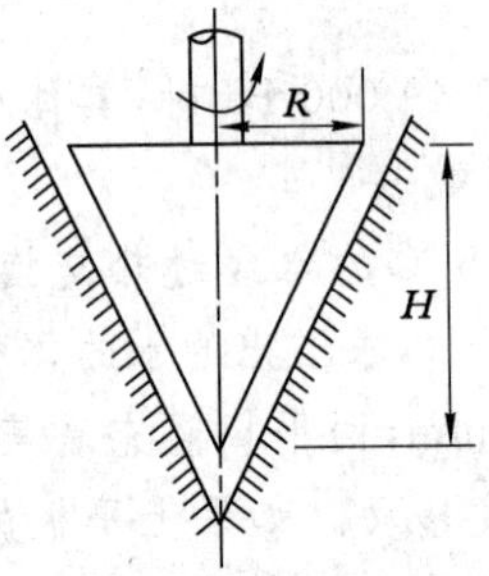

题 1-16 图

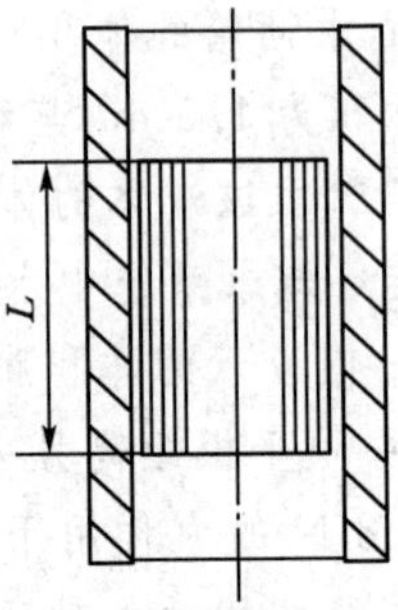

题 1-17 图

1-18　已知汽缸的内径为 120 mm，活塞直径 119.6 mm，活塞长 140 mm，以速度 2 m/s 做往复运动。如果润滑油的动力黏度为 0.1 Pa·s，求活塞受到的阻力。

1-19　重量 20 N、面积 0.12 m^2 的平板置于斜面上，其间充满动力黏度为 0.65 Pa·s 的油液。当油液的厚度为 8 mm 时，求平板沿斜面匀速的速度？

1-20　温度为 20 ℃的空气在直径为 2.5 cm 的管道中流动。在距管壁 1 mm处空气流速为 3 cm/s，试求：(1) 管壁处的切应力；(2) 单位管长的黏性阻力。

1-21　如图所示，水流在平板上运动，靠近板壁附近的流速呈抛物线形分布，E 点为抛物线端点，E 点处 $du/dy=0$，水的运动黏度 $\upsilon=1.0\times10^{-6}\ m^2/s$，试求 $y=0,2,4$ cm 处的切应力。(提示：假设流速分布为 $u=Ay^2+By+C$，利用给定的条件确定待定常数 A,B,C)

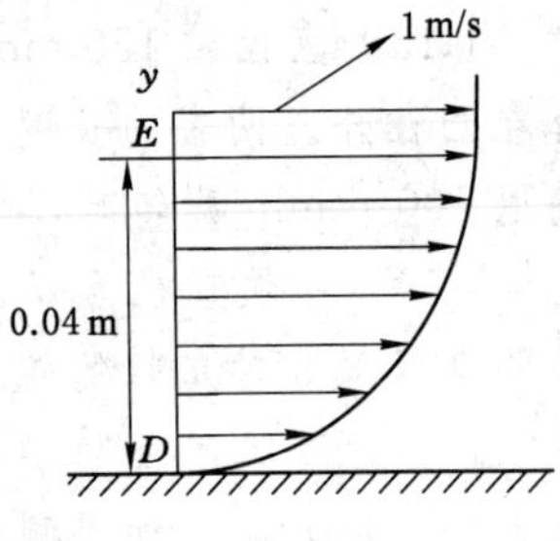

题 1-21 图

1-22　内径为 10 mm 的开口玻璃管插入温度为 20 ℃的水中，已知水与玻璃的接触角为 10°，求水在管中上升的高度。

1-23 测压管用玻璃制成，已知水的表面张力系数 $\sigma=0.0728\ \mathrm{N/m}$，接触角为 $\theta=8^\circ$。如果要求毛细水柱高度 $h\leqslant 5\ \mathrm{mm}$，那么玻璃管的内径至少应为多大？

1-24 在实验室中，如果用内径 0.6 cm 和 1.2 cm 的玻璃管作测压管，那么管中水位由于毛细管现象而引起的上升高度各为多少？

2 流体静力学

流体静力学(fluid statics)研究在外力作用下处于平衡的流体的力学规律及其应用。

流体的平衡包括两种情况:一种是流体相对于地球没有运动,称为静止状态;另一种是容器有运动而流体相对于容器静止,称为相对平衡状态。

由于流体只有在相对运动时才表现出黏性,因此平衡流体的力学规律与流体的黏滞性无关,也即本章的结论对理想流体和黏性流体均适用。本章的所有方程均与黏度无关正是其数学体现。

流体静力学是工程流体力学中严密符合实际的一个独立完整部分,其结论不需要实验修正。本章讲述的原理在机械、水利等方面有着广泛的应用,如测压计、水压机、液压起重机、比重计等。

2.1 作用在流体上的力

物体的受力通常有两类:一类是相互接触而产生的力,如摩擦力、压力(pressure);另一类是物体处于某种力场中所受到的力,如重力、磁性力。

同样地,流体无论静止或运动,都将受到外力的作用。作用于流体上的力按其性质可分为表面力和质量力。

2.1.1 表面力

流体的连续介质假设认为,流体是由无数微小的流体微团所组成。任何流体微团(fluid particle)与相邻的微团间的接触表面上必有力的相互作用;此外,处于边界上的流体微团与容器或者其他流体之间也必有力的相互作用。

这种大小与表面面积有关而且分布作用在流体微团表面上的力,称为表面力(surface force)。它是由与所研究流体的表面互相接触的物体(可以是流体,也可以是固体)的相互作用而产生的。

在流体中任取一体积为 V、表面积为 A 的分离体(separated body)为研究对象,则分离体以外的流体必定通过接触面对分离体有作用力。如图 2-1 所示,在分离体表面 a 点处附近取一微元面积 ΔA,设作用在它上面的表面力为 ΔF,则 ΔF 可以分解为沿法线方向的法向力 ΔF_n 和沿切线方向的切向力 ΔF_τ。以微元

面积 ΔA 分别除上述二分力求得作用于 a 点的法向应力(normal stress)和切向应力(tangential stress)

$$\sigma = \lim_{\Delta A \to 0} \frac{\Delta F_n}{\Delta A} \tag{2-1}$$

$$\tau = \lim_{\Delta A \to 0} \frac{\Delta F_\tau}{\Delta A} \tag{2-2}$$

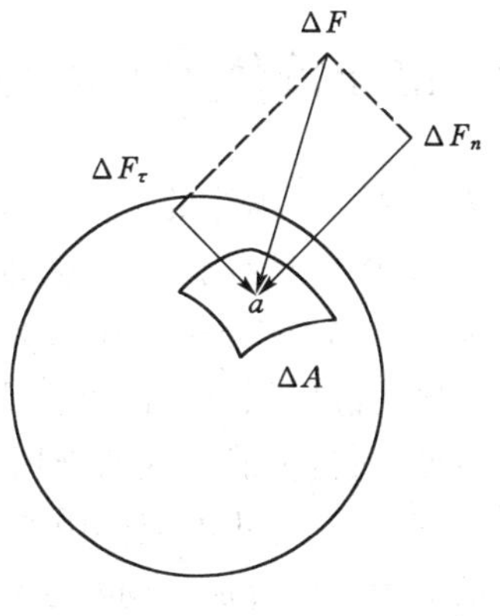

图 2-1 作用在分离体上的力

习惯上人们把流体的法线方向的作用力称作流体压强,用 p 表示,单位为 Pa。显然,流体压强表征的是作用在流体单位面积上法向力的大小。

因此,表面力可分成两类:一类是沿表面法线方向的压强;另一类是沿表面切线方向的摩擦力,也就是黏滞力(viscous stress)。因为流体不能抵抗拉力,所以除了液体自由表面上存在微弱的表面张力外,在流体的内部不存在拉力或张力。

2.1.2 质量力

质量力(body force)是流体质点受某种力场作用而产生的,它的大小与流体的质量成正比。例如,在重力场中,流体质点受地球引力的作用产生的重力,以及当研究流体加速度运动时,虚加在流体质点上的惯性力(inertial force),均属于质量力。外磁场对磁流体的作用力也是一种质量力。

这种与流体微团质量有关并且集中作用在流体微团质心上的力,称为质量力。质量力也称为体积力(volume force)。

习惯上用单位质量流体所受的质量力来表示,简称单位质量力,用 f_x,f_y,f_z 分别表示单位质量力在直角坐标中的分量,即

$$\boldsymbol{f} = f_x \boldsymbol{i} + f_y \boldsymbol{j} + f_z \boldsymbol{k} \tag{2-3}$$

单位质量力在数值和单位上均与所对应的加速度相同。例如,假若作用在流体上的质量力只有重力,当取 xOy 平面为水平面,z 轴铅直向上时,则单位质量力在各坐标轴的分量为

$$f_x = 0, f_y = 0, f_z = -g$$

式中,符号"—"表示重力加速度的方向与坐标轴 z 的方向相反。

2.2 静止流体中的应力特性

流体区别于固体的一个显著特点就是静止的流体不能承受切应力，也就是说，静止流体中只有法向应力，即压强。当流体处于静止或相对静止时，流体的压强称为流体静压强(static pressure)。

流体的静压强具有两个重要特性：

特性一：流体静压强的作用方向总是沿其作用面的内法线方向。

反证法：从静止的流体中取一分离体，在此分离体表面上任取一点。作用在该点的应力可分解成切向和法向分量。如果切向分力不等于0，则流体在其作用下势必要产生连续的变形而流动起来，则流体的静止将遭到破坏。因此，切向分力只能等于0。

又由于流体分子间引力较小，不能承受拉应力。因此，法向分力的作用方向只能沿其内法线方向。

特性二：在静止流体中任意一点上的压强与作用方位无关，其值均相等。

这一特性说明，流体的静压强没有方向性，它是一个标量(scalar)。为证明这一特性，在静止流体中取出一个微元四面体 $OABC$，该四面体与坐标轴的关系如图 2-2所示，边长分别为 dx, dy, dz。

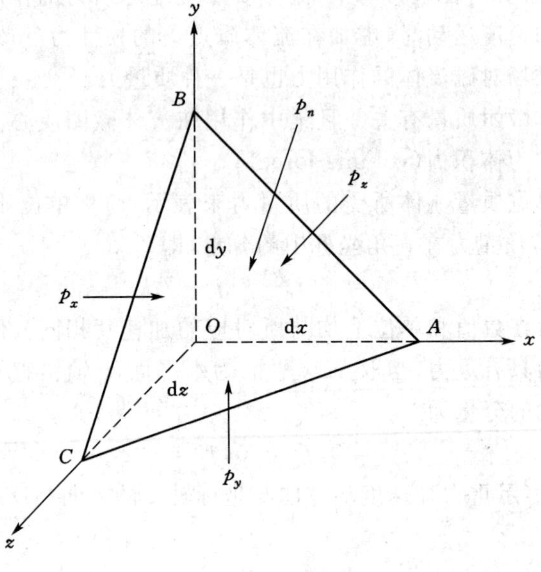

图 2-2　平衡流体微元四面体

四面体取得足够小,可以认为微小面上的压强是均匀分布的,记为:p_x,p_y,p_z 和 p_n。则在相应各面上作用的表面力为 $\frac{1}{2}p_x\mathrm{d}y\mathrm{d}z$,$\frac{1}{2}p_y\mathrm{d}x\mathrm{d}z$,$\frac{1}{2}p_z\mathrm{d}x\mathrm{d}y$ 及 p_nA_n(A_n 为 $\triangle ABC$ 的面积)。

除这些力外,微元四面体上还作用有质量力。质量力在各坐标方向的分力分别为 $\rho f_x \frac{1}{6}\mathrm{d}x\mathrm{d}y\mathrm{d}z$,$\rho f_y \frac{1}{6}\mathrm{d}x\mathrm{d}y\mathrm{d}z$,$\rho f_z \frac{1}{6}\mathrm{d}x\mathrm{d}y\mathrm{d}z$ 。

因为是静止流体,四面体处于平衡状态。所以作用在四面体上的表面力和质量力在各坐标轴上的投影总和等于 0。由 $\sum F_x = 0$,得

$$p_x \frac{1}{2}\mathrm{d}y\mathrm{d}z - p_nA_n\cos(n,x) + f_x \frac{1}{6}\mathrm{d}x\mathrm{d}y\mathrm{d}z\rho = 0 \tag{2-4}$$

由几何关系得 $A_n\cos(n,x)=\frac{1}{2}\mathrm{d}y\mathrm{d}z$,则式(2-4)变成

$$p_x - p_n + f_x \frac{1}{3}\mathrm{d}x\rho = 0$$

当 $\mathrm{d}x\to 0$ 时

$$p_x = p_n \tag{2-5}$$

同样

$$p_y = p_n, \quad p_z = p_n$$

因此

$$p_x = p_y = p_z = p_n \tag{2-6}$$

由于四面体斜面的法线方向是任意选定的,而且当微元四面体的边长趋于 0 时,微元四面体成为一个点,这就证明了在静止流体中某点作用的静压强与作用方位无关,其值均相等。

需要注意的是,不同点处的静压强一般是不同的,它取决于空间点的位置。流体的静压强是空间坐标的单值函数。

2.3 流体静力学基本方程

2.3.1 平衡微分方程式

如图 2-3 所示,在静止流体中取一微元正交六面体,各边的长度为 $\mathrm{d}x$,$\mathrm{d}y$,$\mathrm{d}z$,它在表面力和质量力的作用下处于平衡状态。

设六面体中心点 a 处的坐标为(x,y,z),则该点的静压力按泰勒级数展开,并略去二阶以上的无穷小项,得 b、c 点的静压力为

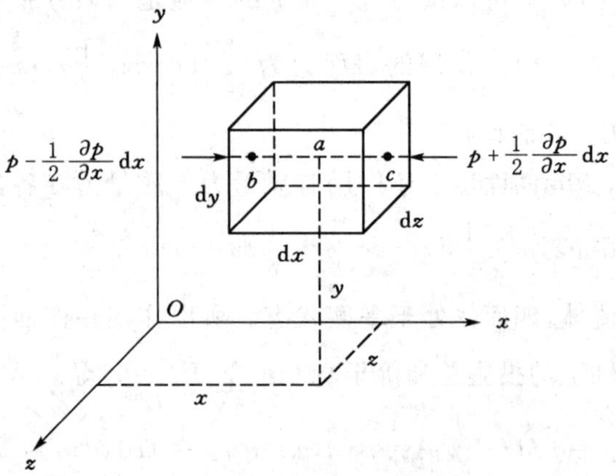

图 2-3　微元六面体

$$p-\frac{1}{2}\frac{\partial p}{\partial x}\mathrm{d}x,\quad p+\frac{1}{2}\frac{\partial p}{\partial x}\mathrm{d}x$$

由于微小六面体可取得足够小，所以可将其中心点压力看做整个面上的平均压力。

设作用在微小六面体上的单位质量力在3个坐标轴上的分力为 f_x, f_y, f_z，则在 x 方向的质量力为 $\mathrm{d}x\mathrm{d}y\mathrm{d}z\rho f_x$。

微小六面体处于平衡状态，任一坐标轴上的合力投影等于0。对于 x 轴

$$\left(p-\frac{1}{2}\frac{\partial p}{\partial x}\mathrm{d}x\right)\mathrm{d}y\mathrm{d}z-\left(p+\frac{1}{2}\frac{\partial p}{\partial x}\mathrm{d}x\right)\mathrm{d}y\mathrm{d}z+f_x\rho\mathrm{d}x\mathrm{d}y\mathrm{d}z=0$$

化简得

$$f_x-\frac{1}{\rho}\frac{\partial p}{\partial x}=0 \tag{2-7}$$

同样可得

$$f_y-\frac{1}{\rho}\frac{\partial p}{\partial y}=0 \tag{2-8}$$

$$f_z-\frac{1}{\rho}\frac{\partial p}{\partial z}=0 \tag{2-9}$$

式(2-7)～式(2-9)称为流体的平衡微分方程式(equilibrium differential equation)。

它是欧拉(Euler)在1755年首先提出的，所以又称Euler平衡方程式。它表示流体在质量力和表面力作用下的平衡，是平衡流体中普遍适用的基本公式。它对于可压缩和不可压流体、静止或相对静止流体均适用。

将式(2-7)～式(2-9)相加，还可得

$$\rho(f_x \mathrm{d}x + f_y \mathrm{d}y + f_z \mathrm{d}z) = \frac{\partial p}{\partial x}\mathrm{d}x + \frac{\partial p}{\partial y}\mathrm{d}y + \frac{\partial p}{\partial z}\mathrm{d}z$$

即

$$\mathrm{d}p = \rho(f_x \mathrm{d}x + f_y \mathrm{d}y + f_z \mathrm{d}z) \tag{2-10}$$

这是流体平衡微分方程式的另一表达式，又称为压强差(pressure difference)公式。

2.3.2 力的势函数

对于不可压流体，密度为常数。因此，式(2-10)可以改写为

$$\mathrm{d}\left(\frac{p}{\rho}\right) = f_x \mathrm{d}x + f_y \mathrm{d}y + f_z \mathrm{d}z \tag{2-11}$$

式(2-11)左边是全微分，右边也必须是全微分。根据数学分析理论，右边是全微分的充要条件是

$$\frac{\partial f_y}{\partial z} - \frac{\partial f_z}{\partial y} = 0, \frac{\partial f_z}{\partial x} - \frac{\partial f_x}{\partial z} = 0, \frac{\partial f_x}{\partial y} - \frac{\partial f_y}{\partial x} = 0$$

写成矢量形式为

$$\mathrm{rot}\boldsymbol{f} = 0$$

式(2-11)右边为某函数 $\pi(x,y,z)$的全微分，则有

$$f_x = \frac{\partial \pi}{\partial x} \quad f_y = \frac{\partial \pi}{\partial y} \quad f_z = \frac{\partial \pi}{\partial z}$$

写成矢量形式为

$$\boldsymbol{f} = -\,\mathrm{grad}\,\pi$$

函数 $-\pi(x,y,z)$就称为质量力的势函数(potential function)。显然，为了使流体能处于平衡状态，作用在流体上的质量力必须有势。实际上，重力场就是有势力场。

例 2-1 试求重力场中平衡流体质量力的势函数。

解 重力场中的单位质量力为 $f_x = 0, f_y = 0, f_z = -g$，则

$$\mathrm{d}\pi = -(f_x \mathrm{d}x + f_y \mathrm{d}y + f_z \mathrm{d}z) = g\mathrm{d}z$$

假设基准面 $z=0$ 上的势函数值为 0，则积分上式得

$$\pi = gz$$

从上式可以看出，势函数的物理意义是单位质量的流体在高度为 z 处所具有的位置势能。

2.3.3 等压面

在平衡流体中，压力相等的各点所组成的面称为等压面(isobaric surface)。显然，等压面方程为

$$f_x \mathrm{d}x + f_y \mathrm{d}y + f_z \mathrm{d}z = 0 \tag{2-14}$$

等压面具有以下两个重要特性：

特性一：在平衡的流体中，过任意一点的等压面，必与该点所受的质量力互相垂直。

在等压面上任意一点处，沿任意方向取一微小线段 $\mathrm{d}l$，在坐标轴上的投影为 $\mathrm{d}x, \mathrm{d}y, \mathrm{d}z$。该线段可写成

$$\mathrm{d}\boldsymbol{l} = \mathrm{d}x\boldsymbol{i} + \mathrm{d}y\boldsymbol{j} + \mathrm{d}z\boldsymbol{k}$$

质量力也可写成

$$\boldsymbol{f} = f_x\boldsymbol{i} + f_y\boldsymbol{j} + f_z\boldsymbol{k}$$

则

$$\boldsymbol{f} \cdot \mathrm{d}\boldsymbol{l} = f_x \mathrm{d}x + f_y \mathrm{d}y + f_z \mathrm{d}z = 0$$

说明两者是正交的，即质量力与等压面垂直。

根据这一特性，已知质量力的方向就可以确定等压面的形状。反之，亦可根据等压面的形状确定质量力的方向。例如，当质量力仅是重力时，其等压面必是水平面，这就是为什么水面是“水平如镜”。我国早在春秋战国时期，就利用水的这一特性制成了称为“准”的水平测定仪器。

特性二：当两种互不相混的液体处于平衡时，它们的分界面必为等压面。

在两种互不相混液体的分界面上任取两点，设这两点的静压差为 $\mathrm{d}p$，若一种液体的密度为 ρ_1，另一种液体的密度为 ρ_2，由于分界面同属两种液体，因此必同时满足压强差方程

$$\mathrm{d}p = \rho_1(f_x \mathrm{d}x + f_y \mathrm{d}y + f_z \mathrm{d}z)$$

$$\mathrm{d}p = \rho_2(f_x \mathrm{d}x + f_y \mathrm{d}y + f_z \mathrm{d}z)$$

即

$$f_x \mathrm{d}x + f_y \mathrm{d}y + f_z \mathrm{d}z = 0$$

由此可得出其分界面必为等压面。

2.3.4 流体静力学基本方程

在重力场中，作用在静止流体上的质量力只有重力。取向上方向为 z 轴，则单位质量的重力在各个轴上的投影为

$$f_x = 0, \quad f_y = 0, \quad f_z = -g$$

代入平衡微分方程式得

$$\mathrm{d}z + \frac{\mathrm{d}p}{\rho g} = 0$$

对于不可压流体，密度为常数。对上式积分得

$$z + \frac{p}{\rho g} = C \tag{2-13}$$

式中，C 为积分常数，由边界条件确定。

式(2-13)称为静力学基本方程式(general equation of fluid statics)，它只适用在重力作用下处于平衡状态的不可压流体。

如果在静止液体中任意取两点 1 和 2，其坐标分别为 z_1 和 z_2，压强为 p_1 和 p_2，则

$$z_1 + \frac{p_1}{\rho g} = z_2 + \frac{p_2}{\rho g} \tag{2-14}$$

这是流体静力学基本方程的另一表达式。

下面说明流体静力学基本方程的物理意义。

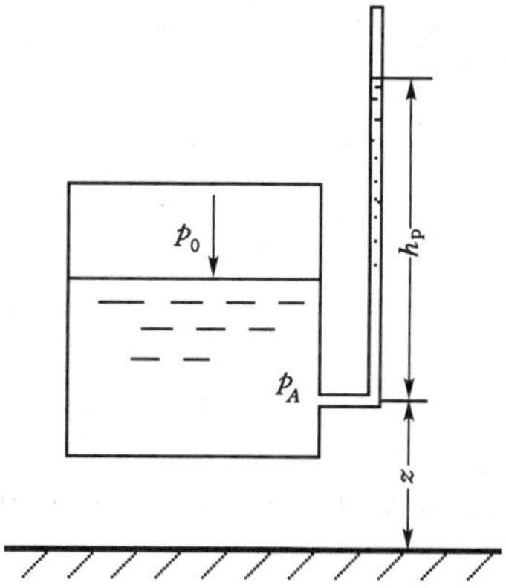

图 2-4 静力学基本方程的物理意义

如图 2-4 所示，流体质点 A 相对于水平基准面的高度为 z，其单位重量液体的位能为 z。因此，第一项 z 表示单位重量流体相对于某一水平基准面的位能。从几何上看，z 就是流体质点距某一水平基准面的高度，称为位置水头(position head)。

在图中 A 点处连接一个顶部抽成完全真空的玻璃闭口测压管，由于 A 点具有一定的压强，故测压管中的液体会上升一定高度，在液柱上升的过程中，压差克服液柱的重力做了功，从而增加液柱的位能。因此，第二项表示单位重量流体的压强势能(potential energy of pressure)。从几何上看，它是由于压强的作用而产生的液柱(column of liquid)高度，故称它为压强水头(pressure head)。

单位重量流体的位势能与压强势能之和称为单位重量流体的总势能。而从几何上说，位置水头与压强水头之和称为静水头(static head)。因此，流体静力学基本方程的物理意义是，在不可压静止流体中，任何点的单位重量流体的总势能守恒，静水头线为水平线。

流体静力学基本方程中的积分常数可用平衡液体自由表面上的边界条件求得。当 $z=z_0$ 时，$p=p_0$，将此边界条件代入式(2-13)得

$$p = p_0 + \rho g(z_0 - z) = p_0 + \rho g h \tag{2-15}$$

式(2-15)是流体静力学基本方程式又一种表达形式，它反映了不可压流体的静压强分布规律。液体内任一点的静压强由两部分组成，即液面上的压强和液柱的自重引起的静压强。当液面压强一定时，流体内部的压强只是坐标 z 的

函数，压强随深度的增大而增大。深度相等的各点其压强都相等，因此等压面为水平面。压强分布只与位置坐标有关，而与容器形状无关，因此，当两种容器相连通时，同一种流体在同一高度上的压强相等。

从式(2-15)中还可看出，由于流体内任一点的压强都包含液面压强，因此液面压强的任何变化都会引起流体内部所有流体质点的同样变化。这种液面压强等值地在流体内部传递的原理称为帕斯卡原理(Pascal's law)。水压机、液压千斤顶、液压制动闸等都是帕斯卡原理的实际应用。

例 2-2 如图 2-5 所示，有一直径为 12 cm的圆柱体，其质量为 5.1 kg，在其顶部加 $F=100$ N 的力。当淹没深度 $h=0.5$ m 时，圆柱体处于平衡状态，求测压管中水柱的高度 H？

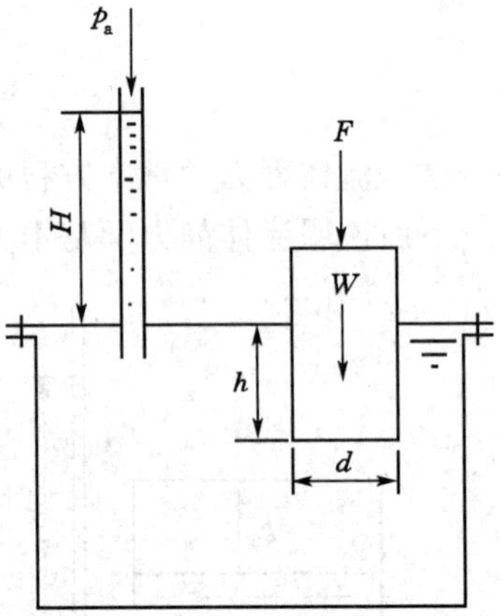

图 2-5 例 2-2 图

解 根据帕斯卡原理，圆柱体的两端均受到大气压强的作用，因此大气压强对圆柱体的平衡没有影响。

因为圆柱体处于平衡状态，故水作用在圆柱体底面上的压力应与圆柱体的重量及顶部的作用力之和相等

$$F+mg=\frac{\pi d^2}{4}p$$

解得圆柱体底面上的压强为

$$p=\frac{4(F+mg)}{\pi d^2}$$

应用静力学基本方程，得

$$H+h=\frac{p}{\rho g}$$

于是，测压管中水柱的高度为

$$H=\frac{p}{\rho g}-h=\frac{4(F+mg)}{\pi d^2\rho g}-h=\left[\frac{4\times(100+5.1\times 9.8)}{3.14\times 0.12^2\times 1\,000\times 9.8}-0.5\right]\text{m}$$
$$=0.853\,9\text{ m}$$

2.3.5 可压缩流体中压强的变化

可压缩流体的密度是变化的，在对平衡微分方程式进行积分时，必须考虑密度随其他参数的变化关系。

下面以标准大气(standard atmosphere)为例,来说明可压缩流体中压强的变化。

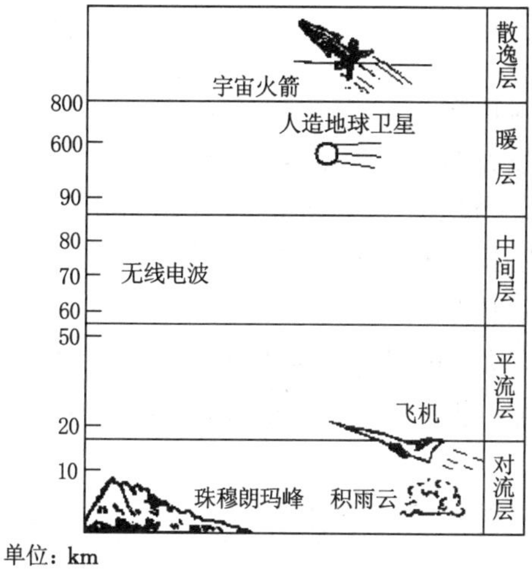

图 2-6 大气分层

按照大气在铅直方向的各种特性,将大气分成若干层次。按大气温度随高度分布的特征,可把大气分成对流层、平流层、中间层、暖层和散逸层,如图 2-6 所示。

近地面的大气层主要通过吸收地面辐射而升温,气温随高度的增加而递减,下部热,上部冷,空气垂直对流运动显著,故称为对流层(troposphere)。对流层是大气的最下层。对流层厚度因纬度和季节的不同而不同:热带较厚,寒带较薄;夏季较厚,冬季较薄。赤道地区对流层厚度可达 16～18 km,中纬度地区为 10～12 km,两极地区为 7～8 km。

对流层的气温随高度的增加而递减,平均每升高 100 m,气温降低 0.65 ℃。

$$T = T_a + \beta z \tag{2-16}$$

式中,T_a 为海平面的温度,系数 $\beta = -0.0065$ K/m。

由完全气体状态方程(equation of state of a perfect gas)

$$\rho = \frac{p}{R(T_a + \beta z)}$$

代入压力差公式,得

$$\frac{dp}{p} = -\frac{g dz}{R(T_a + \beta z)}$$

对上式进行积分($0\sim z$,$p_a \sim p$),得

$$\ln\frac{p}{p_a} = -\frac{g}{\beta R}\ln\left(1 + \frac{\beta z}{T_a}\right)$$

即

$$p = p_a\left(1 + \frac{\beta z}{T_a}\right)^{-g/(\beta R)} \tag{2-17}$$

式(2-17)表明,对流层内气压只是高度的函数。

2.4 压强的测量

2.4.1 压强的计量标准

压强有两种计量标准:绝对压强和相对压强。

所谓绝对压强(absolute pressure)是以完全真空为基准计量的压强。

所谓相对压强(relative pressure)是以当地大气压(atmospheric pressure)为基准计量的压强。工程上的测压仪表在当地大气压下的读数为0,即是相对压强。因此,相对压强也称为计示压强或表压强。

如果某点的绝对压强的数值比当地大气压低,则其相对压强将是负值,往往称为负压(negative pressure),此时相对压强的绝对值称为真空度(vacuum),用p_v表示。

绝对压强、相对压强和真空度三者的关系如下(图2-7):

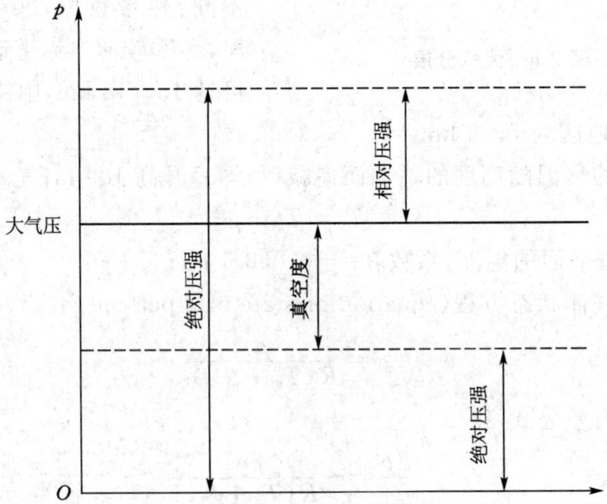

图2-7 压强计量标准

$$绝对压强=当地大气压+相对压强$$

$$相对压强=绝对压强-当地大气压$$

$$真空度=当地大气压-绝对压强$$

工程上常用百分比表示真空的程度,即

$$B=\frac{p_v}{p_a}\times 100\% \tag{2-18}$$

当地大气压一般用气压计测得,在不同地区、不同季节,当地大气压是不断变化的。因此，在一般通用性的工程计算中，用当地大气压进行计算很不方便。为此，在许多情况下都近似地用标准大气压作为相对压强和真空度的计算基准。这种办法意味着忽略了当地大气压与标准大气压之间的差别。

2.4.2 压强的计量单位

压强的计量单位有 3 种。

1. *应力单位*

压强用单位面积上的作用力来表示。其国际单位为 Pa(N/m^2)，例如标准大气压为 $1.013\ 25\times10^5$ Pa。显然，Pa 是一个比较小的单位，常用 MPa 来表示压强，1 MPa$=10^6$ Pa。工程制中，还经常采用 kgf/cm^2 作为压强的单位。

2. *液柱高度*

由静力学基本方程式可知，对于确定的流体，压强与液柱高度有一种确定的关系。因此，可以用液柱高度来表示压强的大小。常用的单位有米水柱(mH_2O)、毫米汞柱(mmHg)等。不同液柱高度的换算关系为

$$\rho_1 g h_1 = \rho_2 g h_2$$

3. *大气压单位*

标准大气压是根据北纬 45°海平面上在温度为 15 ℃时测定的数值。把要计量的压强换算成标准大气压的倍数就是大气压单位。

1 标准大气压(atm)$=760$ mmHg$=1.013\times10^5$ Pa

各种压强单位的换算关系见表 2-1。

表 2-1　　压强单位及其换算关系

名称 \ 符号	Pa	bar	kgf/cm^2	atm	Torr	mmH_2O	mmHg	Psi
帕	1	0.000 01	0.000 01	0.000 01	0.007 5	0.101 97	0.007 5	0.000 14
巴	100 000	1	1.019 72	0.986 9	750.062	10.197 2	750.062	14.504
工程大气压	98 066.5	0.980 67	1	0.967 8	735.6	10.000	735.6	14.22
标准大气压	101 325	1.013 25	1.033	1	760	10.332	760	14.7
托	133.3	0.001 33	0.001 36	0.001 32	1	13.6	1	0.019 34
毫米水柱	9.806 7	0.000 098	0.000 1	0.000 096 8	0.073 56	1	0.073 56	0.001 42
毫米汞柱	133.322	0.001 33	0.001 36	0.001 32	1	13.595 1	1	0.019 34
磅/英寸^2	6 894.76	0.068 95	0.070 31	0.068 05	51.714 9	703.07	51.714 9	1

表 2-1 中，托(Torr)为真空压强单位。例如，一般电子显微镜必须维持在 $10^{-4}\sim10^{-6}$ Torr 的真空压强内，它才能正常工作。

2.4.3 液柱式测压计

流体压强的测量仪表有许多种，主要可归纳为 3 类：液柱式、电测式和机械式。

1. 测压管

测压管(pressure tube)是测量液体压力最简单的一种液柱式测压计。它由一根管子构成，将管的下端与被测液体连接，管的上端与大气相通，管内的液体受容器内流体静压作用，使测压管内的液体上升至某一高度。这个液柱高就表示容器中测点处的相对压力。

为了减少毛细管现象的影响，测压管的内径以不小于 5 mm 为宜。

2. U 形管测压计

在 U 形管测压计(U-tube manometer)内测压用的是另一种相对密度不同的液体(称为工作液体)，这种液体不能与被测流体相混合，一般可用水银、油、酒精和水，如图 2-8 所示。测量时，将 U 形管的一端与被测点相连，另一端开口通大气。

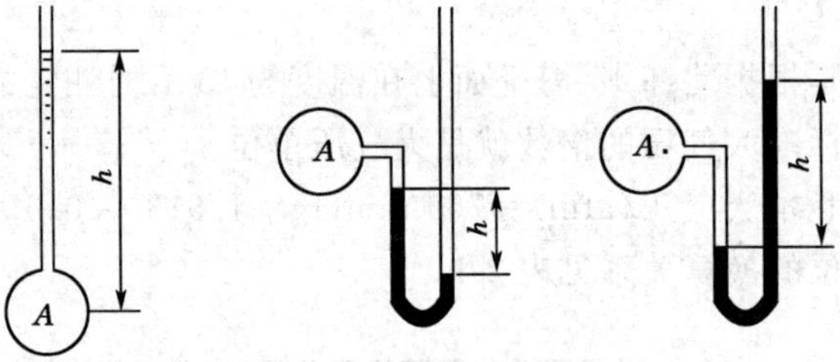

图 2-8 测压管及 U 形管

实际上，U 形管常用于测量两点间的压强差，人们只要把待测的两个压强引入 U 形管的两端即可。

当被测流体是气体时，由于气体的密度比工作液体的密度小得多，因此 U 形管中气柱的高度可以忽略不计。

3. 倾斜微压计

当测量的压力与大气压接近时，为了提高测量精度，减少读数的相对误差，往往采用倾斜式微压计(inclined manometer)。如图 2-9 所示，它的测管与水平面成一微小倾角，并且该角度可调。测管及与之相连通的容器的横截面积分别为 A_1，A_2。

仪器在没有接压力源之前，液面为 $O—O$。当待测的流体压强引入容器后，可使容器中液面下降，测管中液面上升，达到平衡。由于

$$A_1 l = A_2 h_2$$

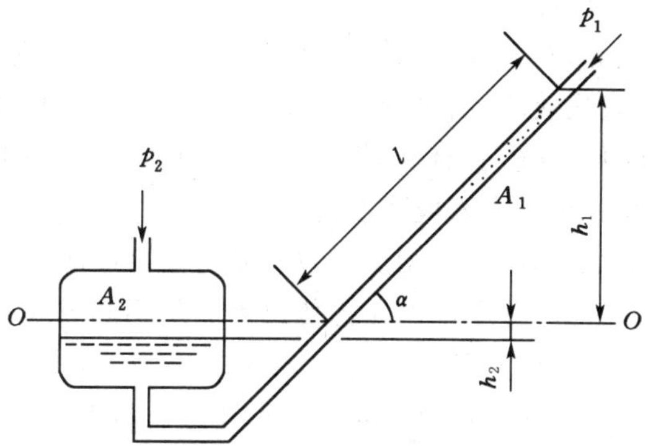

图 2-9 倾斜微压计

因此

$$h = h_1 + h_2 = l(\sin\alpha + A_1/A_2)$$

则被测的压强差为

$$\Delta p = p_2 - p_1 = \rho g h = \rho g(\sin\alpha + A_1/A_2) = Kl \qquad (2\text{-}19)$$

式中,K 称为微压计系数。倾斜角度不同,该系数也不同。常见的系数有 0.2, 0.3,0.4,0.6,0.8,共 5 种,并刻在微压计的弧形支架上,使用时一目了然。

除此之外,还有各种更精密的微压计,如补偿式微压计、激光微压计等,其测量精度可达到 0.098 Pa。例 2-3 也是一种微压计,其测量精度比倾斜式微压计高得多。

4. 金属压力表

金属压力表(metallic pressure gauge)是工程上常用的压强测量仪表,一般用于测量较高的压强。既可用于测量真空度,也可用于测量高压,可高达 1 000 MPa。它的主要感应元件是用一根扁圆形或椭圆形截面的弹性管弯成圆弧形,受压时产生弹性变形,再通过杠杆——扇形齿轮机构带动指针偏转,指示出压强的大小。

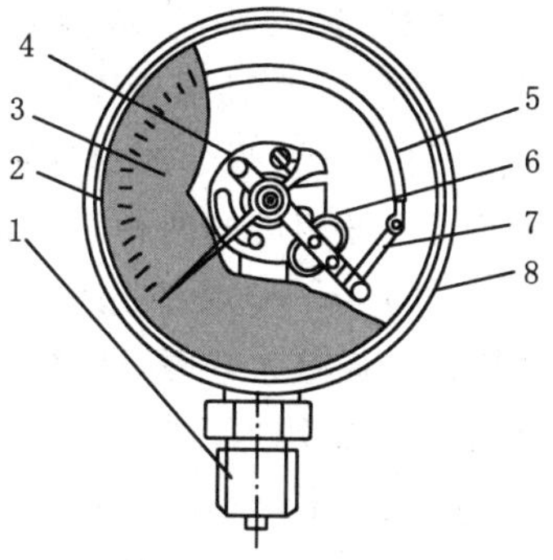

图 2-10 金属压力表

1—接头;2—衬圈;3—度盘;4—指针;5—弹簧管;6—传动机构(机芯);7—连杆;8—表壳

5. 压力传感器

压力传感器(pressure transducer)是工业实践中最为常用的一种传感器,通常使用的压力传感器主要是利用压电效应制造而成的,这样的传感器也称为压电传感器。

晶体是各向异性的，对于某些晶体介质，当沿着一定方向受到机械力作用发生变形时，就产生了极化效应；当机械力撤掉之后，又会重新回到不带电的状态。也就是受到压力的时候，某些晶体可能产生出电的效应，这就是所谓的极化效应。压力传感器就是根据这个效应研制的。

除了压电传感器之外，还有利用压阻效应制造出来的压阻传感器，利用应变效应的应变式传感器等，这些不同的压力传感器利用不同的效应和不同的材料，在不同的场合能够发挥它们独特的用途。

(1) 电容式压力传感器　利用电容敏感元件将被测压力转换成与之成一定关系的电量输出的压力传感器。它一般采用圆形金属薄膜或镀金属薄膜作为电容器的一个电极，当薄膜感受压力而变形时，薄膜与固定电极之间形成的电容量发生变化，通过测量电路即可输出与电压成一定关系的电信号。电容式压力传感器属于极距变化型电容式传感器，可分为单电容式压力传感器和差动电容式压力传感器。

(2) 耐高温压力传感器　采用新型半导体材料碳化硅制成。据报道，该传感器在 500 ℃条件下运行 10 h，性能基本不变，并能承受 2 000 ℃瞬时高温冲击。

(3) 光纤压力传感器　利用敏感元件受压力作用时的形变与反射光强度相关的特性，在有压力的情况下，光线会发生强度的改变，通过检测这个微小的改变量，就能测得压力的大小。

例 2-3　图 2-11 所示为双杯二液式微压计，它由一根 U 形管连接两个直径相同的圆形杯组成，两个杯中分别装入互不相混而又密度相近的两种工作液体（酒精 $\rho_1=870\ \mathrm{kg/m^3}$ 和煤油 $\rho_2=830\ \mathrm{kg/m^3}$）。当气体的压强差为 0 时，两种工作液体的交界面在 O 点处。已知 U 形管直径 $d=5\ \mathrm{mm}$，杯的直径 $D=50\ \mathrm{mm}$。试求使交界面升到 $h=280\ \mathrm{mm}$ 处的压强差 Δp。

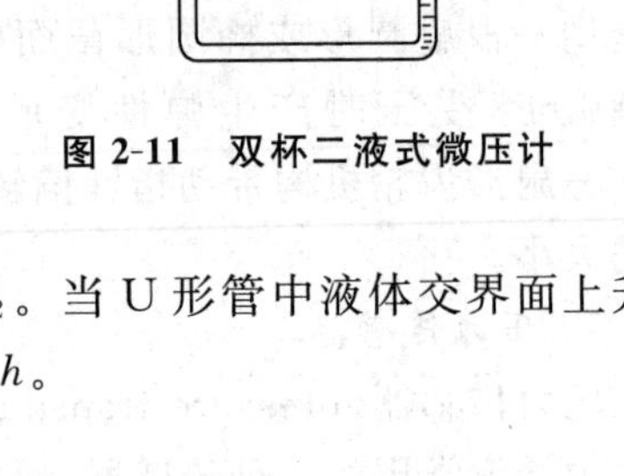

图 2-11　双杯二液式微压计

解　设两个杯中初始液面高度为 h_1 及 h_2。当 U 形管中液体交界面上升 h 时，左杯液面下降和右杯液面上升高度均为 Δh。

由初始平衡状态得

$$\rho_1 h_1 = \rho_2 h_2$$

U 形管与杯中升降的液体体积相等，即

$$\Delta h\ \frac{\pi}{4}D^2 = h\ \frac{\pi}{4}d^2$$

以变化后的U形管液体交界面为基准,得

$$p_1 + \rho_1(h_1 - \Delta h - h)g = p_2 + \rho_2(h_2 + \Delta h - h)g$$

由以上3式整理得

$$\Delta p = p_1 - p_2 = h\left[(\rho_1 - \rho_2) + (\rho_1 + \rho_2)\left(\frac{d}{D}\right)^2\right]g$$

代入已知数据,得

$$\Delta p = 0.28\times\left[(8\ 530 - 8\ 140) + (8\ 530 + 8\ 130)\times\frac{1}{100}\right]\text{Pa} = 156\ \text{Pa}$$

换算成水柱为

$$h = \frac{\Delta p}{\rho g} = \frac{156}{1\ 000\times 9.81}\ \text{mmH}_2\text{O} = 16\ \text{mmH}_2\text{O}$$

根据计算结果可见,原来只有16 mmH_2O的压差,用双杯二液式微压计却可得到280 mmH_2O的读数,放大倍数达到17.5倍,说明测量精度较高。

2.5 液体的相对平衡

所谓液体的相对平衡(relative equilibrium)是指液体质点之间虽然没有相对运动,但盛装液体的容器却对地面上的固定坐标系有相对运动时的平衡。当然,如果容器做匀速直线运动,则不受运动惯性力的作用,流体质点的质量力仍与绝对平衡时一样。本节讨论的是容器做匀加速直线运动和等角速度旋转两种情况下液体的相对平衡。

2.5.1 容器做等加速直线运动

如图2-12所示,盛有液体的容器向右以匀加速度 a 做直线运动。随容器一起运动的液体,处于相对平衡。把参考坐标取在容器上,并以自由液面上的任一点为原点,z 轴垂直向上,x 轴为水平方向,如图2-12所示。

作用在液体质点上的质量力除重力外,还有与运动方向相反的惯性力。作用在单位质量液体上的质量力为

$$f_x = -a,\quad f_y = 0,\quad f_z = -g$$

把单位质量力的分力代入平衡微分方程式得

$$\mathrm{d}p = -\rho(a\mathrm{d}x + g\mathrm{d}z)$$

积分得

$$p = -\rho(ax + gz) + C$$

为确定积分常数,应用边界条件 $x=0$,$z=0$ 处,$p=p_a$。可得积分常数 $C=p_a$。于是

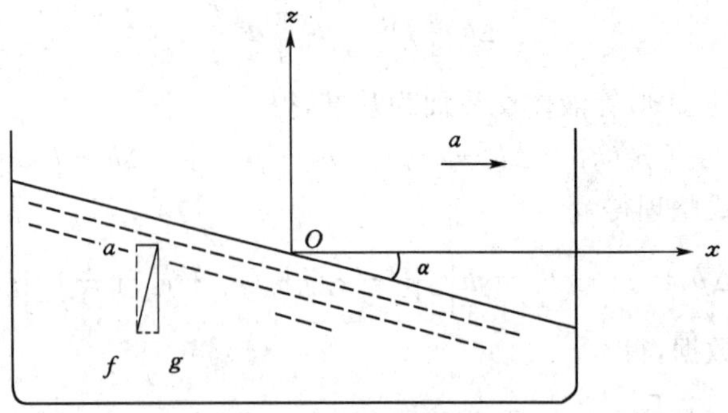

图 2-12　匀加速度直线运动

$$p = p_a - \rho(ax + gz) \tag{2-20}$$

这就是容器内液体静压强在不同点(x,z)上的分布规律。

根据静压强的分布规律，可直接写出等压面方程为：

$$ax + gz = C \tag{2-21}$$

由式(2-21)可见，等压面不是水平面，而是一簇平行的斜面。

因自由液面过点 $x=0,z=0$，故自由液面方程为

$$ax + gz = 0 \tag{2-22}$$

例 2-4　如图 2-13 所示，正方形容器的底面积为 $b\times b=200\ \text{mm}\times 200\ \text{mm}$，质量 $m_1=4$ kg。静置时，水的高度为 $h=150$ mm。在质量 $m_2=25$ kg 的重物作用下沿平面滑动。如果容器底面与平面间的摩擦系数为 $C_f=0.3$，求水恰好不溢出时容器的最小高度 H？

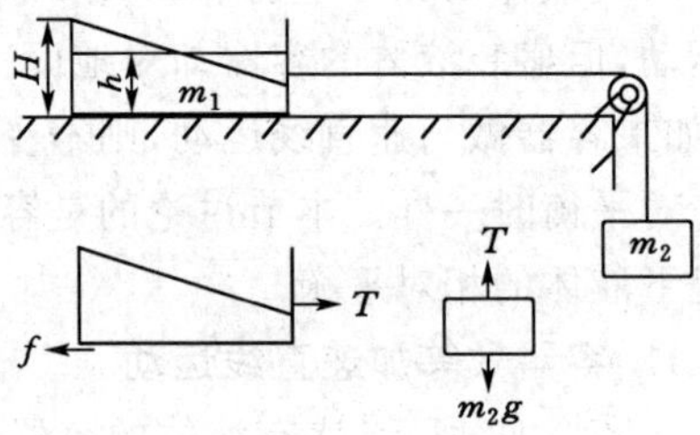

图 2-13　例 2-4 图

解　设容器与重物的加速度为 a。如图 2-13 对容器和重物分别列出运动方程，即

$$m_2 g - T = m_2 a$$
$$T - f = (m_1 + \rho h b^2)a$$

其中，内摩擦力为

$$f = C_f(m_1 + \rho h b^2)g$$

消去绳子的拉力 T，得到加速度为

$$a = \frac{m_2 - C_f(m_1 + \rho h b^2)}{m_1 + m_2 + \rho h b^2}g$$

根据自由液面方程，当容器以加速度 a 运动时，其水平倾角为

$$\tan\theta = \frac{a}{g}$$

此时，由水的体积守恒，得

$$\frac{1}{2}(H + H - b\tan\theta)b^2 = hb^2$$

联立以上三式，得

$$H = h + \frac{b}{2}\frac{m_2 - C_f(m_1 + \rho hb^2)}{m_1 + m_2 + \rho hb^2}$$

代入具体数值，得

$$H = \left[0.15 + \frac{0.2}{2}\frac{25 - 0.3 \times (4 + 1\,000 \times 0.15 \times 0.2^2)}{4 + 25 + 1\,000 \times 0.15 \times 0.2^2}\right]\text{m} = 0.213\text{ m}$$

2.5.2 容器做等角速度旋转运动

盛有液体的容器绕 z 轴以等角速度旋转，形成如图2-14所示的自由表面。液体同容器作整体旋转。如果将运动坐标系固连在旋转容器上，坐标原点取在液面最低点，则液体对运动坐标系形成相对平衡。由于是轴对称，下面采用圆柱坐标进行分析。作用在液体质点上的质量力除重力外，还有水平向外的离心惯性力。单位质量力在各个方向上的分力为

$$\begin{cases} f_r = \omega^2 r \\ f_\theta = 0 \\ f_z = -g \end{cases}$$

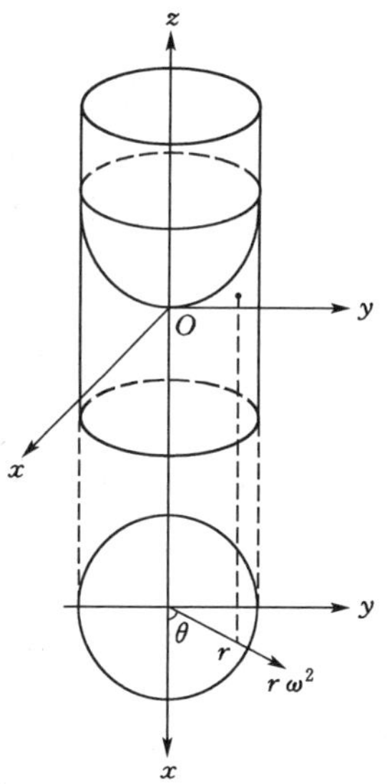

图 2-14 等角速度旋转

在圆柱坐标系下，流体平衡微分方程式的全微分式为

$$\mathrm{d}p = \rho(f_r\mathrm{d}r + f_\theta r\mathrm{d}\theta + f_z\mathrm{d}z)$$

将单位质量力的分力代入平衡微分方程式得

$$\mathrm{d}p = \rho(\omega^2 r\mathrm{d}r - g\mathrm{d}z)$$

对上式积分可得

$$p = \rho(\omega^2 r^2/2 - gz) + C$$

由边界条件 $x=0, y=0, z=0$ 处，$p=p_a$，代入上式得

$$p = p_a + \rho g\left(\frac{\omega^2 r^2}{2g} - z\right) \tag{2-23}$$

根据式(2-23)，可直接写出等压面方程为

$$\omega^2 r^2/2 - gz = C \tag{2-24}$$

自由表面方程为

$$z = \frac{\omega^2 r^2}{2g} \tag{2-25}$$

例 2-5 如图 2-15 所示，液体转速计由直径为 d_1 的中心圆筒和重力为 W 的活塞及与其联通的两根直径 d_2 的细管组成，内装水银。细管中心线距离圆筒中心轴为 R。当转速计的转速变化时，活塞将带动指针上下移动。试推导活塞位移 h 与转速 n 之间的关系式。

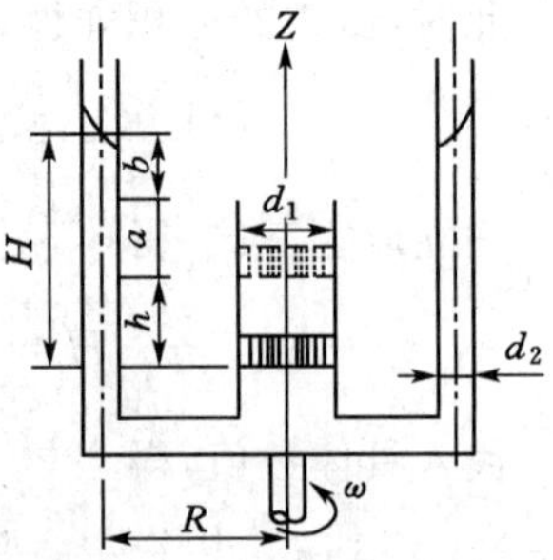

图 2-15 例 2-5 图

解 当转速计静止不动时，细管与圆筒的液位差是由于活塞的重量造成的，即

$$W = \rho g\ \frac{\pi}{4} d_1^2 a$$

$$a = \frac{4W}{\rho g \pi d_1^2}$$

当转速计以角速度 ω 旋转时，细管的液面将进一步上升高度 b。根据圆筒中下降的体积应该与两细管中上升的体积相等，则

$$2 \times \frac{\pi}{4} d_2^2 b = \frac{\pi}{4} d_1^2 h$$

$$b = \frac{d_1^2}{2d_2^2} h$$

等角速度旋转时，压强的分布为

$$p = \rho g \left(\frac{\omega^2 r^2}{2g} - z\right) + C$$

由边界条件 $r=R, z=H$ 处，$p=p_a=0$（按相对压强计算），则

$$p = \rho g \left[\frac{\omega^2 (r^2 - R^2)}{2g} + H - z\right]$$

活塞底面上的压强分布为

$$p = \rho g \left[\frac{\omega^2 (r^2 - R^2)}{2g} + H\right]$$

此时，作用在活塞底面上的总压力应该等于活塞自身的重量，即

$$\begin{aligned} W &= \int_0^{d_1/2} p_0 2\pi r \mathrm{d}r \\ &= \int_0^{d_1/2} \left[\frac{\rho}{2} \omega^2 (r^2 - R^2) + \rho g H\right] 2\pi r \mathrm{d}r \\ &= \frac{\pi}{4} d_1^2 \rho g \left[\frac{\omega^2}{2g}\left(\frac{d_1^2}{8} - R^2\right) + H\right] \end{aligned}$$

因为 $H = a + b + h$，联立以上各式，得

$$n = \frac{60\omega}{2\pi} = \frac{30}{\pi}\sqrt{\frac{2gh[1 + d_1^2/(2d_2^2)]}{R^2 - d_1^2/8}}$$

2.6 静止液体对固体表面的作用力

在工程上，经常需要解决液体作用于结构物表面上的流体静压力问题。例如，在设计水箱、油罐、锅炉、水池时，就需要计算液体作用在结构物表面上的流体静压力，包括大小、方向和作用点。

本节讨论静止液体对固体壁面的作用力。

2.6.1 静止液体对平面的作用力

图 2-16 所示为任意形状的平面壁。该平面垂直于纸面，为了便于分析，将平面绕 y 轴转动 90°。

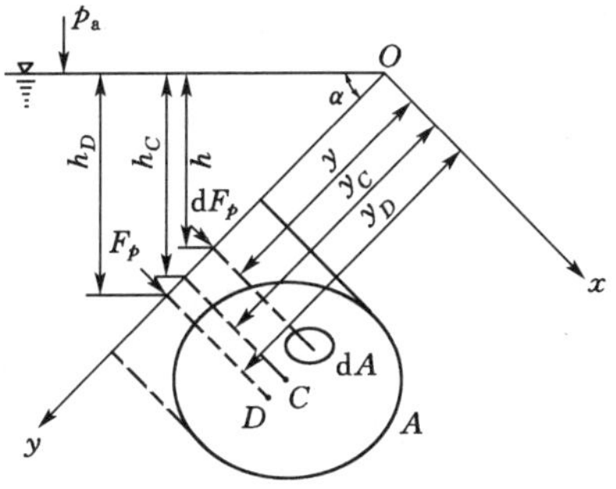

图 2-16 对平面的作用力

由于液面上的大气压将等值地传递到固体壁面上，而固体壁面的背面是暴露在大气中的，因此大气压的作用力相互抵消。然而，如果液面上的相对压强不为 0，则应该将该压强均匀地加到壁面上。

在受压平面上取一微面积 dA，作用在其上的微小作用力为

$$dF_p = p\,dA = \rho gh\,dA = \rho gy\sin\alpha\,dA$$

对上式积分，则液体作用在面积 A 上的总压力为

$$F_p = \int_A dF_p = \rho g\sin\alpha\int_A y\,dA$$

式中，$\int_A y\,dA$ 为面积 A 对 x 轴的面积矩(moment of area)。

对面积矩有如下关系式

$$\int_A y\,\mathrm{d}A = y_C A \tag{2-26}$$

所以，总压力(resultant force)为

$$F_p = \rho g y_C A \sin\alpha = \rho g h_C A \tag{2-27}$$

式中，h_C 是平面形心(geometric center)的淹没深度(immersed depth)。

作用在倾斜平面(inclined plane)上的总压力恰好等于以该平面面积为底、形心的淹没深度为高的柱体的液体重力。

总作用力与平面的交点就是总压力的作用点，称为压力中心(center of pressure)。设图 2-16 中的 D 点为压力中心，其位置坐标可按合力矩定理来求

$$F_p y_D = \int_A y\,\mathrm{d}F_p$$

于是

$$(\rho g y_C \sin\alpha) A y_D = \rho g \sin\alpha \int_A y^2\,\mathrm{d}A$$

式中，积分项称为面积 A 对 x 轴的惯性矩(second moment of area)I_x，即

$$I_x = \int_A y^2\,\mathrm{d}A \tag{2-28}$$

因此，由式(2-28)可得

$$y_D = \frac{I_x}{y_C A} \tag{2-29}$$

根据惯性矩平移定理

$$I_x = I_{Cx} + A y_C^2 \tag{2-30}$$

式中，I_{Cx} 为平面过形心且平行于 x 轴的惯性矩，对给定的平面形状，可以预先求出。

于是

$$y_D = y_C + \frac{I_{Cx}}{y_C A} \tag{2-31}$$

从式(2-31)可看出，压力中心永远低于平面形心 C 点。

用同样的方法可得到压力中心 D 到 y 轴的距离。工程中大多数平面是对称的，压力中心总是位于对称轴上。常见的几种规则图形的惯性矩见表 2-2。

表 2-2　　常见平面几何图形的惯性矩

平面图形		惯性矩 I_C	几何中心 S
矩形	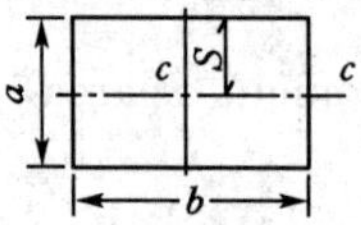	$\frac{ba^3}{12}$	$\frac{a}{2}$

续表 2-2

平面图形		惯性矩 I_C	几何中心 S
等腰三角形	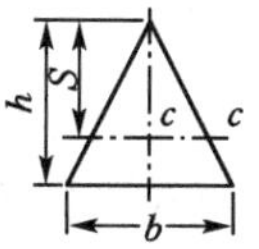	$\frac{bh^3}{36}$	$\frac{2h}{3}$
圆形	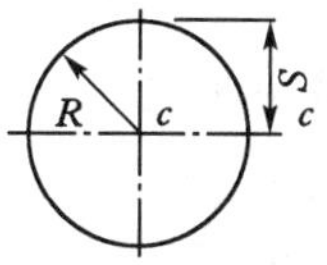	$\frac{\pi}{4}R^4$	R
半圆形	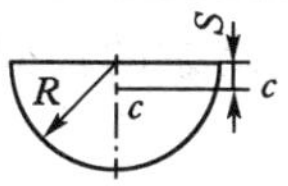	$\frac{9\pi^2-64}{72\pi}R^4$	$\frac{4R}{3\pi}$

例 2-6 图 2-17 所示为矩形挡水闸，长 $l=2.5\ \text{m}$，宽 $b=1.5\ \text{m}$，A 点到水面高度 $h=3\ \text{m}$。求水闸关闭时，在 B 点处必须施加的作用力 F。

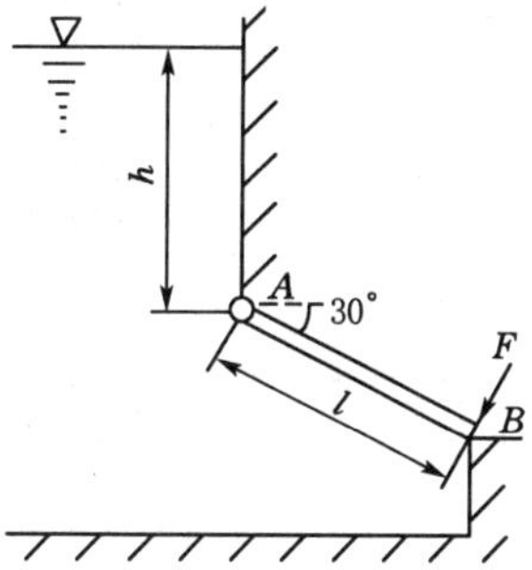

图 2-17 例 2-6 图

解 因为水闸的内外均受大气压力作用，故大气压的影响可略去。

作用在闸门上的总压力为

$$p=\rho g h_C A=\rho g\left(h+\frac{l}{2}\sin 30^\circ\right)bl$$

$$=1\ 000\times 9.8\times\left(3+\frac{2.5}{2}\times\frac{1}{2}\right)\times 1.5\times 2.5\ \text{N}$$

$$=133\ 218.75\ \text{N}$$

根据压力中心的计算公式，可得

$$y_D=y_C+\frac{I_{Cx}}{y_C A}$$

这个距离应该是闸门的延长线与水面的交点为原点算起的距离。式中

$$y_C=\frac{h}{\sin 30^\circ}+\frac{l}{2}=\left(\frac{3}{0.5}+\frac{2.5}{2}\right)\ \text{m}=7.25\ \text{m}$$

$$I_{Cx}=\frac{1}{12}bl^3=\frac{1}{12}\times 1.5\times 2.5^3\ \text{m}^4=1.95\ \text{m}^4$$

$$A=bl=1.5\ \text{m}\times 2.5\ \text{m}=3.75\ \text{m}^2$$

所以

$$y_D=7.25\ \text{m}+\frac{1.95\ \text{m}^4}{7.25\ \text{m}\times 3.75\ \text{m}^2}=7.32\ \text{m}$$

对 A 点列合力矩方程，得

$$p\left(y_D - \frac{h}{\sin 30^\circ}\right) - Fl = 0$$

于是

$$F = 133\ 218.75 \times \left(7.32 - \frac{3}{0.5}\right)/2.5\ \text{N} = 70\ 339.5\ \text{N}$$

2.6.2 静止液体对曲面的作用力

在工程上还经常遇到受流体静压强作用的曲面(curved surface)，如球形压力罐、圆柱形油箱等。

液体对任意曲面不同点上的作用力都垂直于其对应的微元曲面，故各点作用力的方向因壁面形状不同而不同，从而形成复杂的空间力系。这里只讨论工程上常见的二维曲面所受液体总压力的问题。

设面积为 A 的曲面 ab 受到液体作用，如图 2-18 所示。在深度为 h 处取一微小面积 dA，则作用在 dA 上的力为

$$dF = \rho g h dA$$

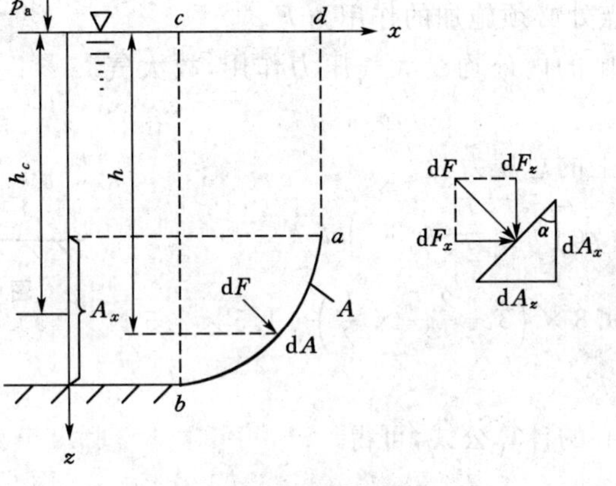

图 2-18 作用在曲面上的力

由于作用在不同微元面积上力的方向不同，因此必须把该作用力分解为水平方向和垂直方向两个分力

$$dF_x = \rho g h\, dA\cos\alpha$$
$$dF_z = \rho g h\, dA\sin\alpha$$

上述两式对整个曲面进行积分，则总的水平分力(horizontal component)为

$$F_x = \int_A dF_x = \rho g \int_A h\, dA_x = \rho g h_c A_x \tag{2-32}$$

式中，A_x 是曲面 ab 在垂直方向上的投影面积，h_c 是 A_x 的形心淹没深度。其作

用线通过平面 A_x 的几何中心。

总作用力的垂直分力(vertical component)为

$$F_z = \rho g \int_A h \, dA_z = \rho g V_p \tag{2-33}$$

式中,V_p 为曲面上方的液柱体积,通常称这个体积为压力体(pressure volume)。其作用线通过压力体的重心。

根据式(2-32)和式(2-33),作用在曲面上总作用力的大小和方向为

$$F = \sqrt{F_x^2 + F_z^2} \tag{2-34}$$

$$\tan \alpha = F_x / F_z \tag{2-35}$$

总作用力的水平分力的作用线通过平面 A_x 的压力中心,而垂直分力的作用线通过压力体的重心,故总作用力必通过两者的交点。

一般来说,工程上遇到的曲面绝大多数具有某种对称性,因此可以利用这一点来确定总作用力的作用点。例如,对于圆柱形和球形曲面,其总作用力必然通过圆心;再根据总作用力的方向,即可确定作用力的作用点。

压力体 V_p 是一个纯数学概念,而与该体积内是否充满液体无关。

确定压力体的一般方法如下:

① 取自由液面或其延长线;

② 取曲面本身;

③ 曲面两端向自由液面投影,得到两根投影线;

④ 以上四根线将围出一个或多个封闭体积,这些体积在考虑了力的作用方向后的矢量和就是所求的压力体。

上述原则对任何复杂的曲面均适用。当然,如果把复杂曲面预先分解为多个简单曲面,则总压力体应该等于所有分压力体的矢量和。

例 2-7 圆柱体半径 $r=2$ m,长 $l=5$ m,如图放置在斜面上。求作用在圆柱上的水压力的大小及作用点坐标。

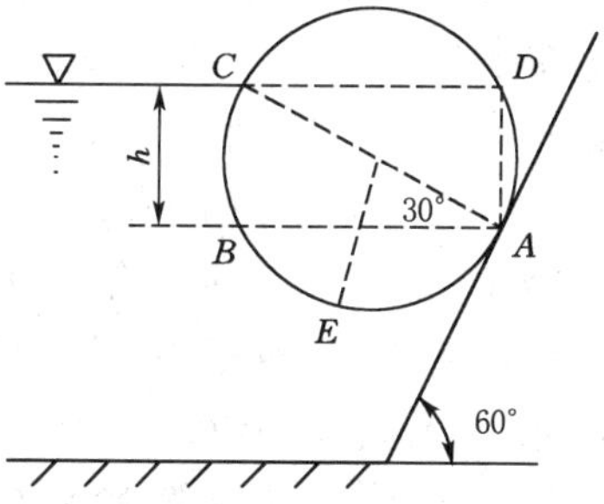

图 2-19 例 2-7 图

解 (1) 水平分力。淹没在水中的圆柱体表面为 CBA,其中 BA 部分因为左右对称,其水平分力相互抵消。故水平分力只有 CB 部分。根据水平分力的计算公式

$$F_x = \rho g \frac{h}{2} hl = 1\,000 \times 9.8 \times \frac{2}{2} \times 2 \times 5 \text{ N} = 98\,000 \text{ N}$$

(2) 垂直分力。根据压力体的确定方法,可得压力体体积为

$$V_p = \left(\frac{1}{2}\pi r^2 + S_{\triangle CAD}\right)l$$

所以，垂直分力为

$$F_z = \rho g V_p = \rho g\left(\frac{1}{2}\pi r^2 + \frac{\sqrt{3}}{2}r^2\right)l$$

$$= 1\ 000 \times 9.8 \times \left(\frac{1}{2} \times 3.14 \times 2^2 + \frac{\sqrt{3}}{2} \times 2^2\right) \times 5\ \text{N}$$

$$= 477\ 461\ \text{N}$$

总作用力大小为

$$F = \sqrt{F_x^2 + F_z^2} = \sqrt{98\ 000^2 + 477\ 461^2}\ \text{N} = 487\ 415\ \text{N}$$

总作用力与垂直方向的夹角为

$$\theta = \arctan\frac{F_x}{F_z} = \arctan\frac{98\ 000\ \text{N}}{474\ 461\ \text{N}} = 11.6°$$

(3) 作用点坐标。由于作用在圆柱面上的总作用力一定通过圆心，因此过圆心引一根与垂直方向的夹角为11.6°的斜线，它与圆柱面的交点就是作用点，图上的 E 点。

2.7 浮力与浮体的稳定性

根据液体对曲面作用力的计算公式，容易证明淹没在液体中的物体在水平方向所受的力前后、左右完全对称，相互抵消；而在垂直方向所受的力大小等于所排开液体的重力，方向向上，称为浮力(buoyancy)。这就是著名的阿基米得定律(Archimede's principle)。

物体在液体中的沉浮有 3 种不同情况：

(1) 当物体的重量小于浮力时，物体将上升直到其所受浮力与重量相等，称为浮体(floating body)。

(2) 当物体的重量等于浮力时，物体在液体内处于平衡状态，物体可以停留在液体内任何地方，称为潜体(submerged body)。

(3) 当物体的重量大于浮力时，物体将下沉到底部，称为沉体(sunk body)。

潜水艇就是应用上述原理，通过吸入或排出海水，调节自身的重量，达到不同的平衡状态。当潜艇主压载水舱注满水时，增加重量抵消其浮力，即从水面潜入水下。用压缩空气把主压载水舱内的水排出，重量减小，储备浮力恢复，即从水下浮出水面。潜艇内设有专门的浮力调整水舱，用于注入或排出适量的水，以调整因物资、弹药的消耗和海水密度的改变而引起的潜艇水下浮力的变化。艇首、艇尾还设有纵倾平衡水舱，通过调整首、尾平衡水舱水量以消除潜艇在水下可能产生的纵倾。艇首(或指挥室围壳处)和尾部各设有一对水平升降舵，用以操纵潜艇变换和保持所需要的潜航深度。艇尾装有螺旋桨和方向舵，保证潜艇航行和变换航向。

例 2-8 液体比重计原理。

解 液体比重计的构造如图 2-20 所示。首先把它放入蒸馏水中，然后在玻璃管上记下水面线，假设此时的淹没体积为 V_0。

然后再把它放入待测相对密度的液体中，如果该液体的相对密度较大，则玻璃管将上升一个高度，假设为 Δh。根据 Δh 就可算出该液体的相对密度。

首先由比重计在水中的平衡，可得其重量为

$$W = \rho_{H_2O} g V_0$$

再由待测液体中的平衡，得

$$W = \rho g (V_0 - A\Delta h)$$

式中，A 为比重计的玻璃管截面积。

由上述两式解出液体的相对密度为

$$S = \frac{V_0}{V_0 - A\Delta h} \tag{2-36}$$

下面简单地讨论浸没在水中的物体的稳定性(stability)问题。

如图 2-21 所示，船舶的浮力作用中心与重心本来在一根直线上，它是平衡的。如果给船舶一个扰动，并使其倾斜；那么当扰动消失以后，船舶是否会自动恢复平衡？这就是稳定性问题。

当船处于静止时，浮力和重力在同一根线上，其合力矩为 0。一旦船发生倾斜，浮力和重力将产生一个合力矩(resultant of moment)，这个合力矩的方向如果与倾斜方向相反，则船将在其作用下恢复平衡；反之，如果合力矩的方向与倾斜方向相同，则船将在其作用下倾覆，是不稳定的。

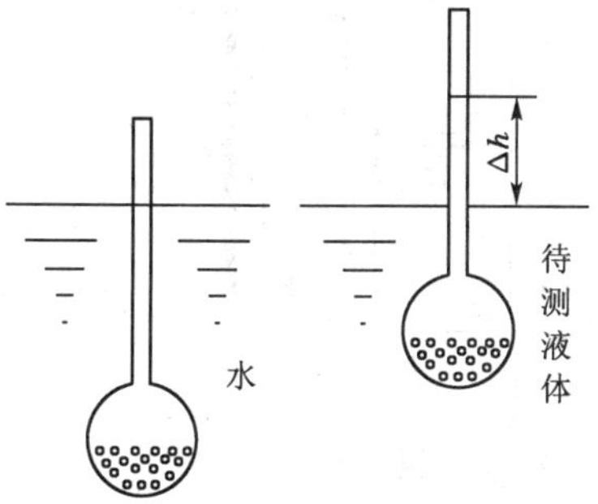

图 2-20 液体比重计

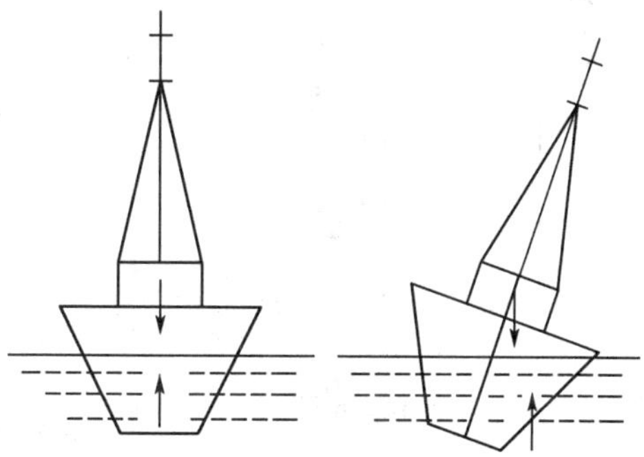

图 2-21 船舶的稳定性

习　题　2

2-1　从 11 000 m 到 20 100 m 的高空为标准大气的同温层，层内温度为 216.7 K。已知在 11 000 m 处的气压为 22 638 Pa，求同温层内气压随高度的变化规律。

2-2　试从理论上说明液压千斤顶的工作原理。

2-3　如图所示，开口容器装有两种互不相混的液体。分析两根测压管中的液面哪个更高？哪个与容器中的自由液面高度相同？

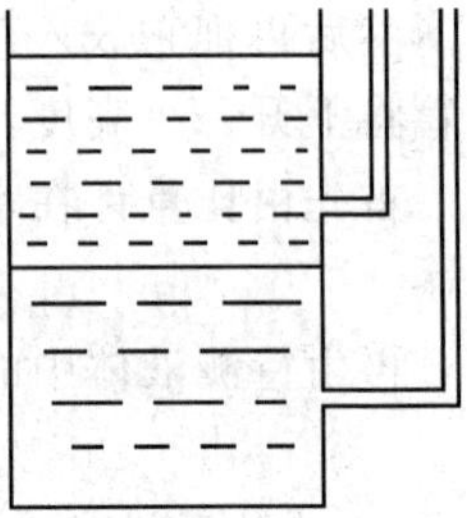

题 2-3 图

2-4　某点的绝对压强是 1 036 mmHg，当地大气压是 10 mH_2O，求该点处的相对压力？

2-5　某地大气压为 98.07 kPa，试求：

(1) 绝对压强为 117.7 kPa 时的相对压强及水柱高度。

(2) 相对压强为 7 mH_2O 时的绝对压强。

(3) 绝对压强为 68.5 kPa 时的真空度。

2-6　两个充满空气的封闭容器互相隔开，左边压力表 M 的读数为 100 kPa，右边真空计 V 的读数为 3.5 mH_2O，试求连接两容器的水银压差计中 h 的读数。

2-7　如图所示，在装有油和水的圆柱形容器的顶盖上加载荷 F=5 788 N，已知 h_1=30 cm，h_2=50 cm，d=40 cm，油的密度为 ρ_1=800 kg/m^3，水银的密度 ρ=13 600 kg/m^3，求 U 形管中水银柱的高度 H。

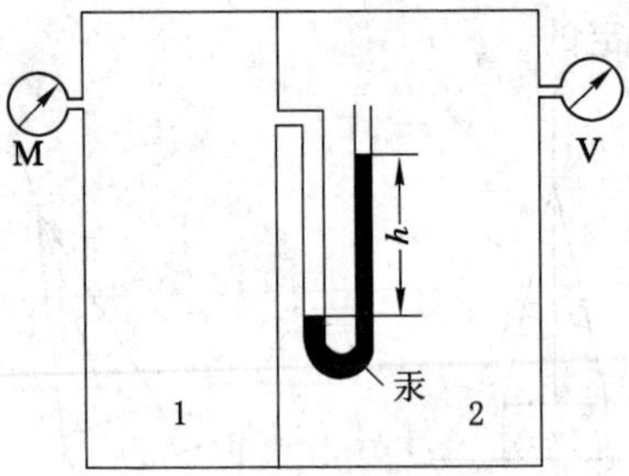

题 2-6 图

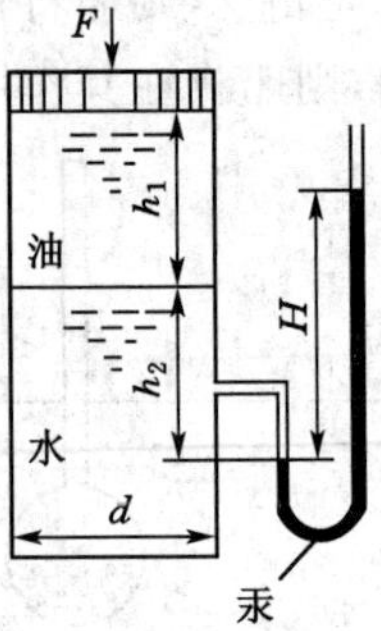

题 2-7 图

2-8 复式测压计中，各液面的高度依次为 3.0，0.6，2.5，1.0，3.5 m，求容器内水面的压强 p_5。

2-9 如图所示，三个容器 A，B，C 内均装有水，容器 C 敞口。密闭容器 A、B 间的液面高度差为 $z_1=1$ m，容器 B、C 间的液面高度差为 $z_2=2$ m，两 U 形管下部液体均为水银，其密度 $\rho_0=13\ 600\ \text{kg/m}^3$，高度差分别为 $R=0.2$ m，$H=0.1$ m。试求容器 A，B 上方压力表读数 p_A，p_B 的大小。

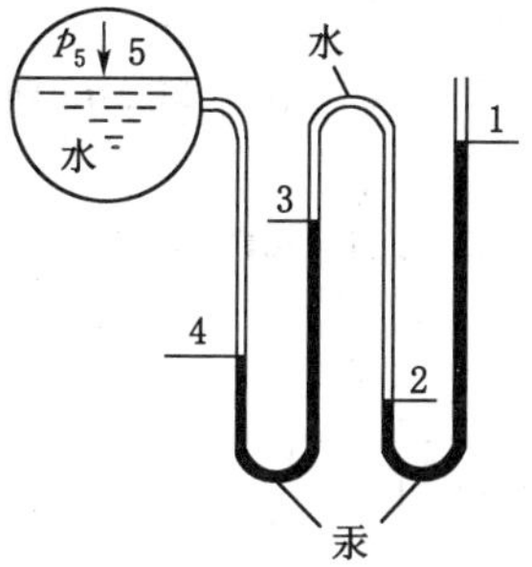

题 2-8 图

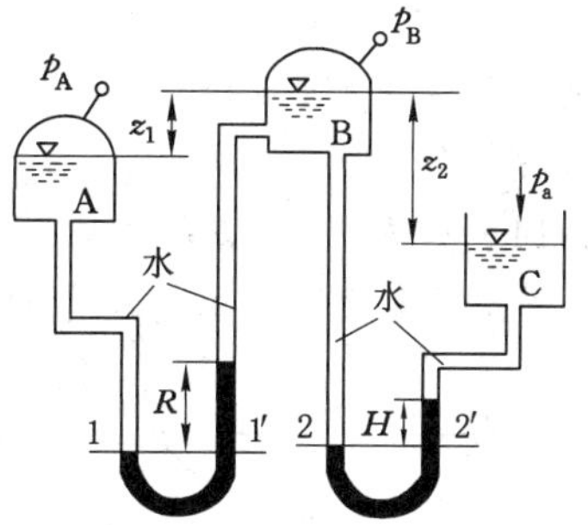

题 2-9 图

2-10 油罐车内装满水，罐的直径为 $D=2$ m，图中 $L=4$ m，$h=0.3$ m。车的速度为 $u=36$ km/h，在某一时刻开始减速，经过 100 m 后完全停止。假设是均匀制动，求油罐的右边圆形截面受到的作用力。

2-11 直径为 1.2 m 的圆柱形容器充满水，在顶盖上 $r=0.43$ m 处开一个小孔，测压管中的液柱高 0.5 m，试确定此容器绕自身轴旋转的转速多大时，顶盖所受的作用力为 0。

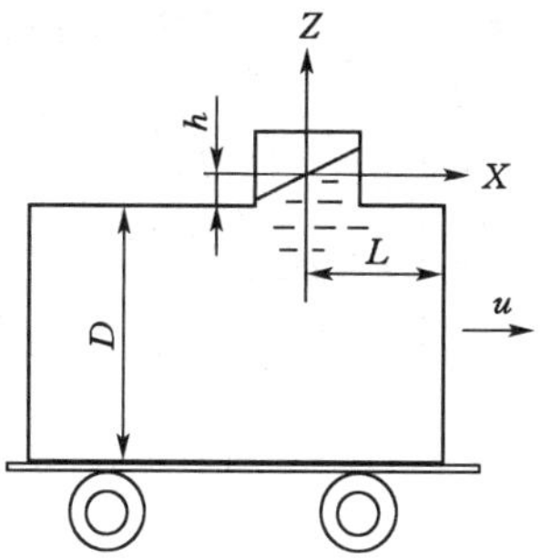

题 2-10 图

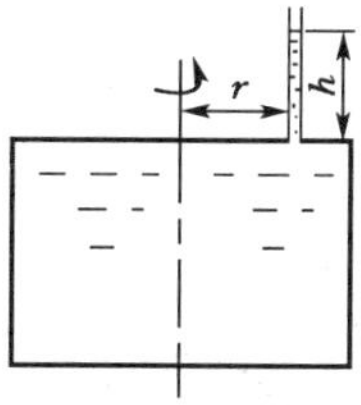

题 2-11 图

2-12　如图所示，这是一个圆柱形容器，直径300 mm，高度500 mm。容器内装水，水深 $h_1=300$ mm。若使容器绕自身轴做等角速度旋转，求：

(1) 水恰好不溢出时的转速；

(2) 刚好露出容器底面时的转速。

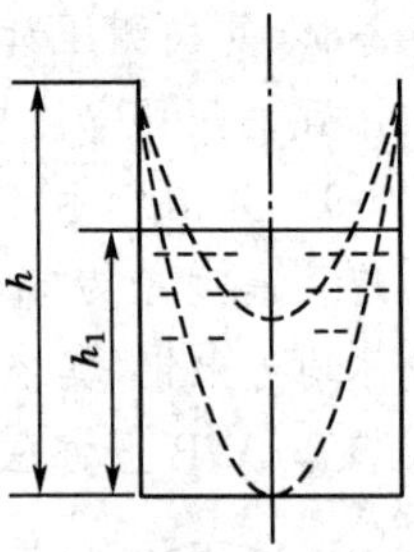

题 2-12 图

2-13　如图所示，有一矩形闸门两面受水的作用。已知水深 $H_1=4.5$ m，$H_2=2.5$ m，闸门与水平面夹角45°，闸门宽度为 $B=3$ m，求作用在闸门上的总压力的大小及作用点。

2-14　如图所示，有一圆柱形闸门。已知 $H=5$ m，$\theta=60°$，闸门宽度为 $B=10$ m，求作用在闸门上的总压力的大小及方向。

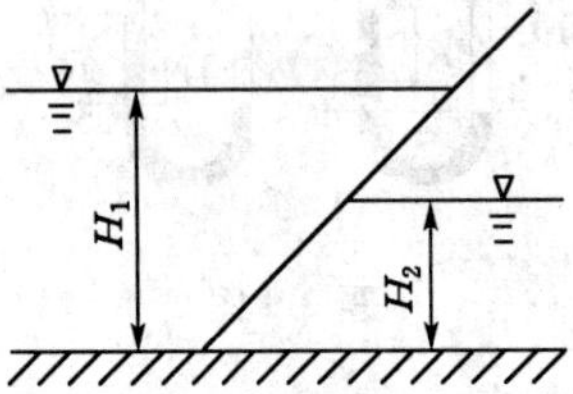

题 2-13 图

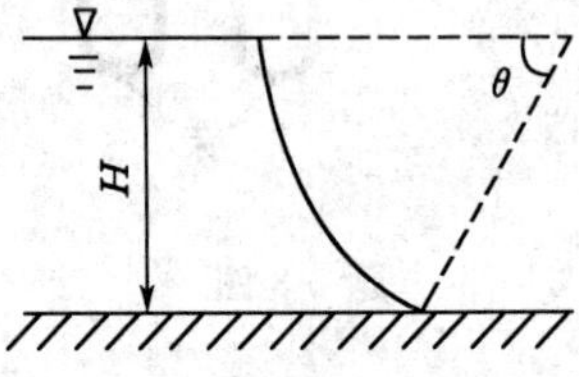

题 2-14 图

2-15　如图所示，用一圆球堵塞直径 $d=5$ cm 的圆孔。已知球的重量 $W=2.45$ N，半径 $R=4$ cm，水深 $h=20$ cm，求提起该球体所需的力 F。

2-16　如图所示，用平板闸门关闭水池出水口，平板左侧挡水，右侧接触大气。平板上端有铰轴。已知 $h=2$ m，$L=3$ m，宽度(垂直纸面)$B=4$ m。平板用均质材料制成，自重 $G=8\times10^5$ N。设开启闸门时，要求提升力 $T<1.5G$，试确定闸门倾角 θ 的取值。

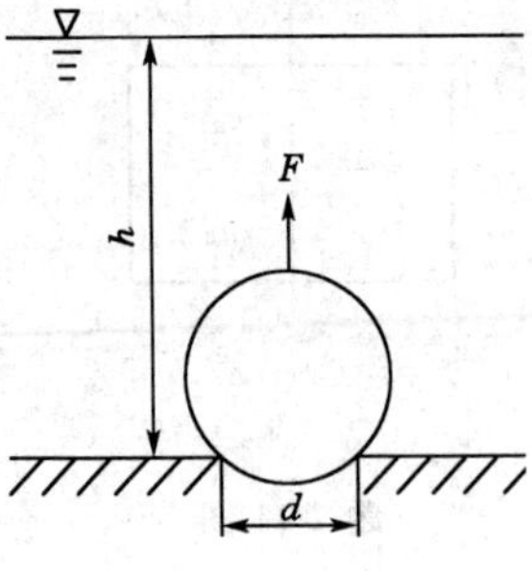

题 2-15 图

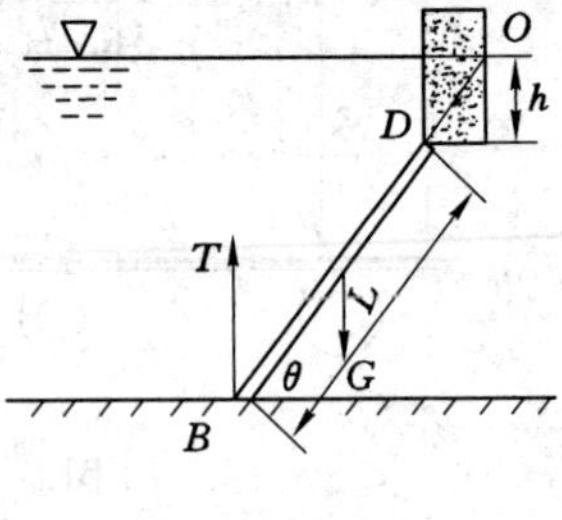

题 2-16 图

2-17 有一直径为 4 m 的圆柱，长 12 m，上下游水深如图所示，求圆柱体的受力大小与方向。

2-18 半径为 0.8 m 的 3/4 圆柱体曲面，长度为 3 m。位于如图所示水深，求曲面的受力。

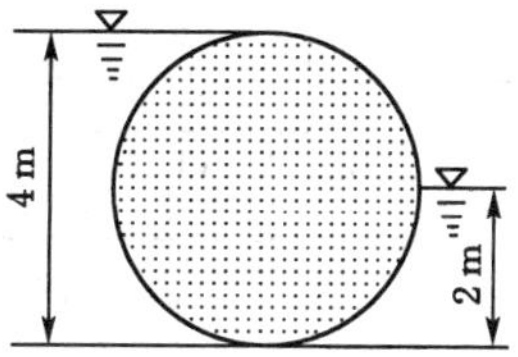

题 2-17 图

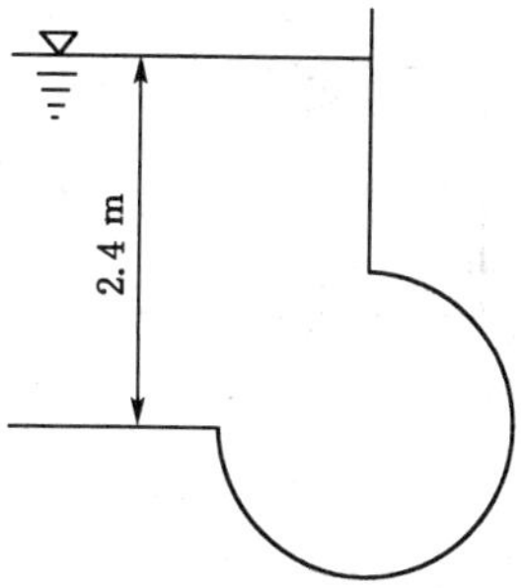

题 2-18 图

2-19 如图所示，两个半径分别为 0.5 m 和 0.75 m 的半球面，求曲面所受到的总作用力。

2-20 与水平面成 45°的斜壁上有一半径为 R 的半球面，球心的淹没深度为 H。求半球面受到的作用力的大小和方向。

2-21 长 a，宽 b，高 h 的长方体，浮在水面时的淹没深度为 $2h/3$。当该长方体倾斜到如图所示位置时，则浮力与重力的合力矩为多少？

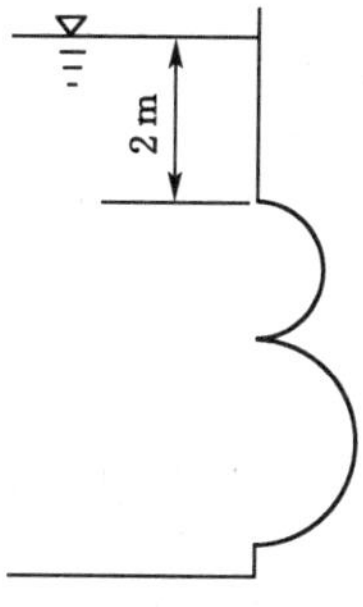

题 2-19 图

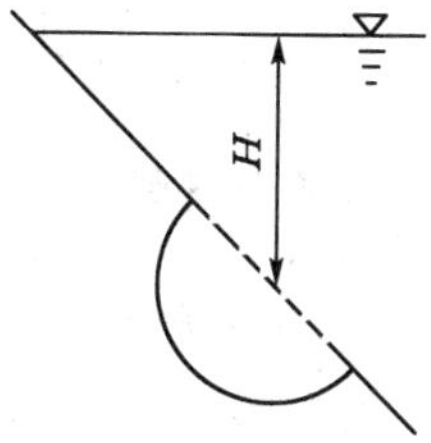

题 2-20 图

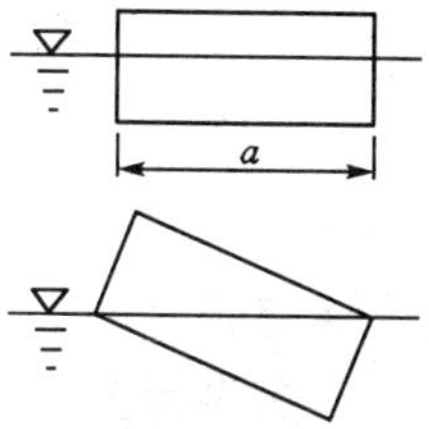

题 2-21 图

2-22 设计一个如图所示的自动泄水阀，要求当水位时 $h=25$ cm，用沉没一半的圆柱形浮标将细杆所连接的堵头自动提起。已知堵头的直径为 $d=6$ cm，浮标长度为 20 cm，浮标连同堵头的质量为 0.78 N，求浮标的直径 D；如果将浮标的形状改为圆球形，则其半径 R 应为多大？

2-23　如图所示，边长 $a=1.2\ \text{m}$ 为的立方体，其上半部分的相对密度为 0.6，下半部分的相对密度为 1.4。该立方体淹没在两层液体中，上层液体的相对密度为0.9，下层液体的相对密度为 1.3，求立方体底面距两种液体交界面的深度。

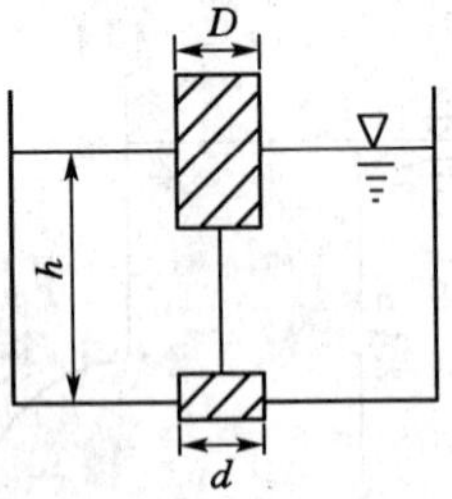

题 2-22 图

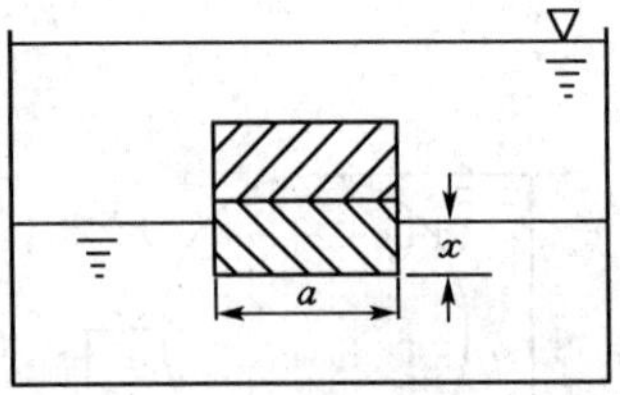

题 2-23 图

2-24　一个物体在水中的重量为 3 N，在相对密度为 0.8 的油中的重量为 4 N，求该物体的体积、质量、密度和相对密度。

2-25　如图所示，玻璃容器的直径 $D=0.5\ \text{m}$，高 $H=0.7\ \text{m}$，重量为 1 000 N。在自重的作用下垂直没入水中，并保持平衡。假设容器内的大气按等温规律被压缩在容器内部，已知大气压强为 100 000 Pa。试求：

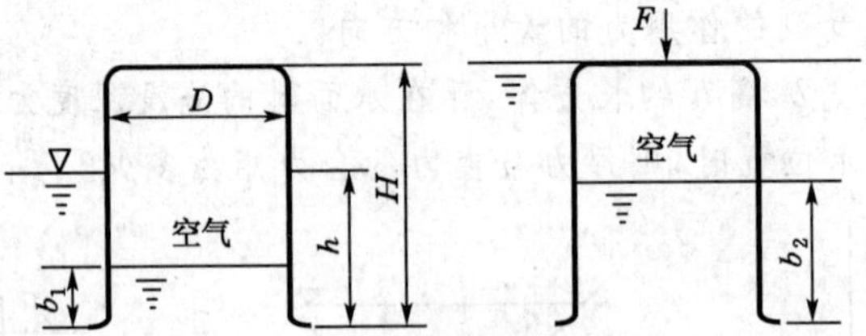

题 2-25 图

(1) 容器的淹没深度 h_1 和容器内的充水深度 b_1。

(2) 需要加多大的力 F 才能使容器完全没入水中，并求此时容器内的空气绝对压强和容器内的充水深度 b_2。

2-26　如图所示为摆动液压油马达，它由固定外壳及连接在转子上的叶片组成。当左右油口交替进入液压油时，叶片连同转子将产生摆动运动。已知壳体内径 $D_1=10\ \text{cm}$，转子直径 $D_2=4\ \text{cm}$，叶片垂直于纸面的宽度为 $b=4\ \text{cm}$，油的压强为 60 bar，求摆动油马达的力矩 M。

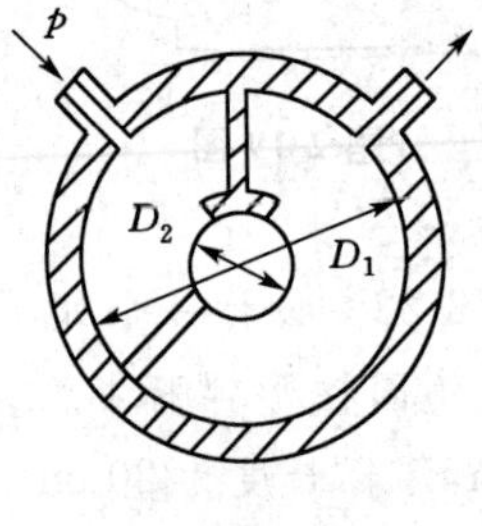

题 2-26 图

3 流体动力学

流体动力学(fluid dynamics)是流体力学的重要组成部分,它以物理学的普遍原理为基础,如质量守恒定律、动量定理、动量矩定理、能量守恒与转换定律等,研究流体的运动和流体所受力之间的相互关系,这些关系式就是流体动力学的基本方程。而流体运动学是从几何学的观点研究流体的运动规律,并不涉及力、质量等与动力有关的物理量。

在本章中将介绍研究流体运动的方法和流体运动的基本概念、流体动力学的基本方程,以及它们在工程上的应用。

3.1 研究流体运动的方法

研究流体运动的主要目的就是把流体的运动描写出来,不同的研究方法其表达形式是不一样的。研究流体运动的方法有两种:一是拉格朗日法(Lagrangian description),它以个别流体质点的运动作为研究的出发点,从而研究整个流体的运动;二是欧拉法(Eulerian description),它以流体流过空间某点时的运动特性作为研究的出发点,从而研究流体在整个空间里的运动情况。形象地说,前者是沿流体质点运动的轨迹进行跟踪研究;后者是固定在某个空间位置观察由此流过的每个流体质点。

3.1.1 欧拉法

流体是由无限多的流体质点组成的连续介质,充满运动流体的空间称为流场(flow field)。在流体力学中广泛采用欧拉法。欧拉法以流场为研究对象,并用同一时刻所有空间点上的运动情况来描述流场的运动,从而达到研究流体质点经过这些空间点时,运动参数随时间的变化规律。

欧拉法是通过下列两方面来描述整个流场情况的:一是在空间固定点上流体的各种物理量(如速度、压力等)随时间的变化;二是在相邻的空间点上这些物理量的变化。

需要指出的是,不要把空间点与流体质点相混淆。流体运动时,同一个空间点在不同的时刻由不同的流体质点所占据。所谓空间各点上的物理量,是指占据这些位置的各个流体质点的物理量。在欧拉法中,各物理量将是时间 t 和空

间点坐标(x,y,z)的函数。如流体的速度(velocity)、压力就可表示成空间坐标和时间的函数

$$\left.\begin{aligned} v_x &= v_x(x,y,z,t) \\ v_y &= v_y(x,y,z,t) \\ v_z &= v_z(x,y,z,t) \end{aligned}\right\} \tag{3-1}$$

或
$$\boldsymbol{v} = \boldsymbol{v}(x,y,z,t) \tag{3-1a}$$

$$p = p(x,y,z,t) \tag{3-2}$$

当时间变化时,流体质点将从流场某一点运动到另一点,也就是说,质点的空间坐标也将发生变化。因此,对质点而言,x,y,z 也是时间的函数。

按复合函数求导方法,将速度对时间求全导数得加速度

$$\begin{aligned} a_x = \frac{\mathrm{d}v_x}{\mathrm{d}t} &= \frac{\partial v_x}{\partial t} + \frac{\partial v_x}{\partial x}\frac{\mathrm{d}x}{\mathrm{d}t} + \frac{\partial v_x}{\partial y}\frac{\mathrm{d}y}{\mathrm{d}t} + \frac{\partial v_x}{\partial z}\frac{\mathrm{d}z}{\mathrm{d}t} \\ &= \frac{\partial v_x}{\partial t} + v_x\frac{\partial v_x}{\partial x} + v_y\frac{\partial v_x}{\partial y} + v_z\frac{\partial v_x}{\partial z} \end{aligned} \tag{3-3a}$$

同理

$$a_y = \frac{\mathrm{d}v_y}{\mathrm{d}t} = \frac{\partial v_y}{\partial t} + v_x\frac{\partial v_y}{\partial x} + v_y\frac{\partial v_y}{\partial y} + v_z\frac{\partial v_y}{\partial z} \tag{3-3b}$$

$$a_z = \frac{\mathrm{d}v_z}{\mathrm{d}t} = \frac{\partial v_z}{\partial t} + v_x\frac{\partial v_z}{\partial x} + v_y\frac{\partial v_z}{\partial y} + v_z\frac{\partial v_z}{\partial z} \tag{3-3c}$$

或写成矢量形式

$$\boldsymbol{a} = \frac{\partial \boldsymbol{v}}{\partial t} + (\boldsymbol{v}\cdot\nabla)\,\boldsymbol{v} \tag{3-3}$$

式中,$\nabla = \frac{\partial}{\partial x}\boldsymbol{i} + \frac{\partial}{\partial y}\boldsymbol{j} + \frac{\partial}{\partial z}\boldsymbol{k}$,称为哈密顿(Hamilton)微分算子(operator)。$\boldsymbol{i},\boldsymbol{j},\boldsymbol{k}$ 分别为 x,y,z 坐标轴上的单位矢量。

以上各式表明,在欧拉法中质点的加速度由两项组成,第一项$\frac{\partial \boldsymbol{v}}{\partial t}$表示在空间某固定点上,因时间变化所引起的加速度,称为时变加速度,或当地加速度;第二项$(\boldsymbol{v}\cdot\nabla)\boldsymbol{v}$表示在某一时刻,因位置不同所引起的加速度,称为位变加速度,或迁移加速度。取时间为常数,它便表示在此时刻流场中各点的加速度分布情况。当位置一定时,它便表示某空间点上的速度随时间的变化率。

用欧拉方法求流体质点其他物理量时间变化率的一般表达式为

$$\frac{\mathrm{d}}{\mathrm{d}t} = \frac{\partial}{\partial t} + (\boldsymbol{v}\cdot\nabla) \tag{3-4}$$

式中,$\frac{\mathrm{d}}{\mathrm{d}t}$称为全导数(随体导数),$\frac{\partial}{\partial t}$称为当地导数,$\boldsymbol{v}\cdot\nabla$ 称为迁移导数。例如,

对于密度有

$$\frac{\mathrm{d}\rho}{\mathrm{d}t}=\frac{\partial\rho}{\partial t}+(\boldsymbol{v}\cdot\nabla)\rho \tag{3-5}$$

或表示为

$$\frac{\mathrm{d}\rho}{\mathrm{d}t}=\frac{\partial\rho}{\partial t}+v_x\frac{\partial\rho}{\partial x}+v_y\frac{\partial\rho}{\partial y}+v_z\frac{\partial\rho}{\partial z} \tag{3-5a}$$

3.1.2 拉格朗日法

拉格朗日法是以流体质点为研究对象，研究流体质点的位移、速度、加速度等随时间的变化，然后将流场中所有质点的运动情况综合起来，就得到流体的运动情况。拉格朗日法是通过下列两个方面来描述整个流动情况的：① 某一运动流体质点的各种物理量（如密度、速度等）随时间的变化；② 相邻质点间这些物理量的变化。

由于流体质点是连续分布的，为便于区分不同的流体质点，通常以某一时刻流体质点的坐标(a,b,c)来表示它们，称之为拉格朗日变数。它只因流体质点不同而异，不随时间变化。

按照这种方法，质点在各方向的位移为

$$\left.\begin{aligned}x&=x(a,b,c,t)\\y&=y(a,b,c,t)\\z&=z(a,b,c,t)\end{aligned}\right\} \tag{3-6}$$

当a,b,c固定时，式(3-6)代表确定的某个质点的运动轨迹；当t固定时，式(3-6)代表t时刻各质点所处的位置。所以，式(3-6)可以描述所有质点的运动。

流体质点的速度为

$$\left.\begin{aligned}v_x&=\frac{\mathrm{d}x}{\mathrm{d}t}=\frac{\mathrm{d}x(a,b,c,t)}{\mathrm{d}t}\\v_y&=\frac{\mathrm{d}y}{\mathrm{d}t}=\frac{\mathrm{d}y(a,b,c,t)}{\mathrm{d}t}\\v_z&=\frac{\mathrm{d}z}{\mathrm{d}t}=\frac{\mathrm{d}z(a,b,c,t)}{\mathrm{d}t}\end{aligned}\right\} \tag{3-7}$$

流体质点的加速度为

$$\left.\begin{aligned}a_x&=\frac{\mathrm{d}^2x}{\mathrm{d}t^2}=\frac{\mathrm{d}^2x(a,b,c,t)}{\mathrm{d}t^2}\\a_y&=\frac{\mathrm{d}^2y}{\mathrm{d}t^2}=\frac{\mathrm{d}^2y(a,b,c,t)}{\mathrm{d}t^2}\\a_z&=\frac{\mathrm{d}^2z}{\mathrm{d}t^2}=\frac{\mathrm{d}^2z(a,b,c,t)}{\mathrm{d}t^2}\end{aligned}\right\} \tag{3-8}$$

在绝大多数实际问题中，人们并不关心质点的运动情况如何，更注重的是整个流场的运动图像，所以常用欧拉法。

3.1.3 两种方法的关系

拉格朗日法和欧拉法是描述流体质点运动的两种方法。对同一流场，它们之间的表达形式是可以互相转换的。

(1) 从拉格朗日表达式变换为欧拉表达式

假设已知拉格朗日表达式

$$\left.\begin{aligned} x &= x(a,b,c,t) \\ y &= y(a,b,c,t) \\ z &= z(a,b,c,t) \end{aligned}\right\}$$

由于 $t=t_0$ 时，$x=a,y=b,z=c$，因此上式表示在 t_0 以后任意时刻，该质点在流场中的位置与其初始位置是一一对应的连续函数关系，从而可反求出

$$\left.\begin{aligned} a &= a(x,y,z,t) \\ b &= b(x,y,z,t) \\ c &= c(x,y,z,t) \end{aligned}\right\} \tag{3-9}$$

将式(3-9)代入式(3-7)中，可得到欧拉形式的速度表达式

$$\left.\begin{aligned} v_x &= v_x(x,y,z,t) \\ v_y &= v_y(x,y,z,t) \\ v_z &= v_z(x,y,z,t) \end{aligned}\right\}$$

(2) 从欧拉表达式变换为拉格朗日表达式

假设已知欧拉表达式

$$\left.\begin{aligned} v_x &= v_x(x,y,z,t) \\ v_y &= v_y(x,y,z,t) \\ v_z &= v_z(x,y,z,t) \end{aligned}\right\}$$

两边进行积分可得

$$\left.\begin{aligned} x &= x(c_1,c_2,c_3,t) \\ y &= y(c_1,c_2,c_3,t) \\ z &= z(c_1,c_2,c_3,t) \end{aligned}\right\} \tag{3-10}$$

在 t_0 时刻，有

$$\left.\begin{aligned} a &= x(c_1,c_2,c_3,0) \\ b &= y(c_1,c_2,c_3,0) \\ c &= z(c_1,c_2,c_3,0) \end{aligned}\right\} \tag{3-11}$$

从式(3-11)解出积分常数，并代入式(3-10)中，即可得到拉格朗日表达式。

3.2　流体运动的基本概念

3.2.1　流动的分类

流体的流动是复杂多样的，根据其特点及研究工作的需要，可有不同的分类方法，具体如下。

按照流体性质：理想流动和黏性流动，不可压流动和可压流动；

按照运动状态：定常流动和非定常流动，缓变流和急变流，有旋流动和无旋流动，层流和紊流，亚声速流动和超声速流动等；

按照空间坐标：一维流动、二维流动、三维流动。

1. *定常流动和非定常流动*

流体运动过程中，若流场中各空间点上的物理量不随时间变化，则称此流动为定常流动(steady flow)；反之，称为非定常流动(non-steady flow)。

图 3-1 所示为一储液器，在其侧壁开一小孔(orifice)，液体从小孔向外泄出。如果使容器内的液面高度保持不变，那么所观察到的从孔口泄出的泄流轨迹也是不变的。这说明孔口处的流速以及泄流内部各空间点的流速不随时间变化，为定常流动。但是，在泄流内部不同位置的流体质点的流速则是不同的。也就是说，定常流动的流场内各点的流速一般讲仍是空间坐标的函数。

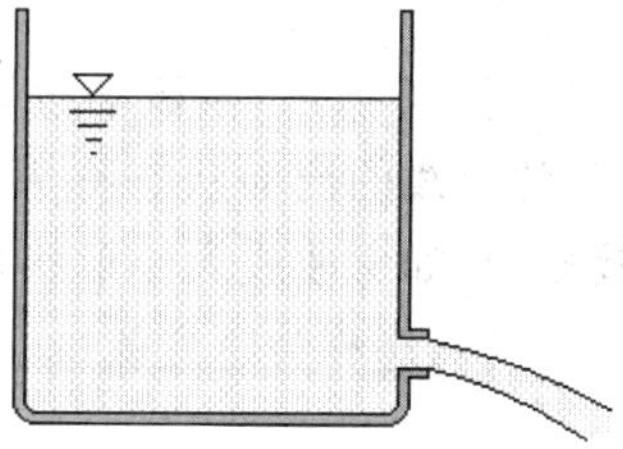

图 3-1　小孔出流

如果随着液体从小孔向外泄流，容器内液面不断下降。这时可观察到，从小孔流出来的泄流轨迹从初始状态逐渐向下弯曲，说明泄流内部流速的大小和方向随时间而变化，为非定常流动。

分析某种流动时，如果这种流动的参量非常缓慢地随时间变化，那么在较短的时间间隔内，可以近似地把这种流动作为定常流动来处理。以孔口泄流为例，设容器的直径很大，出流小孔很小，则液面下降十分缓慢，泄流轨迹变化也很慢。在较短时间间隔内研究这种流动时可近似地认为它是定常流动，称为准定常流动。

定常流动或非定常流动的确定与坐标系的选择有关。例如，船在匀速流动的水中等加速直线行驶，船舶两侧的水流流动对于岸上的人看来(即对于固定在岸上的坐标系来讲)是定常流动；对于站在船上的人看来(即对于固连在船上的坐标系来讲)是非定常流动，相当于船舶不动，水流从远处以船舶行进速度向船舶流过来。

对于定常流动，流场内的速度、压强、密度等参量只是坐标的函数，而与时间 t 无关。因此，定常流动在数学上的表现形式为任何物理参数对时间的偏导数等于 0。

2. 一维流动、二维流动和三维流动

根据流动参数与三个空间坐标的关系，将流动分为一维流动（one dimensional flow）、二维流动和三维流动。

一般流动都是在三维空间内的，显然是三维流动。在直角坐标系中，如果速度、压强等物理量是 x,y,z 三个坐标的函数，便称这种流动为三维流动。依此类推，流动参量是两个坐标的函数的流动，称为二维流动；流动参量是一个坐标的函数的流动，称为一维流动。显然，坐标变量数目越少，问题越简单。因此，对于工程技术中的问题，在保证一定精确度的条件下，如有可能，尽量将三维流动简化为二维，甚至一维流动来求解。

3. 缓变流和急变流

如图 3-2 所示，当流动边界是直的，且大小形状不变时，流线是平行（或近似平行）的直线的流动状态称为缓变流（gradually varied flow）；当流动边界变化比较剧烈，如弯曲或大小形状发生变化，流线不再是平行的直线，呈现出比较紊乱的流动状态称为急变流（suddenly varied flow）。在缓变流的有效截面上流体静力学基本方程仍然成立，即 $z+\dfrac{p}{\rho g}=C$。其证明如下：

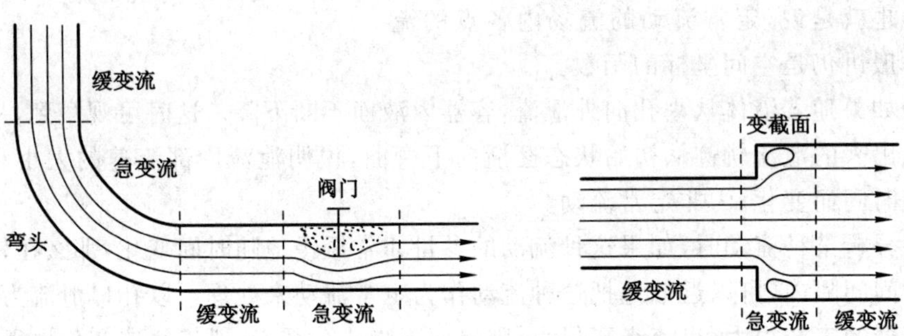

图 3-2　缓变流与急变流

在定常的缓变流动的有效截面上两条相距无限接近的流线之间，取一微元圆柱体，其底面积为 dS，高度为 dh，如图 3-3 所示。则作用在微元圆柱体上沿轴线方向的外力有以下几项：

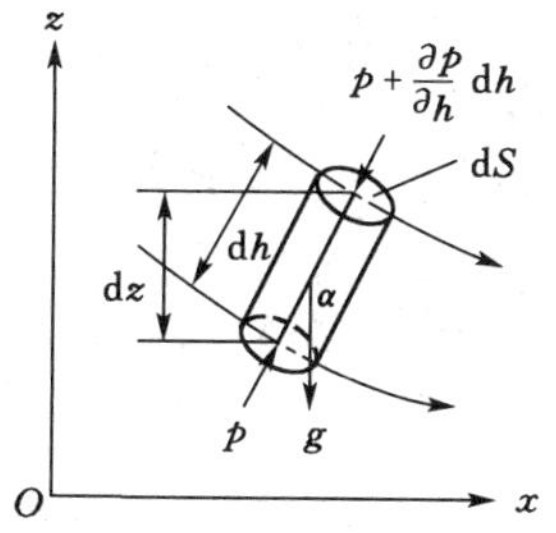

图 3-3　缓变流截面上的微元体

(1) 作用在微元圆柱体的上、下端面上的压强分别为 p 和 $p+\frac{\partial p}{\partial h}\mathrm{d}h$。

(2) 可认为在微元圆柱体侧表面上没有内摩擦力作用。至于作用在微元圆柱体上、下端面上的内摩擦力，在轴线方向投影为 0。

(3) 质量力中有重力项，即为微元圆柱体的重量 $\rho g\mathrm{d}S\mathrm{d}h\cos\alpha$。因为缓变流的流线是平行的直线，所以在微元圆柱体轴线方向的合外力之和为 0。于是在轴线方向有

$$p\mathrm{d}S-(p+\frac{\partial p}{\partial h}\mathrm{d}h)\mathrm{d}S-\rho g\,\mathrm{d}S\mathrm{d}h\cos\alpha=0$$

由图可见：$\mathrm{d}z=\mathrm{d}h\cos\alpha$，代入上式化简后得

$$\mathrm{d}p+\rho g\,\mathrm{d}z=0$$

积分后得

$$z+\frac{p}{\rho g}=C \tag{3-12}$$

在同一缓变流有效截面上 z 与$\frac{p}{\rho g}$之和为常数，但在不同的截面上常数的数值是不一样的。

3.2.2　迹线

迹线(path line)就是流体质点的运动轨迹。迹线只与流体质点有关，不同的质点，迹线的形状可能不同。但对确定的质点，其迹线的形状不随时间变化。对某一具体的迹线来说，它是一个流体质点在一段时间内形成的。在欧拉法中积分以下微分方程，消去时间 t，就可得到迹线方程。

$$\left.\begin{aligned}\frac{\mathrm{d}x}{\mathrm{d}t}&=v_x(x,y,z,t)\\\frac{\mathrm{d}y}{\mathrm{d}t}&=v_y(x,y,z,t)\\\frac{\mathrm{d}z}{\mathrm{d}t}&=v_z(x,y,z,t)\end{aligned}\right\}\tag{3-13}$$

3.2.3 流线

流线(stream line)是用来描述流场中各点流动方向的曲线。它是某时刻速度场中的一条矢量线,在线上任一点的切线方向与该点在该时刻的速度方向一致。流线的做法如下:如图 3-4 所示,在某一时刻,在流场中任取一点 1,沿该点的速度方向在距 1 点微小距离处取另一点 2,沿该点的速度方向在距 2 点微小距离处取一点 3……将各点连起来便得到一条折线。当各点之距离趋近于 0 时,折线变成光滑曲线,这条曲线就称为流线。由此可将流线定义如下:

流线是某一时刻流场中的一条光滑曲线,其上任一点的切线方向与该点处流体质点的速度方向相同。

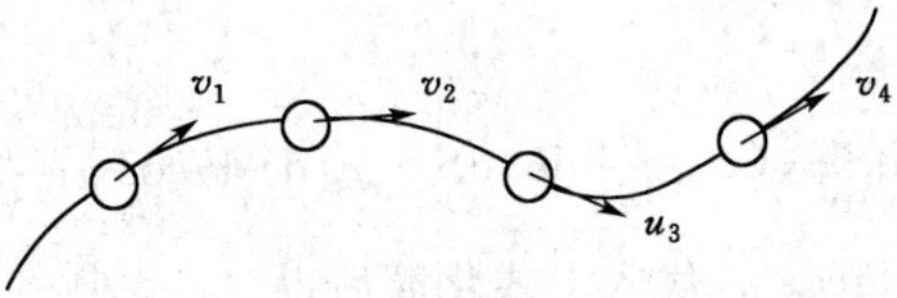

图 3-4 流线

根据流线的定义可得流线的微分方程为

$$\frac{\mathrm{d}x}{v_x}=\frac{\mathrm{d}y}{v_y}=\frac{\mathrm{d}z}{v_z}\tag{3-14}$$

对式(3-14)积分,就可得到流线方程。积分时,应将时间 t 视为不变量。流线具有以下性质:

(1) 流线上某点的切线方向与该点处的速度方向一致。

(2) 流线是一条光滑曲线。流线之间一般不能相交,如果相交,交点速度必为 0 或无穷大。速度为 0 的点称为驻点(stagnation point);速度为无穷大的点称为奇点(singular point)。

(3) 非定常流动时,流线随时间改变;定常流动时则不随时间改变。此时,流线与迹线重合。

流线还是表现流场的有力工具。一簇流线(常称为流谱)不仅可以表示出各点的速度方向,对不可压流体,还能定性反映出速度的大小:流线密集处的速度大,稀疏处速度小。

3.2.4 流管、流束、总流

如图 3-5 所示,在流场作一不与流线重合的封闭曲线,则过该曲线上所有点的流线组成的管状表面就称为流管(stream tube),流管中的所有流体称为流束。当流管截面任意小时称为微元流管,微元流管内的流体称为微元流束。管道内的流动总体称为总流。总流可以分成若干流束或无限多的微元流束,因此在分析管道内流动时,可取一微元流束进行研究,然后对总流积分,就可得到总流的运动规律。

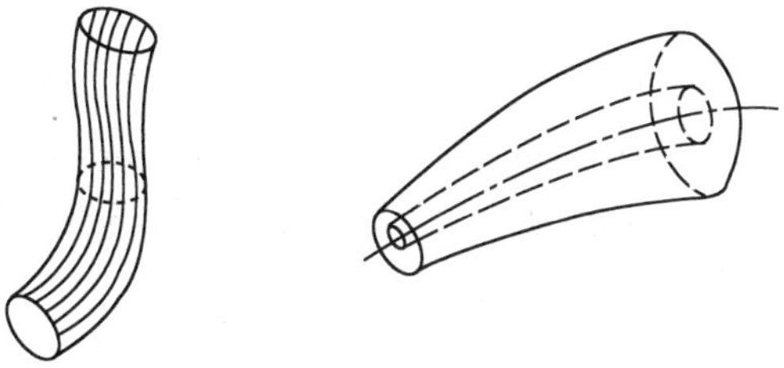

图 3-5 流管与流束

流管具有以下性质:

(1) 定常流动时,因流线的形状不随时间变化,所以流管的形状也不随时间变化;非定常流时,流管的形状随时间变化。

(2) 流管是光滑的。

(3) 由于流管是由流线组成的,因此流体只能从流管的两端出入,不能穿过流管的表面。诸如水管、风道等固体管道,可以看做是特殊的流管。

(4) 微元流管同一截面上各点的流动参数可近似地认为是相等的。微元流管的极限是流线。

3.2.5 有效截面、流量、平均流速

1. *有效截面*

与微小流束或总流各流线相垂直的横断面称为有效截面(effective section)。

2. *流量*

单位时间内流经某一截面的流体的数量称为流量(flow rate),以体积表示时称为体积流量(简称流量),用 q_V 表示;以质量表示时称为质量流量,用 q_m 表示;以重量表示时称为重量流量,用 q_G 表示。法定单位为 m^3/s 和 kg/s,其他单位有 m^3/min,m^3/h,kg/min,t/h 等。对于均质不可压缩流体而言,则:$q_m=\rho q_V$,$q_G=\rho g q_V$;对微元流束而言,通过某一截面的体积流量为

$$dq_V = \boldsymbol{v}d\boldsymbol{A} \tag{3-15}$$

对总流而言，通过某一截面的流量

$$q_V = \iint_A \boldsymbol{v}\,\mathrm{d}\boldsymbol{A} = \iint_A v\cos(\boldsymbol{v}\cdot\boldsymbol{n})\,\mathrm{d}A \tag{3-16}$$

式中，$\boldsymbol{n}$是有效截面 A 的单位法向矢量。

相应的质量流量为

$$q_m = \iint \rho\,\boldsymbol{v}\,\mathrm{d}\,\boldsymbol{A} \tag{3-17}$$

若截面 A 为有效截面，则式(3-16)可写为

$$q_V = \iint_A v\,\mathrm{d}A \tag{3-16a}$$

3. 平均流速

由于流体有黏性，任一有效截面上各点速度大小不等，如管道总流有效截面上中心处速度最大，管壁处速度为 0。假设有效断面上速度分布均匀，则通过该有效截面的流量为

$$q_V = \iint_A v\,\mathrm{d}A = v_a A \tag{3-16b}$$

则

$$v_\mathrm{a} = \frac{q_V}{A} \tag{3-18}$$

称为该有效截面上的平均流速(average velocity)。

3.2.6 湿周、水力半径、水力直径

在总流的有效截面上，流体与固体接触的长度称为湿周(wetted perimeter)，用 χ 表示，如图 3-6 所示。有效面积与湿周之比称为水力半径(hydraulic radius)。

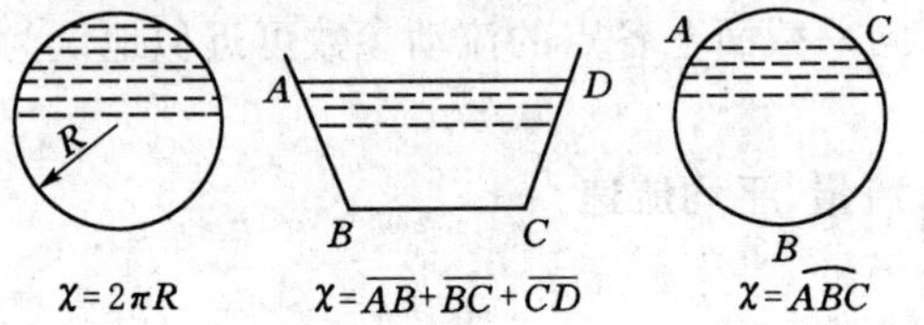

图 3-6 湿周

$$R_\mathrm{h} = \frac{A}{\chi} \tag{3-19}$$

水力半径的 4 倍为水力直径。如半径为 r 的圆管内充满流体，其水力半径为

$$R_\mathrm{h} = \frac{\pi r^2}{2\pi r} = \frac{r}{2}$$

水力直径为：$D_\mathrm{h} = 4R_\mathrm{h} = 2r = D$。

充满流体的边长为 a 的正方形，其水力半径为

$$R_h = \frac{a^2}{4a} = \frac{a}{4}$$

水力直径为：$D_h = a$。水力直径和水力半径的概念在非圆管道和明渠流计算中经常用到。

3.2.7 系统和控制体

1. 系统

在流体力学中，系统(system)是指某一确定的流体质点的集合。系统以外的环境称为外界，分隔系统与外界的表面称为系统的边界。在流体力学中，系统具有以下特点：

(1) 系统的边界面随流体一起运动，系统体积及边界面的大小和形状都可以随时变化。

(2) 系统的边界面上无质量交换。

(3) 系统的边界面上可以有动量和能量的交换。

(4) 系统的边界面上受外界的作用力。

显然，系统属于拉格朗日法中的概念。

2. 控制体

控制体(control volume)指流场中某一确定的空间。控制体的边界面称为控制面。控制体具有以下特点：

(1) 控制体的大小、形状不变，并相对于某确定的坐标系位置也不变。但控制体内的流体质点却是可变的。

(2) 控制面上可以有质量、动量和能量的交换。

(3) 控制面上与外界可有作用力。

显然，控制体属于欧拉法范畴中的概念。

3.3 雷诺输运方程

物理学的普遍定律的表达形式大多是建立在质点、质点系上的，因此对系统而言可直接应用原始数学形式，研究流体运动。但是，在流体力学的多数问题中，把系统作为研究对象得出来的基本方程，应用起来并不方便，而往往更感兴趣的是流体物理量在空间的分布，这时就应以控制体为研究对象。显然，物理学的普遍定律要适用于控制体，必须对物理学的普遍定律中所用系统物理量的体积分对时间的导数作一改写，使之能用控制体的体积分表达出来。这一转换关系式就是雷诺输运方程(Reynolds transport equation)。

在图 3-7 中，取 t 时刻若干流体质点的集合为系统，如图 3-7(a)中虚线所示；并取它所占据空间体积为控制体，它的体积记为Ⅱ，如图 3-7(a)中实线所示；在 t 时刻此控制体的边界与所研究的流体系统的边界相吻合。为方便起见，在图 3-7(b)中给出了控制体和系统在 $t+\Delta t$ 时刻的状态。在 $t+\Delta t$ 时刻，控制体的位置与形状不变，由于流体的运动，流体系统的形状与位置均发生了变化，图 3-7(b)中虚线表示 $t+\Delta t$ 时刻流体系统的边界形状。其中Ⅰ为在 Δt 时间内通过控制面流入控制体的流体，Ⅱ′是系统在 $t+\Delta t$ 时刻所占有的空间与原来 t 时刻所占有的空间（即控制体Ⅱ）相重合的部分，Ⅲ为在 Δt 时间内通过控制面流出控制体的流体。

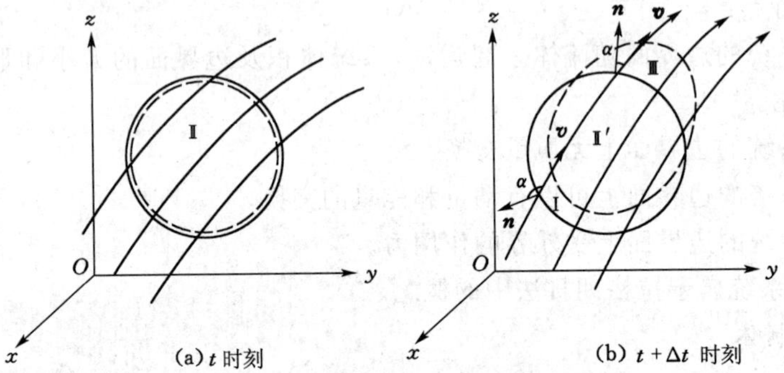

图 3-7　流场中的系统与控制体

设 N 表示在 t 时刻该系统内流体所具有的某种物理量（如质量、动量）的总量，η 表示单位质量的流体的这种物理量，则

$$N=\iiint_V \eta\rho \mathrm{d}V \tag{3-20}$$

当 $\eta=1$ 时，N 表示系统的质量；当 $\eta=\boldsymbol{v}$时，N 表示系统的动量；当 $\eta=\boldsymbol{r}\times\boldsymbol{v}$ 时，N 表示系统的动量矩；当 $\eta=u+v^2/2$ 时，N 表示系统的总能量。

在 t 时刻系统内的流体所具有的某种物理量对时间的导数为

$$\frac{\mathrm{d}N}{\mathrm{d}t}=\frac{\mathrm{d}}{\mathrm{d}t}\iiint_V \eta\rho \mathrm{d}V=\lim_{\Delta t\to 0}\frac{\left(\iiint_{V'}\eta\rho \mathrm{d}V\right)_{t+\Delta t}-\left(\iiint_V \eta\rho \mathrm{d}V\right)_t}{\Delta t} \tag{a}$$

式中，V'为 $t+\Delta t$ 时刻系统的体积，V 为 t 时刻系统的体积。

从图 3-7(b)可以看出，体积 V'包含Ⅱ′和Ⅲ两部分，而体积 V 包含Ⅱ′和Ⅰ两部分，因此可将式(a)写成

$$\frac{\mathrm{d}N}{\mathrm{d}t}=\lim_{\Delta t\to 0}\frac{\left(\iiint_{\mathrm{II}'}\eta\rho \mathrm{d}V\right)_{t+\Delta t}-\left(\iiint_{\mathrm{II}'}\eta\rho \mathrm{d}V\right)_t}{\Delta t}+$$

$$\lim_{\Delta t \to 0} \frac{\left(\iiint_{\text{Ⅲ}} \eta \rho \mathrm{d}V\right)_{t+\Delta t} - \left(\iiint_{\text{Ⅰ}} \eta \rho \mathrm{d}V\right)_{t}}{\Delta t} \tag{b}$$

式中，下标“t”或“$t+\Delta t$”分别表示对该时刻的值求体积分。在 t 时刻，系统体积与控制体体积相重合。当 $\mathrm{d}t \to 0$ 时，Ⅱ$'$→Ⅱ；Ⅲ→0。若控制体体积用 CV 表示，则有Ⅱ$=V(t)=CV$。因此，式(b)右端第一项成为

$$\frac{\partial}{\partial t}\iiint_{CV} \eta \rho \mathrm{d}V \tag{c}$$

它表示控制体内流体的某种物理量的总量随时间的变化率。

式(b)右端的 $\left(\iiint_{\text{Ⅲ}} \eta \rho \mathrm{d}V\right)_{t+\Delta t}$ 表示在 Δt 时间内流出控制体的流体所具有的物理量，于是在 t 时刻单位时间内流出控制体的流体所具有的物理量为

$$\lim_{\Delta t \to 0}\left(\iiint_{\text{Ⅱ}} \eta \rho \mathrm{d}V\right)_{t+\Delta t} \Big/ \Delta t = \iint_{CS_2} \eta \rho v_n \mathrm{d}A \tag{d}$$

式中，下标“CS_2”表示控制面流出部分的面积。

同样，在 t 时刻单位时间内流入控制体的流体所具有的物理量为

$$\lim_{\Delta t \to 0}\left(\iiint_{\text{Ⅰ}} \eta \rho \mathrm{d}V\right)_{t+\Delta t} \Big/ \Delta t = -\iint_{CS_1} \eta \rho v_n \mathrm{d}A \tag{e}$$

式中，CS_1 表示控制面流入部分的面积。加上负号是因为流入速度方向与控制面外法向的夹角总是大于 90°，见图 3-7(b)；v_n 总是负值，而式(e)左端体积分是正值(设 V 为正值)。将式(c)～式(e)代入式(b)，$CS_1+CS_2=CS$，CS 是整个控制体的面积，则可得到著名的雷诺输运方程

$$\frac{\mathrm{d}N}{\mathrm{d}t} = \frac{\partial}{\partial t}\iiint_{CV} \eta \rho \mathrm{d}V + \oiint_{CS} \eta \rho v_n \mathrm{d}A \tag{3-21}$$

或

$$\frac{\mathrm{d}N}{\mathrm{d}t} = \frac{\partial}{\partial t}\iiint_{CV} \eta \rho \mathrm{d}V + \oiint_{CS} \eta \rho \boldsymbol{v} \cdot \mathrm{d}\boldsymbol{A} \tag{3-21a}$$

式中，$\mathrm{d}\boldsymbol{A}$是以外法方向为正方向的微元面积矢量。它就是将按拉格朗日方法求系统内物理量的时间变化率转换为按欧拉方法去计算的公式。该式说明，系统的某种物理量 N 的时间变化率等于控制体(相对于 $Oxyz$ 坐标系是静止的)该种物理量的时间变化率加上单位时间内经过控制面的净通量。

在定常流动的情况下，$\frac{\partial}{\partial t}\iiint_{CV} \eta \rho \mathrm{d}V = 0$，则

$$\frac{\mathrm{d}N}{\mathrm{d}t} = \oiint_{CS} \eta \rho \boldsymbol{v} \cdot \mathrm{d}\boldsymbol{A} \tag{3-21b}$$

由此可见，在定常流动的情况下，系统某种物理量的变化率只与通过控制面的流动有关，而不必知道系统内部流动的详细情况。值得指出，在动坐标系中雷

诺输运方程成立。此时，雷诺输运方程可写为

$$\frac{\mathrm{d}N'}{\mathrm{d}t}=\frac{\partial}{\partial t}\iiint_{CV'}\eta\rho\mathrm{d}V'+\oiint_{CS}\eta\rho\boldsymbol{v}'\cdot\mathrm{d}\boldsymbol{A}' \tag{3-21c}$$

式中，上标“′”表示在动坐标系中的有关的物理量。

3.4 连续性方程

3.4.1 总流的连续性方程

连续性方程(equation of continuity)是质量守恒定律在流体力学中的表现形式。质量守恒是自然界的客观规律(但当物体运动速度接近光速时或微观的原子核反应中发生质能互换的情况除外)。在流体力学中，这个规律也完全成立。下面就从质量守恒定律出发推导连续性方程式。

根据输运公式，取 $\eta=1$，则物理量 N 就表示系统的总质量。根据质量守恒定律，系统的总质量是不随时间变化的，因此

$$\frac{\mathrm{d}}{\mathrm{d}t}\iiint_{V}\rho\mathrm{d}V=0$$

根据式(3-21)雷诺输运方程，得

$$\frac{\partial}{\partial t}\iiint_{CV}\rho\mathrm{d}V+\oiint_{CS}\rho v_n\mathrm{d}A=0 \tag{3-22}$$

该式表明：单位时间内控制体内流体质量的增量，与单位时间内经过控制面流入控制体的流体质量相等。

在定常流动条件下，有

$$\oiint_{CS}\rho v_n\mathrm{d}A=0 \tag{3-22a}$$

该式表明：对于定常流动，流入控制体的流体质量和流出控制体的流体质量相等。

当流体不可压时，ρ 为常数。上式可写为

$$\oiint_{CS}v_n\mathrm{d}A=0 \tag{3-22b}$$

该式表明：对于不可压流体的定常流动，流入控制体的流体体积和流出控制体的流体体积相等。

如图 3-8 所示的一维管流，取有效截面 S_1 和 S_2，以及两者之间的管壁 S_3 组成的封闭空间为控制体，注意到 $CS=S_1+$

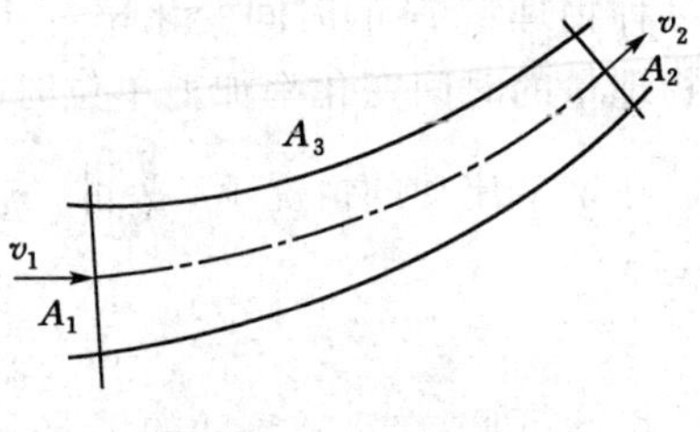

图 3-8 一维管流

S_2+S_3，根据式(3-22a)，有

$$-\iint_{S_1}\rho_1 v_1 \mathrm{d}A_1+\iint_{S_2}\rho_2 v_2 \mathrm{d}A_2+\iint_{S_3}\rho_3 v_3 \mathrm{d}A_3=0$$

因为没有流体出入管壁，所以上式中的第三项为0，则上式可写成

$$\iint_{S_1}\rho_1 v_1 \mathrm{d}A_1=\iint_{S_2}\rho_2 v_2 \mathrm{d}A_2 \tag{3-23}$$

若 S_1 和 S_2 为微元面积，则根据微元流管的性质得到微元流管的连续方程为

$$\rho_1 v_1 \mathrm{d}A_1=\rho_2 v_2 \mathrm{d}A_2 \tag{3-23a}$$

对于总流，设在有效截面上密度均匀，但 $\rho_1 \neq \rho_2$，根据式(3-16b)和式(3-23)，有

$$\rho_1 v_{a1} A_1=\rho_2 v_{a2} A_2 \tag{3-23b}$$

以上就是可压缩流体定常流动的微元流束和总流的连续性方程。该式表明，各截面的质量流量相等，且为不随时间变化的常数。因此，在同一时间内从外部经1—1断面流进的流体质量等于从2—2断面流出的流体质量。

对不可压流体因密度是常数，因此

$$v_1 \mathrm{d}A_1=v_2 \mathrm{d}A_2 \tag{3-24}$$

$$v_{a1} A_1=v_{a2} A_2 \tag{3-24a}$$

该式表明，对不可压定常流动，一元流动的任一有效截面上的体积流量相等，且为不随时间变化的常数。有效截面上的平均速度与面积成反比：有效面积大，则速度小；有效截面小，则速度大。

例 3-1　氨气压缩机用直径 $d_1=76.2$ mm 的管子吸入密度 $\rho_1=4$ kg/m^3 的氨气。经压缩后，由直径 $d_2=38.1$ mm 的管子以 $v_2=10$ m/s 的速度流出，此时密度增至 $\rho_2=20$ kg/m^3。求：(1) 质量流量；(2) 流入平均流速？

解　(1) 可压缩流体的质量流量为

$$q_m=\rho q_V=\rho_2 A_2 v_{a2}=20\times 10\times \frac{\pi}{4}\times(0.038\ 1)^2\ \text{kg/s}=0.228\ \text{kg/s}$$

(2) 根据定常可压缩流体的连续性方程

因为

$$\rho_1 v_{a1} A_1=\rho_2 A_2 v_{a2}=0.228\ \text{kg/s}$$

所以

$$v_{a1}=\frac{0.228}{4\times\frac{\pi}{4}\times(0.076\ 2)^2}\ \text{m/s}=12.565\ \text{m/s}$$

3.4.2　微分形式的连续性方程

设在流场中取一固定不动的微元立方体作为控制体，在直角坐标系 $Oxyz$ 中，边长分别取 $\mathrm{d}x,\mathrm{d}y,\mathrm{d}z$，如图 3-9 所示。

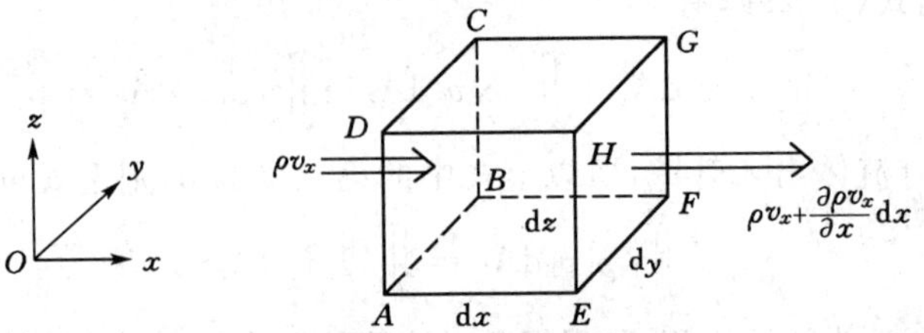

图 3-9 微元立方体

设 t 时刻 A 点流体密度为 $\rho(x,y,z,t)$，速度为 $\boldsymbol{v}(x,y,z,t)$，在 x,y,z 方向的分量是 $v_x(x,y,z,t),v_y(x,y,z,t),v_z(x,y,z,t)$ 记为 v_x,v_y,v_z。

首先分析控制面流体质量的流入或流出。以 x 方向为例，在控制面 $ABCD$ 上，Δt 时间将有 $\rho v_x \mathrm{d}z\mathrm{d}y\Delta t$ 的流体质量进入控制体；而在控制面 $EFGH$ 上，Δt 时间内则将有 $\rho v_x \mathrm{d}z\mathrm{d}y\Delta t+\frac{\partial}{\partial x}(\rho v_x \mathrm{d}z\mathrm{d}y\Delta t)\mathrm{d}x$ 的流体质量流出控制体。在 Δt 时间内沿 x 方向流出控制体的流体质量（净）为 $\frac{\partial}{\partial x}(\rho v_x)\mathrm{d}x\mathrm{d}y\mathrm{d}z\Delta t$，同理在 Δt 时间内沿 y,z 方向流出控制体的流体质量（净）为：$\frac{\partial}{\partial y}(\rho v_y)\mathrm{d}x\mathrm{d}y\mathrm{d}z\Delta t$，$\frac{\partial}{\partial z}(\rho v_z)\mathrm{d}x\mathrm{d}y\mathrm{d}z\Delta t$。所以在 Δt 时间内通过六面体的全部 6 个控制面净流出的流体质量就为

$$\left[\frac{\partial}{\partial x}(\rho v_x)+\frac{\partial}{\partial y}(\rho v_y)+\frac{\partial}{\partial z}(\rho v_z)\right]\mathrm{d}x\mathrm{d}y\mathrm{d}z\Delta t$$

与此同时，经过 Δt 时间控制体内的流体质量减少了 $-\frac{\partial}{\partial t}(\rho\mathrm{d}x\mathrm{d}y\mathrm{d}z)\Delta t$ 。于是，依据质量守恒定律，在 Δt 时间内，控制体内所减少的质量一定与同一时间内从控制体中流出的质量相等，即

$$-\frac{\partial}{\partial t}(\rho\mathrm{d}x\mathrm{d}y\mathrm{d}z)\Delta t=\left[\frac{\partial(\rho v_x)}{\partial x}+\frac{\partial(\rho v_y)}{\partial y}+\frac{\partial(\rho v_z)}{\partial z}\right]\mathrm{d}x\mathrm{d}y\mathrm{d}z\Delta t$$

化简后得

$$\frac{\partial \rho}{\partial t}+\frac{\partial(\rho v_x)}{\partial x}+\frac{\partial(\rho y_x)}{\partial y}+\frac{\partial(\rho v_z)}{\partial z}=0 \tag{3-25}$$

这就是直角坐标系中流体运动的微分形式的连续性方程。上式第一项代表单位时间内、单位体积的质量增量；第二、三、四项代表单位时间内、单位体积内质量的净流出。

圆柱坐标下的连续性方程为

$$\frac{\partial \rho}{\partial t}+\frac{\partial(\rho v_r)}{\partial r}+\frac{\partial(\rho v_\theta)}{r\partial \theta}+\frac{\partial(\rho v_z)}{\partial z}+\frac{\rho v_r}{r}=0 \tag{3-25a}$$

其矢量形式为

$$\frac{\partial \rho}{\partial t}+\nabla\cdot(\rho \boldsymbol{v})=0 \tag{3-26}$$

（1）定常流动时，$\frac{\partial \rho}{\partial t}=0$，连续方程为

$$\frac{\partial(\rho v_x)}{\partial x}+\frac{\partial(\rho v_y)}{\partial y}+\frac{\partial(\rho v_z)}{\partial z}=0 \tag{3-27}$$

或

$$\nabla\cdot(\rho \boldsymbol{v})=0 \tag{3-27a}$$

这表示从单位体积内净流出的质量为0（质量的流入与流出相等）。

（2）对不可压流体的定常流动，由于流体的密度在运动过程中保持不变，故应有

$$\frac{\partial v_x}{\partial x}+\frac{\partial v_y}{\partial y}+\frac{\partial v_z}{\partial z}=0 \tag{3-28}$$

或

$$\nabla\cdot\boldsymbol{v}=0 \tag{3-28a}$$

这表示从单位体积内净流出的体积为0（体积的流入与流出相等）。

3.5 动量方程

3.5.1 惯性坐标系中的动量方程

取 $\eta=\boldsymbol{v}$（单位质量流体的动量），则物理量 N 就表示系统的总动量（momentum）。根据雷诺输运方程，有

$$\frac{\mathrm{d}N}{\mathrm{d}t}=\frac{\partial}{\partial t}\iiint_{CV}\boldsymbol{v}\rho\,\mathrm{d}V+\oiint_{CS}\boldsymbol{v}\rho v_n\,\mathrm{d}A$$

根据动量定理，系统动量对时间的变化率等于作用在系统上外力的矢量和。由于在 t 时刻，系统与控制体重合，因此作用在系统上的外力与作用在控制体上的外力相同，故

$$\frac{\partial}{\partial t}\iiint_{CV}\boldsymbol{v}\rho\,\mathrm{d}V+\oiint_{CS}\boldsymbol{v}\rho v_n\,\mathrm{d}A=\boldsymbol{F}_f+\boldsymbol{f}_{p_n} \tag{3-29}$$

对于定常流动，动量方程简化为

$$\oiint_{CS}\boldsymbol{v}\rho v_n\,\mathrm{d}A=\boldsymbol{F}_{p_n}+\boldsymbol{F}_f \tag{3-29a}$$

式中，$\boldsymbol{F}_f=\iiint_{CV}\rho\boldsymbol{f}\,\mathrm{d}V$ 为作用在控制体上的质量力的合力，$\boldsymbol{F}_{p_n}=\oiint_{CS}\boldsymbol{p}_n\,\mathrm{d}A$ 为

作用在控制面上的表面力的合力。式(3-29)为动量定理在流体力学中的具体表达形式,称为动量方程。

如图 3-10 所示,对于不可压流体的定常一元流动,取截面积为 A_1、A_2 的两有效截面,以及流体和管壁的接触面 A_3 组成的封闭空间为控制体。注意到 $CS=A_1+A_2+A_3$,根据式(3-29a)有

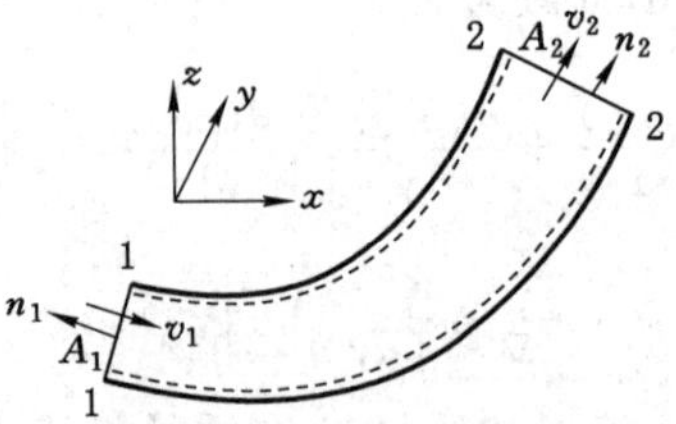

图 3-10 定常一元流动

$$\iint_{A_1} \boldsymbol{v}_1 \rho v_{1n} \mathrm{d}A_1 + \iint_{A_2} \boldsymbol{v}_2 \rho v_{2n} \mathrm{d}A_2 + \iint_{A_3} \boldsymbol{v}_3 \rho v_{3n} \mathrm{d}A_3 = \boldsymbol{F}_f + \boldsymbol{F}_{p_n}$$

在有效截面 A_1、A_2 上有 $v_{1n}=-v_1$,$v_{2n}=v_2$,且流体不能穿过管壁,故 $v_{3n}=0$,方程左边只要对流入截面和流出截面进行积分即可。因此,上式可写为

$$\iint_{A_2} \rho \boldsymbol{v}_2 v_2 \mathrm{d}A_2 - \iint_{A_1} \rho \boldsymbol{v}_1 v_1 \mathrm{d}A_1 = \boldsymbol{F}_f + \boldsymbol{F}_{p_n} \tag{3-30}$$

式(3-30)为不可压流体的一元定常流动积分形式的动量方程。由于截面上的速度分布难以精确求得,因此用有效截面上的平均速度 v_{a} 计算其动量,令

$$\iint_A \rho v^2 \mathrm{d}A = \beta \rho v_{\mathrm{a}}^2 A = \beta \rho v_{\mathrm{a}} q_V$$

式中,β 为动量修正系数(momentum correction factor),$\beta = \dfrac{1}{A}\iint_A \left(\dfrac{v}{v_{\mathrm{a}}}\right)^2 \mathrm{d}A$,在工程上常取 $\beta \approx 1$。且根据连续方程 $q_{V_1}=q_{V_2}$,于是上式可写成

$$\rho q_V (\beta_2 \boldsymbol{v}_{2\mathrm{a}} - \beta_1 \boldsymbol{v}_{1\mathrm{a}}) = \boldsymbol{F}_f + \boldsymbol{F}_{p_n} \tag{3-31}$$

式(3-31)为工程上常用的不可压流体的一元定常流动矢量形式的动量方程。对于三维流动,动量方程的分量形式可写为

$$\left.\begin{aligned} \rho q_V (\beta_2 v_{2\mathrm{a}x} - \beta_1 v_{1\mathrm{a}x}) &= F_{fx} + F_{p_{nx}} \\ \rho q_V (\beta_2 v_{2\mathrm{a}y} - \beta_1 v_{1\mathrm{a}y}) &= F_{fy} + F_{p_{ny}} \\ \rho q_V (\beta_2 v_{2\mathrm{a}z} - \beta_1 v_{1\mathrm{a}z}) &= F_{fz} + F_{p_{nz}} \end{aligned}\right\} \tag{3-31a}$$

例 3-2 如图 3-11 所示,一个分离的不锈钢空心圆球放置在托架上,圆球下方均匀地布置 6 个喷管。在地面上的一个水池中装有一潜水泵,潜水泵将池内的水通过一根不锈钢水管导向喷管,射向圆球,从而将圆球托起并使得空心圆球

能够旋转。假设圆球的重量为 250 N，喷管的直径为 10 mm，求将圆球托起所需的水的喷射速度。(忽略托架内水对圆球的浮力以及淹没作用)

解 根据式(3-31)，6 个喷管对圆球的作用力为

$$F = 6\rho q v$$

式中，v 为水的喷射速度。该作用力应该等于圆球的重量。于是

$$F = 6\rho q v = 6\rho \cdot \frac{\pi}{4} d^2 v^2 = 250\ \text{N}$$

可求得水的喷射速度为 $v=23$ m/s。

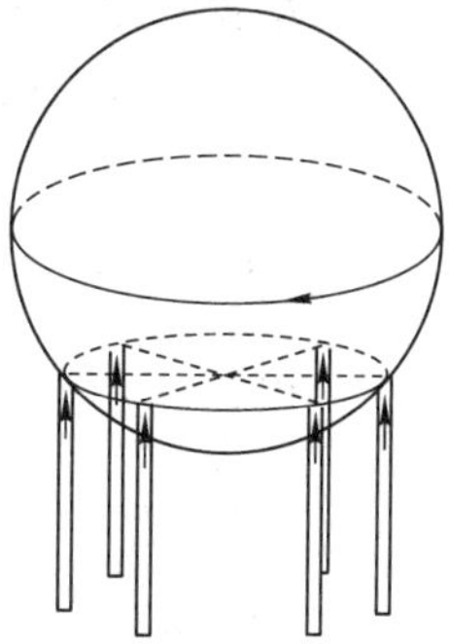

图 3-11 喷泉顶球装置

例 3-3 密度为 ρ 的不可压流体在图 3-12 所示的水平安装的收缩型弯管中做定常流动，流体出口速度方向与进口速度方向之间的夹角为 α。已知进出口的平均速度、压力、面积为 $\boldsymbol{v}_1, p_1, A_1$ 和 $\boldsymbol{v}_2, p_2, A_2$，求流体对弯管在水平方向的作用力。

解 (1) 在水平面上建立图示 xOy 的惯性坐标系。

(2) 取进出口截面 1—1、2—2，以及流体与管壁的接触面组成的封闭空间为控制体。

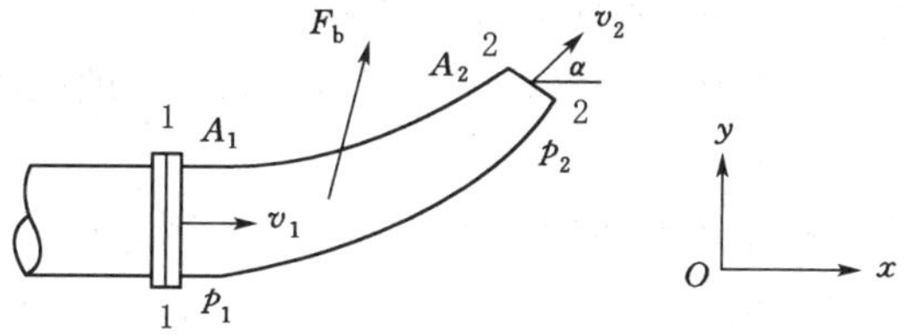

图 3-12 水平放置的弯管

(3) 各控制面上的速度为：$v_{1x}=v_1, v_{1y}=0; v_{2x}=v_2\cos\alpha, v_{2y}=v_2\sin\alpha$

(4) 分析控制体的受力。首先分析质量力，在惯性坐标系中作用在控制体上的质量力只有重力，由于弯管水平安装，重力在水平方向分量为零。其次分析表面力，在 A_1 控制面上作用有表面力 $P_1=p_1A_1$，方向和 x 轴方向相同；在 A_2 控制面上作用有表面力 $P_2=p_2A_2$，与 x 轴的角度为 α，在 A_3 控制面上表面力有管壁对 A_3 的压力所引起的作用力 $\boldsymbol{F}_b$，以及管壁对 A_3 的切应力所引起的作用力 $\boldsymbol{F}_\tau$，通常后者相对于前者可忽略不计。所以，控制体在 x, y 方向受到的合外力为

$$F_x = p_1A_1 - p_2A_2\cos\alpha + F_{bx}$$

$$F_y = -p_2A_2\sin\alpha + F_{by}$$

(5) 根据动量方程式(3-31a),并取$\beta=1$,可得

$$\rho q_V(v_2\cos\alpha-v_1)=p_1A_1-p_2A_2\cos\alpha+F_{bx}$$

$$\rho q_V(v_2\sin\alpha-0)=-p_2A_2\sin\alpha+F_{by}$$

由连续方程有:$q_V=A_1v_1=A_2v_2$,代入上式可得

$$F_{bx}=p_2A_2\cos\alpha-p_1A_1+q_V\rho\left(\frac{A_1}{A_2}v_1\cos\alpha-v_1\right)$$

$$F_{by}=p_2A_2\sin\alpha+q_V\rho v_1\frac{A_1}{A_2}\sin\alpha$$

反之,流体对管壁的作用力为

$$R_{bx}=-F_{bx}=-p_2A_2\cos\alpha+p_1A_1-q_V\rho\left(\frac{A_1}{A_2}v_1\cos\alpha-v_1\right)$$

$$R_{by}=-F_{by}=-p_2A_2\sin\alpha-q_V\rho v_1\frac{A_1}{A_2}\sin\alpha$$

$$R_b=\sqrt{R_{bx}^2+R_{by}^2}$$

作用力的方向为

$$\beta=\arctan\frac{R_{by}}{R_{bx}}$$

综上所述,应用动量方程解题应注意的问题有:

(1) 建立合适的坐标系,能够使问题简化。

(2) 选择适当的控制体。选择控制体时应包括求解的问题。控制体只是流场中的封闭体积,其中可以是流体、固体等。

(3) 分析作用在控制体和控制面上的外力。在惯性坐标系中,质量力通常只有重力。计算表面力时,通常只计算压强引起的表面力,且一般使用相对压强,而不计切应力引起的表面力。当作用力的方向和坐标轴的正方向一致时,其值为正;否则为负。

(4) 分析控制体的运动时应注意所选用的坐标系。在惯性坐标系中,应用绝对速度。

3.5.2 旋转坐标系中的动量方程

在流体机械中旋转叶轮内流体的流动,在绝对坐标系中是非定常的,而在固接于旋转轴上的相对坐标系中则是定常的。旋转坐标系属于非惯性坐标系,这时动量方程式(3-31)不再适用。因为在这种坐标系中,动量不再用相对于静止坐标系的绝对速度来表示,而用相对于旋转坐标系的相对速度来表示,质点的加速度也用相对加速度来表示。

设坐标系绕垂直轴线以等角速度ω旋转,根据理论力学中的相对运动理论,运动质点的绝对加速度是相对加速度$\boldsymbol{a}_r$、牵连加速度$\boldsymbol{a}_e$与哥氏加速度$\boldsymbol{a}_g$的

矢量和。其中，$\boldsymbol{a}_r = \mathrm{d}\,\boldsymbol{v}_r/\mathrm{d}t$，$\boldsymbol{a}_e = -\omega^2\,\boldsymbol{r}$，$\boldsymbol{a}_g = 2\,\boldsymbol{\omega}\times\boldsymbol{v}_r$，$\boldsymbol{v}_r$ 是相对速度。

因为
$$\frac{\mathrm{d}}{\mathrm{d}t}\iiint_V \boldsymbol{v}\rho\mathrm{d}V = \iiint_V \frac{\mathrm{d}\,\boldsymbol{v}}{\mathrm{d}t}\rho\mathrm{d}V + \iiint_V \boldsymbol{v}\,\frac{\mathrm{d}}{\mathrm{d}t}(\rho\mathrm{d}V)$$

而根据质量守恒定律

$$\frac{\mathrm{d}}{\mathrm{d}t}(\rho\,\mathrm{d}V) = \frac{\mathrm{d}}{\mathrm{d}t}(\mathrm{d}m) = 0$$

所以，在惯性坐标系中，系统动量的时间变化率可以写成

$$\frac{\mathrm{d}}{\mathrm{d}t}\iiint_V \boldsymbol{v}\rho\mathrm{d}V = \iiint_V \frac{\mathrm{d}\,\boldsymbol{v}}{\mathrm{d}t}\rho\mathrm{d}V \tag{a}$$

绝对加速度 $\mathrm{d}\,\boldsymbol{v}/\mathrm{d}t$ 可以写成

$$\frac{\mathrm{d}\,\boldsymbol{v}}{\mathrm{d}t} = \boldsymbol{a} = \frac{\mathrm{d}\,\boldsymbol{v}_r}{\mathrm{d}t} - \omega^2\,\boldsymbol{r} + 2\,\boldsymbol{\omega}\times\boldsymbol{v}_r \tag{b}$$

考虑到物理量的体积积分不论是在惯性坐标系中还是在非惯性坐标系中都一样，将式(a)和式(b)代入式(3-29)，经整理后得

$$\iiint_V \rho\,\frac{\mathrm{d}\,\boldsymbol{v}_r}{\mathrm{d}t}\mathrm{d}V = \iiint_{CV}\rho(\boldsymbol{f} + \omega^2\,\boldsymbol{r} - 2\,\boldsymbol{\omega}\times\boldsymbol{v}_r)\mathrm{d}V + \iint_{CS}\boldsymbol{p}_n\mathrm{d}A \tag{3-32a}$$

或

$$\begin{aligned}&\frac{\partial}{\partial t}\iiint_{CV}\rho\,\boldsymbol{v}_r\mathrm{d}V + \iint_{CS}\rho v_m\,\boldsymbol{v}_r\mathrm{d}A\\ &= \iiint_{CV}\rho(\boldsymbol{f} + \omega^2\,\boldsymbol{r} - 2\,\boldsymbol{\omega}\times\boldsymbol{v}_r)\mathrm{d}V + \iint_{CS}\boldsymbol{p}_n\mathrm{d}A\end{aligned} \tag{3-32b}$$

这就是绕垂直轴做等角速度旋转的坐标系中的动量方程。它与惯性坐标系中的动量方程的区别在于质量力中增加了两个惯性力项。

3.6 动量矩方程

动量方程阐明了流体运动的变化与所受外力之间的关系。但是，当系统还受到力矩的作用从而产生旋转运动时，要研究流体系统的动力学关系，如叶轮机械中的流体流动与主动力矩问题，往往就需要用到动量矩方程。

在上一节中，我们根据动量定理得出了动量方程。同理，根据动量矩定理可得出动量矩方程(equation of moment of momentum)。

根据输运公式，取 $\eta = \boldsymbol{r}\times\boldsymbol{v}$(单位质量流体的动量矩)，则物理量 N 就表示系统内流体的动量矩。因此

$$\frac{\mathrm{d}N}{\mathrm{d}t} = \frac{\partial}{\partial t}\iiint_{CV}\boldsymbol{r}\times\boldsymbol{v}\rho\,\mathrm{d}V + \oint\!\!\!\oint_{CS}\boldsymbol{r}\times\boldsymbol{v}\rho v_n\mathrm{d}A$$

根据动量矩定理，系统动量矩对时间的变化率等于作用在系统上的外力矩

的矢量和，故

$$\frac{\partial}{\partial t}\iiint_{CV}\boldsymbol{r}\times\boldsymbol{v}\rho\ \mathrm{d}V+\oiint_{CS}\boldsymbol{r}\times\boldsymbol{v}\rho v_n\mathrm{d}A$$
$$=\iiint_{CV}\boldsymbol{r}\times\boldsymbol{f}\rho\ \mathrm{d}V+\iint_{CS}\boldsymbol{r}\times\boldsymbol{p}_n\mathrm{d}A \tag{3-33}$$

如果是定常流情况，则上式第一项为 0。在旋转坐标系中，动量矩方程为

$$\frac{\partial}{\partial t}\iiint_{CV}\boldsymbol{r}\times\rho\,\boldsymbol{v}_r\mathrm{d}V+\oiint_{CS}\boldsymbol{r}\times\rho\,\boldsymbol{v}_r\rho v_m\mathrm{d}A$$
$$=\iiint_{CV}\boldsymbol{r}\times(\boldsymbol{f}+\omega^2\,\boldsymbol{r}-2\omega\times v_r)\rho\ \mathrm{d}V+\iint_{CS}\boldsymbol{r}\times\boldsymbol{p}_n\mathrm{d}A \tag{3-33a}$$

3.7 能量方程

3.7.1 能量方程

流体的运动与其他物质一样服从能量守恒及转换定律。能量方程是能量守恒及转换定律在流体力学中的反映。根据能量守恒和转换定律，流体系统中能量的时间变化率，应等于单位时间作用于系统的质量力和表面力所做的功与单位时间外界与系统交换的热量之和，即

$$\frac{\mathrm{d}E}{\mathrm{d}t}=\frac{\mathrm{d}w_f}{\mathrm{d}t}+\frac{\mathrm{d}w_{p_n}}{\mathrm{d}t}+\frac{\mathrm{d}Q}{\mathrm{d}t} \tag{3-34}$$

式中，$\frac{\mathrm{d}w_f}{\mathrm{d}t}$ 是单位时间作用于系统的质量力所做的功，对所取的控制体 $\frac{\mathrm{d}w_f}{\mathrm{d}t}=\iiint_{CV}\rho\,\boldsymbol{f}\cdot\boldsymbol{v}\mathrm{d}V$；$\frac{\mathrm{d}w_{p_n}}{\mathrm{d}t}$ 是单位时间作用于系统的表面力所做的功，对所取的控制体 $\frac{\mathrm{d}w_{p_n}}{\mathrm{d}t}=\oiint_{CS}\boldsymbol{p}_n\cdot\boldsymbol{v}\mathrm{d}V$；$\frac{\mathrm{d}Q}{\mathrm{d}t}$ 是单位时间外界与系统交换的热量之和。

取 $\eta=u+v^2/2$，此为单位质量流体的能量。则有 $N=\iiint\rho(u+v^2/2)\mathrm{d}V$，就表示了系统内流体的总能量。因此

$$\frac{\mathrm{d}}{\mathrm{d}t}\iiint_{V}\rho(u+\frac{v^2}{2})\mathrm{d}V=\frac{\partial}{\partial t}\iiint_{CV}\rho(u+\frac{v^2}{2})\mathrm{d}V+\oiint_{CS}\rho v_n(u+\frac{v^2}{2})\mathrm{d}A$$

代入式(3-34)得

$$\frac{\partial}{\partial t}\iiint_{CV}\rho(u+\frac{v^2}{2})\mathrm{d}V+\oiint_{CS}\rho v_n(u+\frac{v^2}{2})\mathrm{d}A$$
$$=\iiint_{CV}\rho\,\boldsymbol{f}\cdot\boldsymbol{v}\mathrm{d}V+\oiint_{CS}\boldsymbol{p}_n\cdot\boldsymbol{v}\mathrm{d}A+\frac{\mathrm{d}Q}{\mathrm{d}t} \tag{3-35}$$

或

$$\frac{\partial}{\partial t}\iiint_{CV}\rho\left(u+\frac{v^2}{2}\right)\mathrm{d}V=\iiint_{CV}\rho\,\boldsymbol{f}\cdot\boldsymbol{v}\mathrm{d}V+\oiint_{CS}\boldsymbol{p}_n\cdot\boldsymbol{v}\mathrm{d}A+\frac{\mathrm{d}Q}{\mathrm{d}t}-\oiint_{CS}\rho v_n\left(u+\frac{v^2}{2}\right)\mathrm{d}A \tag{3-35a}$$

式(3-25a)为流体力学中积分形式的能量方程。该式表明:控制体内流体的总能量对时间的变化率等于单位时间内传给控制体内流体的热量、外界对控制体内流体所做的功与通过控制面流入的流体总能量之和。

3.7.2 重力场中一维绝热定常流动积分形式的能量方程

假设:① 没有热交换,则$\frac{\mathrm{d}Q}{\mathrm{d}t}=0$;②质量力只有重力,$\boldsymbol{f}=-g\,\boldsymbol{k}$。这样可以把重力做功项作为位势能包含在能量项中,则有 $\eta=u+v^2/2+gz$,所以式(3-35)可写为

$$\frac{\partial}{\partial t}\iiint_{CV}\rho\left(u+\frac{v^2}{2}+gz\right)\mathrm{d}V+\oiint_{CS}\rho v_n\left(u+\frac{v^2}{2}+gz\right)\mathrm{d}A=\oiint_{CS}\boldsymbol{p}_n\cdot\boldsymbol{v}\mathrm{d}A \tag{3-36}$$

该式为重力场中一维绝热流动的能量方程。将表面力$\boldsymbol{p}_n$分解为垂直于表面的法向应力$\boldsymbol{p}_{nn}$和切向力$\boldsymbol{\tau}$,并可近似地取$\boldsymbol{p}_{nn}=-p\,\boldsymbol{n}$,于是

$$\oiint_{CS}\boldsymbol{p}_n\cdot\boldsymbol{v}\mathrm{d}A=-\oiint_{CS}p\cdot v_n\mathrm{d}A+\oiint_{CS}\boldsymbol{\tau}\cdot\boldsymbol{v}\mathrm{d}A$$

对于管道内的一维流动,选择固定管道内壁与进出口有效截面为控制面。对于理想流体,切向力$\boldsymbol{\tau}$为0;而如果是黏性流体,则管壁上的速度为0;在进出口截面上,速度与切向力互相垂直。因此,上式右边的第二项总是等于0,于是

$$\frac{\partial}{\partial t}\iiint_{CV}\rho\left(u+\frac{v^2}{2}+gz\right)\mathrm{d}V+\oiint_{CS}\rho v_n\left(u+\frac{v^2}{2}+gz+\frac{p}{\rho}\right)\mathrm{d}A=0 \tag{3-37}$$

在定常条件下,上式第一项为0。注意到$CS=A_1+A_2+A_3$,在有效截面A_1上有$v_n=-v$;在有效截面A_2上有$v_n=v$;而在管道内壁A_3上,$v_n=0$。因此,只要在进出口有效截面上进行积分即可,即

$$\iint_{A_2}\rho v\left(u+\frac{v^2}{2}+gz+\frac{p}{\rho}\right)\mathrm{d}A-\iint_{A_1}\rho v\left(u+\frac{v^2}{2}+gz+\frac{p}{\rho}\right)\mathrm{d}A=0 \tag{3-38}$$

$$\iint_{A_2}\rho v\left(u+\frac{v^2}{2}+gz+\frac{p}{\rho}\right)\mathrm{d}A=\iint_{A_1}\rho v\left(u+\frac{v^2}{2}+gz+\frac{p}{\rho}\right)\mathrm{d}A \tag{3-38a}$$

这就是重力场中一维绝热定常流动积分形式的能量方程。该式表明,单位时间内流入、流出控制体的流体的能量是相等的。

需要说明的是,控制面上切向力做功为0,但控制体内部的切向力的摩擦功会引起机械能的损失,并转化为热能。在与外界无热交换的情况下,这种热会引

起流体温度的变化，从而使流体的内能等物理量发生变化。

3.8 沿流线的伯努利方程

3.8.1 不可压理想流体在重力场中的一维绝热定常流动能量方程

取微元流管作为控制体，则在进出口有效截面上运动参数是均匀的，则式(3-38a)可写为

$$u_2 + \frac{v_2^2}{2} + gz_2 + \frac{p_2}{\rho_2} = u_1 + \frac{v_1^2}{2} + gz_1 + \frac{p_1}{\rho_1} \tag{3-39}$$

在理想流体无热交换条件下，流体的内能等于常数，$u_1 = u_2$。微元流管的极限是流线，则沿流线得

$$\frac{v_2^2}{2} + gz_2 + \frac{p_2}{\rho_2} = \frac{v_1^2}{2} + gz_1 + \frac{p_1}{\rho_1} \tag{3-40}$$

或

$$\frac{v^2}{2g} + z + \frac{p}{\rho g} = C \tag{3-41}$$

这就是著名的伯努利方程(Bernoulli’s equation)。它是由伯努利于 1738 年首先提出来的。

伯努利方程是流体力学中最常用的公式之一，但在使用时应注意其限制条件：

(1) 理想不可压流体；

(2) 做定常流动；

(3) 作用于流体上的质量力只有重力；

(4) 沿同一条流线。

3.8.2 伯努利方程的意义

1. 几何意义

伯努利方程式(3-41)每一项的量纲与长度相同，都表示某一个高度。其中，z 表示所研究点相对某一基准面的几何高度，又称为位置水头；$\frac{p}{\rho g}$表示所研究点处压力大小的高度，表示与该点相对压力相当的液柱高度，称为压强水头；压强木头和位置水头之和称为静水头，相应的高度称为测压管水头，静水头高度的连线称为静水头线；$\frac{v^2}{2g}$表示所研究点处速度大小的高度，它相当于以速度 v 垂直上抛所能达到的最大高度，称为测速管高度，或称为速度水头或动水头。位置水头、压强水头、速度水头三者之和称为总水头，相应的高度称为总水头高度。

伯努利方程表明重力作用下不可压缩理想流体的绝能定常流动，沿流线几

何高度、测压管高度和测速管高度之和为一常数,或位置水头、测压管水头和速度水头之和即总水头为一常数。这时总水头线为一水平线,如图 3-13 所示。

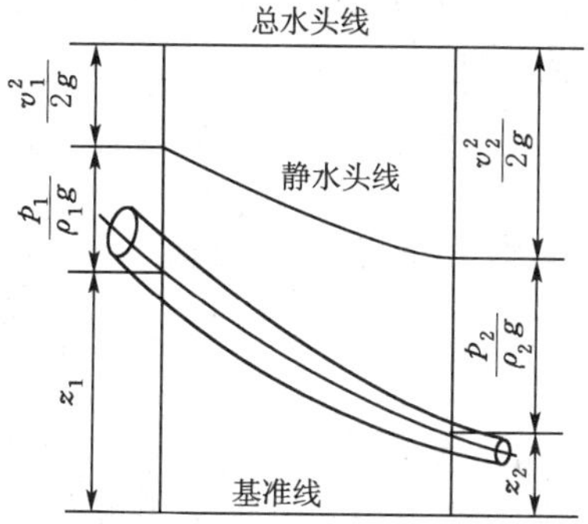

图 3-13 伯努利方程的意义

2. 伯努利方程的能量意义

伯努利方程式(3-41)的每一项表示单位重量流体具有的能量。z 的能量意义是单位重量流体对某一基准面具有的位置势能。$\frac{p}{\rho g}$ 的能量意义是单位重量流体具有的压力能,即由于流体压力的存在,可以使流体上升至一定高度。因为 $\frac{v^2}{2g}=\frac{mv^2/2}{mg}$,所以它表示了单位重量流体具有的动能。$z$,$\frac{p}{\rho g}$,$\frac{v^2}{2g}$ 三者之和表示单位重量流体的总机械能。伯努利方程式表示重力作用下不可压缩理想流体的绝能定常流动,沿流线总机械能不变,但可以相互转换。由此可见,伯努利方程的本质是机械能守恒及转换定律在流体力学中的反映。

3.8.3 伯努利方程的应用

例 3-4 皮托管。

皮托管(Pitot tube)是测量流体速度的设备。它由内外两层套管组成,头部有一小孔与内管相通,侧壁有几个小孔与套管的环形空间相通,两通道的另一端分别与一 U 形压强计的两端相连,如图 3-14 所示。压强计中盛有密度为 ρ_m 的液体(通常为水银,酒精或水)。使用时,头部正对来流,管体轴线与来流平行,读出压强计的压差 Δh,即可算出来流速度。

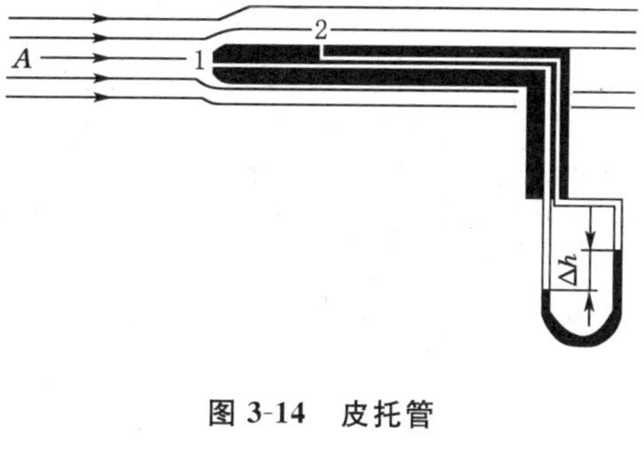

图 3-14 皮托管

为了说明皮托管的工作原理，考虑沿皮托管管壁的流线 A，在 1 与 2 点处，应用伯努利方程有

$$\frac{v_1^2}{2g}+z_1+\frac{p_1}{\rho g}=\frac{v_2^2}{2g}+z_2+\frac{p_2}{\rho g}$$

由图 3-13 可知，$z_1 \approx z_2$，$v_1=0$，$p_1-p_2=\rho_m g\Delta h$。代入上式得

$$v_2=\sqrt{\frac{2(\rho_m-\rho)}{\rho}g\Delta h}$$

式中，ρ_m、ρ 分别是 U 形压强计中和流动流体的密度。

应该注意，这一结果是在流体无黏性的假定上获得的，为了考虑流体的黏滞性和管体对流场扰动的影响等，实际上应对上述所得结果加以修正。常用的方法是将给定的皮托管与一已校准的皮托管相比较，获得一修正系数 C，于是上式最后变为

$$v_2=C\sqrt{\frac{2(\rho_m-\rho)}{\rho}g\Delta h} \tag{3-42}$$

3.9 总流的伯努利方程

上节导出的沿流线的伯努利方程在实际应用时存在很大限制，如要求沿流线、理想流体等。然而，工程中遇到的实际流体的流动都是黏性流动，其有效截面往往是有限大小的，所以流动总是以总流（或流束）形式出现。因此，本节主要研究不可压黏性流体总流定常的伯努利方程。由能量方程

$$\iint_{A_2}\rho g v\left(\frac{u}{g}+\frac{v^2}{2g}+z+\frac{p}{\rho g}\right)\mathrm{d}A-\iint_{A_1}\rho g v\left(\frac{u}{g}+\frac{v^2}{2g}+z+\frac{p}{\rho g}\right)\mathrm{d}A=0 \quad \text{(a)}$$

(1) 在缓变流截面上，$z+\dfrac{p}{\rho g}=C$；流体不可压时 ρ 为常数；$\iint_A v\mathrm{d}A=q_V$，因此

$$\frac{1}{\rho g q_V}\iint_A \rho g v\left(z+\frac{p}{\rho g}\right)\mathrm{d}A=\left(z+\frac{p}{\rho g}\right) \quad \text{(b)}$$

(2) 由于流体黏性的存在，有效截面上的速度分布是不均匀的，而且难以精确求得，因此用有效截面上的平均速度代替各点的速度，求动能项的积分，令

$$\frac{1}{\rho g q_V}\iint_A \rho g v\,\frac{v^2}{2g}\mathrm{d}A=\frac{1}{\rho g q_V}\iint_A\left(\frac{1}{A}\rho g q_V\,\frac{v_a^2}{2g}\right)\left(\frac{v}{v_a}\right)^2\mathrm{d}A=\alpha\,\frac{v_a^2}{2g} \quad \text{(c)}$$

式中，α 为动能修正系数，$\alpha=\dfrac{1}{A}\iint_A\left(\dfrac{v}{v_a}\right)^3\mathrm{d}A$；$v_a$ 为截面上的平均速度。动能修正系数总是大于 1 的。流道中的流速越均匀，其值越接近于 1。在一般工程管

道中，很多情况流速都比较均匀，动能修正系数在1.01～1.10，所以在工程计算中近似可取为1。式(c)表示缓变流有效截面上单位重量流体的平均动能。

(3) 令
$$h_w=\frac{1}{\rho g q_V}\left(\iint_{A_2}\rho v u_2 \mathrm{d}A_2-\iint_{A_1}\rho v u_1 \mathrm{d}A_1\right) \tag{d}$$

根据连续方程有：$h_w=\frac{1}{\rho g q_V}\iint_{q_V}\rho(u_2-u_1)\mathrm{d}q_V$，$h_w$ 为由截面 A_1 至截面 A_2 平均的单位重量流体的能量损失。这是因为对于不可压黏性流体的绝热流来讲，流体内部切向应力所做的摩擦功将耗损流体的机械能，并转化为热使流体的内能增加；这里的内能增加反映了机械能的损失。

将式(b)～式(d)代入式(a)，并除以 $\rho g q_V$，则

$$z_1+\frac{p_1}{\rho g}+\alpha_1\frac{v_{1a}^2}{2g}=z_2+\frac{p_2}{\rho g}+\alpha_2\frac{v_{2a}^2}{2g}+h_w \tag{3-43}$$

式(3-43)就是常用的总流伯努利方程。该式表明，上游截面上单位重量流体的总机械能等于下游截面上单位重量流体的总机械能与两截面间单位重量流体的机械能损失之和。

该方程的应用条件是：① 流体不可压；② 质量力只有重力；③ 流动是定常的；④ A_1、A_2 是缓变流有效截面；但两截面之间允许存在急变流截面；⑤ A_1、A_2 两截面间与外界没有热交换；⑥ A_1、A_2 两截面间没有功的输入或输出；若有方程式变为

$$z_1+\frac{p_1}{\rho g}+\alpha_1\frac{v_{1a}^2}{2g}\pm H=z_2+\frac{p_2}{\rho g}+\alpha_2\frac{v_{2a}^2}{2g}+h_w \tag{3-43a}$$

式中，H 表示单位重量流体获得或输出的机械能。获得机械能取"＋"，输出机械能取"－"。⑦ A_1、A_2 两截面间没有流体出入；若有，可认为伯努利方程仍然近似成立。

应用该方程时有以下几个问题需注意：① z_1、z_2 是相对同一基准面的，且基准面是水平的；② p_1、p_2 同为相对压强或同为绝对压强；但对气体流动情况应采用绝对压强为宜。这是因为相对压强是以同高程的大气压强为零点来计算的，设 $p_{1j}=p_a+p_1$，则 $p_{2j}=p_a+\rho_a g(z_2-z_1)+p_2$，代入式(3-43)并在方程式两端同时乘以 ρg 得

$$p_1+\alpha_1\frac{\rho}{2}v_{1a}^2+(z_2-z_1)g(\rho_a-\rho)=p_2+\alpha_2\frac{\rho}{2}v_{2a}^2+\rho g h_w \tag{3-43b}$$

这就是压强为相对压强时关于气体的总流伯努利方程。式(3-43b)左端第三项通常较小可忽略不计，但在高差较大，气体容重和空气容重不相等的情况下，是不能忽略的。③ z_i、p_i $(i=1,2)$ 是所取缓变流有效截面上某一点处的参数，而不是该截面上不同点处的参数；④流体获得或输出的机械能 H 与上游截

面的参数结合，流体的机械能损失 h_w 与下游截面的参数结合。

应用该方程的方法和步骤：

(1) 取基准面。为使运算方便和符合人们的习惯，基准面应取低一些，以使所研究问题的位置高度 z_1、z_2 均为正值，可取在管路的出口、水平管路的轴线上等。

(2) 取研究对象。取 2 个缓变流有效截面，以及两者间的管道壁面组成的封闭空间为控制体。由于在式(3-43)中管道壁面的参数不出现，因此取研究对象时只要取两个缓变流有效截面即可。选取缓变流有效截面时，应使截面上的已知参数尽量的多，并且要包含所要求解的参数。例如，缓变流有效截面可取在自由液面上、管路的出口、远离入口的空间。

(3) 列出关于研究对象的总流伯努利方程，求解未知参数。必要时，应结合静力学基本方程、连续方程等列出方程组求解未知参数。

例 3-5 文丘里流量计。

文丘里流量计(Venturi meter)是用于测定通过管道的流体流量的一种仪器，其构造原理如图 3-15 所示，它是由收缩段和扩散段两个圆锥管组成。两段结合处的管径最小，称为喉部。收缩段的长度应小于扩散段。在文丘利管入口前的直管为截面 1—1 和喉部截面 2—2 处测量静压差，根据静压差和两截面的已知面积就可计算出通过管道的流量。下面应用伯努利方程求解截面 1—1 和截面 2—2 处静压差的关系。设截面 1—1 和截面 2—2 上的直径分别为 D、d，流动流体的密度为 ρ、U 形管内工作液体的密度为 ρ'、U 形管压差计的读数是 h。

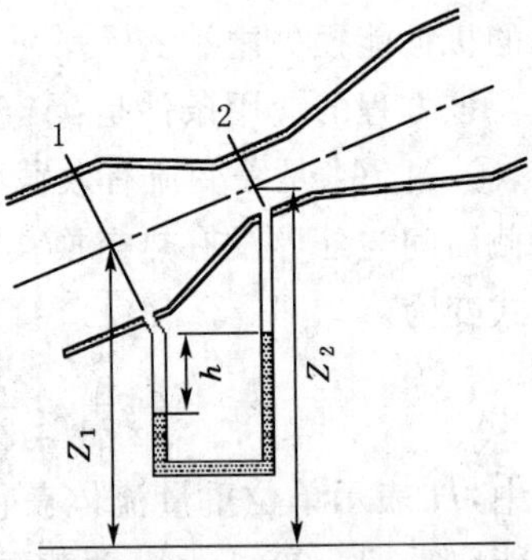

图 3-15 文丘里流量计

解 (1) 取基准面如图 3-15 所示。

(2) 取缓变流有效截面 1—1、2—2 为研究对象。根据缓变流的特性，在其有效截面上静力学基本方程仍然成立。因此根据静力学基本方程，在文丘里流量计轴线上有

$$p_1 + \rho g z_1 = p_2 + \rho g (z_2 - h) + \rho' g h \tag{a}$$

(3) 列出关于缓变流有效截面 1—1、2—2 的伯努利方程及连续方程，暂不考虑流体黏性的影响，且取动能修正系数为 1。

$$z_1 + \frac{p_1}{\rho g} + \frac{v_{1a}^2}{2g} = z_2 + \frac{p_2}{\rho g} + \frac{v_{2a}^2}{2g} \tag{b}$$

$$q_V = \frac{\pi}{4} D^2 v_{1a} \tag{c}$$

$$q_V = \frac{\pi}{4} d^2 v_{2a} \tag{d}$$

联立式(a)～式(d),可得

$$q_V = \frac{\pi}{4} D^2 \sqrt{\frac{2gH\left(\frac{\rho'}{\rho} - 1\right)}{1 - \left(\frac{\mathrm{d}}{D}\right)^4}}$$

由此可见,当文丘里管的构造及被测流体已定,即 D、d 和 ρ、ρ'已知时,测得U形管差压计中两液柱的高度差 h,就可求出通过文丘里流量计中的流量。必须注意的是,上述计算是一种理想的情况,它没有考虑流体的黏滞性以及实际流体流过 1—1 和 2—2 截面时,截面上速度分布不均匀等因素,故实际通过流量计的流量总比上述计算得到的流量要小。为此,我们对上述计算公式加以修正,引入流量修正系数 C_d,得

$$q_V = C_d \frac{\pi}{4} D^2 \sqrt{\frac{2gH\left(\frac{\rho'}{\rho} - 1\right)}{1 - \left(\frac{d}{D}\right)^4}} \tag{3-44}$$

3.10　流体力学基本方程的应用

流体力学基本方程有微分形式和积分形式,在以上各节中根据物理学的普遍定律,结合雷诺输运方程,得出了积分形式的流体力学基本方程:连续方程、动量方程、动量矩方程和能量方程。这些基本方程在解决工程实际问题时起着非常重要的作用,下面通过实例说明。

例 3-6　虹吸管。

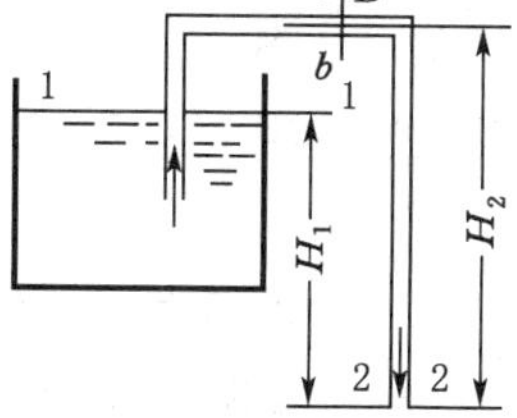

图 3-16　虹吸管

图 3-16 所示为一虹吸管(siphon),管内径为 d,容器内自由液面离开虹吸管出口的高度为 H_1,管中 B 点离出口的高度为 H_2。若不计阻力损失,试求出口处的流量 q 及 B 点处的压强 p_B。

解　(1) 求出口处的流量。

① 取虹吸管出口有效截面 2—2 为基准面。因为它的位置最低,所以其他各点的位置高度均为正值。

② 取自由液面 1—1 和虹吸管出口有效截面 2—2 为研究对象。因为自由液面 1—1 的有效面积比虹吸管出口有效截面 2—2 的有效面积大得多，所以可以认为 $v_{1a}=0$，自由液面 1—1 是缓变流截面；在虹吸管出口有效截面 2—2 处和管壁是直的，所以它也是缓变流截面。当自由液面 1—1 的位置高度不变时，流动是定常的。进一步的分析表明，该虹吸出流满足伯努利方程的各项应用条件。

③ 列出 1—1、2—2 的伯努利方程

$$z_1+\frac{p_1}{\rho g}+\alpha_1\frac{v_{1a}^2}{2g}=z_2+\frac{p_2}{\rho g}+\alpha_2\frac{v_{2a}^2}{2g}+h_w$$

在不至于引起混淆的情况下，今后将略去表示平均速度的下标"a"。根据已知条件：$z_1=H_1$，$z_2=0$；$p_1=p_2=p_a$；$v_1=0$，$h_w=0$，且取 $\alpha_1=\alpha_2=1$，代入上式可得

$$v_2=\sqrt{2gH_1}$$

它在数值上与自由落体下降 H_1 高度时的速度相同。虹吸管的流量为

$$q_V=Av_2=\frac{\pi}{4}d_2\sqrt{2gH_1}$$

(2) 求解 p_B。列出 1—1、b—b 的伯努利方程，即

$$z_1+\frac{p_1}{\rho g}+\alpha_1\frac{v_1^2}{2g}=z_B+\frac{p_B}{\rho g}+\alpha_B\frac{v_B^2}{2g}+h_{w1-B}$$

根据已知条件：$z_1=H_1$；$z_B=H_2$；$p_1=p_a=0$；$v_1=0$，$h_{w1-B}=0$；且取 $\alpha_1=\alpha_B=1$；由连续方程有：$v_B=v_2=\sqrt{2gH_1}$，代入上式得

$$p_B=-\rho gH_2$$

因为 $p_B<0$，所以只要形成虹吸现象，虹吸管内的压强总是小于大气压强的。但是，如果虹吸管最高点过高，即 H_2 过大，则会造成 B 点处压强过低，这就可能产生气穴现象而破坏连续流动。因此，为了保证虹吸管正常工作，管内压强不能过小。

虹吸管的应用非常广泛，例如：由我国自行研制的目前世界上直径最大的虹吸管，在浙江省杭州市近郊区黄石垅水库大坝上。据介绍，这条虹吸管直径 1.52 m，全长 96 m，高 8 m。突破了通常虹吸管的参数不超过直径 0.6 m、高度 6.5 m、管长 60 m 的限制。

例 3-7 如图 3-17 所示，气体由压强为 12 mmH_2O 的静压箱 A，经过管径为 10 cm，长度为 100 m 的管 B 排入大气中，高差为 40 m。流动过程中的压强损失为 $p_w=9\gamma\frac{v^2}{2g}$。当(1)气体为与大气温度相同，容重 $\gamma=\gamma_0=11.8\ N/m^3$ 的空气时，(2) 气体为 $\gamma=7.85\ N/m^3$ 的煤气时，分别求管中流速、流量及管长 1/2 处 B

点的压强。

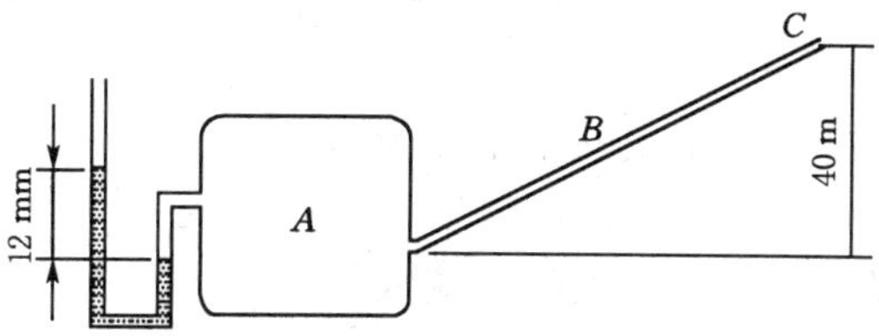

图 3-17 例 3-7 图

解 (1) 计算流动流体为空气时的流量。

① 取高度为 0 的平面为基准面。

② 取静压箱中的某截面 A,出口截面 C 为研究截面。

③ 列截面 A、C 的伯努利方程:

$$p_A + \alpha_A \frac{\rho}{2} v_A^2 = p_C + \alpha_C \frac{\rho}{2} v_C^2 + p_{w,A-C}$$

将已知条件代入上式,得

$$12 \times 9.8 + 0 = 0 + 1 \times \frac{11.8}{2 \times 9.8} \times v_C^2 + 9 \times 11.8 \times \frac{v_C^2}{2 \times 9.8}$$

解得:$v_C = 4.42$ m/s

相应地求得流量为:$q = \frac{\pi}{4} \times 0.1^2 \times 4.42 = 0.034\ 7\ \text{m}^3/\text{s}$

(2) 流动流体为空气时,计算 p_B。

① 取基准面同上;

② 取截面 B,C 为研究截面;

③ 对截面 B,C 列伯努利方程。

$$p_B + \alpha_B \frac{\rho}{2} v_B^2 = p_C + \alpha_C \frac{\rho}{2} v_C^2 + p_{wB-C}$$

根据连续方程有:$v_B = v_C$;且有 $p_{w,B-C} = \frac{1}{2} \times p_{w,A-C}$,$p_C = 0$;并取 $\alpha_B = \alpha_C = 1$。代入上式,则 $p_B = 53$ Pa。

(3) 流动流体为煤气时,计算流量和 p_B。当流动流体为煤气时,应根据式(3-43b)计算,具体步骤同上。其结果是

$$v_C = 8.30\ \text{m/s}, q_V = 0.065\ \text{m}^3/\text{s}, p_B = 45\ \text{Pa}$$

具体计算过程请读者自行完成。

例 3-8 集流器。

容量 $\gamma=11.8\ \mathrm{N/m^3}$ 的空气，用风机吸入直径为 100 mm 的吸风管道，在喇叭形进口处测得水柱吸上高度为 $h=12$ mm（图 3-18）。不考虑损失，求流入管道的空气流量。

解 (1) 取经过风管轴线的水平面为基准面。

(2) 取研究对象。气体由大气中流入管道。大气中的流动也是气流的一部分，在距喇叭口相当远处，压强为当地大气压，流速等于 0，此处取为 1—1 截面，即在无限远处取一无限大截面。在接有测压管的地方取截面 2—2，因为截面 2—2 压强已知。

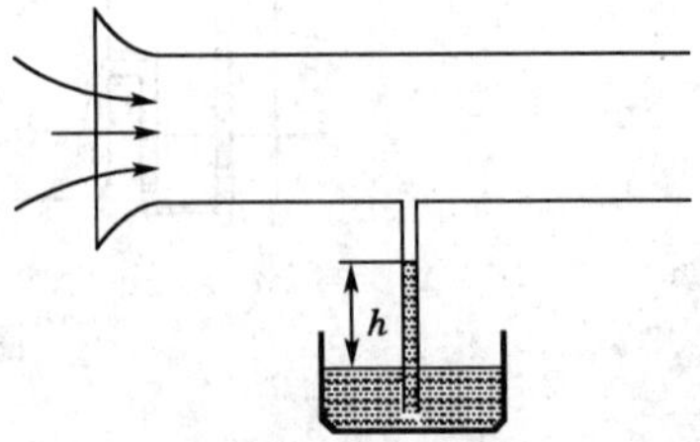

图 3-18 集流器

(3) 列出截面 1—1、2—2 的伯努利方程，有

$$p_1+\frac{\rho}{2}v_1^2=p_2+\frac{\rho}{2}v_2^2$$

因动能修正系数通常取 1，所以 α 就不再写明了。根据已知条件有：$p_1=0$，$v_1=0$，$p_2=-12\ \mathrm{mmH_2O}$，代入上式，得

$$v_2=14\ \mathrm{m/s}$$

相应的流量为：$q_V=Av_2=\frac{\pi}{4}\times0.1^2\times14=0.11\ \mathrm{m^3/s}$

例 3-9 如图 3-19 所示，求喷嘴对管子的作用力。忽略流体黏性，流体是相对密度为 0.85 的油，截面 1 上的计示压强为 $p_1=7\times10^5$ Pa，$d_1=10$ cm，$d_2=4$ cm。

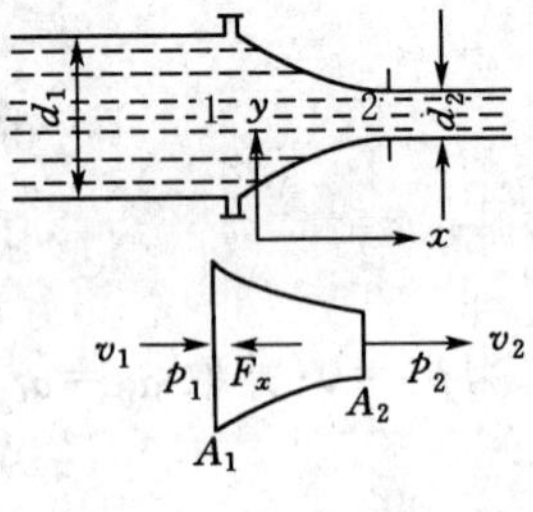

图 3-19 例 3-9 图

解 因为流体流入喷嘴，从出口喷出，进出口的动量发生了变化，产生了对管子的拉力，这一拉力沿水平方向，下面应用动量方程求解拉力的大小。

(1) 建立 xOy 坐标系。

(2) 取控制体。取喷嘴进出口及喷嘴的内壁围成的封闭空间为控制体。

(3) 各控制面上的速度分析。对该控制体应用伯努利方程。对图中 1、2 两点有。

$$\frac{v_2^2}{2}=\frac{v_1^2}{2}+\frac{p_1}{\rho}$$

根据连续方程 $v_1 A_1 = v_2 A_2$，联立求解，得

$$v_2 = \sqrt{\frac{2p_1}{\rho\left[1-\left(\frac{A_2}{A_1}\right)^2\right]}} = \sqrt{\frac{2\times 7\times 10^5}{0.85\times 10^3\left[1-\left(\frac{0.04}{0.1}\right)^4\right]}}\ \text{m/s}$$

$$= 41.1\ \text{m/s}$$

$$v_1 = \frac{A_2}{A_1}v_2 = \left(\frac{0.04}{0.1}\right)^2\times 41.1\ \text{m/s} = 6.58\ \text{m/s}$$

(4) 分析各控制面上的受力。首先分析表面力，在喷嘴进口的控制面上作用有 p_1A_1，在喷嘴出口的控制面上作用力为 0，在喷嘴内壁的控制面上所受的力是轴对称的，其合力 F_x 是水平向右；质量力在水平方向的分量为 0。

(5) 列出该控制体的动量方程。

$$\rho A_2 v_2^2 - \rho A_1 v_1^2 = p_1 A_1 - F_x$$

解得：$F_x = p_1 A_1 + \rho A_1 (v_1^2 - \frac{A_2}{A_1}v_2^2)$

$$=[7\times 10^5\times\frac{\pi}{4}\times 0.1^2 + 0.85\times 10^3\times\frac{\pi}{4}\times 0.1^2\times$$

$$(6.58^2-\frac{0.04^2}{0.1^2}\times 41.1^2)]\text{N} = 3\ 980.5\ \text{N}$$

喷嘴对管子的作用力与 F_x 大小相等、方向相反。

习 题 3

3-1 流体的运动用

$$x=a,\quad y=e^t\frac{b+c}{2}+e^{-t}\frac{b-c}{2},\quad z=e^t\frac{b+c}{2}-e^{-t}\frac{b-c}{2}$$

表示，求速度的拉格朗日描述和欧拉描述。

3-2 已知某速度场为 $\boldsymbol{v}=(ax+t^2)\boldsymbol{i}+(by-t^2)\boldsymbol{j}$，求速度及加速度的拉格朗日描述。

3-3 二元不可压缩流场：$v_x=5x^3$，$v_y=-15x^2y$，求点(1,2)上的速度和加速度。

3-4 已知流场速度分布为：$v_x=xy^2$，$v_y=-\frac{1}{3}y^3$，$v_z=xy$。试问：这是几维流动？并求过点(1,2,3)的加速度。

3-5 已知流场的速度为 $v_x=1+at$，$v_2=2x$，求 $t=t_0$ 时过 (x_0,y_0) 点的流线方程。

3-6 已知流场的速度为 $v_x=xt+2y$，$v_y=xt^2-yt$，求 $t=5$ 时，通过(0,0)

点的流线方程。

3-7 已知流场的速度分布为 $v_x=\dfrac{4x}{x^2+y^2}$，$v_y=\dfrac{4y}{x^2+y^2}$，求证通过任意一个以原点为圆心的圆周的流量为常数。

3-8 流场的速度分布为 $v_x=2x+t$，$v_y=-2y$，求时间 $t=0,2$ 时，通过点(2,3)的流线方程。

3-9 输水管路的直径为 150 mm，输水质量流量为 981 kg/h，求断面的平均流速。

3-10 两块相距为 h 的平行平板间的流体流速分布为 $u=-10\dfrac{y}{h}+20\dfrac{y}{h}\left(1-\dfrac{y}{h}\right)$，试确定单位宽度平行板间的体积流量和平均流速。

3-11 三段管路串联如图所示，直径 $d_1=100$ mm，$d_2=50$ mm，$d_3=25$ mm，已知断面平均流速 $v_3=1.0$ m/s，求 v_1，v_2，q。

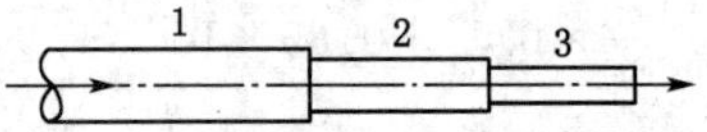

题 3-11 图

3-12 蒸气管道的干管直径 $d_1=50$ mm，平均流速 $v_1=25$ m/s，密度 $\rho_1=2.62\ \mathrm{kg/m^3}$，分为两支管流出，出口处的蒸气密度分别为 $\rho_2=2.24\ \mathrm{kg/m^3}$，$\rho_3=2.30\ \mathrm{kg/m^3}$，出口流速应各为多大才能保证两支管的质量流量相等？

3-13 试比较图中 1 点和 2 点的流速的大小：(1) 在等直径的立管中；(2) 在渐扩形的立管中；(3) 从底孔自由出流的流束中。

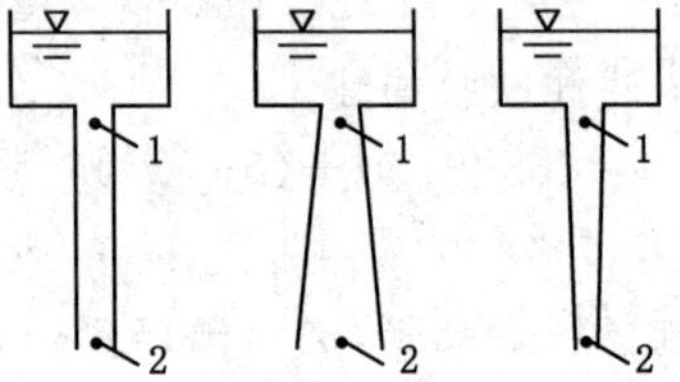

题 3-13 图

3-14 收缩型喷嘴长度为 30 mm，两端内径分别为 50 mm 和 15 mm，由喷嘴喷出的流量为 0.02 $\mathrm{m^3/s}$。假设流体是不可压的，求沿喷嘴轴线的速度表达式。

3-15 水管直径 50 mm，水管末端的阀门关闭时，压力表读数为 21 kPa，阀门打开后读数降至 5.5 kPa，如不计管中的压头损失，求通过的流量。

3-16　如图所示，一内径 $d=8$ mm 的 90°弯管，上部用软管与水源相接，弯管喷水时用弹簧测力计承受流体的推力。若实测 30s 内的喷水量为 20 L，问弹簧测力计应显示的读数为多少？

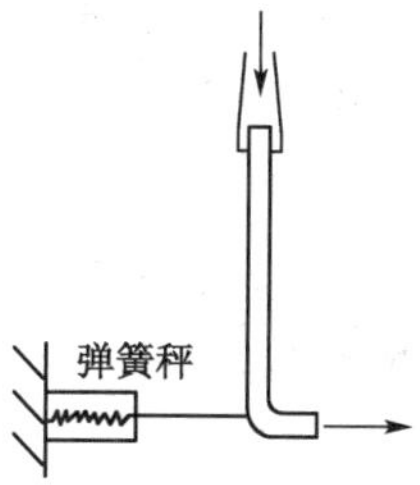

题 3-16 图

3-17　输油管道中安装一个收缩段以便测量流量，管径从 $d_1=260$ mm 收缩到 $d_2=180$ mm。使用如图的缸套、活塞装置，活塞直径 $D=300$ mm，油的密度 $\rho=850$ kg/m^3。如果固定活塞要施加的力 $F=75$ N，求管中油的体积流量。

3-18　如图所示的动量实验装置，一喷嘴向正交于射流方向的平板喷水。已知喷嘴出口直径为 10 mm，测得平板受力为 100 N，求射流流量。

3-19　如图所示的分叉管嘴，几何尺寸如图所示，上水管与水平的夹角为 15°，下水管与水平的夹角为 30°。假设水以 12m/s 的速度喷出，求水作用在分叉管嘴上的力的大小和方向。

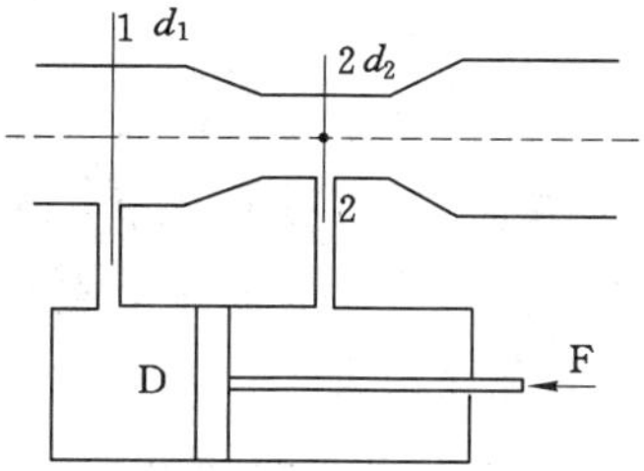

题 3-17 图

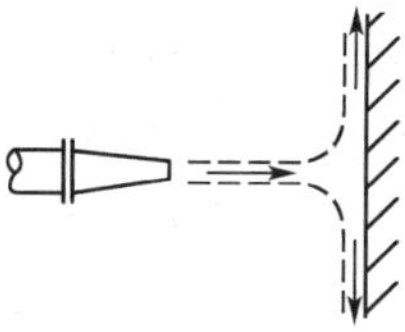

题 3-18 图

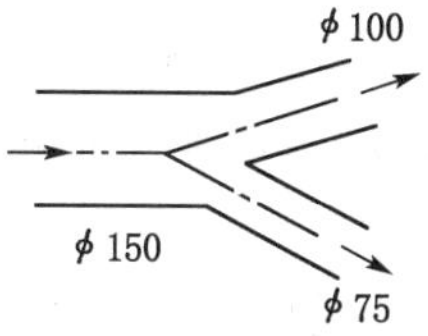

题 3-19 图

3-20　一股射流以速度 v 水平向左射到一倾斜平板上（倾斜角度为 θ），然后以同样的速度从平板的上、下两侧流出。已知射流的流量为 Q_0，求上下两侧的流量以及射流对平板的打击力。

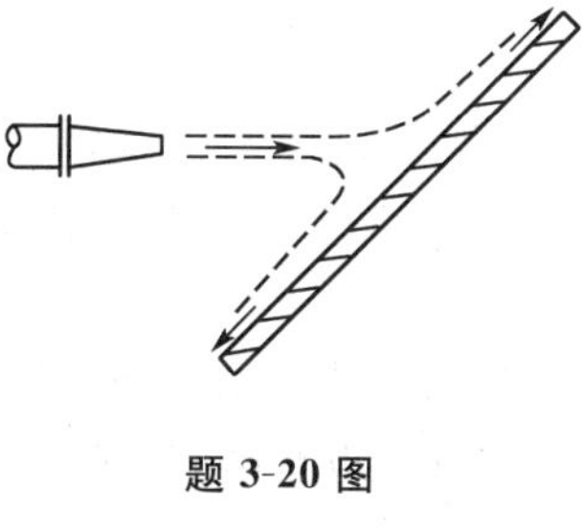

题 3-20 图

3-21 上题中，如果在平板上施加一外力，使平板以匀速 v_0 做射流运动，求使平板运动所需要的功率。

3-22 装在小车上的水箱侧壁有一流线型喷嘴，直径为 20 mm，已知 $h_1=1$ m，$h_2=2$ m，射流恰好平顺地沿小坎转向水平方向离开小车。试求：(1) 射流对水箱的水平推力；(2) 射流对小车的水平推力；(3) 射流对小坎的水平推力。(忽略一切损失)

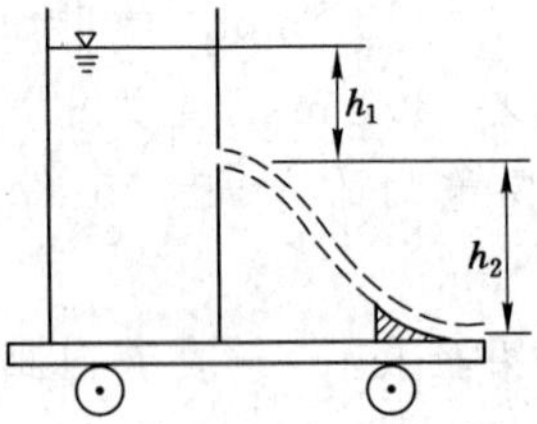

题 3-22 图

3-23 如图所示对称型洒水器，已知从两个喷嘴喷出的流量为 0.000 56 m^3/s，喷嘴的面积为 0.93 cm^2。不计摩擦阻力，求其旋转角速度。如果想让洒水器停住，则应施加多大的外力矩？

3-24 如图所示，水从水头为 h_1 的容器通过小孔流出(假设容器中的水位不变)。射流冲击在一块大平板上，它盖住了第二个容器的小孔，该容器水平面到小孔中心的高度为 h_2，设两个小孔的面积相等。若 h_2 给定，求射流作用在平板上的力刚好与板后的力平衡时 12 m/s 为多少？(不计能量损失)

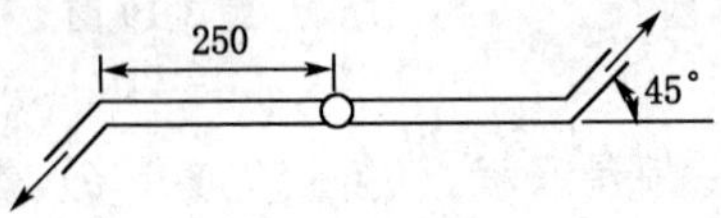

题 3-23 图

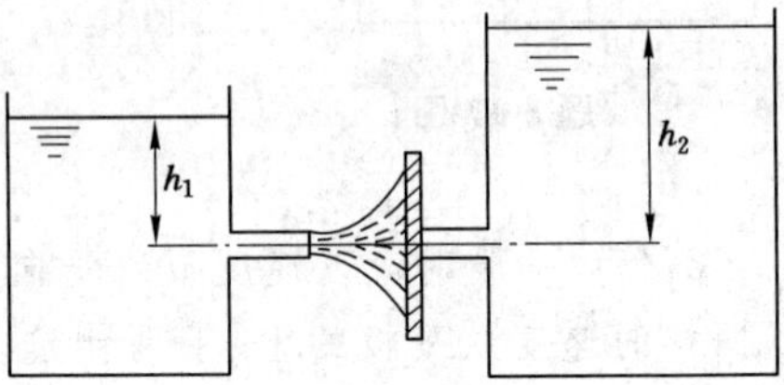

题 3-24 图

3-25 在直径为 d 的圆形风道断面上，为了测定风速，将全断面分成 5 个面积相等的部分，如图所示。每个小部分的测速点位于等分该部分面积的圆周上，求各个测点到圆心的距离。

3-26 如图所示，U 形管中的水银柱高度为 60 mm，求 A 点水的流速。

3-27 如图所示，水管直径为 150 mm，管出口 D 点的直径为 50 mm，求 A，B，C，D 各点的压强。

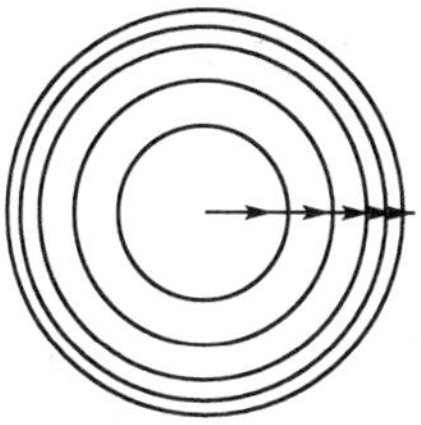

题 3-25 图

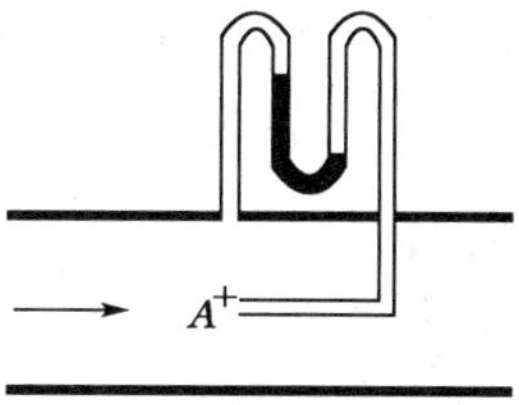

题 3-26 图

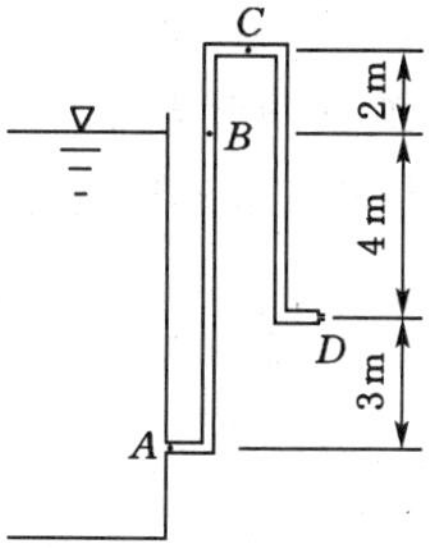

题 3-27 图

3-28 如图所示水箱上有上、下 2 个孔口出流，试证明在两股射流交点处 $h_1y_1=h_2y_2$。

3-29 直径 d=100mm 的虹吸管，位置如图所示，求流量和 1、2、3、4 各点的 z、$p/\rho g$ 和 $v^2/2g$(不计水头损失)。

3-30 一变直径的管段 AB，直径 d_A=0.2 m，d_B=0.4 m，高差 Δh=1.0 m，用压力表测得 p_A=70 kPa，p_B=40 kPa，用流量计测得流量 q_V=0.2 m³/s。试判断水在管段中的流动方向。

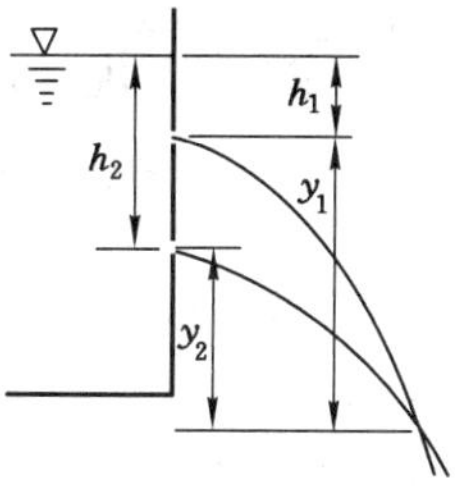

题 3-28 图

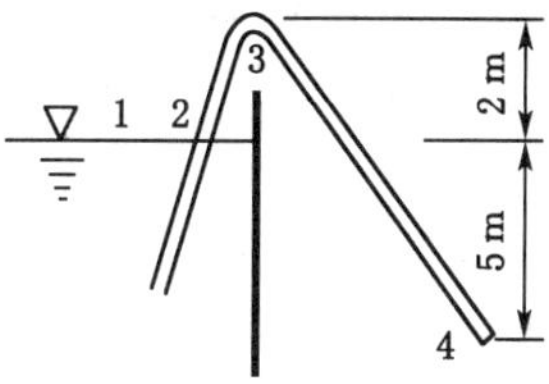

题 3-29 图

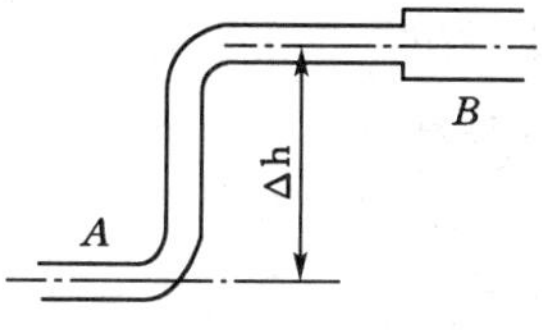

题 3-30 图

3-31 水池中的水从变截面管道排出，前两段的直径依次为 100 mm 和75 mm；最后一段是渐缩管，出口直径为 50 mm。如果排出的质量流量为 14 kg/s，求所需的水头 h，并画出测压管水头线。

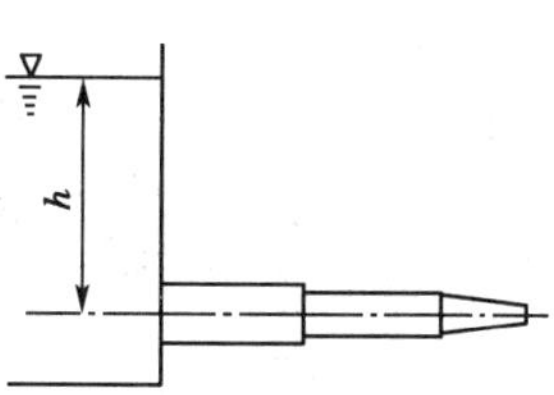

题 3-31 图

3-32 输水管中的表压强为 6.865×10^5 Pa，假设法兰盘接头之间的填料破损，形成一个面积为 2 mm² 的小孔，求从该小孔一昼夜泄漏的水量。

3-33 油从直径为 100 mm 的圆管垂直地流下，管口处的速度为 1.4 m/s，求管口下方 1.5 m 处的速度和油柱的直径。

3-34　风管直径 $D=10$ mm，空气容重 $\gamma=12$ N/m^3，在直径 $d=50$ mm 的喉部装一细管与水池相接，高差 $H=150$ mm，当汞测压计中读数 $\Delta h=150$ mm 时，开始从水池中将水吸入管中。试问：此时的空气流量多大？

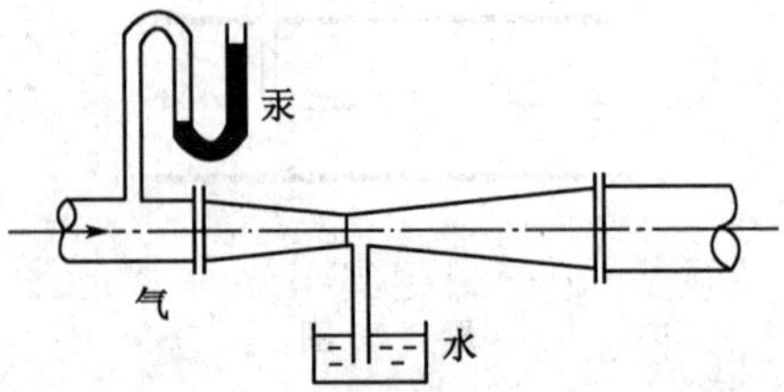

题 3-34 图

3-35　用一文丘里管推动控制机构的活塞 A 上升。已知活塞直径为 50 mm。自重为 5 N，文丘里管直径为 20 mm，喉部直径为 10 mm，问文丘里管中过水流量多大时，可将活塞托起？

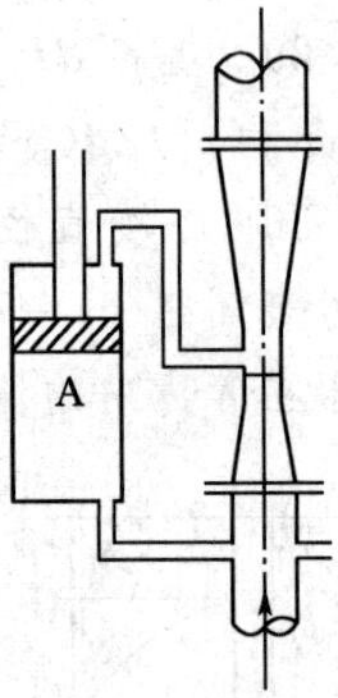

题 3-35 图

3-36　水泵的进口管直径 $d_1=100$ mm，断面 1 的真空计读数为 300 mm 汞柱，出口管直径 $d_2=50$ mm，断面 2 的压力计读数为 29.4 kPa，两仪表的高差 $\Delta z=0.3$ m，管路内的流量 $q_V=10$ L/s，不计水头损失，求水泵所提供的扬程和功率。

3-37　上、下 2 个水箱，盛水深度相同，底部均装有出口直径 $d=0.2$ m 的流线型喷嘴，下水箱的箱重和箱中水重共 1.12 kN，如将秤台置于下水箱的下面，求秤的读数将为多少？

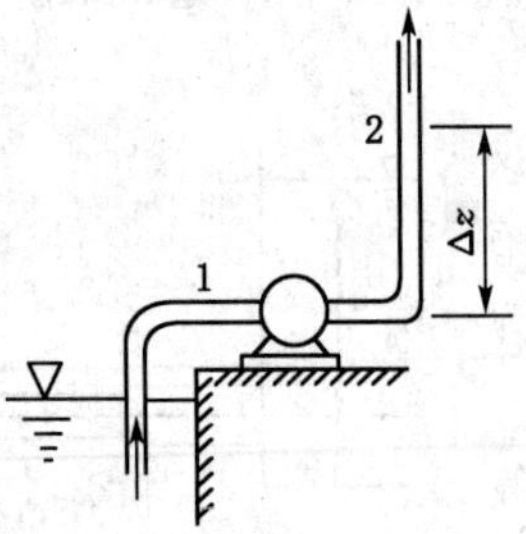

题 3-36 图

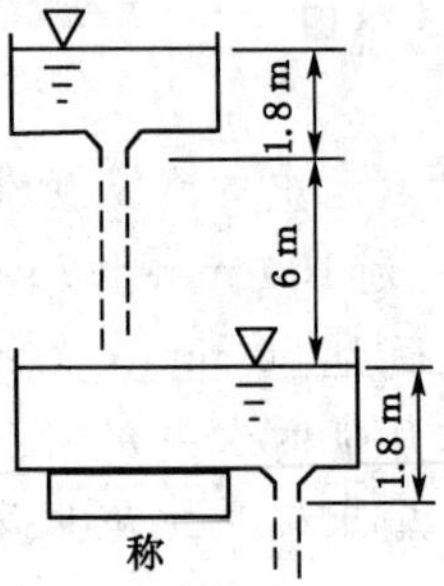

题 3-37 图

3-38　如图所示离心泵的叶轮，其内径 $d_1=20$ cm，外径 $d_2=40$ cm，叶片宽度（即垂直于纸面方向）$b=4$ cm，水在叶轮入口处沿径向流入，在出口处与径向成 30°流出。已知重量流量为 900 N/s，叶轮转速 $n=1\ 450$ r/min，求水在叶轮入口及出口处的流速、输入水泵的功率。（不计损失）

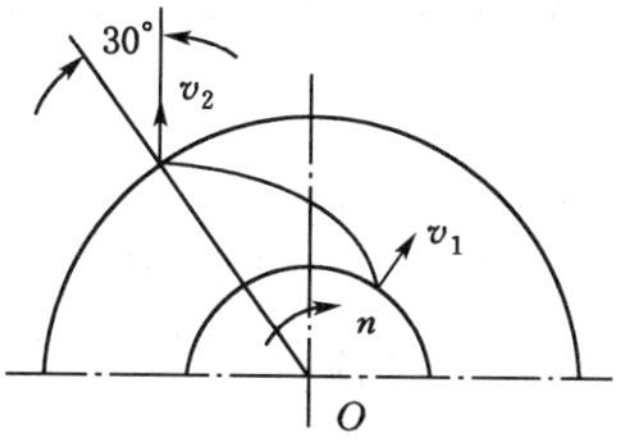

题 3-38 图

3-39　一传送带的运动速度为 5 m/s，砂石以 2 m^3/min 的体积流量落在传送带上，砂石的容重为 20 kN/m^3，它离开漏斗的速度为 1 m/s，并有一平均自由高度 $h=2$ m，忽略各滚子上的摩擦力。试求：

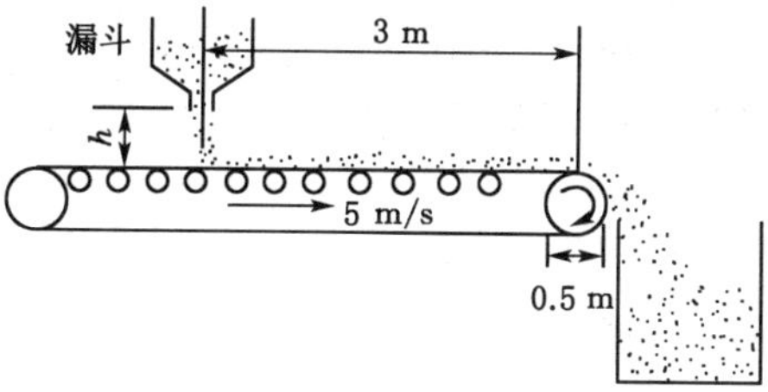

题 3-39 图

(1) 运转传送带所需的力矩 T；

(2) 砂石降落时作用于传送带上的总垂直力。

4 相似理论与量纲分析

流体力学理论的检验和发展，需要依靠流体力学实验。因为有些流动仅靠理论分析是不够的，还需借助于实验。其主要原因是：对某些流动的物理本质了解不够，难以用微分方程去描写；或者描写流动的微分方程组虽能导出，但直接进行求解在数学上很困难，甚至是不可能的。诺贝尔奖获得者李政道说："我的物理学第一定律'如果没有实验学家的话，理论学家就倾向于漂浮'；我的物理学第二定律'如果没有理论学家的话，实验学家就倾向于摇摆不定'。"

工程流体力学中的实验主要有两类：一类是工程性的模型实验（model test），目的在于预测即将建造的大型机械或水工结构上的流动情况；另一类是探索性的观察实验，目的在于寻找未知的流动规律。指导流体力学实验的理论基础就是相似理论（theory of similarity）和量纲分析（dimensional analysis）。

本章主要介绍模型设计和实验研究应遵循的原理，以及实验变量的选择和实验结果的分析。

4.1 相似理论与模型试验

表征流动过程的物理量有 3 类：流场几何形状、流体微团运动状态和流体微团动力性质。因此，要使两个流动现象相似，必须满足几何相似、运动相似和动力相似。

4.1.1 几何相似、运动相似与动力相似

几何相似（geometric similarity）是指模型（model）与原型（prototype）中的对应线性长度（linear length）成比例。

用上标"$'$"表示模型上的物理量，则

$$\frac{l'}{l} = k_l \tag{4-1}$$

式中，k_l 称为几何相似常数（coefficient of geometri similarity）。对应线性长度成比例，即可保证对应的角度也相等。几何相似时，对应的面积和体积也成一定的比例，即

$$\frac{A'}{A}=\frac{l'^2}{l^2}=k_l^2$$

$$\frac{V'}{V}=k_l^3$$

运动相似(kinematic similarity)是指模型和原型中对应点上的速度方向相同,大小成比例,即

$$\frac{v'}{v}=k_v \tag{4-2}$$

式中,k_v 称为运动相似常数(coefficient of kinematic similarity)或速度常数。运动相似时,对应断面上的速度分布曲线的形状相似。

运动相似时,流体质点走过对应距离所需的时间也成比例

$$k_t=\frac{t'}{t}=\frac{k_l}{k_v}$$

其他运动学物理量的相似常数均可通过几何相似常数、运动相似常数和时间相似常数的不同组合表示出来。例如:

加速度相似常数为

$$k_a=\frac{a'}{a}=\frac{v'/t'}{v/t}=\frac{k_v}{k_l}=\frac{k_v^2}{k_l}$$

流量相似常数为

$$k_Q=\frac{Q'}{Q}=\frac{k_l^3}{k_t}$$

运动黏度相似常数为

$$k_\nu=\frac{\nu'}{\nu}=k_l^2k_t^{-1}$$

动力相似(dynamical similarity)是指模型和原型中对应点上的流体质点所受到的同名力方向相同,大小成比例。

流体受到的力一般有压力、黏滞力、重力、弹性力等,即

$$\frac{F_p{}'}{F_p}=\frac{F_\tau{}'}{F_\tau}=\cdots=\frac{F_g{}'}{F_g}=k_F \tag{4-3}$$

式中,k_F 称为力相似常数。除了前面提及的各相似常数外,对非定常流动,还要满足初始条件相似。

在上述 3 个相似条件中,几何相似是必要的前提。因为只有几何相似的条件下,才能找到模型与原型流场的对应点,没有几何相似就谈不上运动相似和动力相似。动力相似是决定性条件,运动相似则是几何相似和动力相似的表现。

根据牛顿第二定律(Newton's second law):$\boldsymbol{F}=m\boldsymbol{a}=\rho V\boldsymbol{a}$,可得密度相似常数

$$k_\rho = \frac{\dfrac{F'}{V'a'}}{\dfrac{F}{Va}} = \frac{k_F}{k_l^3 k_v^2 / k_l} = \frac{k_F}{k_l^2 k_v^2}$$

一般来说，两个流场的密度相似常数总是预先选定或已知的。因此，进行模型实验时，通常选 k_ρ, k_l, k_v 作为基本相似常数，由此可导出其他的相似常数。

4.1.2 动力相似准则

任何系统的运动都服从牛顿第二定律：$\boldsymbol{F}=m\boldsymbol{a}$，因此，模型与原型中的各种物理量的相似常数存在如下关系

$$\frac{k_F}{k_\rho k_l^2 k_v^2} = 1 \tag{4-4}$$

将上式写成更具体的形式为

$$\frac{F'}{\rho' l'^2 v'^2} = \frac{F}{\rho l^2 v^2}$$

由此可以定义合外力与惯性力之比为牛顿数(Newton number)，即

$$Ne = \frac{F}{\rho l^2 v^2} \tag{4-5}$$

显然，牛顿数是一个没有单位的数，在流场动力相似时，模型与原型的牛顿数必然相等，称为牛顿相似准则(Newton's similarity criterion)

$$Ne' = Ne \tag{4-6}$$

如果只考虑作用在流体上的某种单项力(如黏滞力、重力、压力、弹性力等)，则牛顿相似准则便成为单项力相似准则。

1. 重力相似准则

在重力作用下的相似流动(similarity flow)，其重力场(gravitational field)必须相似，即

$$k_F = \frac{F_g'}{F_g} = \frac{\rho' V' g'}{\rho V g} = k_\rho k_l^3 k_g$$

再由式(4-4)，得

$$\frac{k_v}{(k_l k_g)^{1/2}} = 1$$

定义弗劳德数(Froude number)为

$$Fr = \frac{v}{(gl)^{1/2}} \tag{4-7}$$

弗劳德数实际上是作用在流体上的惯性力与重力的比值。当重力相似时，$Fr = Fr'$，这就是重力相似准则(similarity criterion of gravitation)。

例如，在地球上进行模型实验时，一般有 $g' = g$，故 $k_v = k_l^{1/2}$，这说明速度相

似常数与几何相似常数之间存在制约关系。

2．黏滞力相似准则

在黏滞力作用下相似流动的黏滞力必须相似，即

$$k_F = \frac{F_\mu{}'}{F_\mu} = \frac{\mu'(\mathrm{d}v_x{}'/\mathrm{d}y')A'}{\mu(\mathrm{d}v_x/\mathrm{d}y)A} = k_\mu k_v k_l$$

再由式(4-4)，得

$$\frac{k_\rho k_v k_l}{k_\mu} = 1$$

或

$$\frac{k_v k_l}{k_\nu} = 1$$

定义惯性力与黏滞力的比值为雷诺数(Reynolds number)

$$Re = \frac{\rho v l}{\mu} = \frac{l v}{\nu} \tag{4-8}$$

当动力相似时，$Re = Re'$，这就是黏滞力相似准则(similarity criterion of viscous force)。

3．压力相似准则

在压强作用下，相似流动的压强场(pressure field)必须相似，即

$$k_F = \frac{F_p{}'}{F_p} = \frac{p'A'}{pA} = k_p k_l^2$$

再由式(4-4)，得

$$\frac{k_p}{k_\rho k_v^2} = 1$$

定义总压力与惯性力的比值为欧拉数(Euler number)

$$Eu = \frac{p}{\rho v^2} \tag{4-9}$$

工程中还常用流场中两点间的压强差来代替压强 p，由此可得到欧拉数的另一种形式，即

$$Eu = \frac{\Delta p}{\rho v^2} \tag{4-10}$$

当动力相似时，$Eu = Eu'$，这就是压力相似准则(similarity criterion of pressure)。

4．非定常性相似准则

对于非定常流动的模型实验，还必须保证模型与原型的流动随时间变化相似。由此可知，当地加速度引起的惯性力之比为

$$k_F = \frac{\rho' V' \partial v_x{}'/\partial t'}{\rho V \partial v_x/\partial t} = k_\rho k_l^3 k_v k_t^{-1}$$

再由式(4-4),得

$$\frac{k_l}{k_v k_t} = 1$$

由此定义当地惯性力与迁移惯性力之比为斯特劳哈尔数(Strouhal number),即

$$Sr = \frac{l}{vt} \tag{4-11}$$

当非定常流动相似时,$Sr = Sr'$,这就是非定常性相似准则(similarity criterion of instability)。

5. 弹性力相似准则

可压缩流体因变形而引起弹性力,作用在两流场流体上的弹性力之比为

$$k_F = \frac{\mathrm{d}p'A'}{\mathrm{d}pA} = \frac{K'A'\mathrm{d}V'/V'}{KA\mathrm{d}V/V} = k_K k_l^2$$

式中,K 为体积模量。

再由式(4-4),得

$$\frac{k_\rho k_v^2}{k_K} = 1$$

定义柯西数(Cauchy number)为

$$Ca = \frac{\rho v^2}{K} \tag{4-12}$$

它表示惯性力与弹性力的比值。

当动力相似时,$Ca = Ca'$,这就是弹性力相似准则(similarity criterion of elastic force)。

对于气体,习惯上将柯西准则转换为马赫准则。根据气体动力学,有关系式

$$K = \rho c^2$$

故

$$k_F = k_K k_1^2 = k_c^2 k_\rho k_1^2$$

再由式(4-4),得

$$k_v / k_c = 1$$

由此定义马赫数(Mach number)为

$$Ma = \frac{v}{c} \tag{4-13}$$

它仍然表示惯性力与弹性力的比值。

当动力相似时,$Ma = Ma'$。

6. 表面力相似准则

在表面力作用下，相似流动的表面力分布必相似，即

$$k_F = \frac{F_\sigma{}'}{F_\sigma} = \frac{\sigma' l'}{\sigma l} = k_\sigma k_l$$

代入式(4-4)，得

$$\frac{k_\rho k_l k_v^2}{k_\sigma} = 1$$

由此定义韦伯数(Weber number)为

$$We = \frac{\rho v^2 l}{\sigma} \tag{4-14}$$

它表示惯性力与表面张力的比值。

当动力相似时，$We = We'$，这就是表面张力相似准则(similarity criterion of surface tension)。

4.1.3 流动相似条件

相似条件(similarity condition)是指保证流动相似的充要条件，模型实验必须遵循相似条件。相似条件一共有3个：

(1) 相似第一条件：相似的流动属于同一类流动，其运动微分方程必相同。

(2) 相似第二条件：单值条件相似。所谓单值条件，就是把某一特定的流动从无数个同类的相似流动中区分开来的条件。单值条件包括几何条件、边界条件、物性条件和初始条件。因为同一微分方程的通解有无穷多个，应用单值条件才能得到唯一的确定解。

(3) 相似第三条件：由单值条件中涉及的物理量组成的相似准则数相等。

综上所述，相似条件概括为：对于同一类流动，当单值条件相似而且由单值条件中的物理量所组成的相似准则数(similarity criterion number)相等时，则这些流动必相似。

应该指出的是，在上述相似准则中，除欧拉准则外，其他准则都是决定性相似准则。因流场中各点速度及物性参数决定后，各点的压强随之确定。也就是说，只要其他决定性准则得到满足，压强也就相似。

相似条件解决了模型实验所必须遵循的原则：

(1) 根据单值条件相似和相似准则数相等的原则去设计模型，选择流动介质。

(2) 实验时，应测定相似准则数包含的所有物理量，并整理成相似准则数。

(3) 由于相似流动的相似准则数相等，根据相似准则数整理出来的准则方程可以应用于所有的相似流动，有关物理量可按各自的比例关系进行换算。

4.1.4 近似模型实验

从以上分析可知，两种流动动力相似时，各相似常数的取值不能是任意的，

它们之间存在着相互约束关系。例如,在重力场中,重力相似准则使得

$$k_v = k_l^{0.5}$$

如果还要做到黏滞力相似,则雷诺数应相等(假设模型与原型的流体相同)

$$k_v = k_l^{-1}$$

显然这是矛盾的。

实际上,涉及的相似准则越多,各种相似常数间的制约也就越多,有时甚至使实验根本无法进行。因此,工程上常常采用近似相似的模型实验方法,忽略次要的定性准则,只考虑起主要作用的力而忽略其他力对流动的影响。

一般情况下,对不可压流体的有压流动,黏滞力和压力是主要作用力,重力可以忽略。而对于无压流动,在紊流状态下,可以忽略黏滞力的影响,只考虑重力的作用。

例 4-1 某车间长 30 m,宽 15 m,高 10 m,用直径为 0.6 m 的风口送风,风口风速为 8 m/s。如果取几何相似常数为 1/5,试确定模型的尺寸及出风口流速。

解 根据给定的几何相似常数 $k_l=1/5$,可得模型的长、宽、高分别为

$$l' = k_l l = \frac{30}{5}\ \text{m} = 6\ \text{m}$$

$$w' = k_l w = \frac{15}{5}\ \text{m} = 3\ \text{m}$$

$$h' = k_l h = \frac{10}{5}\ \text{m} = 2\ \text{m}$$

出风口直径为

$$d' = k_l d = \frac{0.6}{5}\ \text{m} = 0.12\ \text{m}$$

为了确定模型的风速,应计算原型的雷诺数,取空气的运动黏度为 $1.57\times 10^{-5}\ \text{m}^2/\text{s}$,则

$$Re=\frac{0.6\times 8}{1.57\times 10^{-5}}=3.06\times 10^5$$

根据黏滞力相似准则,并考虑到模型也是采用空气进行实验,则

$$\frac{d'v'}{1.57\times 10^{-5}\ \text{m}^2/\text{s}} = 3.06\times 10^5$$

求出模型出风口流速为

$$v' = 40.04\ \text{m/s}$$

4.1.5 风洞试验

风洞是能人工产生和控制气流,以模拟飞行器或物体周围气体的流动,并可

量度气流对物体的作用以及观察物理现象的一种管道状实验设备，它是进行空气动力实验最常用、最有效的工具。风洞实验是飞行器研制工作中的一个不可缺少的组成部分。它不仅在航空和航天工程的研究和发展中起着重要作用，随着工业空气动力学的发展，在交通运输、房屋建筑、风能利用和环境保护等部门中也得到越来越广泛的应用。用风洞做实验的依据是运动的相对性原理。实验时，常将模型或实物固定在风洞内，使气体流过模型。采用这种方法对流动条件容易控制，可重复地、经济地取得实验数据。为使实验结果准确，实验时的流动必须与实际流动状态相似，即必须满足相似律的要求。但由于风洞尺寸和动力的限制，在一个风洞中同时模拟所有的相似参数是很困难的，通常是按所要研究的课题，选择一些影响最大的参数进行模拟。此外，风洞实验段的流场品质，如气流速度分布均匀度、平均气流方向偏离风洞轴线的大小、沿风洞轴线方向的压力梯度、截面温度分布的均匀度、气流的湍流度和噪声级等必须符合一定的标准，并定期进行检查测定。

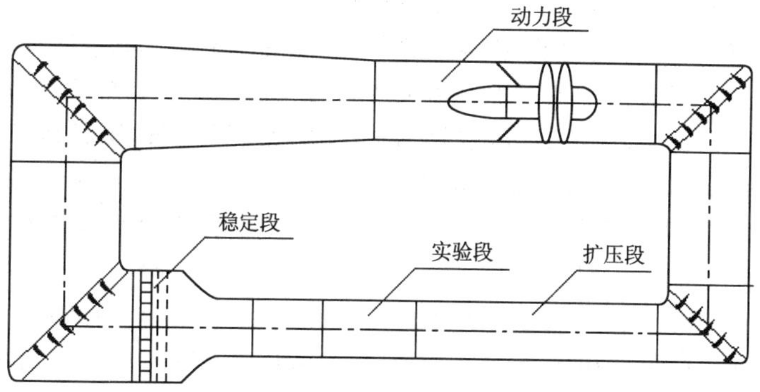

图 4-1　闭口回流式低速风洞

风洞主要由洞体、驱动系统和测量控制系统组成，各部分的形式因风洞类型而异。

洞体有一个能对模型进行必要测量和观察的实验段。实验段上游有提高气流匀直度、降低湍流度的稳定段和使气流加速到所需流速的收缩段或喷管。实验段下游有降低流速、减少能量损失的扩压段和将气流引向风洞外的排出段或导回到风洞入口的回流段。有时为了降低风洞内外的噪声，在稳定段和排气口等处装有消声器。

驱动系统有两类：

一类是由可控电机组和由它带动的通风机或轴流式压缩机组成。通风机旋转或压缩机转子转动使气流压力增高来维持管道内稳定的流动。改变通风机的转速或叶片安装角，或改变对气流的阻尼，可调节气流的速度。直流电动机可由交直流电机组或可控硅整流设备供电。它的运转时间长，运转费用较低，多在低速风洞中使用。使用这类驱动系统的风洞称为连续式风洞，但随着气流速度增高所需的驱动功率急剧加大，如产生跨声速气流每平方米实验段面积所需功率约为 4 000 kW，产生超声速气流则为 16 000～40 000 kW。

另一类是用小功率的压气机事先将空气增压贮存在储气罐中，或用真空泵把与风洞出口管道相连的真空罐抽真空，实验时快速开启阀门，使高压空气直接或通过引射器进入洞体或由真空罐将空气吸入洞体，因而有吹气、引射、吸气以及它们相互组合的各种形式。使用这种驱动系统的风洞称为暂冲式风洞。暂冲式风洞建造周期短，投资少，一般雷诺数较高，它的工作时间可由几秒到几十秒，多用于跨声速、超声速和高超声速风洞。对于实验时间小于 1 s 的脉冲风洞还可通过电弧加热器或激波来提高实验气体的温度，这样能量消耗少，模拟参数高。

测量控制系统的作用是按预定的实验程序，控制各种阀门、活动部件、模型状态和仪器仪表，并通过天平、压力和温度等传感器，测量气流参量、模型状态和有关的物理量。随着电子技术和计算机技术的发展，20 世纪 40 年代后期开始，风洞测控系统已由早期利用简陋仪器通过手动和人工记录，发展到采用电子液压的控制系统、实时采集和处理的数据系统。

风洞种类繁多，有不同的分类方法。按实验段气流速度大小来区分，可以分为低速、高速和高超声速风洞。

低速风洞是实验段气流速度在 130 m/s 以下（$Ma \leqslant 0.4$）的风洞。世界上第一座风洞是 F. H. 韦纳姆于 1869—1871 年在英国建造的。它是一个两端开口的木箱，截面为 45.7 cm×45.7 cm，长 3.05 m。美国的莱特兄弟在他们成功地进行世界上第一次动力飞行之前，于 1900 年建造了一个风洞，截面为 40.6 cm×40.6 cm，长 1.8 m，气流速度为 40～56.3 km/h。随后许多国家相继建造了不少较大尺寸的低速风洞。基本上有两种形式：一种是法国人 A. G. 埃菲尔设计的直流式风洞；另一种是德国人 L. 普朗特设计的回流式风洞。现在世界上最大的低速风洞是美国国家航空和航天局（NASA）埃姆斯研究中心的 12.2 m×24.4 m全尺寸低速风洞。这个风洞建成后又增加了一个 24.4 m×36.6 m 的新实验段，通风机的电机功率也由原来 25 MW 提高到 100 MW。

高速风洞是实验段内气流马赫数为 0.4～4.5 的风洞。按马赫数范围划分，高速风洞可分为亚声速风洞、跨声速风洞和超声速风洞。

亚声速风洞的马赫数为 0.4～0.7。结构形式和工作原理同低速风洞相仿，只是运转所需的功率比低速风洞大一些。

跨声速风洞的马赫数为0.5～1.3。当风洞中气流在实验段内最小截面处达到声速之后，即使再增大驱动功率或压力，实验段气流的速度也不再增加，这种现象称为壅塞。因此，早期的跨声速实验只能将模型装在飞机机翼上表面或风洞底壁的凸形曲面上，利用上表面曲率产生的跨声速区进行实验。这样不仅模型不能太大，而且气流也不均匀。后来研究发现，实验段采用开孔或顺气流方向开缝的透气壁，使实验段内的部分气流通过孔或缝流出，可以消除风洞的壅塞，产生低超声速流动。这种有透气壁的实验段还能减小洞壁干扰，减弱或消除低超声速时的洞壁反射波系。因模型产生的激波，在实壁上反射为激波，而在自由边界上反射为膨胀波，若透气壁具有合适的自由边界，则可极大地减弱或消除洞壁反射波系。为了在各种实验情况下有效地减弱反射波，发展出可变开闭比（开孔或开缝占实验段壁面面积的比例）和能改变开闭比沿气流方向分布的透气壁。

超声速风洞的气流马赫数为1.5～4.5。风洞中气流在进入实验段前经过一个拉瓦尔管而达到超声速。只要喷管前后压力比足够大，实验段内气流的速度只取决于实验段截面积对喷管喉道截面积之比。通常采用由两个平面侧壁和两个型面组成的二维喷管。喷管的构造形式有多种，如两侧壁和两个型面装配成一个刚性半永久性组合件并直接与洞体连接的固定喷管；由可更换的型面块和喷管箱侧壁组成喷管，并将喷管箱与洞体连接而成的固块喷管；由两块柔性板构成喷管型面，且柔性板的型面可进行调节的柔壁喷管。实验段下游的超声速扩压器由收缩段、第二喉道和扩散段组成，通过喉道面积变化使超声速流动经过较弱的激波系变为亚声速流动，以减小流动的总压损失。第一座超声速风洞是普朗特于1905年在德国建造的，实验马赫数达到1.5。

高超声速风洞是马赫数大于5的超声速风洞，主要用于导弹、人造卫星、航天飞机的模型实验。实验项目通常有气动力、压力、传热测量和流场显示，还有动稳定性、低熔点模型烧蚀、质量引射和粒子侵蚀测量等。高超声速风洞主要有常规高超声速风洞、低密度风洞、激波风洞、热冲风洞等形式。

4.2　量纲分析与 π 定理

实验研究的目的是将模型流动的实验结果推广应用到与之相似的所有流动中，但是实验得到的结果往往只是离散的数据。量纲分析法则是对流动过程的物理量进行定性分析，从而总结出定性的流动规律。

4.2.1　物理方程量纲一致性原则

物理量单位的属性或种类称为量纲（dimension）。例如，长度、宽度、高度、深度等的单位就属于同一性质，都是长度量纲，用[L]表示。

量纲又分为基本量纲（basic dimension）和导出量纲（deduced dimension）。不能由其他量纲导出且具有独立性的量纲称为基本量纲，如长度[L]、质量[M]、时间[T]等属于基本量纲。涉及温度的流动，还要加上温度的量纲[Θ]，这也是国际单位制(SI)所规定的基本量纲。

可通过基本量纲导出的称为导出量纲，如面积[L^2]、速度[LT^{-1}]、力[MLT^{-2}]等。

需要指出的是，角度和弧度属于辅助量纲（assistant dimension），但在量纲运算中都视为无量纲（dimensionless）系数。

我们知道，同一物理方程中的各项必须具有相同单位。也就是说，任何物理方程中各项的量纲必定相同，这就是物理方程量纲一致性原则。

例如，我们可以把伯努利方程化成无量纲方程，形式如下

$$\frac{z}{H}+\frac{p}{\rho gH}+\frac{v^2}{2gH}=1$$

物理方程量纲一致性原则是量纲分析法的理论依据。

表 4-1 列出了流体力学常用的各种物理量的量纲。

表 4-1　　流体力学常用的各种物理量的量纲

序号	物理量名称	符号	性质	量纲
1	长度	l	几何学	L
2	面积矩	I	几何学	L^4
3	时间	t	运动学	T
4	速度	v	运动学	LT^{-1}
5	角速度	ω	运动学	T^{-1}
6	运动黏度	ν	运动学	L^2T^{-1}
7	质量	m	动力学	M
8	密度	ρ	动力学	ML^{-3}
9	力	F	动力学	MLT^{-2}
10	应力	p	动力学	$ML^{-1}T^{-2}$
11	动力黏度	μ	动力学	$ML^{-1}T^{-1}$
12	温度	T	热力学	Θ

4.2.2　π 定理

如果一个物理过程涉及 n 个物理量 $x_1,x_2,\cdots,x_n$，则它的规律可以用这 n 个物理量的某个函数进行描述，即

$$F(x_1,x_2,x_3,\cdots,x_n)=0 \tag{4-15}$$

假设这 n 个物理量包含了 m 个基本量纲，则这个物理过程可以用这 n 个物理量所组成的 $(n-m)$ 个无量纲量（相似准则数）$\pi_1,\pi_2,\cdots,\pi_{n-m}$ 的函数关系来描述。

$$f(\pi_1,\pi_2,\pi_3,\cdots,\pi_{n-m})=0 \tag{4-16}$$

以上就是 π 定理（π theorem）的具体表述。这个定理的重要意义在于把一个物理过程的变量数减少了 m 个，给模型实验和实验数据的整理带来极大的方便；同时把普通物理方程简化为无量纲方程（即准则方程），因此所得到的方程具有普适性，反映了同类物理过程的普遍规律。

无量纲数 π 的具体求法如下：

(1) 在 n 个物理量中任选 m 个作为独立变量，但这 m 个独立变量的量纲不能相同，而且它们必须包含有 n 个物理量所涉及的全部 m 个基本量纲。

(2) 将剩余的 $(n-m)$ 个物理量分别用所选定的 m 个独立变量的乘幂组合来表示，而相差的倍数就是相应的无量纲数 π，即

$$x_i=\pi_i x_1^{a_1}x_2^{a_2}\cdots x_m^{a_m} \tag{4-17}$$

$$\pi_i=\frac{x_i}{x_1^{a_1}x_2^{a_2}\cdots x_m^{a_m}} \tag{4-18}$$

例如，在一般流体力学问题中，通常选取与流动特性密切相关的特征长度 l、流速 v 以及流体密度 ρ 作为基本量纲。三者既包含了所有基本量纲，又相互独立，而且还代表了几何、运动、动力学 3 个方面的变量。

下面用具体的例子说明 π 定理的具体用法。

例 4-2　试用 π 定理导出不可压黏性流体在水平等直径圆管内流动的压强降公式。

解　经初步分析可知，不可压黏性流体在水平等直径圆管内流动的压强降 Δp 与管径 d，管长 l，管壁粗糙度 Δ，管内流体密度 ρ，流体的动力黏度 μ 以及断面平均流速 v 有关。因此，这一流动过程可以用下面的物理方程来表示，即

$$F(\Delta p,\rho,\mu,\Delta,v,d,l)=0$$

这个流动过程所涉及全部物理量为 7 个，包含的基本量纲有[L]、[T]、[M]。因此，其准则方程应为

$$f(\pi_1,\pi_2,\pi_3,\pi_4)=0$$

选取 ρ、v、d 作为基本量，于是

$$\pi_1=\frac{l}{\rho^{\alpha_1}v^{\beta_1}d^{\gamma_1}}$$

$$\pi_2=\frac{\Delta}{\rho^{\alpha_2}v^{\beta_2}d^{\gamma_2}}$$

$$\pi_3 = \frac{\mu}{\rho^{\alpha_3} v^{\beta_3} d^{\gamma_3}}$$

$$\pi_4 = \frac{\Delta p}{\rho^{\alpha_4} v^{\beta_4} d^{\gamma_4}}$$

其中，待定系数 α,β,γ 由量纲的一致性原则确定。

先写出所以物理量的量纲：

$\rho = [\mathrm{ML}^{-3}]$　　$l = [\mathrm{L}]$　　$\Delta = [\mathrm{L}]$　　$\Delta p = [\mathrm{ML}^{-1}\mathrm{T}^{-2}]$

$\mu = [\mathrm{ML}^{-1}\mathrm{T}^{-1}]$　　$v = [\mathrm{LT}^{-1}]$　　$d = [\mathrm{L}]$

列出待定系数应该满足的关系如下：

$$\begin{cases} \alpha_1 = 0 \\ -\beta_1 = 0 \\ -3\alpha_1 + \beta_1 + \gamma_1 = 1 \end{cases}$$

$$\begin{cases} \alpha_2 = 0 \\ -\beta_2 = 0 \\ -3\alpha_2 + \beta_2 + \gamma_2 = 1 \end{cases}$$

$$\begin{cases} \alpha_3 = 1 \\ -\beta_3 = 1 \\ -3\alpha_3 + \beta_3 + \gamma_3 = -1 \end{cases}$$

$$\begin{cases} \alpha_4 = 1 \\ -\beta_4 = -2 \\ -3\alpha_4 + \beta_4 + \gamma_4 = -1 \end{cases}$$

解得　$\alpha_1 = 0, \beta_1 = 0, \gamma_1 = 1$，所以 $\pi_1 = \frac{l}{d}$

$\alpha_2 = 0, \beta_2 = 0, \gamma_2 = 1$，所以 $\pi_2 = \frac{\Delta}{d}$

$\alpha_3 = 1, \beta_3 = 1, \gamma_3 = 1$，所以 $\pi_3 = \frac{\mu}{\rho v \mathrm{d}} = \frac{1}{Re}$

$\alpha_4 = 1, \beta_4 = 2, \gamma_4 = 0$，所以 $\pi_4 = \frac{\Delta p}{\rho v^2} = Eu$

无量纲准则方程为

$$f\left(\frac{l}{d}, \frac{\Delta}{d}, \frac{1}{Re}, \frac{\Delta p}{\rho v^2}\right) = 0$$

由上式可以解出压强降 Δp 为

$$\Delta p = f\left(\frac{l}{d}, \frac{\Delta}{d}, \frac{1}{Re}\right)\frac{1}{2}\rho v^2$$

根据实验结果发现，沿管道的压强降与管长成正比，于是

$$\Delta p=f\left(\frac{\Delta}{d},\frac{1}{Re}\right)\frac{l}{d}\frac{1}{2}\rho v^2$$

沿程阻力系数为

$$\lambda=f\left(Re,\frac{\Delta}{d}\right)$$

则沿程阻力损失为

$$h_f=\frac{\Delta p}{\rho g}=\lambda\frac{l}{d}\frac{v^2}{2g}$$

上式就是计算沿程阻力损失的达西公式(Darcy)。

从上面例子可以看出,利用 π 定理可以在只知道与物理过程有关物理量的情况下,求出描述该物理过程的方程的基本结构形式。但是,这样的方程里往往含有待定系数,如上例中的沿程阻力系数,而这些系数需要通过实验来确定。

应用量纲分析法时,需要注意以下几点:

(1) 必须找到对所求物理过程有影响的全部物理量,缺少任何一个将得到不全面甚至是错误的结果。

(2) 在准则方程中如果存在无量纲系数,则需要由实验来确定这些系数。

(3) 由于量纲分析是以量纲一致性为基础,因此它无法区分量纲相同的物理量。

4.2.3 瑞利法

如果物理量 y 是物理量 $x_1,x_2,\cdots,x_n$ 的函数,即

$$y=kx_1^{a_1}x_2^{a_2}\cdots x_n^{a_n} \tag{4-19}$$

式中,k 为无量纲系数,其值由实验确定;待定指数 $a_1,a_2,\cdots,a_n$ 由量纲一致性原则求出。

例 4-3 小颗粒在静止流体中的沉降速度。

直径为 d 的球形颗粒在无限大静止流体中自由沉降,已知流体的动力黏度和密度分别为 μ 和 ρ,颗粒与流体的密度差为 $\Delta\rho$,求颗粒的沉降速度。

解 影响颗粒沉降运动的主要物理参数包括颗粒直径 d、重力加速度 g、流体的动力黏度 μ 和密度 ρ、颗粒与流体的密度差 $\Delta\rho$,故

$$v=f(d,g,\mu,\rho,\Delta\rho)$$

根据瑞利法,可以写成

$$v=kd^{a_1}g^{a_2}\mu^{a_3}\rho^{a_4}\Delta\rho^{a_5}$$

以质量[M]、长度[L]和时间[T]作为基本量纲,则上式的量纲方程为

$$[M^0L^1T^{-1}]=[L^{a_1}][L^{a_2}T^{-2a_2}][M^{a_3}L^{-a_3}T^{-a_3}][M^{a_4}L^{-3a_4}][M^{a_5}L^{-3a_5}]$$

根据量纲一致性原则,有

$$\begin{cases}0=a_3+a_4+a_5\\1=a_1+a_2-a_3-3a_4-3a_5\\-1=-2a_2-a_3\end{cases}\tag{a}$$

此外，根据实验及理论分析，发现球形颗粒的沉降速度与其直径的平方成正比，即

$$a_1=2\tag{b}$$

联立式(a)和式(b)，解得：$a_2=1,a_3=-1,a_4+a_5=1$。于是，沉降速度的表达式为

$$v=k\frac{d^2}{\mu}\rho^a\Delta\rho^{1-a}g$$

实际上，根据球形颗粒在沉降过程中的受力分析，已经得到沉降速度的精确表达式为

$$v=\frac{2}{9}\frac{d^2}{\mu}\Delta\rho g$$

习　题　4

4-1　什么是量纲、基本量纲和导出量纲？

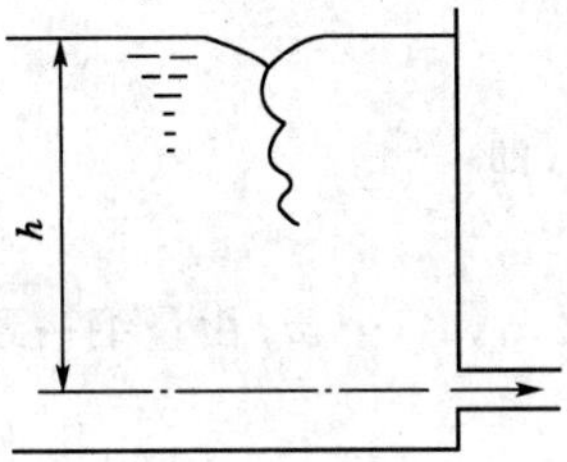

题 4-2 图

4-2　如图所示，通过油池底部的管道向外输油，如果油的深度太小，将形成达到油面的旋涡，并将空气吸入输油管。为了防止这种情况的发生，利用模型实验确定油面上开始出现旋涡的最小油深 h_{min}。已知输油管直径 $d=250$ mm，油的体积流量为 $Q=0.14\ m^3/s$，运动黏度为 $\nu=7.5\times10^{-5}\ m^2/s$。取几何相似常数为 1/5，求模型输油管的直径、流量和用来进行实验的流体的运动黏度？如果在模型上测得 $h'_{min}=60$ mm，求实际的 h_{min}。

4-3　将一高层建筑物的几何相似模型放在开口风洞中进行实验，风速 10 m/s，测得模型迎风面和背风面的计示压强分别为 980 Pa 和 −49 Pa，求建筑物在 30 m/s 强风作用下对应点上的计示压强。

4-4　对小型水面船只和溢水建筑物，其重力、黏滞力和表面张力可能具有同样的重要性。为了实现动力相似，各种相似常数之间应该满足什么关系？

4-5　雷诺数与流速、物体特征长度、流体密度和流体动力黏度有关，试用 π 定理推导雷诺数的表达式。

4-6　几何相似常数为 1/40 的模型船，当牵引速度为 0.54 m/s 时，测得波阻为 1.1 N。如果忽略黏性的影响，求原型的速度、波阻及消耗的功率。

4-7　试求一辆汽车以 60 km/h 行驶时、克服空气阻力所作的功率。已知汽车垂直于运动方向的投影面积为 2 m^2，阻力系数为 0.3，假设静止空气的温度为 0 ℃。

4-8　在风洞中以 10 m/s 的风速垂直吹直径为 50 cm 的圆盘，试求圆盘所受的阻力。(空气温度为 20 ℃)

4-9　流体通过水平毛细管的体积流量 Q 与直径 d、动力黏度 μ、压强梯度 $\Delta p/l$ 有关，试推导流量的表达式。

4-10　小球在不可压黏性流体中运动的阻力 F_D 与小球的直径 d、速度 v、流体的密度 ρ、动力黏度 μ 有关，试推导阻力的表达式。

4-11　流体流过孔板流量计的体积流量 Q 与孔板前后的压差 Δp、管道的直径 d_1，管内流速 v，孔板的孔径 d，流体的密度 ρ，动力黏度 μ 有关，试推导流量的表达式。

4-12　溢水堰模型设计比例为 20。当在模型上测得模型流量为 $q_V=0.3\ m^3/s$ 时，水流的推力为 300 N，求实际的流量和推力。

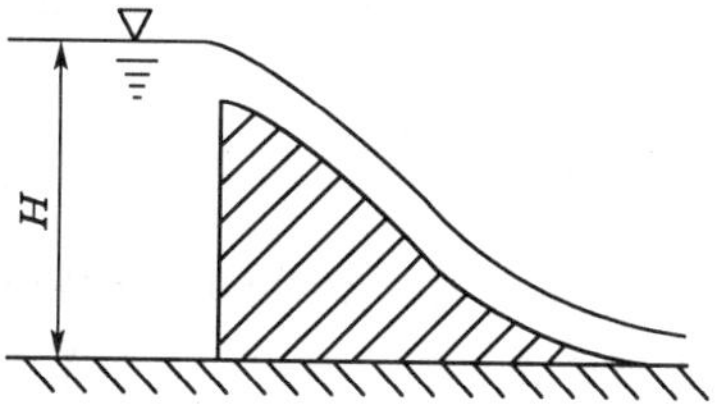

题 4-12 图

4-13　三角形水堰的体积流量 q_V 与堰上水头 H 及重力加速度 g 有关，试用瑞利法导出流量的表达式。

4-14　已知文丘里流量计喉管流速 v 与流量计压强差 Δp、主管直径 d_1、喉管直径 d_2，以及流体的密度 ρ 和运动黏度 ν 有关，试用 π 定理证明流速关系式为：

$$v=\sqrt{\frac{\Delta p}{\rho}}f\left(Re,\frac{d_2}{d_1}\right)$$

4-15　球形固体颗粒在流体中的自由沉降速度 v 与颗粒直径 d、密度 ρ_m 以及流体的密度 ρ、黏度 μ、重力加速度 g 有关，试用 π 定理证明自由沉降速度关系式为：

$$v=f\left(\frac{\rho_m}{\rho},\frac{\rho vd}{\mu}\right)\sqrt{gd}$$

4-16　试根据模型潜艇在风洞中的实验来推算实际潜艇航行时的有关数据。设模型与实艇的比例为 1/10，风洞内压强为 20 atm(1 atm=10^5 Pa)。当风洞的风速为 12 m/s 时，测得模型的阻力为 120 N。试求：(1) 对应这一状态的实艇的航速；(2) 在这一航速下推进实艇所需的功率。

4-17　一水雷在水下以 v=6 km/h 的速度运动，今用比例为 1/3 的模型在风洞中测定水雷的阻力，试问：(1) 风洞的风速 v_m；(2) 若已知模型受力为

13.7 N,则水雷的形状阻力为多大?

4-18 试用量纲分析原理导出图中的理想流体堰流的单位宽度流量Q的表达式

$$Q = f\left(\frac{H}{P}\right)\sqrt{g}\,H^{3/2}$$

式中:$f\left(\frac{H}{P}\right)$为函数;$H$、$P$分别为堰上水深及堰高;$g$为重力加速度。

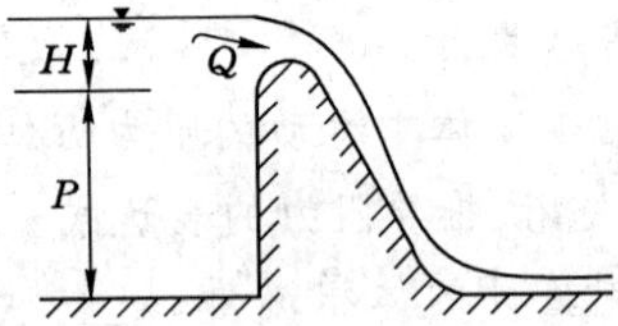

题 4-18 图

4-19 直径20 0mm的输油管,输送运动黏度40×10^{-6} m^2/s、密度840 kg/m^3的油,流量0.01 m^3/s。如果模型实验中采用直径50 mm的圆管,试确定模型中分别采用20 ℃的水和20 ℃的空气做实验时的流量。

4-20 储水箱模型内盛满水,打开阀门排完箱内的水需要4 min的时间。若几何相似常数为1/225,那么排完实物储水箱内的水需要多长时间?

4-21 用15 ℃的水模拟20 ℃的空气在通风巷道中的流动,已知空气的速度为6 m/s,模型尺寸是原型的1/5。试求实验中水的速度?如果测得模型单位长度上的压力损失为250 Pa,试确定实际巷道中风流的压力损失。

5 黏性流动与水力计算

前面阐述了流体运动的基本概念和基本规律，本章将运用这些基本规律分析管内流动的能量损失和不可压流体管道流动的问题。

实际流体都是具有黏性的，黏性流体流经固体壁面时，紧贴固体壁面的流体质点将黏附在固体壁面上，它们与固体壁面的相对速度等于0，就是所谓的无滑移条件，这一点与理想流体大不相同。因此，黏性流体流动时受固体壁面的影响形成一定的速度分布，并在内部各流层间产生切应力，即流动阻力。流动阻力做功，使控制体内流体的一部分机械能不可逆地转化为热能等而散失，流体控制体的单位重量流体的平均机械能损失，通常称为水头损失。

关于管流的能量损失，除少数问题可以用理论分析方法加以计算外，多数实际问题则要依靠实验研究所得的结果。

5.1 黏性流体的两种流动状态

英国物理学家雷诺(Osbome Reynolds)在1883年发表的论著中，不仅通过实验肯定了层流和紊流两种流动状态，而且测定了流动损失与这两种流动状态的关系。雷诺实验的装置如图5-1所示。

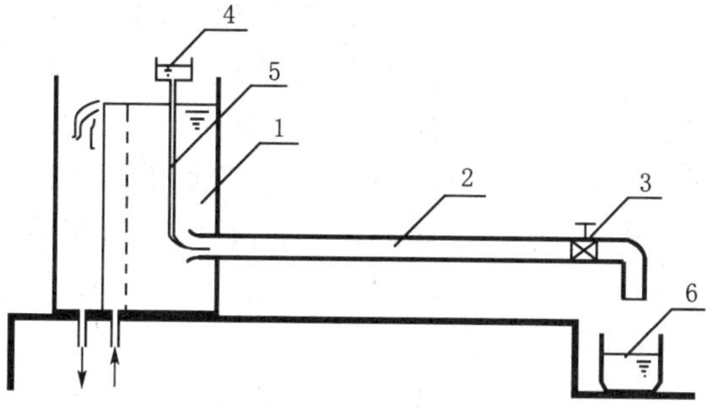

图5-1 雷诺实验装置

当管2中的水流速度较低时，拧开颜色水瓶下的阀门后，便可看到一条明晰的细小着色流束，此流束不与周围的水相混，如图5-2(a)所示。如果将细管5的出口移至管 2 入口的其他位置，看到的仍然是一条明晰的细小的着色流束。由此可以判断，管 2 内的整个流场呈一簇互相平行的流线，这种流动状态称为层流(laminar flow)。当管 2 内的流速逐渐增大时，开始阶段着色流束仍呈清晰的细线，流动状态仍没发生变化。当流速增大到一定数值，着色流束开始振荡，处于不稳定状态，如图 5-2(b)所示。如果流速再增加，振荡的流束便会突然破裂，着色流束在入口段的一定距离内完全消失，而与周围的流体相混，颜色扩散至整个玻璃管内，如图 5-2(c)所示。这时，流体质点做复杂的无规则的运动，这种流动状态称为紊流或湍流(turbulent flow)。由层流过渡到紊流的速度极限值称为上临界速度(upper critical velocity)，用 v_{cr}'表示。继续增大流速，将进一步增加流动的紊乱程度。

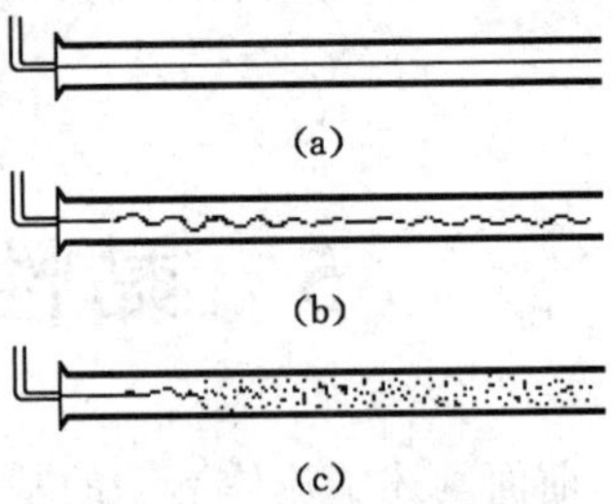

图 5-2　雷诺实验显示的流动状态

如果实验反过来进行，管内流速自高于上临界的速度逐渐降低，则会发现：当流速降低到比上临界速度 v_{cr}'更低的下临界速度(lower critical velocity)的 v_{cr} 时，处于紊流状态的流动便会稳定地转变为层流状态，着色流束重新成为一条明晰的细小的直线。

由雷诺实验可以看出，黏性流体存在两种流动状态——层流与紊流。当流速超过上临界速度 v_{cr}'时，层流转变为紊流；当流速低于下临界速度 v_{cr}时，紊流转变为层流；当流速介于上、下临界速度之间时，流体的流动状态可能是层流，也可能是紊流，这与实验的起始状态有无扰动等因素有关。

雷诺曾经用一段平直的水管测定了沿程损失 h_f 随流速 v 的变化规律，从而看出沿程损失与流动状态之间的关系。当流速由低到高增大时，实验点沿图 5-3 中的路线 $OABCD$ 移动；当流速由高到低减小时，实验点沿 $DCAO$ 线移动。用一个统一的表达式为：

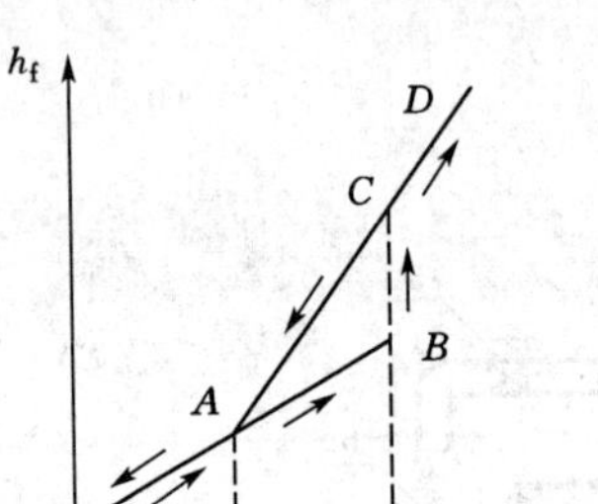

图 5-3　沿程阻力与流速的关系

$$h_f = kv^m$$

式中，k 为系数，m 为指数，均由实验确定。

雷诺实验结果表明：

(1) 当 $v<v_{cr}$时，流动为层流运动，$m=1$，h_f 与 v 的关系为 OA 线段。即层流中的沿程损失 h_f 与平均流速 v 的一次方成正比。

(2) 当 $v>v_{cr}'$ 时，流动为紊流运动，$m=1.75\sim2$，h_f 与 v 的关系为 CD 线段，即紊流中沿程损失与平均流速 v 的 1.75～2 次方成正比。

(3) $v_{cr}<v<v_{cr}'$ 时，流动处于过渡状态，可能是层流运动，也可能是紊流运动，在此范围内 h_f 与 v 得不到稳定一致的结果。

可见，沿程损失与流动状态有关。要计算各种通道的沿程损失，必须先判别流体的流动状态。

进一步的实验发现，仅靠临界速度来判别流体的流动状态是很不方便的，因为随着流体的运动黏度、密度以及流道线性尺寸的不同，临界速度也不同。雷诺数正是上述诸变量的无量纲综合量，也是判别流体流动状态的准则。雷诺数的表达式为

$$Re=\frac{\rho vl}{\mu}=\frac{vl}{\nu}$$

式中，l 为流体通道(或绕流的物体)的特征尺寸。

对于直径为 d 的圆截面管道，雷诺数的表达式为

$$Re_d=\frac{\rho vd}{\mu}=\frac{vd}{\nu} \tag{5-1}$$

对应于临界流速的雷诺数用临界雷诺数表示

$$Re_{cr}=\frac{\rho v_{cr}l}{\mu}=\frac{v_{cr}l}{\nu} \tag{5-2}$$

实验结果指出，不论流体的性质和管径如何变化，下临界雷诺数 $Re_{cr}=2\ 320$，上临界雷诺数可达 $Re_{cr}'=13\ 800$，甚至更高些。上临界雷诺数与实验的环境条件和流动的起始状态有关。当 $Re<Re_{cr}$ 时，流动一定为层流：当 $Re>Re_{cr}'$ 时，流动一定为紊流；当 $Re_{cr}<Re<Re_{cr}'$ 时，可能是层流，也可能是紊流，流动处于极不稳定的状态。这时，如果小心实验，可以保持层流，但只要稍有扰动，层流瞬即被破坏而转变为紊流。因此，上临界雷诺数在工程上没有太大的实用意义，通常把下临界雷诺数 Re_{cr} 作为判别层流和紊流的准则，而且工程上一般取圆管的临界雷诺数 $Re_{cr}=2\ 000$。当 $Re_{cr}<2\ 000$ 时，流动为层流；当 $Re_{cr}>2\ 000$ 时，认为流动是紊流。

例 5-1 水在内径 $d=100$ mm 的管中流动，流速 $v=0.5$ m/s，水的运动黏度为 1×10^{-6} m²/s。试问水在管中呈何种流动状态？如果管中的流体是运动黏度 $\nu=31\times10^{-6}$ m²/s 的油，且保持流速不变，则油在管中又呈何种流动状态？

解 水的雷诺数

$$Re=\frac{vd}{\nu}=\frac{0.5\times0.1}{1\times10^{-6}}=5\times10^4>2\ 000$$

水在管中呈紊流状态。

油的雷诺数

$$Re=\frac{vd}{\nu}=\frac{0.5\times0.1}{31\times10^{-6}}=1\ 610<2\ 000$$

油在管中呈层流状态。

如图 5-4 所示,假设黏性流体从一大容器中经圆弧形入口流进圆管,可以认为入口处流速分布是均匀的。流体进入管内以后,由于受管壁的影响,靠近壁面的流动受到阻滞,流速降低,形成边界层。由于通过管道的流量是一定,而边界层的厚度逐渐增大,以至于未受管壁影的中心部分的流速必将加快。这种不断改变速度分布的流动一直发展到边界层在管轴处相交,成为充分发展的流动为止。边界层相交以前的管段称为管道入口段(或称为起始段),其长度以 L^* 表示。入口段(entrance section)的流动是速度分布不断变化的非均匀流动,入口段以后的流动则是各个截面速度分布均相同的均匀流动。

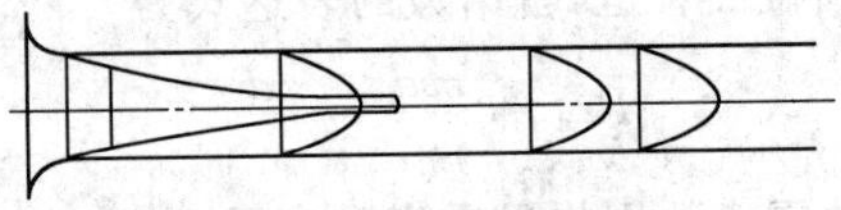

图 5-4　圆管入口段的流动

当流动的雷诺书低于临界值时,整个入口段的流动为层流。根据实验结果可知,它的入口段长度为

$$L^* = 0.058d\,Re_d \tag{5-3}$$

当 $Re_d=2\ 000$ 时,$L^*\approx116d$。若不断增大管道入口处的流速,使雷诺数超过临界值,则入口段内某处的边界层即由层流转变为紊流。随着雷诺数的增大,转变位置向着入口移动。由于紊流边界层厚度的增长比层流边界层的快,因此紊流的入口段要短些,而且它的长度很少依赖于雷诺数的大小,并与来流受扰动的程度有关;扰动越大,入口段长度越短。紊流入口段长度 $L^*=(25\sim40d)$。本章以下所讲的沿程损失数的计算公式只适用于管内充分发展的流动,不适用于速度分布不断变化的管道入口段内的流动。

5.2　不可压黏性流体的 N-S 方程

当黏性流体运动时,黏性的影响产生了切向应力。因此,在研究黏性流体运动时,除了质量力和法向应力外,还要考虑切向应力。

在运动的黏性流体中,取出一边长为 dx、dy 和 dz 的平行六面体的流体微团(图 5-5)。作用在平行六面体上的表面力,不仅有法向应力,还有切向应力,这些力在每个表面上的合力不再垂直于所作用的平面,并与作用面呈某一倾角。图中 p 代表法向应力,τ 代表切向应力,它们都有 2 个下标:第一个表示应力所在平面的法线方向,第二个表示应力本身的方向。为方便起见,假定所有法向应力都沿着所在平面的外法线方向,切向应力在经过 A 点的 3 个平面上的方向与坐标轴的方向相反,其他 3 个平面上的则相同。

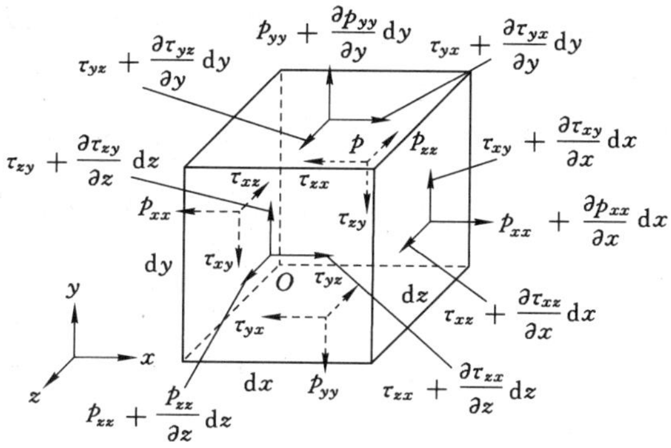

图 5-5　用应力表示的流体质点表面力

根据牛顿第二定律,可写出沿 x 轴的运动微分方程

$$f_x\rho\mathrm{d}x\mathrm{d}y\mathrm{d}z - p_{xx}\mathrm{d}y\mathrm{d}z + \left(p_{xx} + \frac{\partial p_{xx}}{\partial x}\mathrm{d}x\right)\mathrm{d}y\mathrm{d}z - \tau_{yx}\mathrm{d}z\mathrm{d}x +$$
$$\left(\tau_{yx} + \frac{\partial \tau_{yx}}{\partial y}\right)\mathrm{d}z\mathrm{d}x - \tau_{zx}\mathrm{d}x\mathrm{d}y + \left(\tau_{zx} + \frac{\partial \tau_{zx}}{\partial z}\mathrm{d}z\right)\mathrm{d}x\mathrm{d}y$$
$$= \rho\mathrm{d}x\mathrm{d}y\mathrm{d}z\frac{\mathrm{d}v_x}{\mathrm{d}t}$$

化简后得

$$\left.\begin{aligned}
\frac{\mathrm{d}v_x}{\mathrm{d}t} &= f_x + \frac{1}{\rho}\frac{\partial p_{xx}}{\partial x} + \frac{1}{\rho}\left(\frac{\partial \tau_{yx}}{\partial y} + \frac{\partial \tau_{zx}}{\partial z}\right)\\
\frac{\mathrm{d}v_y}{\mathrm{d}t} &= f_y + \frac{1}{\rho}\frac{\partial p_{yy}}{\partial y} + \frac{1}{\rho}\left(\frac{\partial \tau_{zy}}{\partial z} + \frac{\partial \tau_{xy}}{\partial x}\right)\\
\frac{\mathrm{d}v_z}{\mathrm{d}t} &= f_z + \frac{1}{\rho}\frac{\partial p_{zz}}{\partial z} + \frac{1}{\rho}\left(\frac{\partial \tau_{xz}}{\partial x} + \frac{\partial \tau_{yz}}{\partial y}\right)
\end{aligned}\right\} \tag{5-4}$$

式(5-4)是以应力形式表示的黏性流体的运动微分方程。式中除了单位质量力的 3 个分量 f_x,f_y,f_z 以及密度 ρ 在一般不可压黏性流体运动中为已知外,其余 9 个应力和 3 个速度分量都为未知数。而方程组除了这 3 个方程外,再加

上连续方程，远不足以解出这 12 个未知数。然而，要寻找黏性流体中关于 p 和 τ 的计算式，可以从流体微团在运动中的变形来获得这些应力与应变速度之间的关系式。

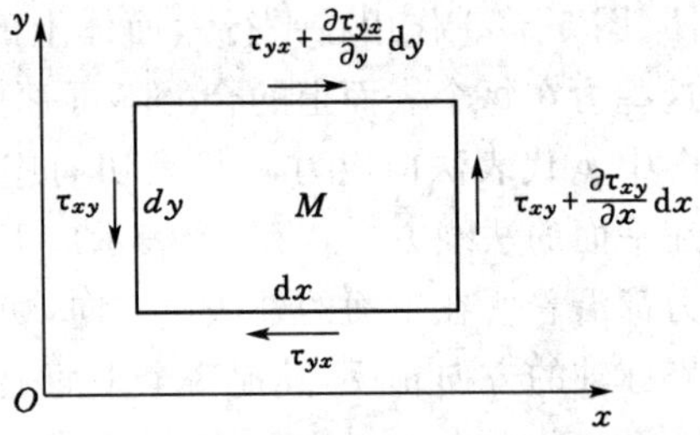

图 5-6　分析切向应力之间的关系图

1. 切向应力之间的关系

根据达朗伯原理，作用于微元平行六面体上的各力对通过中心 M 并与 z 轴相平行的轴(图 5-6)的力矩之和应等于 0。又由于质量力和惯性力对该轴的力矩是四阶无穷小量，可以略去不计，故

$$-\tau_{yx}\,dx dz\frac{dy}{2}-\left(\tau_{yx}+\frac{\partial \tau_{yx}}{\partial y}dy\right)dx dz\frac{dy}{2}+\tau_{xy}\,dy dz\frac{dx}{2}+$$

$$\left(\tau_{xy}+\frac{\partial \tau_{xy}}{\partial x}dx\right)dy dz\frac{dx}{2}=0$$

再略去四阶无穷小量，又因 $dxdydz\neq 0$ 故得

同理可得

$$\left.\begin{aligned}\tau_{xy}&=\tau_{yx}\\ \tau_{yz}&=\tau_{zy}\\ \tau_{zx}&=\tau_{xz}\end{aligned}\right\}\tag{5-5}$$

这样，在式(5-4)中 9 个应力只有 6 个是独立的。

流体黏性引起的切向应力可按牛顿内摩擦定律求得，即$\tau=\mu\frac{dv_x}{dy}$。而速度梯度又等于流体微团的角变形(angular deformation)速度，即

$$\frac{dv_x}{dy}=\frac{d\varphi}{dt}$$

在分析流体微团的平面运动时，得出了角变形速度为

$$\frac{d\varphi}{dt}=2\varepsilon_z=\frac{d\alpha}{dt}=\frac{d\beta}{dt}=\frac{\partial v_y}{\partial x}+\frac{\partial v_x}{\partial y}$$

如果流体的黏度在各个方向上都是相同的(即各向同性)，则根据牛顿内摩擦定律，可得

$$\left.\begin{aligned}\tau_{xy}&=\tau_{yx}=\mu\left(\frac{\partial v_y}{\partial x}+\frac{\partial v_x}{\partial y}\right)=2\mu\varepsilon_z\\ \tau_{yz}&=\tau_{zy}=\mu\left(\frac{\partial v_z}{\partial y}+\frac{\partial v_y}{\partial z}\right)=2\mu\varepsilon_x\\ \tau_{zx}&=\tau_{xz}=\mu\left(\frac{\partial v_x}{\partial z}+\frac{\partial v_z}{\partial x}\right)=2\mu\varepsilon_y\end{aligned}\right\}\tag{5-6}$$

式中，ε_x，ε_y，ε_z 为垂直于各相应轴的平面中角变形速度的 1/2。式(5-6)就是广义牛顿内摩擦定律，其意义为：切向应力等于动力黏度和角变形速度的乘积。

2. 法向应力之间的关系

对于理想流体，在同一点各方向的法向应力(即压强)是等值的，即 $p_{xx}=p_{yy}=p_{zz}=-p$。但是在黏性流体中，由于黏性的影响，流体微团除发生角变形以外，同时也发生线变形，即在流体微团的法线方向上有相对的线应变速度$\dfrac{\partial v_x}{\partial x}$，$\dfrac{\partial v_y}{\partial y}$，$\dfrac{\partial v_z}{\partial z}$，使法向应力的大小有所改变(与理想流体相比)，产生附加的法向应力。在此不进行严格的推导，而将切向应力的广义牛顿内摩擦定理推广应用，即认为附加法向应力等于动力黏度与 2 倍的线应变速度的乘积，即

$$\left.\begin{aligned}p_{xx}&=-p+2\mu\frac{\partial v_x}{\partial x}\\p_{yy}&=-p+2\mu\frac{\partial v_y}{\partial y}\\p_{zz}&=-p+2\mu\frac{\partial v_z}{\partial z}\end{aligned}\right\}\tag{5-7}$$

这就是法向应力的计算式。

由此可见，在黏性流体中同一点任意 3 个互相垂直的法向应力是不相等的，它们的总和为

$$p_{xx}+p_{yy}+p_{zz}=-3p+2\mu\left(\frac{\partial v_x}{\partial x}+\frac{\partial v_y}{\partial y}+\frac{\partial v_z}{\partial z}\right)$$

根据不可压流体的连续方程，上式等号右边第二项为 0，故

$$p=-\frac{1}{3}(p_{xx}+p_{yy}+p_{zz})\tag{5-8}$$

这说明 3 个互相垂直的法向应力的算术平均值恰好等于理想流体的压强。

现在将切向应力和法向应力的关系式(5-6)和式(5-7)代入式(5-4)，仅以第一式为例，得

$$\begin{aligned}\frac{dv_x}{dt}&=f_x+\frac{1}{\rho}\left\{\frac{\partial}{\partial x}\left[-p+2\mu\frac{\partial v_x}{\partial x}\right]+\frac{\partial}{\partial y}\left[\mu\left(\frac{\partial v_y}{\partial x}+\frac{\partial v_x}{\partial z}\right)\right]+\frac{\partial}{\partial z}\left[\mu\left(\frac{\partial v_x}{\partial z+}\frac{\partial v_z}{\partial x}\right)\right]\right\}\\&=f_x-\frac{1}{\rho}\frac{\partial p}{\partial x}+\frac{\mu}{\rho}\left(\frac{\partial^2 v_x}{\partial x^2}+\frac{\partial^2 v_x}{\partial y^2}+\frac{\partial^2 v_x}{\partial z^2}\right)+\frac{\mu}{\rho}\frac{\partial}{\partial x}\left(\frac{\partial v_x}{\partial x}+\frac{\partial v_y}{\partial y}+\frac{\partial v_z}{\partial z}\right)\end{aligned}$$

根据不可压流体的连续方程，上式等号右边第四项为 0，故

$$
\left.\begin{aligned}
\frac{\mathrm{d}v_x}{\mathrm{d}t}&=f_x-\frac{1}{\rho}\frac{\partial p}{\partial x}+\nu\left(\frac{\partial^2 v_x}{\partial x^2}+\frac{\partial^2 v_x}{\partial y^2}+\frac{\partial^2 v_x}{\partial z^2}\right)\\
\frac{\mathrm{d}v_y}{\mathrm{d}t}&=f_y-\frac{1}{\rho}\frac{\partial p}{\partial y}+\nu\left(\frac{\partial^2 v_y}{\partial x^2}+\frac{\partial^2 v_y}{\partial y^2}+\frac{\partial^2 v_y}{\partial z^2}\right)\\
\frac{\mathrm{d}v_z}{\mathrm{d}t}&=f_z-\frac{1}{\rho}\frac{\partial p}{\partial z}+\nu\left(\frac{\partial^2 v_z}{\partial x^2}+\frac{\partial^2 v_z}{\partial y^2}+\frac{\partial^2 v_z}{\partial z^2}\right)
\end{aligned}\right\} \tag{5-9}
$$

这就是不可压黏性流体的运动微分方程，又称纳维—斯托克斯（Navier-Stokes）方程，简称 N-S 方程。如果是没有黏性的理想流体，则运动黏度为 0，于是 N-S 方程变成理想流体的欧拉运动微分方程。如果没有加速度，则上述方程变成欧拉平衡微分方程。所以，N-S 方程是不可压流体最普遍的运动微分方程。

以上 3 式加上不可压流体的连续方程

$$
\frac{\partial v_x}{\partial x}+\frac{\partial v_y}{\partial y}+\frac{\partial v_z}{\partial z}=0 \tag{5-10}
$$

共有 4 个方程，原则上可以求解不可压黏性流体运动问题中的 4 个未知数：v_x，v_y，v_z，p。实际上，由于流体流动现象很复杂，要利用这 4 个方程去求解一般不可压黏性流体的运动问题，在数学上还是很困难的。所以，求解纳维斯—托克斯方程，仍然是流体力学的一项重要任务。许多层流问题，如图管中的层流、平行平面间的层流以及同心圆环间的层流等，都可以应用纳维—斯托克斯方程求出精确解。此外，对于润滑问题、边界层问题等，也可以应用该方程求出一些近似解。近年来，应用纳维—斯托克斯方程去求解紊流问题，也取得了一定的进展。纳维—斯托克斯方程的存在性与光滑性已被列为 21 世纪七大数学难题之一。

在求解许多实际流动问题时，如黏性流体绕过圆柱体和球体的流动，用圆柱坐标系（cylindrical coordinate system）和球坐标系（sphere coordinate system）来代替直角坐标系更为方便。经过变换后，可将直角坐标系的 N-S 方程写成圆柱坐标系和球坐标系的 N-S 方程。略去变换步骤，将结果写出如下。

在圆柱坐标系中

$$
\begin{aligned}
&\frac{\partial v_r}{\partial t}+v_r\frac{\partial v_r}{\partial r}+\frac{v_\theta}{r}\frac{\partial v_r}{\partial \theta}-\frac{v_\theta^2}{r}+v_z\frac{\partial v_r}{\partial z}\\
&=f_r-\frac{1}{\rho}\frac{\partial p}{\partial r}+\nu\left(\frac{\partial^2 v_r}{\partial r^2}+\frac{1}{r}\frac{\partial v_r}{\partial r}-\frac{v_r}{r^2}+\frac{1}{r^2}\frac{\partial^2 v_r}{\partial \theta^2}-\frac{2}{r^2}\frac{\partial v_\theta}{\partial \theta}+\frac{\partial^2 v_r}{\partial z^2}\right)
\end{aligned} \tag{5-11a}
$$

$$
\begin{aligned}
&\frac{\partial v_\theta}{\partial t}+v_r\frac{\partial v_\theta}{\partial r}+\frac{v_\theta}{r}\frac{\partial v_\theta}{\partial \theta}+\frac{v_r v_\theta}{r}+v_z\frac{\partial v_\theta}{\partial z}\\
&=f_\theta-\frac{1}{\rho r}\frac{\partial p}{\partial \theta}+\nu\left(\frac{\partial^2 v_\theta}{\partial r^2}+\frac{1}{r}\frac{\partial v_\theta}{\partial r}-\frac{v_\theta}{r^2}+\frac{1}{r^2}\frac{\partial^2 v_\theta}{\partial \theta^2}+\frac{2}{r^2}\frac{\partial v_r}{\partial \theta}+\frac{\partial^2 v_\theta}{\partial z^2}\right)
\end{aligned} \tag{5-11b}
$$

$$
\frac{\partial v_z}{\partial t}+v_r\frac{\partial v_z}{\partial r}+\frac{v_\theta}{r}\frac{\partial v_z}{\partial \theta}+v_z\frac{\partial v_x}{\partial z}
$$

$$= f_z - \frac{1}{\rho}\frac{\partial p}{\partial z} + \nu\left(\frac{\partial^2 v_z}{\partial r^2} + \frac{1}{r}\frac{\partial v_z}{\partial r} + \frac{1}{r^2}\frac{\partial^2 v_z}{\partial \theta^2} + \frac{\partial^2 v_z}{\partial z^2}\right) \tag{5-11c}$$

式中，f_r，f_θ，f_z 分别为单位质量力沿 3 个坐标轴（r，θ，z）的分量，则不可压流体的连续方程为

$$\frac{\partial v_r}{\partial r} + \frac{v_r}{r} + \frac{1}{r}\frac{\partial v_\theta}{\partial \theta} + \frac{\partial v_z}{\partial z} = 0 \tag{5-12}$$

法向应力和切向应力的公式分别为

$$\left.\begin{aligned} p_{rr} &= -p + 2\mu\frac{\partial v_r}{\partial r} \\ p_{\theta\theta} &= -p + 2\mu\left(\frac{1}{r}\frac{\partial v_\theta}{\partial \theta} + \frac{v_r}{r}\right) \\ p_{zz} &= -p + 2\mu\frac{\partial v_z}{\partial z} \end{aligned}\right\} \tag{5-13}$$

$$\left.\begin{aligned} \tau_{r\theta} &= \tau_{\theta r} = \mu\left[r\frac{\partial}{\partial r}\left(\frac{v_\theta}{r}\right) + \frac{1}{r}\frac{\partial v_r}{\partial \theta}\right] \\ \tau_{\theta z} &= \tau_{az} = \mu\left(\frac{\partial v_\theta}{\partial z} + \frac{1}{r}\frac{\partial v_z}{\partial \theta}\right) \\ \tau_{zr} &= \tau_{rz} = \mu\left(\frac{\partial v_r}{\partial z} + \partial\frac{v_z}{\partial r}\right) \end{aligned}\right\} \tag{5-14}$$

在球坐标系中

$$\frac{\partial v_r}{\partial t} + v_r\frac{\partial v_r}{\partial r} + \frac{v_\theta}{r}\frac{\partial v_r}{\partial \theta} + \frac{v_\beta}{r\sin\theta}\frac{\partial v_r}{\partial \beta} - \frac{v_\theta^2 + v_\theta^2}{r}$$

$$= f_r - \frac{1}{\rho}\frac{\partial p}{\partial r} + \nu\left(\frac{\partial^2 v_r}{\partial r^2} + \frac{2}{r}\frac{\partial v_r}{\partial r} + \frac{1}{r^2}\frac{\partial^2 v_r}{\partial \theta^2} + \frac{\cot\theta}{r^2}\frac{\partial v_r}{\partial \theta} + \frac{1}{r^2\sin^2\theta}\frac{\partial^2 v_r}{\partial \beta^2} -\right.$$

$$\left.\frac{2v_r}{r^2} - \frac{2}{r^2}\frac{\partial v_\theta}{\partial \theta} - \frac{2v_\theta\cot\theta}{r^2} - \frac{2}{r^2\sin\theta}\frac{\partial v_\beta}{\partial \beta}\right) \tag{5-15a}$$

$$\frac{\partial v_\theta}{\partial t} + v_r\frac{\partial v_\theta}{\partial r} + \frac{v_\theta}{r}\frac{\partial v_\theta}{\partial \theta} + \frac{v_\beta}{r\sin\theta}\frac{\partial v_\theta}{\partial \beta} + \frac{v_r v_\theta}{r} - \frac{v_\beta^2\cot\theta}{r}$$

$$= f_\theta - \frac{1}{\rho r}\frac{\partial p}{\partial \theta} + \nu\left(\frac{\partial^2 v_\theta}{\partial r^2} + \frac{2}{r}\frac{\partial v_\theta}{\partial r} + \frac{1}{r^2}\frac{\partial^2 v_\theta}{\partial \theta^2} + \frac{\cot\theta}{r^2}\frac{\partial v_\theta}{\partial \theta} + \frac{1}{r^2\sin^2\theta}\frac{\partial^2 v_\theta}{\partial \beta^2} +\right.$$

$$\left.\frac{2}{r^2}\frac{\partial v_r}{\partial \theta} - \frac{v_\theta}{r^2\sin^2\theta} - \frac{2\cos\theta}{r^2\sin^2\theta}\frac{\partial v_\beta}{\partial \beta}\right) \tag{5-15b}$$

$$\frac{\partial v_\beta}{\partial t} + v_r\frac{\partial v_\beta}{\partial r} + \frac{v_\theta}{r}\frac{\partial v_\beta}{\partial \theta} + \frac{v_\beta}{r\sin\theta}\frac{\partial v_\beta}{\partial \beta} + \frac{v_\beta v_r}{r} + \frac{v_\theta v_\beta\cot\theta}{r}$$

$$= f_\beta - \frac{1}{\rho r\sin\theta}\frac{\partial p}{\partial \beta} + \nu\left(\frac{\partial^2 v_\beta}{\partial r^2} + \frac{2}{r}\frac{\partial v_\beta}{\partial r} + \frac{1}{r^2}\frac{\partial^2 v_\beta}{\partial \theta^2} + \frac{\cot\theta}{r^2}\frac{\partial v_\beta}{\partial \theta} + \frac{1}{r^2\sin^2\theta}\frac{\partial^2 v_\beta}{\partial \beta^2} -\right.$$

$$\left.\frac{v_\beta}{r^2\sin^2\theta} + \frac{2}{r^2\sin\theta}\frac{\partial v_r}{\partial \beta} + \frac{2\cos\theta}{r^2\sin^2\theta}\frac{\partial v_\theta}{\partial \beta}\right) \tag{5-15c}$$

式中，f_r, f_θ, f_β 分别为单位质量力沿 3 个坐标轴(r,β,θ)的分量。则不可压流体的连续方程为

$$\frac{\partial v_r}{\partial r}+\frac{1}{r}\frac{\partial v_\theta}{\partial \theta}+\frac{1}{r\sin\theta}\frac{\partial v_\beta}{\partial \beta}+\frac{2v_r}{r}+\frac{v_\theta\cot\theta}{r}=0 \tag{5-16}$$

法向应力和切向应力的公式分别为

$$\left.\begin{aligned}p_{rr}&=-p+2\mu\frac{\partial v_r}{\partial r}\\p_{\theta\theta}&=-p+2\mu\left(\frac{1}{r}\frac{\partial v_\theta}{\partial \theta}+\frac{v_r}{r}\right)\\p_{\beta\beta}&=-p+2\mu\left(\frac{1}{r\sin\theta}\frac{\partial v_\beta}{\partial \beta}+\frac{v_r}{r}+\frac{v_\theta\cot\theta}{r}\right)\end{aligned}\right\} \tag{5-17}$$

$$\left.\begin{aligned}\tau_{r\theta}&=\tau_{\theta r}=\mu\left(\frac{1}{r}\frac{\partial v_r}{\partial \theta}+\frac{\partial v_\theta}{\partial r}-\frac{v_\theta}{r}\right)\\\tau_{\theta\beta}&=\tau_{\beta\theta}=\mu\left(\frac{1}{r\sin\theta}\frac{\partial v_\theta}{\partial \beta}+\frac{1}{r}\frac{\partial v_\beta}{\partial \theta}-\frac{v_\beta\cot\theta}{r}\right)\\\tau_{\beta r}&=\tau_{r\beta}=\mu\left(\frac{\partial v_\beta}{\partial r}+\frac{1}{r\sin\theta}\frac{\partial v_r}{\partial \beta}-\frac{v_\beta}{r}\right)\end{aligned}\right\} \tag{5-18}$$

5.3 不可压黏性流体的层流流动

求解黏性流体 N-S 方程的一般解析解被列为 21 世纪七大数学难题之一，因而真正能作解析解的流动为数不多，并且都是比较简单的流动。本节首先分析圆管中的层流运动，再介绍几种黏性流动的解析解，这样有助于我们开阔思路，认识多种实际流动的性质。在工程中，某些很细的管道流动，或者低速、高黏性流体的管道流动，如阻尼管、润滑系统、原油输油管道内的流动大部分属于层流。研究层流运动不仅具有工程实际意义，重要的还在于通过层流与紊流的对比，加强对紊流运动的认识。

5.3.1 圆管中流体的层流流动

在距离进口处足够远的地方，流动才能形成完全发展了的流动。在等断面直管中，流动为空间轴对称的。下面讨论不可压黏性流体在水平放置的等断面直管中的定常层流流动。

由于是等断面直管中的定常轴对称流动，因而有

$$\frac{\partial}{\partial t}=0,\frac{\partial}{\partial \theta}=0$$

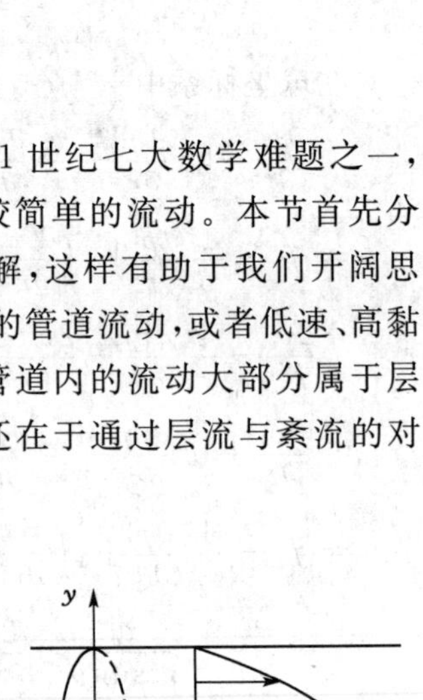

图 5-7 圆管中的层流

如图 5-7 所示，速度分量为：$v_r=0$，$v_\theta=0$，

$v_x = v(r)$。于是，柱坐标形式的 N-S 方程简化为

$$-\frac{1}{\rho}\frac{\mathrm{d}p}{\mathrm{d}x}+\frac{\mu}{\rho}\left(\frac{\mathrm{d}^2 v_x}{\mathrm{d}r^2}+\frac{1}{r}\frac{\mathrm{d}v_x}{\mathrm{d}r}\right)=0$$

对上式进行变形，得

$$\frac{\mathrm{d}}{\mathrm{d}r}\left(r\frac{\mathrm{d}v_x}{\mathrm{d}r}\right)=\frac{1}{\mu}\frac{\mathrm{d}p}{\mathrm{d}x}r$$

对上式中 r 进行二次积分，得

$$v_x=\frac{1}{4\mu}\frac{\mathrm{d}p}{\mathrm{d}x}r^2+A\ln r+B$$

边界条件为

$$\begin{cases} r=R, v_x=0 \\ r=0, \dfrac{\mathrm{d}v_x}{\mathrm{d}r}=0 \end{cases}$$

于是，可得圆管内层流速度分布为

$$v_x=\frac{1}{4\mu}\frac{\mathrm{d}p}{\mathrm{d}x}(r^2-R^2) \tag{5-19}$$

可见，当黏性流体在圆管中做层流流动时，流速的分布规律为旋转抛物面，如图 5-7 所示。在管轴上的最大流速为

$$v_{x,\max}=-\frac{R^2}{4\mu}\frac{\mathrm{d}p}{\mathrm{d}x} \tag{5-20}$$

由于旋转抛物体的体积恰好等于它的外切圆柱体体积的 1/2，因此平均流速等于最大流速的 1/2，即

$$v=\frac{1}{2}v_{x,\max}=-\frac{R^2}{8\mu}\frac{\mathrm{d}p}{\mathrm{d}x} \tag{5-21}$$

圆管中的流量

$$q=\int_0^R 2\pi r v_x \mathrm{d}r=\pi R^2 v=-\frac{\pi R^4}{8\mu}\frac{\mathrm{d}p}{\mathrm{d}x} \tag{5-22}$$

对于水平放置的平直圆管，可以认为沿流动方向的压力降不变，$\mathrm{d}p/\mathrm{d}x=-\Delta p/l$，式(5-22)简化为

$$q=\frac{\pi d^4\Delta p}{128\mu l} \tag{5-23}$$

这就是哈根—泊肃叶(Hagen-Poiseuille)公式。该公式是从 N-S 方程推导出来的，并已被实验结果所验证，这也间接地证明了 N-S 方程的正确性。第 1 章提到的管流法测量流体黏度正是以式(5-23)为理论依据。其测量原理是：让待测黏度的流体以一定的流速流过已知管径的细管，再在细管的一定长度上用测压计测出这段管道上的压降，从而通过层流管流的哈根—泊肃叶公式计算出

流体的黏度。

单位重量流体的压强降为

$$h_f = \frac{\Delta p}{\rho g} = \frac{32\mu l v}{\rho g d^2} = \frac{64\mu}{\rho v d}\frac{l}{d}\frac{v^2}{2g} = \frac{64}{Re}\frac{l}{d}\frac{v^2}{2g} = \lambda\frac{l}{d}\frac{v^2}{2g} \tag{5-24}$$

其中，$\lambda = \frac{64}{Re}$。

可见，层流流动的沿程损失与平均流速的一次方成正比，沿程损失系数λ仅与雷诺数Re有关，而与管道壁面粗糙与否无关，这一结论已为实验所证实。

已知黏性流体在圆管中做层流流动时的速度分布规律，便可求出总流伯努利方程中的动能修正系数a。将式(5-19)和式(5-21)代入动能修正系数计算式，得

$$a = \frac{1}{A}\iint_A \left(\frac{v_x}{v}\right)^3 \mathrm{d}A = \frac{1}{\pi R^2}\int_0^R \left\{2\left[1-\left(\frac{r}{R}\right)^2\right]\right\}^3 \cdot 2\pi r \mathrm{d}r = 2$$

这说明，在圆管中黏性流体做层流流动时的实际动能等于按平均流速计算的动能的2倍。

例 5-2 如图5-8所示，一内径为20 mm的倾斜放置的圆管，其中流过的流体密度和黏度分别为$\rho = 815.7$ kg/m^3和$\mu = 0.04$ Pa·s；已知截面1处的压强$p_1 = 9.806 \times 10^4$ Pa，截面2处的压强$p_2 = 19.612 \times 10^4$ Pa。试确定流体在管中的流动方向，并计算流量和雷诺数。

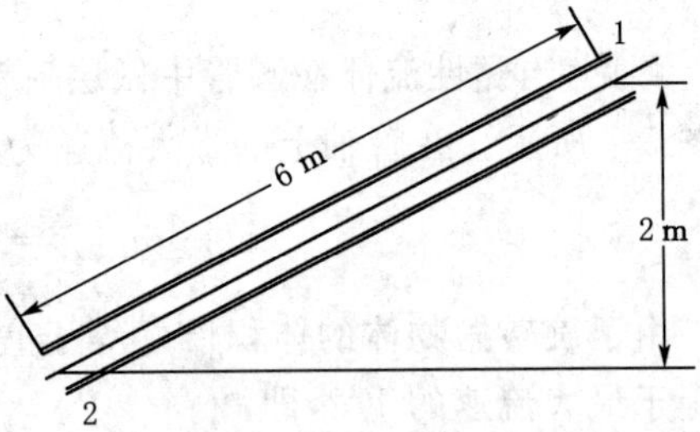

图 5-8 倾斜圆管

解 为确定流动的方向，需要计算截面1和2处流体的总机械能的大小。由于等截面的管道在1和2处的流速相等，即它们的动能相等，因而流动的方向决定于两截面处的压强势能与位势能之和的大小。

在截面1处：

$$(p + \rho g h)_1 = 9.806 \times 10^4 + 815.7 \times 9.807 \times 2 \text{ kPa} = 114.06 \text{ kPa}$$

在截面2处：

$$(p + \rho g h)_2 = (19.612 \times 10^4 + 0) \text{ kPa} = 196.12 \text{ kPa}$$

由于$(p+\rho g h)_2 > (p+\rho g h)_1$，故流体自截面2流向截面1。根据式(5-23)，流量为

$$q = \frac{0.01^4\pi}{8 \times 0.04} \times \left(-\frac{114\ 060 - 196\ 120}{6}\right) \text{ m}^3/\text{s} = 0.00\ 134 \text{ m}^3/\text{s}$$

平均流速

$$v=\frac{0.001\ 34}{0.01^2\pi}\ \mathrm{m/s}=4.25\ \mathrm{m/s}$$

雷诺数

$$Re=\frac{\rho vd}{\mu}=\frac{815.7\times4.25\times0.02}{0.04}=1\ 735$$

由于 $Re<2\ 000$，管内流动为层流，以上计算成立。如果 $Re>2\ 000$，管内流动为紊流，则不能用式(5-23)去计算流量。

5.3.2　环形管道中流体的定常层流流动

不可压黏性流体在外径为 r_1 和内径为 r_2 且很长的环形管道中做直线定常层流流动，如图 5-9 所示。采用圆柱坐标系，使 z 轴与管轴重合，可以认为 $v_r=v_\theta=0,\dfrac{\partial v_z}{\partial\theta}=0$

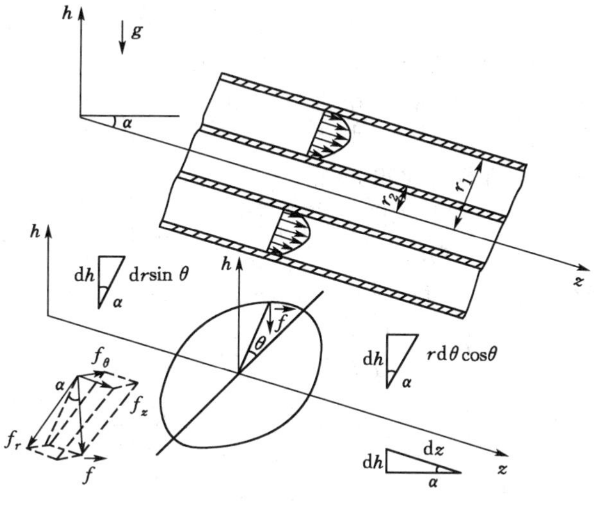

图 5-9　环形管道中流体的定常层流流动

由连续方程(3-25a)得 $\dfrac{\partial v_z}{\partial z}=0$，故有 $v_z=v_z(r)$。考虑定常流动且质量力仅有重力，则圆柱坐标形式的 N-S 方程简化为

$$f_r-\frac{1}{\rho}\frac{\partial p}{\partial r}=0$$

$$f_\theta-\frac{1}{\rho r}\frac{\partial p}{\partial\theta}=0$$

$$f_z - \frac{1}{\rho}\frac{\partial p}{\partial z} + \nu\left(\frac{\partial^2 v_z}{\partial r^2} + \frac{1}{r}\frac{\partial v_z}{\partial r}\right) = 0$$

假设α角为z轴与其铅垂平面内的水平线之间的夹角，θ角为管道横截面内自水平线量起的角度(图 5-9)，则单位质量的质量力

$$f_r = -g\cos\alpha\sin\theta = -g\frac{\partial h}{\partial r},$$

$$f_\theta = -g\cos\alpha\cos\theta = -g\frac{1}{r}\frac{\partial h}{\partial \theta}, f_z = g\sin\alpha = -g\frac{\partial h}{\partial z}$$

代入上式，得

$$\frac{\partial}{\partial r}(p + \rho g h) = 0$$

$$\frac{\partial}{\partial \theta}(p + \rho g h) = 0$$

$$\frac{1}{r}\frac{\partial}{\partial r}\left(r\frac{\partial v_z}{\partial r}\right) = \frac{1}{\mu}\frac{\partial}{\partial z}(p + \rho g h)$$

由前两式可知，$p+\rho g h$ 只是z的函数，于是

$$\frac{1}{r}\frac{\mathrm{d}}{\mathrm{d}r}\left(r\frac{\mathrm{d}v_z}{\mathrm{d}r}\right) = \frac{1}{\mu}\frac{\mathrm{d}}{\mathrm{d}z}(p + \rho g h) \tag{5-25}$$

将式(5-25)对r进行二次积分，得

$$v_z = \frac{1}{4\mu}\left[\frac{\mathrm{d}}{\mathrm{d}z}(p + \rho g h)\right]r^2 + C_1\ln r + C_2 \tag{5-26}$$

由边界条件：当$r=r_1$和$r=r_2$时，$v_z=0$，可确定积分常数C_1和C_2，即

$$C_1 = \frac{1}{4\mu}\frac{\mathrm{d}}{\mathrm{d}z}(p + \rho g h)\frac{r_1^2 - r_2^2}{\ln(r_1/r_2)}$$

$$C_2 = -\frac{1}{4\mu}\frac{\mathrm{d}}{\mathrm{d}z}(p + \rho g h)\left[r_1^2 - \frac{r_1^2 - r_2^2}{\ln(r_1/r_2)} - \ln r_1\right]$$

于是得速度分布

$$v_z = -\frac{1}{4\mu}\frac{\mathrm{d}}{\mathrm{d}z}(p + \rho g h)\left[(r_1^2 - r^2) + \frac{r_1^2 - r_2^2}{\ln(r_1/r_2)}\ln\frac{r}{r_1}\right] \tag{5-27}$$

流过环形管道的流量为

$$q = 2\pi\int_{r_2}^{r_1} v_z r\,\mathrm{d}r = -\frac{\pi}{8\mu}\frac{\mathrm{d}}{\mathrm{d}z}(p + \rho g h)\left[(r_1^4 - r_2^4) - \frac{(r_1^2 - r_2^2)^2}{\ln(r_1/r_2)}\right] \tag{5-28}$$

若半径为r_2的同心圆管(或轴)以等速U沿管轴z方向运动，如在柱塞泵中所遇到的那样，则边界条件成为$r=r_1$时，$v_z=0$；$r=r_2$时，$v_z=U$。代入式(5-26)，得

$$C_1 = -\frac{1}{4\mu}\frac{\mathrm{d}}{\mathrm{d}z}(p + \rho g h)\frac{r_1^2 - r_2^2}{\ln(r_1/r_2)} - \frac{U}{\ln(r_1/r_2)}$$

$$C_2=-\frac{1}{4\mu}\frac{\mathrm{d}}{\mathrm{d}z}(p+\rho gh)\left[r_1^2-\frac{r_1^2-r_2^2}{\ln(r_1/r_2)}\ln r_1\right]+\frac{U}{\ln(r_1/r_2)}\ln r_1$$

于是得速度分布为

$$v_z=-\frac{1}{4\mu}\frac{\mathrm{d}}{\mathrm{d}z}(p+\rho gh)\left[(r_1^2-r^2)+\frac{r_1^2-r_2^2}{\ln(r_1/r_2)}\ln\frac{r}{r_1}\right]-\frac{U}{\ln(r_1/r_2)}\ln\frac{r}{r_1}\tag{5-29}$$

流过环形管道的流量为

$$q=2\pi\int_{r_2}^{r_1}v_z r\,\mathrm{d}r=-\frac{\pi}{8\mu}\frac{\mathrm{d}}{\mathrm{d}z}(p+\rho gh)\left[(r_1^4-r_2^4)-\frac{(r_1^2-r_2^2)^2}{\ln(r_1/r_2)}\right]-\pi r_2^2U+\frac{\pi(r_1^2-r_2^2)U}{2\ln(r_1/r_2)}\tag{5-30}$$

沿固定环形管道的流动是上述流动的特殊情况，即 $U=0$ 时的情况。如令式(5-29)和式(5-30)中的 $U=0$，便得到式(5-27)和式(5-28)。

例 5-3　油缸内油的计示压强 $p=29.418\times10^4$ Pa，油的动力黏度 $\mu=0.1$ Pa·s，柱塞的直径 $d=50$ mm，柱塞与套筒间的径向间隙 $\delta=0.05$ mm，套筒的长度 $l=300$ mm。设以力 F 推着柱塞使其保持不动，求油的漏损流量 q 和力 F 的大小(图 5-10)。

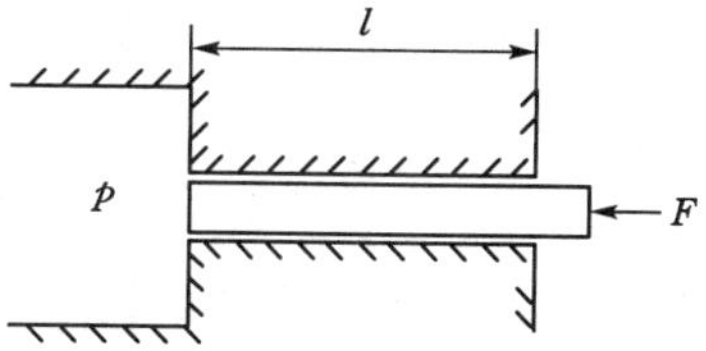

图 5-10　例 5-3 图

解　柱塞与套筒间隙中单位长度的压强降为

$$-\frac{\mathrm{d}p}{\mathrm{d}l}=-\frac{0-29.418\times10^4}{0.3}\ \mathrm{kPa/m}=980.6\ \mathrm{kPa/m}$$

环形流道的外半径：$r_1=(25+0.05)$ mm$=25.05$ mm。

环形流道的内半径：$r_2=25$ mm。将已知数据代入式(5-29)，得

$$q=\frac{\pi}{8\times0.1}\times980\,600\times\left[0.025\,05^4-0.025^4-\frac{(0.025\,05^2-0.25^2)^2}{\ln(0.025\,05/0.025)}\right]\mathrm{m^3/s}$$
$$=1.60\times10^{-8}\ \mathrm{m^3/s}$$

对式(5-27)中的 r 求导，得

$$v_z=-\frac{1}{4\mu}\frac{\mathrm{d}}{\mathrm{d}l}(p+\rho gh)\left(-2r+\frac{r_1^2-r_2^2}{\ln(r_1/r_2)}\frac{1}{r}\right)$$

$$\tau_{r_2}=-\mu\left(\frac{\mathrm{d}v_z}{\mathrm{d}r}\right)_{r=r_2}$$
$$=-\frac{1}{4}\times\frac{\mathrm{d}}{\mathrm{d}l}(p+\rho gh)\left(-2r_2+\frac{r_1^2-r_2^2}{\ln(r_1/r_2)}\frac{1}{r}\right)$$

$$=\frac{1}{4}\times 980\ 600\times\left(0.05-\frac{0.025\ 05^2-0.025^2}{\ln(0.025\ 05/0.025)}\times\frac{1}{0.025}\right)\ \text{Pa}$$

$$=24.52\ \text{Pa}$$

作用在柱塞上的力 F 应与柱塞两端面的压强差和流体作用在柱塞侧面的黏滞力相平衡，于是

$$F=\left(\frac{\pi}{4}\times 0.05^2\times 29.418\times 10^4+\pi\times 0.05\times 0.3\times 24.52\right)\ \text{N}$$

$$=(577.6+1.155)\ \text{N}$$

$$=578.8\ \text{N}$$

5.3.3 平行平板间流体的定常层流流动

不可压黏性流体在倾斜的平行平板间做定常层流流动，如图 5-11 所示。若平板长度为无限大，且下平板固定不动，可作为平面流动处理。流体沿 x 轴方向流动，y 轴垂直于平板，则 $v_y=v_z=0$，$\frac{\partial}{\partial z}=0$。又由连续方程得 $\frac{\partial v_x}{\partial x}=0$，即 $v_x=v_x(y)$。考虑定常流动，且质量力仅有重力的情况，则圆柱坐标形式的 N-S 方程简化为

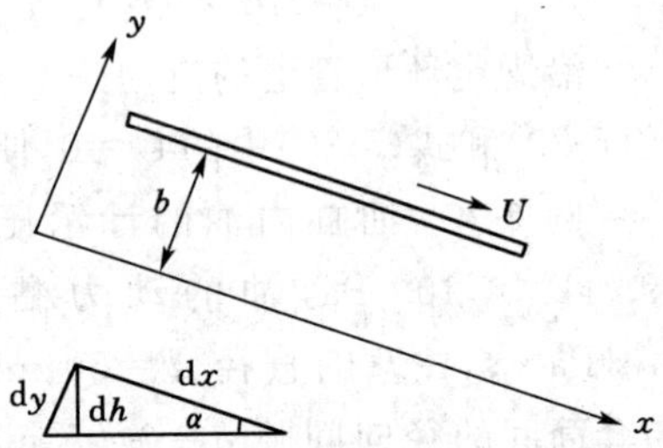

图 5-11　平行平板间层流流动

$$f_x-\frac{1}{\rho}\frac{\partial p}{\partial x}+v\frac{\partial^2 v_x}{\partial y^2}=0$$

$$f_y-\frac{1}{\rho}\frac{\partial p}{\partial y}=0$$

式中，$f_x=g\sin\alpha=-g\frac{\partial h}{\partial x}$，$f_y=-g\cos\alpha=-g\frac{\partial h}{\partial y}$。

代入上式，得

$$\mu\frac{\partial^2 v_x}{\partial y^2}=\frac{\partial}{\partial x}(p+\rho gh)$$

$$\frac{\partial}{\partial y}(p+\rho gh)=0$$

由此可知，$p+\rho gh$ 只是 x 的函数，于是

$$\mu\frac{\partial^2 v_x}{\partial y^2}=\frac{\mathrm{d}}{\mathrm{d}x}(p+\rho gh) \tag{5-31}$$

将式(5-31)对 y 进行二次积分，得

$$v_x=\frac{1}{2\mu}\left[\frac{d}{dx}(p+\rho gh)\right]y^2+C_1 y+C_2 \tag{5-32}$$

由边界条件:当 $y=0$ 和 $y=b$ 时,$v_x=0$,可确定积分常数 C_1 和 C_2,即

$$C_1=-\frac{b}{2\mu}\frac{\mathrm{d}}{\mathrm{d}x}(p+\rho gh),C_2=0$$

于是,得速度分布

$$v_x=-\frac{1}{2\mu}\frac{\mathrm{d}}{\mathrm{d}x}(p+\rho gh)(b-y)y \tag{5-33}$$

即其速度是抛物线分布的。

若下板不动,上板以等速 U 沿流动方向做平行运动,其边界条件为 $y=0$,$v_x=0$;$y=b$,$v_x=U$。代入式(5-32),得

$$C_1=\frac{U}{b}-\frac{b}{2\mu}\frac{\mathrm{d}}{\mathrm{d}x}(p+\rho gh)\quad C_2=0$$

于是得速度分布

$$v_x=\frac{U}{b}y-\frac{1}{2\mu}\frac{\mathrm{d}}{\mathrm{d}x}(p+\rho gh)(b-y)y \tag{5-34}$$

通过单位宽度平行平板间的流量为

$$q=\int_0^b v_x\mathrm{d}y=\frac{Ub}{2}-\frac{1}{12\mu}\frac{\mathrm{d}}{\mathrm{d}x}(p+\rho gh)b^3 \tag{5-35}$$

若沿 x 轴方向无压强梯度,ρgh 与 p 相比可忽略不计,或平板水平放置,$h=$常数,则$\frac{\mathrm{d}}{\mathrm{d}x}(p+\rho gh)=0$,式(5-34)成为

$$v_x=\frac{U}{b}y \tag{5-36}$$

式(5-36)表示的流动称为库埃特流动(Couette flow)或简单的剪切流动,在 y 向的速度分布是一条直线,表示一般的库埃特流动,它等于简单的剪切流动和固定平行平板间流动的叠加。

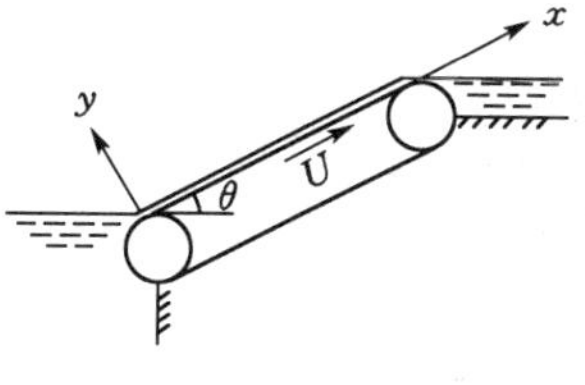

图 5-12 收集油污的胶带输送机

例 5-4 图 5-12 所示为一收集水面油污的胶带输送装置。已知该装置的倾斜角 $\theta=30°$,胶带的定常速度 $U=1.5$ m/s,油污的动力黏度 $\mu=8\times10^{-3}$ Pa·s,密度 $\rho=850.4$ kg/m^3,油层的厚度 $b=1.5$ mm。试求:该装置单位宽度所能输送的流量;油层多厚时胶带输送的流量为最大?

解 油层是靠胶带的带动和黏性作用而向上运动的,不是靠压差推动的,故由式(5-31)对 y 积分可得

$$\tau=\mu\frac{\mathrm{d}v_x}{\mathrm{d}y}=\rho gy\sin\theta+C_1$$

对 y 二次积分，得

$$v_x = \frac{\rho g}{2\mu} y^2 \sin\theta + \frac{C_1}{\mu} y + C_2$$

边界条件为：当 $y=b$ 时，$\tau=0$；当 $y=0$ 时，$v_x=U$。分别代入上面两式后，得

$$C_1 = -\rho g b \sin\theta$$

$$C_2 = U$$

将 C_1 与 C_2 代入上面二式，得

$$\tau = \rho g(y-b)\sin\theta$$

$$v_x = U - \frac{\rho g}{\mu}\left(by - \frac{y^2}{2}\right)\sin\theta$$

单位宽度胶带所能输送的流量

$$q = \int_0^b v_x dy = Ub - \frac{\rho g b^3}{3\mu}\sin\theta$$

代入具体数值，则

$$q = \left(1.5\times1.5\times10^{-3} - \frac{850.4\times9.807\times(1.5\times10^{-3})^3}{3\times8\times10^{-3}}\times0.5\right)\ \mathrm{m^3/s}$$

$$=1.664\times10^{-3}\ \mathrm{m^3/s}$$

为了推求在什么条件下该装置能够输送的流量为最大，令 $\frac{\mathrm{d}q}{\mathrm{d}b}=0$，得到对应于最大流量的油层厚度和流量分别为

$$b = \left(\frac{\mu U}{\rho g \sin\theta}\right)^{1/2}$$

$$q_{\max} = \frac{2}{3}\times\left(\frac{\mu}{\rho g\sin\theta}\right)^{1/2} U^{3/2}$$

代入已知数据，得对应于最大流量的油层厚度为

$$b = \left(\frac{1.5\times8\times10^{-3}}{850.4\times9.807\times0.5}\right)^{1/2}\ \mathrm{m} = 1.7\times10^{-3}\ \mathrm{m}$$

单位宽度胶带所能输送的最大流量为

$$q_{\max} = \frac{2}{3}\times\left(\frac{8\times10^{-3}}{850.4\times9.807\times0.5}\right)^{1/2}\times1.5^{3/2}\ \mathrm{m/s} = 1.7\times10^{-3}\ \mathrm{m/s}$$

5.3.4 流体动力润滑

流体动力润滑轴承是各类有转动部件的机器设备中常见的重要部件。这里只对流体动力润滑理论做一简要的介绍，推导出润滑理论基础中的一维雷诺方程。图 5-13 所示为滑动轴承。滑动轴承是由被润滑油分开的两块稍微倾斜、有相对运动的平板组成，在平板间的楔形间隙中形成具有一定液体动压的油膜。

图 5-13 中的两块平板，下平板静止，上平板以等速 U 运动，带动间隙中的油膜做缓慢流动。液体在流入逐渐缩小的间隙时，会产生如图中曲线所示的压强分布，以支持的载荷。

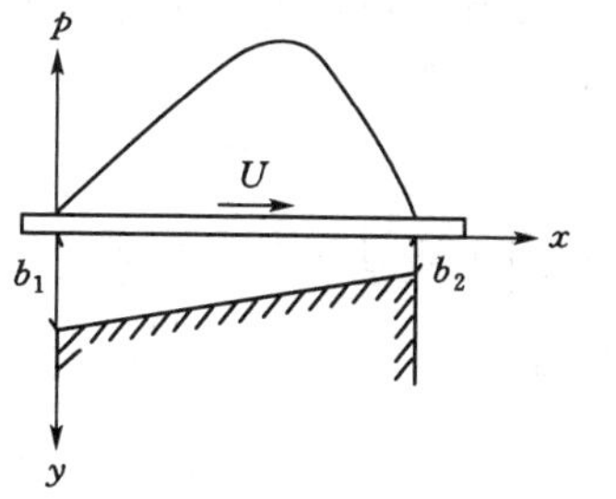

图 5-13 滑动轴承

现在讨论滑动轴承楔形间隙中不可压缩黏性流体的定常流动。为使问题得到简化，做如下假设：

(1) 在垂直于图面方向，滑动轴承的端面没有液体流出，这相当于假设轴承宽度为无限大，可以将油膜流动作为二维流动来处理。

(2) 间隙 b 与平板的长度 l 相比非常小，以致 v_y 与 v_x 相比可以略去；v_x 在 x 方向的变化比在 y 方向的变化小得多，即$\frac{\partial v_x}{\partial x} \ll \frac{\partial v_x}{\partial x}$，可以略去$\frac{\partial v_x}{\partial x}$，于是$\frac{\partial^2 v_x}{\partial x^2} \ll \frac{\partial^2 v_x}{\partial y^2}$，可以略去$\frac{\partial^2 v_x}{\partial x^2}$。

(3) 不考虑重力作用，即 $f_x = f_y = 0$。

对于定常流动$\frac{\partial}{\partial t}=0$，N-S 方程和连续性方程可简化为

$$-\frac{1}{\rho}\frac{\partial p}{\partial x} + \nu\frac{\partial^2 v_x}{\partial y^2} = 0$$

$$\frac{\partial p}{\partial y} = 0$$

$$\frac{\partial v_x}{\partial x} = 0$$

可见，$p = p(x)$，$v_x = v_x(y)$，于是

$$\mu\frac{\mathrm{d}^2 v_x}{\mathrm{d}y^2} = \frac{dp}{dx} \tag{5-37}$$

对上式积分，得

$$v_x = \frac{1}{2\mu}\frac{dp}{dx}y^2 + C_1 y + C_2 \tag{5-38}$$

根据边界条件：当 $y=0$ 时，$v_x = U$；当 $y=b$ 时，$v_x = 0$，可确定积分常数 C_1 和 C_2 分别为

$$C_1 = -\frac{U}{b} - \frac{1}{2\mu}\frac{\mathrm{d}p}{\mathrm{d}x}b \quad C_2 = U$$

于是速度分布为

$$v_x = U(1-\frac{y}{b}) + \frac{1}{2\mu}\frac{dp}{dx}y(y-b) \tag{5-39}$$

通过单位宽度楔形流道的流量为

$$q=\int_0^b v_x \mathrm{d}y=\frac{bU}{2}-\frac{b^3}{12\mu}\frac{\mathrm{d}p}{\mathrm{d}x} \tag{5-40}$$

由于通过楔形流道任一截面的流量都是不变的，即$\frac{\mathrm{d}q}{\mathrm{d}x}=0$，代入式(5-40)后，得

$$\frac{\mathrm{d}}{\mathrm{d}x}\left(b^3\frac{\mathrm{d}p}{\mathrm{d}x}\right)=6\mu U\frac{\mathrm{d}b}{\mathrm{d}x} \tag{5-41}$$

这就是一维流动的雷诺方程，是研究流体动力润滑的基本微分方程。

令$\alpha=\frac{b_1-b_2}{l}$表示斜块倾斜角的正切，于是间隙$b=b_1-\alpha x$，代入式(5-40)，得

$$\frac{\mathrm{d}p}{\mathrm{d}x}=\frac{6\mu U}{(b_1-\alpha x)^2}-\frac{12\mu q}{(b_1-\alpha x)^3}$$

上式对x进行积分，得

$$p=\frac{6\mu U}{\alpha(b_1-\alpha x)}-\frac{6\mu q}{\alpha(b_1-\alpha x)^2}+C$$

式中，流量q和积分常数C都是未知量。

根据边界条件：当$x=0$时，$p=0$和当$x=l$时，$p=0$。代入上式，得

$$q=\frac{Ub_1b_2}{b_1+b_2}\quad C=-\frac{6\mu U}{\alpha(b_1-b_2)}$$

将q和C的数值代入p的方程中，得

$$p=\frac{6\mu Ux(b-b_2)}{b^2(b_1+b_2)} \tag{5-42}$$

由于在$0<x<l$的范围内$b>b_2$，故压强p始终为正。

单位宽度滑动轴承上的油膜所能产生的总支承力为

$$F_{\mathrm{p}}=\int_0^l p\mathrm{d}x=\frac{6\mu Ul^2}{(b_1-b_2)^2}\left(\ln\frac{b_1}{b_2}-2\frac{b_1-b_2}{b_1+b_2}\right) \tag{5-43}$$

油膜作用在平板单位宽度上的总阻力为

$$F_{\mathrm{D}}=\int_0^l \tau_w \mathrm{d}x$$

式中，τ_ω为液体作用在平板上的切向应力。

$$\begin{aligned}\tau_\omega&=-\mu\frac{\mathrm{d}v_x}{\mathrm{d}y}\bigg|_{y=0}=\frac{\mu U}{b}+\frac{b}{2}\frac{\mathrm{d}p}{\mathrm{d}x}=\frac{4\mu U}{b_1-ax}-\frac{6\mu q}{(b_1-ax)^2}\\&=\frac{4\mu U}{b_1-ax}-\frac{6\mu U}{(b_1-ax)^2}\frac{b_1b_2}{b_1+b_2}\end{aligned}$$

代入上式，并完成积分，得

$$F_{\mathrm{D}} = \frac{2\mu Ul}{b_1 - b_2}\left(2\ln\frac{b_1}{b_2} - 3\frac{b_1 - b_2}{b_1 + b_2}\right) \tag{5-44}$$

以 b_1 为变量，当 $\frac{\mathrm{d}F_{\mathrm{p}}}{\mathrm{d}b_1}=0$ 时，得 $b_1=2.2b_2$，这时支承力 F_{p}，有最大值

$$F_{\mathrm{p}}{}' = 0.16\frac{\mu Ul^2}{b_2^2}$$

对应的阻力为

$$F_{\mathrm{D}}{}' = 0.75\frac{\mu Ul}{b_2}$$

最大总支承力与总阻力之比为

$$\frac{F_{\mathrm{p}}{}'}{F_{\mathrm{D}}{}'} = 0.21\frac{l}{b_2}$$

这个比值可以是很大的，因为 b_2 值比 l 值小很多。

5.4　黏性流体的紊流流动

5.4.1　研究紊流流动的时均法

在紊流中，流体质点做复杂的无规律的运动，而表征流体流动特征的速度、压强等也在随时变化，这种现象称为脉动(fluctuation)。所以，这种瞬息变化的紊流流动实质上是非定常流动。但在工程上，主要研究紊流物理量的平均值。平均的方法有多种，本节介绍对时间取平均的方法，称为时均法。

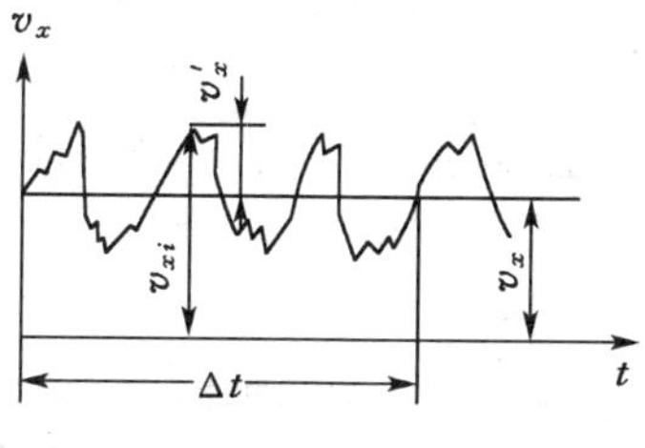

图 5-14　瞬时速度与时均速度

如果对某质点的速度 v_{xi} 进行长时间的观察，不难发现，虽然每一时刻的大小和方向都在变化，但它总是围绕某个平均值 v_x 上下变动，如图 5-14 所示。在时间间隔 Δt 内，轴向速度的平均值称为时均速度(time-averaging velocity)，用 v_x 表示，即

$$v_x = \frac{1}{\Delta t}\int_0^{\Delta t} v_{xi}\,\mathrm{d}t \tag{5-45}$$

如图 5-14 所示，时均速度等于瞬时速度(instantaneous velocity)曲线在 Δt 时间间隔中的平均高度。只要能够测绘出瞬时速度随时间的变化曲线，不论这种曲线的形状多么复杂，都可以用求积仪量出曲线下在 Δt 间隔中的面积，从而按上式求出时均速度 v_x。对于等截面管道流量不变的流动来讲，只要所取的时间间隔 Δt 不过短，则时均速度 v_x 便为常数。显然，瞬时速度为

$$v_{xi} = v_x + v_x' \tag{5-46}$$

式中，v_x'为瞬时速度与时均速度之差，称为脉动速度，它的时均值等于0。

在紊流流动中，流体质点的速度不仅沿轴向在时均速度附近有脉动，而且在垂直于管轴的截面内也有脉动，其脉动速度的水平与垂直分量，通常用v_y'与v_z'表示。用热线风速仪同样可测出脉动速度v_y'与v_z'随时间t的变化曲线，其曲线形状与图5-14所示的曲线相类似，同样它们的时均值也都等于0。这是容易理解的，因为流体的主流是沿管轴流动，并没有流体从管道的侧面流出。

类似地，在紊流流动中，流体的压强也处于脉动状态，瞬时压强也可表示为时均压强与脉动压强之和，即

$$p_i = p + p' \tag{5-47}$$

在紊流流动中，流体的瞬时速度和瞬时压强都是随时变化的。因此，如果应用紊流的瞬时速度和瞬时压强去研究紊流运动，问题将极其复杂。从工程应用的角度看，一般情况下也没有这种必要。例如，研究管道内的流体流动，关心的是流体主流的速度分布、压强分布以及能量损失等，而并不关心其中的每个流体质点如何运动。所谓流体主流的速度和压强，指的正是时均速度和时均压强，而普通测速管（如动压管等）和普通测压计（如压强表、液柱式测压计等）所能够测量的，也正是速度和压强的时间平均值。所以，通常情况下都是用流动参数的时均值去描述和研究流体的紊流流动，这样便使问题的研究大为简化。但是，对于紊流机理的研究和某些工程应用问题却不能这样处理，而必须考虑紊流中流体质点复杂的脉动运动。

空间各点的时均速度不随时间改变的紊流流动也称为定常流动或准定常流动，更确切地讲，应该是时均定常流动。

5.4.2 紊流中的切向应力普朗特混合长度

在黏性流体的层流流动中，切向应力表现为由内摩擦引起的摩擦切向应力。在黏性流体的紊流流动中，除去流层之间相对滑移引起的摩擦切向应力外，还由于流体质点做复杂的无规律的运动，在流层之间必然要引起动量交换，增加能量损失，从而出现紊流附加切向应力或脉动切向应力τ_1。所以，紊流中的切向应力τ可表示为

$$\tau = \tau_v + \tau_t = (\mu + \mu_t)\frac{\mathrm{d}v_x}{\mathrm{d}y} \tag{5-48}$$

普朗特(L. Prandtl)认为，与气体分子的运动要经过一段自由行程相类似，流体微团在和其他流体微团碰撞之前也要经过一段路程l。图5-15所示为某紊流流动中的时均速度分布曲线。当速度为$v_x(y-l)$流层中的微团向上脉动到速度为$v_x(y)$的流层时，它们的速度为

$$\Delta v_{x1} = v_x(y) - v_x(y-l) \approx l\frac{\mathrm{d}v_x}{\mathrm{d}y}$$

当速度为 $v_x(y+l)$ 流层中的微团向下脉动到速度为 $v_x(y)$ 的流层时，它们的速度差为

$$\Delta v_{x2} = v_x(y+l) - v_x(y) \approx l\frac{dv_x}{dy}$$

可以认为，上述速度差便是 y 处流层的纵向脉动速度，其绝对值的时均值为

$$|\overline{v_x'}| = \frac{1}{2}(\Delta v_{x1} + \Delta v_{x2}) = l\frac{\mathrm{d}v_x}{\mathrm{d}y}$$

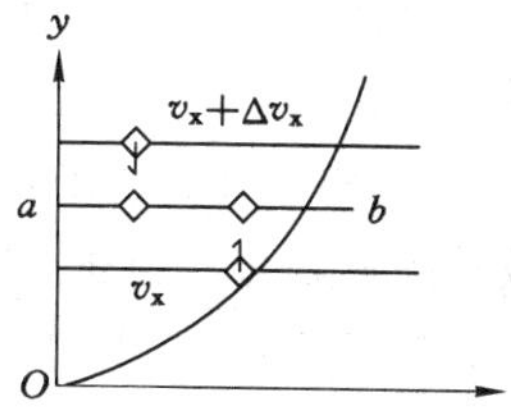

图 5-15 混合长度与脉动速度

此外，当同时进入中间流层的来自上面的微团在左、来自下面的微团在右时，它们将以 $2v_x$ 的速度相互碰撞，受撞的微团向侧面散开；反之，如果来自上面的微团在右、来自下面的微团在左，它们将以 $2v_x'$ 的速度分开，而周围的流体将补充进来。这就是说，横向脉动速度 v_y' 与纵向脉动速度 v_x' 应为同一数量级，即

$$|\overline{v_y'}| = C_1|\overline{v_x'}| = C_1 l\frac{\mathrm{d}v_x}{\mathrm{d}y}$$

如果在两流层间取微元面 $\mathrm{d}A$，则由于横向脉动，单位时间经过 $\mathrm{d}A$ 进入中间流层的流体所引起的动量变化值为 $-\rho v_y'\mathrm{d}Av_x'$（当 $v_y'>0$ 时，$v_x'<0$；当 $v_y'<0$ 时，$v_x'>0$）。

根据动量定理，两流层在 $\mathrm{d}A$ 上的相互作用力 $F=-\rho v_y'\mathrm{d}Av_x'$，用 $\mathrm{d}A$ 通除此式，并取时均值，得脉动切向应力为

$$\tau_t = -\rho\overline{v_x'v_y'} \tag{5-49}$$

如果再取 $\overline{v_x'v_y'} = -C_2|\overline{v_{xy}'}|\cdot|\overline{v_y'}| = -C_1C_2l^2(\frac{\mathrm{d}v_x}{\mathrm{d}y})^2$，代入式(5-49)，把常数并入未知的 l，并注意到切向应力的方向应由时均速度梯度表示，可得

$$\tau_t = \rho l^2\left|\frac{\mathrm{d}v_x}{\mathrm{d}y}\right|\frac{\mathrm{d}v_x}{\mathrm{d}y} \tag{5-50}$$

普朗特把如上定义的长度 l 叫做混合长度(mixing length)。式(5-50)说明，脉动切向应力与混合长度和时均速度梯度乘积的平方成正比、作用方向始终是在使速度分布更趋均匀的方向上。与式(5-48)相比，可得

$$\mu_t = \rho l^2\left|\frac{\mathrm{d}v_x}{\mathrm{d}y}\right| \tag{5-51}$$

但 μ_1 与 μ 不同，它不是流体的属性，它只决定于流体的密度、时均速度梯度和混合长度。

5.4.3 圆管中的水力光滑管与水力粗糙管

圆管中紊流的速度(指时均速度，下同)分布也不同于层流。紊流中横向脉动所进行的流层之间的动量交换使得管流中心部分的速度分布比较均匀；在靠

近固体壁面的地方，脉动运动受到壁面的限制。黏滞力的阻滞作用使流速急剧下降，这样，便形成了中心部分较平坦而近壁面处速度梯度较大的速度分布剖面，如图5-16所示。该图表示的是平均流速相等时层流与紊流的速度分布情况。

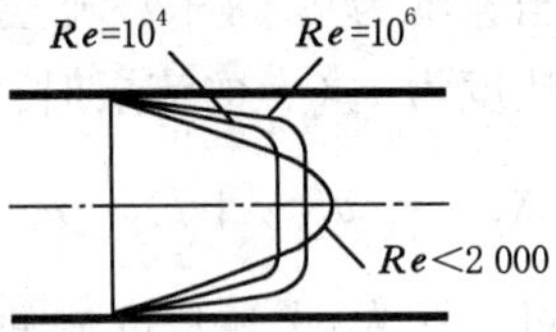

图 5-16　圆管紊流与层流度分布

流体在圆管中紊流流动时，绝大部分的流体处于紊流状态；而紧贴固体壁面有一层很薄的流体，受壁面的限制，脉动运动几乎完全消失，黏滞力起主导作用，基本保持着层流状态，这一薄层称为黏性底层(viscous sublayer)。紊流流动可以分为 3 部分：紧靠壁面的黏性底层部分，紊流充分发展的中心部分以及由黏性底层到紊流充分发展的过渡部分。过渡部分很薄，一般不单独考虑，而把它和中心部分合在一起统称为紊流部分。黏性底层中的切向应力决定于式(5-48)中的第一项；紊流部分中的切向应力虽然决定于该式的两项，但第二项直到接近壁面都比第一项大很多，因而第一项可以忽略不计。

黏性底层的厚度很薄，通常只有几分之一毫米(用 δ 表示)。但是，它对紊流流动能损失以及流体与壁面间的换热等物理现象却有着重要的影响。这种影响与管道壁面的粗糙程度直接有关。把管壁的粗糙凸出部分的平均高度叫做管壁的绝对粗糙度，用 ε 表示；而把绝对糙度与管径的比值 ε/d 称为管壁的相对粗糙度。常用管道管壁的绝对粗糙度列于表 5-1。

表 5-1　管道管壁绝对粗糙度

管壁情况	绝对粗糙度/mm	管壁情况	绝对粗糙度/mm
干净的黄铜管、铜管、铅管	0.0015～0.01	干净的玻璃管	0.001 5～0.01
新的仔细浇成的无缝钢管	0.04～0.17	橡皮软管	0.01～0.03
在煤气管路上使用一年后的钢管	0.12	极粗糙的、内涂橡胶的软管	0.20～0.30
在普通条件下浇成的钢管	0.19	水管	0.25～0.25
涂柏油的钢管	0.12～0.21	陶瓷排水管	0.45～6.0
精制镀锌的钢管	0.25	纯水泥的表面	0.25～1.25
具有整平接头的新铸铁管	0.31	涂有珐琅质的排水管	0.25～6.0
钢板制成的管道	0.33	涂有珐琅质的砖	0.45～3.0
普通的镀锌钢管	0.39	水泥浆硅砌体	0.80～6.0
普通的新铸铁管	0.25～0.42	混凝土槽	0.80～9.0
不太仔细浇成的新的或干净的铸铁管	0.45	用水泥的普通块石砌体	6.0～17.0
粗陋镀锌钢管	0.50	刨平木板制成的木槽	0.25～2.0
旧的生锈钢管	0.60	非刨平制成的木槽	0.45～3.0
污秽的金属管	0.75～0.90	钉有平板的木板制成的木槽	0.80～4.0

当 $\delta>\varepsilon$ 时，黏性底层完全淹没了管壁的粗糙凸出部分，如图 5-17(a)所示。

这时黏性底层以外的紊流区域完全感受不到管壁粗糙度的影响，流体好像在完全光滑的管子中流动一样。这种情况的管内流动称为“水力光滑”，其管道称为水力光滑管(hydraulic smooth pipe)。

当 $\delta<\varepsilon$ 时，管壁的粗糙凸出部分有一部分或大部分暴露在紊流区中，如图5-17(b)所示。这时，流体流过凸出部分将产生旋涡，造成新的能量损失，管壁粗糙度将对紊流流动发生影响。这种情况下的管内流动称为“水力粗糙”，其管道称为水力粗糙管(hydraulic rough pipe)。

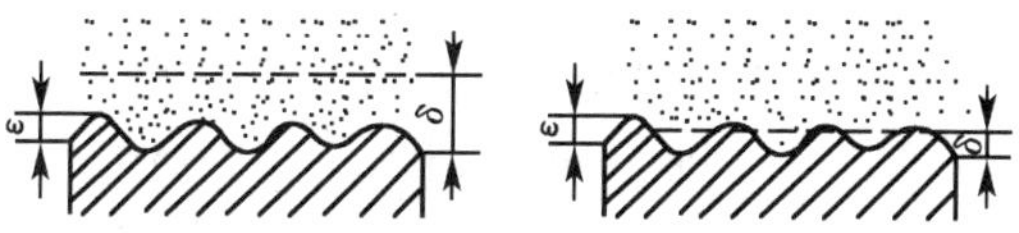

图 5-17 水力光滑与水力粗糙

实验证明，黏性底层的厚度 δ 是随着雷诺数 Re 的改变而变化的。因此，同样一根管子流动的雷诺数不同便会处于“水力光滑”或“水力粗糙”。这两种不同的流动情况下，计算黏性底层厚度 δ 的半经验公式为

$$\delta=\frac{34.2d}{Re^{0.875}} \tag{5-52}$$

$$\delta=\frac{34.8d}{Re\sqrt{\lambda}} \tag{5-53}$$

式中，d 为管道直径；λ 为沿程阻力系数。

由上述分析可知，管壁粗糙度对流动能量损失的影响只有在流动处于水力粗糙状态时才会表现出来。

5.5 沿程损失的实验研究

沿程损失是发生在缓变流整个流程中的能量损失，是由流体的黏滞力造成的损失。这种损失的大小与流体的流动状态，即是层流还是紊流，有着密切的关系。不论流体是层流流动，还是紊流流动，它们的沿程损失均按达西—魏斯巴赫公式(Darcy-Weisbach formula)进行计算，即

$$h_f=\lambda\frac{l}{d}\frac{v^2}{2g} \tag{5-54}$$

式中，λ 为沿程损失系数(friction factor)，它与流体的黏度、流速、管道的内径及管壁粗糙度等有关，是一个无量纲系数，由实验确定；l 为管道长度；d 为管道内

径；$v^2/(2g)$为单位重力流体的速度水头。

这里的问题在于，它们的沿程损失系数 λ 如何决定。层流沿程损失系数已经用分析方法推导出来，并为实验所证实；紊流沿程损失系数的计算公式，则是人们在实验的基础上提出某些假设，导出速度分布和沿程损失的理论公式。再根据实验进行修正而得出的半经验公式，或是根据实验归纳出来的经验公式。下面将介绍尼古拉兹的实验和对工业管道比较实用的莫迪（L. F. Moody）曲线图以及有关计算公式。

5.5.1 尼古拉兹实验

为弄清沿程阻力系数 λ 随壁面相对粗糙度 ε/d 和雷诺数 Re 的变化关系，尼古拉茨（Nikuradse）于 1932—1933 年率先进行了实验研究。他用人工方法在直径不同的管中敷上粒度均匀的沙子，人工制作了 6 种不同相对粗糙度的管道，然后对它们进行阻力试验。试验时，通过调节流量改变管中的速度。对应于每一个速度 v，测出管段的沿程损失，然后利用达西公式计算出阻力系数 λ。

尼古拉兹实验结果如图 5-18 所示，其变化规律可分为 5 个区域：

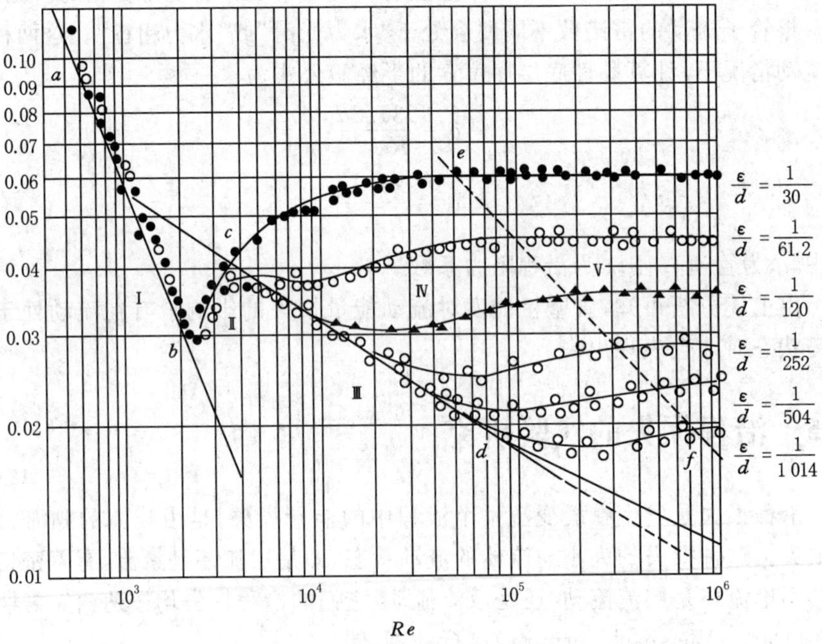

图 5-18 尼古拉兹实验曲线

1. 层流区

$Re<2\ 320$ 为层流区;管壁的相对粗糙度对沿程损失系数没有影响,所有实验点均落到直线 ab 上,λ 只与 Re 有关。根据式(5-24),有

$$\lambda=\frac{64}{Re} \tag{5-55}$$

2. 第一过渡区

$2\ 320<Re<4\ 000$ 为层流向紊流过渡的不稳定区域,可能是层流,也可能是紊流,实验点比较分散、如图中的区域Ⅱ所示。该区没有总结出计算沿程损失系数的经验公式,实际计算时可借用水力光滑管区的经验公式。

3. 水力光滑管区

$4\ 000<Re<26.98(\frac{d}{\varepsilon})^{8/7}$ 为水力光滑管区。各种不同相对粗糙度管流的实验点都落到倾斜线 cd 上,只是它们在该线上所占的区段的大小不同而已。可见,沿程损失系数 λ 与相对粗糙度 ε/d 无关,只与雷诺数 Re 有关。对于 $4\times10^3<Re<10^5$ 范围内的一段倾斜线,勃拉休斯的计算公式为

$$\lambda=\frac{0.316\ 4}{Re^{0.25}} \tag{5-56}$$

当 $10^5<Re<3\times10^6$ 时,尼古拉兹的计算公式为

$$\lambda=0.003\ 2+0.221Re^{-0.237} \tag{5-57}$$

水力光滑管的沿程损失系数也可按卡门—普朗特(Karman-Prandtl)公式进行计算

$$\frac{1}{\sqrt{\lambda}}=2\lg(Re\sqrt{\lambda})-0.8 \tag{5-58}$$

4. 第二过渡区

$26.98\left(\frac{d}{\varepsilon}\right)^{8/7}<Re<4\ 160\left(\frac{d}{2\varepsilon}\right)^{0.85}$ 为第二过渡区,即光滑管向粗糙管的过渡区域。随着雷诺数 Re 的增大,黏性底层的厚度逐渐减薄,原先为水力光滑的管子相继变为水力粗糙管,因而脱离光滑管线段 cd,而进入粗糙管过渡区Ⅳ。图中相对粗糙度大的管子首先离开 cd 线,而且随着 Re 的增大,λ 也增大。这一区域的沿程损失系数 λ 与相对粗糙度 ε/d 和雷诺数 Re 均有关,即 $\lambda=f\left(Re,\frac{\varepsilon}{d}\right)$。$\lambda$ 的计算可按洛巴耶夫的公式进行,即

$$\lambda=1.42\left[\lg(Re\frac{d}{\varepsilon})\right]^{-2}=1.42\left[\lg(1.273\frac{a_v}{v\varepsilon})\right]^{-2} \tag{5-59}$$

5. 阻力平方区

$4\ 160\left(\frac{d}{2\varepsilon}\right)^{0.85}<Re$ 为阻力平方区,又称水力粗糙区。随着雷诺数的增大,

流动进入完全紊流粗糙管区，流动能量的损失主要决定于脉动运动。黏性的影响可以忽略不计，因此沿程损失系数 λ 与雷诺数 Re 无关，只与相对粗糙度 ε/d 有，如 5-18 图中区域Ⅴ所示。这是因为此时黏性底层已经非常薄，管壁所有的粗糙峰均已暴露在紊流中。即使雷诺数继续增大，管壁粗糙度对流动的影响也不会变化。

在这一区域内流动的能量损失与流速的平方成正比，故此区域又称为平方阻力区。紊流粗糙管过渡区Ⅳ与紊流粗糙管平方阻力区Ⅴ以图中虚线 ef 为分界线，这条分界线的雷诺数为 $Re_b=4\ 160\left(\frac{d}{2\varepsilon}\right)^{0.85}$。

平方阻力区的 λ 可按尼古拉兹公式进行计算，即

$$\frac{1}{\sqrt{\lambda}}=2\lg\frac{d}{2\varepsilon}+1.74 \tag{5-60}$$

尼古拉兹实验揭示了管内流动能量损失的规律，给出了沿程损失系数 λ 随相对粗糙度 ε/d 和雷诺 Re 的变化规律，为这类管道的沿程损失的计算提供了可靠的实验基础。但是尼古拉兹实验曲线是在人工地把均匀的砂粒粘贴在管道内壁的情况下实验得出的，而工业上所用管道的内壁粗糙度是自然的、非均匀的。因此，要把尼古拉兹实验曲线应用于工业管道，就必须用实验方法去确定工业管道与人工均匀粗糙度等值的当量绝对粗糙度 ε。

5.5.2 莫迪图

前面介绍的经验公式可计算 λ 值。但实际应用时需要判别流动所处的区域，然后才能采用相应的公式，有时还需采用试算的办法，所以用起来比较烦琐。为此，莫迪对各种工业管道进行了大量实验，并将实验结果绘制成图 5-19 所示的曲线，称为莫迪图。该图表示沿程损失系数 λ 与相对粗糙度 ε/d 和雷诺数 Re 之间的函数关系。只要知道 ε/d 和 Re，从图中可直接查出 λ 值。使用起来既方便，又准确。紊流过渡区部分的基础是柯列布茹克(C. F. Colebrook)公式

$$\frac{1}{\sqrt{\lambda}}=1.74-2\lg\left(\frac{2\varepsilon}{d}+\frac{18.7}{Re\sqrt{\lambda}}\right) \tag{5-61}$$

该式是在综合紊流光滑管的卡门-普朗特和紊流粗糙管的尼古拉兹公式而得出的经验公式。如图 5-19 所示，该图也分为 5 个区域，即层流区、临界区(相当于尼古拉兹曲线的过渡区)、光滑管区、过渡区(相当于尼古拉兹曲线的紊流粗糙管过渡区)、完全紊流粗糙管区(相当于尼古拉兹曲线的紊流粗糙管平方阻力区)。皮勾(R. J. S. Pigott)推荐的过渡区同完全紊流粗糙管区之间分界线的雷诺数为

$$Re_b=3\ 500\left(\frac{d}{\varepsilon}\right) \tag{5-62}$$

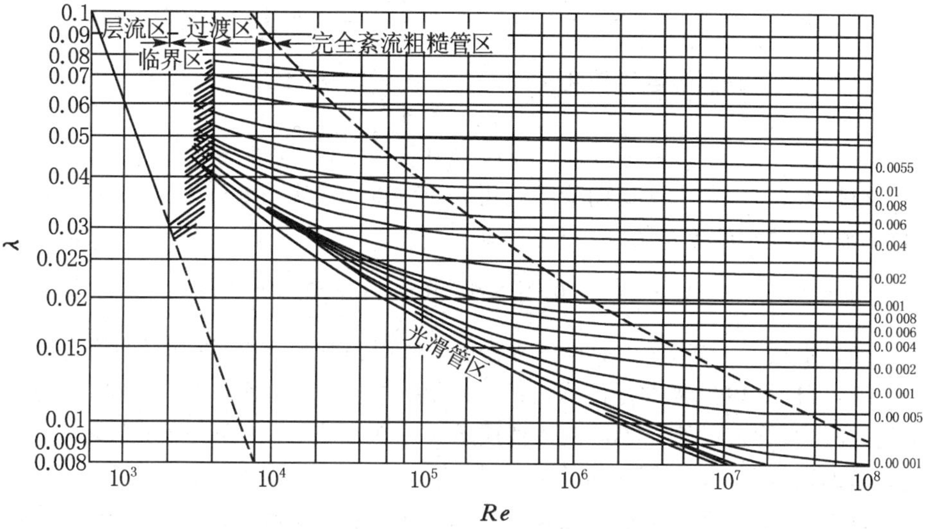

图 5-19　莫迪图

例 5-5　已知通过直径 $d=200$ mm、长 $l=300$ mm、绝对粗糙度$\varepsilon=0.4$ mm 的铸铁管道的油的体积流量 $q=1\ 000\ m^3/h$，运动黏度 $\nu=2.5\times10^{-6}\ m^2/s$。试求单位重力流体的能量损失 h_f。

解　油在管道内的平均流速为

$$v=\frac{4q}{\pi d^2}=\frac{4}{\pi\times0.2^2}\times\frac{1\ 000}{3\ 600}\ \text{m/s}=8.84\ \text{m/s}$$

雷诺数　$Re=\dfrac{vd}{\nu}=\dfrac{8.84\times0.2}{2.5\times10^{-6}}\times708\ 000$

而 $4\ 160\left(\dfrac{d}{2\varepsilon}\right)^{0.85}=4\ 160\times\left(\dfrac{200}{2\times0.4}\right)^{0.85}=458\ 000<Re$

所以，流动处于紊流粗糙管平方阻力区，沿程损失系数为

$$\lambda=\left(2\lg\frac{d}{2\varepsilon}+1.74\right)^{-2}=(2\lg250+1.74)^{-2}=0.023\ 4$$

代入式(5-54)，得

$$h_f=\lambda\frac{l}{d}\frac{v^2}{2g}=0.023\ 4\times\frac{300}{0.2}\times\frac{8.84^2}{2\times9.807}\ \text{m}=140\ \text{m}$$

例 5-6　15 ℃的水流过一直径 $d=300$ mm 的铆接钢管，已知绝对粗糙度 $\varepsilon=3$ mm，在长 $l=300$ m 的管道上水头损失 $h_f=6$ m。试求水的流量 q。

解　管道的相对粗糙度 $\varepsilon/d=0.01$。由莫迪图试取 $\lambda=0.038$。将已知数据代入式(5-54)，并稍加整理，得

$$v=\sqrt{\frac{h_d f\times 2g}{\lambda l}}=\sqrt{\frac{6\times 0.3\times 2\times 9.807}{0.038\times 300}}\ \text{m/s}=1.76\ \text{m/s}$$

由于 15 ℃的水的运动黏度 $\nu=1.13\times10^{-6}\ \text{m}^2/\text{s}$，于是

$$Re=\frac{vd}{\nu}=\frac{1.76\times 0.3}{1.13\times 10^{-6}}=467\ 000$$

根据 Re 与 ε/d 由莫迪图恰巧查得 $\lambda=0.038$，且流动处于平方阻力区，λ 不随 Re 而变，故水的流量为

$$q_V=Av=\frac{\pi}{4}\times 0.3^2\times 1.76\ \text{m}^3/\text{s}=0.124\ 5\ \text{m}^3/\text{s}$$

如果根据 Re 与 ε/d 由莫迪图查得的 λ 值不相符合，则应以查得的值为改进的 λ 值，再按上述步骤进行计算，直至最后由莫迪图传达得的 λ 值相符合为止。可见，在已知管道尺寸 d,l,ε，流体性质 v 和水头损失 h_f 的条件下，若要求出通过管道的流量 q_V，则需采用试算的方法。

例 5-7 已知新低碳钢管道长度 $l=200$ m，绝对粗糙度 $\varepsilon=0.046$ mm，通过的油的体积流量 $q=1\ 00\ \text{m}^3/\text{h}$，运动黏度 $\nu=1\times10^{-5}\ \text{m}^2/\text{s}$，管道的允许最大水头损失 $h_f=20$ m。试决定管道的直径 d。

解 将 $v=\frac{4q}{\pi d^2}$代入式(5-54)，并稍加整理，得

$$d^5=\frac{8lq^2}{\pi^2 gh_f}\lambda=\frac{8\times 200\times(1\ 000/3\ 600)^2}{\pi^2\times 9.807\times 20}\lambda=0.064\ 2\lambda \tag{a}$$

将以 q 表示的 v 代入 Re 公式，得

$$Re=\frac{4q}{\pi v}\frac{1}{d}=\frac{4\times(1\ 000/3\ 600)}{\pi\times1\times10^{-5}}\frac{1}{d}=\frac{35\ 400}{d} \tag{b}$$

试取 $\lambda=0.02$ 并代入式(a)，得 $d=0.246$ m，代入式(b)，得 $Re=13\ 4000$，而 $\varepsilon/d=0.000\ 17$，于是由图 5-19 查得 $\lambda=0.016$。以查得的 λ 为改进值，重复上述计算，得 $d=0.253$ m，$Re=140\ 000$，$\varepsilon/d=0.000\ 182$，于是$\lambda=0.015\ 8$。再以 $\lambda=0.015\ 8$重复上述计算，得 $d=0.252$ m，$Re=140\ 500$，$\varepsilon/d=0.000\ 183$，于是 $\lambda=0.015\ 8$，所以 $d=252$ mm。由于 $h_f=20$ m 是最大允许水头损失，故该管道应取公称直径 $d_g=300$ mm 的管子。

由上例可以看出，在已知管道长度 l 和绝对粗糙度 ε、流体性质 v、流体流量 q 和最大允许水头损失 h_f 的条件下，要决定管道的直径 d，也需采用试算的方法，这是由于未知数有 3 个，即 d,v,λ，而可应用的方程只有达西公式和雷诺数的表示式，因而必须借助于莫迪图，通过试算，逐步接近进行求解。

5.6　局部损失

流体在管道中流动时的能量损失不仅有沿长度方向的沿程能量损失，而且还有出现在局部管段的局部能量损失。局部损失(local loss)是发生在流动状态急剧变化的急变流中的能量损失，是在管件附近的局部范围内主要由于流体微团的相互碰撞、流体中产生的旋涡等造成的能量损失。单位重量流体的局部损失常用 h_j 表示，通过大量实验，h_j 与速度 v 的平方成正比，即

$$h_j = \zeta \frac{v^2}{2g} \tag{5-63}$$

式中，ζ 称为局部损失系数(coefficient of local loss)，是一个无量纲系数，根据不同的管件由实验确定。它取决于局部阻力产生处管道的几何形状，不同的几何形状有不同的局部损失系数。一般的流体力学书籍及水力学或液压手册中都载有各种有关的局部损失系数值备查。

局部损失的计算问题归结为寻求局部损失系数的问题。局部损失系数除少数管件可用分析方法求得外，大部分管件的都是由实验测定的。下面分别介绍几种工程中常用管件的局部损失。

5.6.1　管道截面突然扩大

如图 5-20 所示，流体从小直径的管道流往大直径的管道。在管道截面突然扩大处，由于流体有惯性，它不可能按照管道的形状突然扩大，而是离开小管后逐渐地扩大。因此，便在管壁拐角与流束之间形成旋涡，旋涡依靠主流束带动着旋转，主流束把能量传递给旋涡，旋涡又把得到的能量消耗在旋转运动中。另外，从小直径管道中流出的流体有较高的速度，必然要碰撞大直径管道中流速较低的流体，产生碰撞损失。

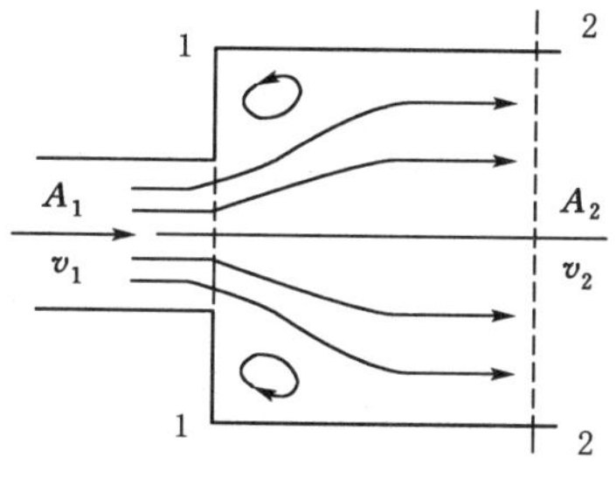

图 5-20　管道截面突然扩大

取图 5-19 中 1—1、2—2 截面以及它们之间的管壁为控制面，计算流体流过该控制面的能量变化和动量变化，从而求出损失的能量。

根据连续方程 $\rho A_1 v_1 = \rho A_2 v_2$，得

$$v_2 = \frac{A_1}{A_2} v_1 \text{ 或 } v_1 = \frac{A_2}{A_1} v_2 \tag{a}$$

根据动量方程有

$$p_1A_1 - p_2A_2 + p(A_2 - A_1) = \rho q_v(v_2 - v_1)$$

式中，$p(A_2-A_1)$是作用于扩大管凸肩圆环上的压力。

实验证明，$p=p_1$，于是上式可改写为

$$p_1 - p_2 = \rho v_2(v_2 - v_1) \tag{b}$$

对截面 1—1 与 2—2 列出伯努利方程

$$\frac{p_1}{\rho g} + \frac{v_1^2}{2g} = \frac{p_2}{\rho g} + \frac{v_2^2}{2g} + h_f$$

于是

$$h_j = \frac{1}{\rho g}(p_1 - p_2) + \frac{1}{2g}(v_1^2 - v_2^2)$$

将式(a)、式(b)代入上式，得

$$h_j = \frac{1}{g}v_2(v_2 - v_1) + \frac{1}{2g}(v_1^2 - v_2^2) = \frac{v_1^2}{2g}\left(1 - \frac{A_1}{A_2}\right)^2$$

$$= \frac{v_2^2}{2g}\left(\frac{A_2}{A_1} - 1\right)^2$$

将上式与式(5-63)相比较，有

$$h_j = \zeta_1 \frac{v_1^2}{2g} = \zeta_2 \frac{v_2^2}{2g}$$

显然，按小截面流速计算的局部损失系数为

$$\zeta_1 = \left(1 - \frac{A_1}{A_2}\right)^2 \tag{5-64a}$$

按大截面流速计算的局部损失系数为

$$\zeta_2 = \left(\frac{A_2}{A_1} - 1\right)^2 \tag{5-64b}$$

当管道与大面积的水池相连时，$A_2 \gg A_1$，则管道出口的能量损失 $h_j \approx \frac{v_1^2}{2g}$，$\zeta_1 = 1$，即管道中水流的速度头完全消散于池水之中。

5.6.2 管道截面突然缩小

如图 5-21 所示，流体从大直径的管道流注小直径的管道时，流线必然弯曲，流束必定收缩。当流体进入小直径管道后。由于流体具有惯性，流体断面将继续收缩直至最小截面 A_c(称为缩颈)，而后又逐渐扩大，直至充满整个小直径截面。在缩颈附近的流束与管壁之间有一充满小旋涡的低压区；在大直径截面与小直径截面连接的凸肩处，也常有旋涡

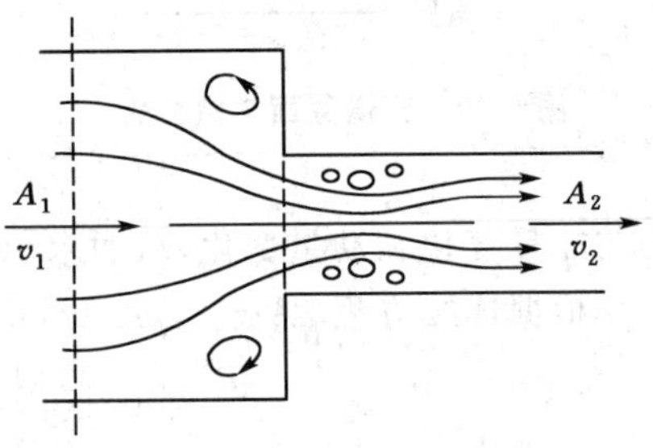

图 5-21　管道截面突然缩小

形成。在流线弯曲、流体的加速和减速过程中、流体质点碰撞、速度分布变化等都要造成能量损失。由于流体沿突然缩小管道的流动是先收缩后扩展，故它的能量损失也应由两部分组成，可将这损失表示为

$$h_j = \zeta\frac{v_2^2}{2g} = \zeta_c\frac{v_c^2}{2g} + \frac{(v_c - v_2)^2}{2g} \tag{5-65}$$

令 $C_c = A_c/A_2$，称为流束的收缩系数。根据连续性方程 $A_c v_c = A_2 v_2$，由式(5-65)可得

$$\zeta = \frac{\zeta_c}{C_c^2} + \left(\frac{1}{C} - 1\right)^2 \tag{5-66}$$

根据实验，当 $A_2/A_1 \approx 0$ 时，$\zeta = 0.5$，$C_c = 0.617$，于是 $\left(\frac{1}{C_c} - 1\right)^2 = 0.385$，$\zeta_c/C_c^2 = 0.115$；当 $A_2/A_1 = 1$，为等直管道，没有收缩与扩展，故 $\zeta_c/C_c^2 = 0$。假设 ζ_c/C_c^2 随着直径比由 0.115 线性地减小到 0，则由式(5-66)便可求得截面突然缩小管道的局部损失系数的近似值。该局部损失系数的实测值列于表 5-2。实际上，工程上常用的局部装置的局部损失系数均可在有关手册上查到。

表 5-2　　局部损失系数

类型	示意图	局部损失系数											
截面突然缩小	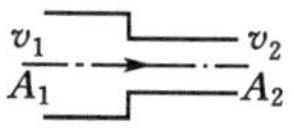	$\frac{A_2}{A_1}$	0.01	0.1	0.2	0.3	0.4	0.5	0.6	0.7	0.8	0.9	1.0
		ζ_2	0.5	0.47	0.45	0.38	0.34	0.30	0.25	0.20	0.15	0.09	0
截面突然扩大	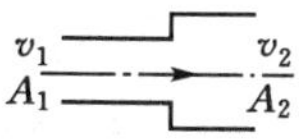	$\frac{A_1}{A_2}$	1.0	0.9	0.8	0.7	0.6	0.5	0.4	0.3	0.2	0.1	0
		ζ_1	0	0.01	0.04	0.09	0.16	0.25	0.36	0.49	0.64	0.81	1
		ζ_2	0	0.123	0.526	0.184	0.444	1.0	2.25	5.44	16.0	81.0	∞

5.6.3　弯管

流体在弯管中流动的损失由 3 部分组成：第一部分是由切向应力产生的沿程损失，特别是在流动方向改变、流速分布变化中产生的这种损失；第二部分是形成旋涡所产生的损失；第三部分是由二次流形成的双螺旋流动所产生的损失。

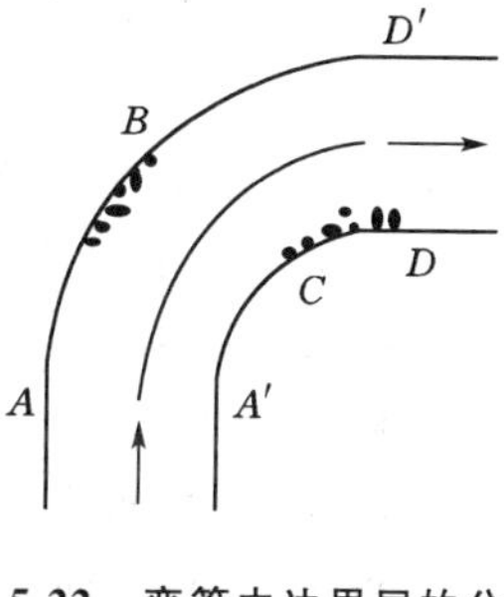

图 5-22　弯管中边界层的分离

当流体沿弯管流动时，弯管外侧的压强高、内侧的压强低。流体由直管进入弯管前，截面 A—A'(图 5-22)处的压强是均匀的。流体进入

弯管后，外侧由 A 到 B 的流动为增压过程(压强梯度为正)，B 点压强最高，从 B 到 D'，压强逐渐下降；内侧由 A' 到 C，压强逐渐下降，C 点压强最低，从 C 到 D 的流动为增压过程，直至流体进入直管后，截面 $D—D'$ 处的压强又趋于均匀。在 AB 和 CD 这两段增压过程中，都有可能因边界层能量被黏滞力所消耗而出现边界层分离，形成游涡，造成能量损失。

在弯管段，由于黏性的作用，管壁附近的流体速度很慢，这些流体质点的流动曲率半径就有缩小的趋势，结果表现为壁面附近的流体在内外侧压差的作用下，沿管壁从外向内侧流动。同时，由于流体具有连续性，管中心的流体则出现回流。这样就造成了一个双螺旋形式的二次流附加在向前流动的主流上面，使整个流动呈螺旋形状。双螺旋流动必然在主流之外增加了局部流速，从而增加了损耗。

以上讨论的都是单个管件的局部损失。当两个管件非常靠近时，它们将相互影响，因此如果把两个管件的局部损失相叠加，则常较实际的损失为大，据此去计算管道系统所需的动力，自然是偏于安全的。如果要较精确地确定两相邻管件的能量损失，则要通过实验去测定它们总的压强降，而不应进行简单的叠加。

5.7 管道水力计算

本节运用前面学过的流体流动的基本理论来研究系统中流量、能量损失与管路几何尺寸之间的关系，进行管路的计算和设计。其实质就是总流伯诺里方程和能量损失基本公式的综合应用。

一个管路系统总是由不同管径、不同长度、不同粗糙度的单管和各种不同功用的局部装置(如阀门、弯头等)连接而成的。按照不同连接方式，管路系统可分为简单管路和复杂管路。

所谓简单管路(simple pipe)，是指管道的直径和壁面粗糙度沿程不变的一根管子或数根管子串联在一起的管道系统，除此之外的一切管路系统称为复杂管路。

复杂管路都是由若干条简单管路以一定方式组合而成的，按组合形式不同复杂管路又可分为串联管路、并联管路、分支管路和管网。

复杂管路的水力计算一般都比较烦琐，而且由于流速、阻力及沿程阻力系数之间存在相互依赖关系，很多时候必须利用计算机才能进行。进行管道水力计算时，沿程损失系数的确很重要。但是，尼古拉兹实验并没有给出一个统一的经验公式。为方便起见，通常采用沿程损失系数显式关系式为

$$\lambda = a + bRe^{-c} \tag{5-67}$$

式中，$a=0.094k^{0.225}+0.53k$；$b=88k^{0.44}$；$c=1.62k^{0.134}$；$k=\dfrac{\varepsilon}{d}$为相对粗糙度。该公式的适用条件是 $10^{-5}<k<0.04$，且雷诺数大于 10 000。

5.7.1　简单管路

简单管路的水力计算可归纳为如下 3 类。

第一类：已知 $q, l, d, \nu, \varepsilon$，求 h_f。

已知管路的几何尺寸（管径、粗糙度、长度）、流体的物理性质（运动黏度）和过流流量，需要计算管路的阻力损失。这类问题相当于管路铺设后，要求能够满足一定过流能力的水泵扬程。其计算步骤如下：

① 由流量和直径可求出管内流速 $v=\dfrac{4q}{\pi d^2}$；

② 确定雷诺数 $Re=\dfrac{vd}{\nu}$；

③ 由雷诺数和相对粗糙度，代入(5-67)式可确定沿程阻力系数 λ；

④ 根据达西公式可求出沿程阻力损失 h_f。

第二类：已知 $h_f, l, d, \nu, \varepsilon$，求 q。

已知管路的几何尺寸（管径、粗糙度、长度）、流体的物理性质（运动黏度）和管路的阻力损失，需要计算过流流量。这类问题相当于管路铺设后，在一定的阻力损失下（即水泵扬程已定），计算管路的过流能力。其计算步骤如下：

① 根据达西公式 $h_f=\lambda \dfrac{l}{d}\dfrac{v^2}{2g}$，得出：$v=\sqrt{\dfrac{2h_f gd}{\lambda l}}$。

② 任取一个 λ_1，则由上式可求出流速 v_1，并计算出雷诺数 Re_1；

③ 由该雷诺数 Re_1 和管路的相对粗糙度 ε/d，可计算出一个沿程阻力系数 λ_2；

④ 比较 λ_1 与 λ_2 的大小，如果二者的误差比给定的精度大，则取 $\lambda=\lambda_2$，再回到②循环计算。

第三类：已知 $h_f, q, l, \nu, \varepsilon$，求 d。

已知管路的粗糙度和长度、流体的物理性质（运动黏度）、管路的阻力损失以及过流流量，需要计算管路的直径。这类问题相当于在一定的阻力损失条件下（即水泵扬程已定），设计满足给定过流能力的管路尺寸。其计算步骤如下：

首先，由 $v=\dfrac{4q}{\pi d^2}$和 $h_f=\lambda \dfrac{l}{d}\dfrac{v^2}{2g}$可得：$d=\left(\dfrac{8\lambda l q^2}{\pi^2 g h_f}\right)^{0.2}$；

① 任取一个 $d=d_1$，则由流量可求出流 v_1 和雷诺数 Re_1，进而得到 λ_1；

② 根据上面推导出的直径表达式，求得一个新的直径 $d_2=\left(\dfrac{8\lambda_l l q_v^2}{\pi^2 g h_f}\right)^{0.2}$；

③ 比较 d_1 与 d_2 的大小，如果两者的误差比给定的精度大，则取 $d=d_2$，再回到①循环计算。

以上 3 类计算问题是求解更复杂管道问题的基础，一般可以预先编成子程序，供求解复杂问题时随时调用。

5.7.2 串联管道

由不同直径或粗糙度的数段管子连接在一起的管道叫做串联管道(pipes in series)。串联管道的流动特点是，通过串联管道各管段的流量相同，而串联管道的损失应等于各管段损失的总和。

$$q = q_1 = q_2 = \cdots = q_n \tag{5-68}$$

$$h_{\mathrm{w}} = h_{\mathrm{w}1} + h_{\mathrm{w}2} + \cdots + h_{\mathrm{w}n}$$

通常在已知管道尺寸和粗糙度以及流体性质的条件下，串联管道有 2 类计算问题：

第一类：已知流过串联管道的流量 q，求所需要的总水头 H。

根据串联管道的流动特点，各管段的流量也是已知的。因此，这类问题的计算变成各简单管段第一类问题的计算。其计算步骤是直接调用简单管路的第一类计算子程序，求出各管段的阻力损失后，累加起来就是串联管道所需要的总水头。

第二类：已知总水头 H，求通过的流量 q。

假设一共有 n 根简单管段串联在一起，各管段的尺寸和粗糙度均已知。由于各管段的流量以及阻力损失均未知，计算起来比较复杂。具体的求解步骤如下：

① 任意取第一根管段的阻力损失为 $h_{f_1}{}'$，则第一根管段的计算就是简单管路的第二类问题，直接调用相应的子程序可求出第一根管段的流量 $q_1{}'$。

② 根据串联管道的流动特点，可得其余的管段流量为：$q_i{}'=q_1{}'(i=2,3,\cdots,n)$。

③ 对第 i 根管段，由简单管路的第一类计算步骤，可求出其阻力损失$h_{fi}{}'(i=2,3,\cdots,n)$。

④ 将已知的总水头 H 按照如下比例进行分配

$$h_{fi} = \frac{h_{fi}{}'H}{\sum_{j=1}^{n} h_{fj}{}'} \qquad (i = 1,2,3,\cdots,n)$$

⑤ 根据上一步计算得到的各管段的阻力损失 h_{fi}，按照简单管路第二类问题的求解步骤，可以得到各管段的流量 $q_i(i=1,2,3,\cdots,n)$。

⑥ 根据串联管道的流动特点，各管段的流量应该相等。比较上一步求得的

流量 $q_i(i=1,2,3,\cdots,n)$。

⑦ 如果所求得的各管段的流量差别在允许的误差范围之外，则令 $h_{f1}'=h_{f1}$，从①开始，重复上述计算，直到符合规定的精度要求为止。

例 5-8　如图 5-23 所示的串联管道，已知两根水管的几何参数分别为 $l_1=300\ \text{m}$，$d_1=0.6\ \text{m}$，$\varepsilon_1=0.001\,5\ \text{m}$，$l_2=240\ \text{m}$，$d_2=0.9\ \text{m}$，$\varepsilon_2=0.000\,3\ \text{m}$，流体的运动黏度为 $\nu=1\times10^{-6}\ \text{m}^2/\text{s}$；串联管道进出口的压力差为 $H=6\ \text{m}$，求通过该管道的流量 q？（忽略局部损失）

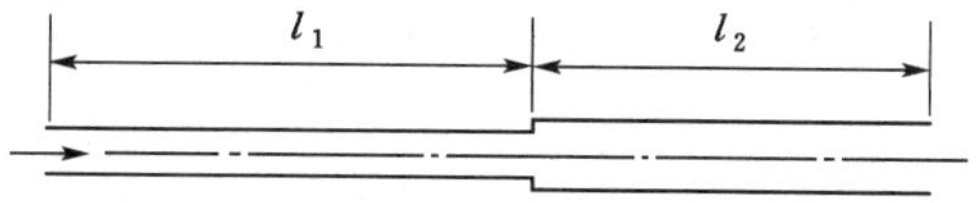

图 5-23　串联管道

解　本题为串联管路的第二类问题，因此按照串联管路的第二类问题的解题步骤进行求解。

首先假设第一根管段的阻力损失为 $h_{f1}^{(1)}=4\ \text{m}$，则第一根管段的计算就是简单管路的第二类问题，所以再假设 $\lambda_1^{(1)}=0.03$。

由达西公式 $h_f=\lambda\dfrac{l}{d}\dfrac{v^2}{2g}$，得流体在管内流速为

$$v_1^{(1)}=\sqrt{\frac{2h_{f1}^{(1)}gd_1}{\lambda_1^{(1)}l_1}}=\sqrt{\frac{2\times4\times9.807\times0.6}{0.03\times300}}\ \text{m/s}=2.287\ \text{m/s}$$

雷诺数为：$Re_1^{(1)}=\dfrac{v_1^{(1)}d_1}{\nu}=\dfrac{2.287\times0.6}{1\times10^{-6}}=1.37\times10^6>10^4$

由题意已知，第一管段的相对粗糙度 $k_1=\dfrac{\varepsilon_1}{d_1}=\dfrac{0.001\,5}{0.6}=0.002\,5$，由式(5-67)知沿程损失系数为

$$\lambda'^{(1)}_1=a_1+b_1Re_1^{(1)-c_1}=0.026$$

可以看出，$\lambda'^{(1)}_1\neq\lambda_1^{(1)}$，且两者误差较大，所以再假设 $\lambda_1^{(2)}=\lambda'^{(1)}_1=0.026$，重复简单管路第二类问题的步骤，可求得

$$\lambda''^{(1)}_1=a_1+b_1Re_1^{(2)-c_1}=0.025\,95$$

所求与假设误差较小，基本相符，取 $\lambda_1^{(2)}=0.026$，则

$$q_1^{(1)}=\frac{\pi d_1^2v_1^{(2)}}{4}=\frac{\pi\times0.6^2\times2.457}{4}\ \text{m}^3/\text{s}=0.694\ \text{m}^3/\text{s}$$

根据串联管道的流动特点，可得 $q_2^{(1)}=q_1^{(1)}=0.694\ \text{m}^3/\text{s}$

对第二根管段，由简单管路第一类计算的步骤得

$$v_2^{(1)} = \frac{4q_2^{(1)}}{\pi d_2^2} = \frac{4 \times 0.694}{3.14 \times 0.9^2}\ \text{m/s} = 0.092\ \text{m/s}$$

$$Re_2^{(1)} = \frac{v_2^{(1)} d_2}{\nu} = \frac{1.092 \times 0.9}{1.0 \times 10^{-6}} = 9.83 \times 10^5 > 10^4$$

第二管段的相对粗糙度 $k_2 = \frac{\varepsilon_2}{d_2} = \frac{0.000\ 3}{0.9} = 0.000\ 33$，由式(5-67)得沿程损失系数为

$$\lambda_2^{(1)} = a_2 + b_2 Re_2^{(1)-c_2} = 0.016\ 9$$

则

$$h_{f2}^{(1)} = \lambda_2^{(1)} \frac{l_2}{d_2} \frac{v_2^{(1)2}}{2g} = 0.016\ 9 \times \frac{240 \times 1.092^2}{0.9 \times 2 \times 9.807}\ \text{m} = 0.274\ \text{m}$$

将已知的总水头 H 按照如下比例进行分配

$$h_{fi} = \frac{h_{fi}'H}{\sum_{j=1}^{n} h_{fj}'} \qquad (i = 1,2)$$

则

$$h_{f1}^{(2)} = \frac{h_{f1}^{(1)} H}{h_{f1}^{(1)} + h_{f2}^{(1)}} = \frac{4 \times 6}{4 + 0.274}\ \text{m} = 5.615\ \text{m}$$

$$h_{f2}^{(2)} = \frac{h_{f2}^{(1)} H}{h_{f1}^{(1)} + h_{f2}^{(1)}} = \frac{0.274 \times 6}{4 + 0.274}\ \text{m} = 0.385\ \text{m}$$

由简单管路第二类计算的步骤，假设 $\lambda_1' = \lambda_1^{(2)} = 0.026$，$\lambda_2' = \lambda_2^{(1)} = 0.016\ 9$，则

$$v_1' = \sqrt{\frac{2h_{f1}^{(2)} g d_1}{\lambda_1 l_1}} = \sqrt{\frac{2 \times 5.615 \times 9.807 \times 0.6}{0.026 \times 300}}\ \text{m/s} = 2.911\ \text{m/s}$$

$$Re_1' = \frac{v_1' d_1}{\nu} = \frac{2.911 \times 0.6}{1 \times 10^{-6}} = 1.75 \times 10^6 > 10^4$$

$$v_2' = \sqrt{\frac{2h_{f2}^{(2)} g d_2}{\lambda_2 l_2}} = \sqrt{\frac{2 \times 0.385 \times 9.807 \times 0.9}{0.016\ 9 \times 240}}\ \text{m/s} = 1.295\ \text{m/s}$$

$$Re_2' = \frac{v_2' d_2}{\nu} = \frac{1.295 \times 0.9}{1.0 \times 10^{-6}} = 1.165 \times 10^6 > 10^4$$

得

$$\lambda_1'' = a_1 + b_1 Re_1'^{-c_1} = 0.025\ 9$$

$$\lambda_2'' = a_2 + b_2 Re_2'^{-c_2} = 0.016\ 8$$

$$\sigma_1 = \frac{|\lambda_1'' - \lambda_1'|}{\lambda_1'} = \frac{|0.025\ 9 - 0.026|}{0.026} \times 100\ \% = 0.38\% < 1\%$$

$$\sigma_2 = \frac{|\lambda_2'' - \lambda_2'|}{\lambda_2'} = \frac{|0.016\ 8 - 0.016\ 9|}{0.016\ 9} \times 100\ \% = 0.59\% < 1\%$$

假设值与计算值误差较小，所以可以认为假设正确，则

$$q_1 = \frac{\pi d_1^2 v_1}{4} = \frac{3.14 \times 0.6^2 \times 2.911}{4}\ \mathrm{m^3/s} = 0.823\ \mathrm{m^3/s}$$

$$q_2 = \frac{\pi d_2^2 v_2}{4} = \frac{3.14 \times 0.9^2 \times 1.295}{4}\ \mathrm{m^3/s} = 0.823\ \mathrm{m^3/s}$$

所以，取通过该管道的流量 $q=0.823\ \mathrm{m^3/s}$。

这类问题的求解看上去很烦琐，实际上利用计算机编程进行求解非常简单。本例题可以作为一个实例，请读者自行编程求解。

5.7.3 并联管道

在某处分成几路、在下游某处又汇合成一路的管道叫做并联管道(pipes in parallel)，如图 5-24 所示。

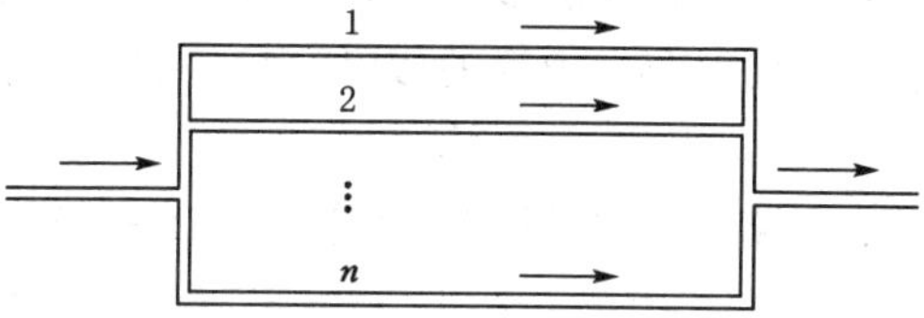

图 5-24 并联管路

并联等路流动的特点是：并联管道的损失等于各分管道的损失，并联管道的总流量等于各分管道流量的总和，即

$$q = q_1 + q_2 + \cdots + q_n$$
$$h_w = h_{w1} = h_{w2} = \cdots = h_{wn} \tag{5-69}$$

切勿将水头损失 h_w 误解为总能量损失，它只是单位重量流体的水头损失。

在已知管道尺寸和粗糙度以及流体性质的条件下，并联管道也有 2 类计算问题：

第一类：已知管路两端的静压力，也即并联管道的水头损失，求总流量 q。

根据并联管道的流动特点，已知管路两端的静压力，则各分管路的水头损失均已知。对各分管路来说，变成串联(或简单)管路的第二类问题，即已知水头损失求流量。并联管道的总流量等于各分管的流量和。

第二类：已知总流量 q，求各分管道中的流量及水头损失。

对于并联管道的第二类计算问题，由于只知道总流量，管道的损失和各分管道的流量都是未知的，因而其计算比较复杂，具体计算步骤如下：

① 假设一共有 n 根简单管段并联在一起，任意假设通过第一根管的流量为 q_1'。

② 对第一根管，根据简单管路第一类问题的计算步骤，可由 q_1'求出 h_{f1}'。

③ 根据并联管道的流动特点，其余管路的 $h_{fi}{}'=h_{f1}{}'(i=2,3,\cdots,n)$。根据简单管路第二类问题的计算步骤，可求出 $q_i{}'(i=2,3,\cdots,n)$。

④ 将已知的总流量 q 按照比例进行分配，即

$$q_i=\frac{q_i{}'q}{\sum\limits_{j=1}^{n}q_j{}'}\qquad(i=1,2,3,\cdots,n)$$

⑤ 用上述计算出的流量 q_i，按照简单管路第一类问题的计算步骤，可求出各分管路的阻力损失 h_{fi}。

⑥ 根据并联管道的流动特点，各分管路的阻力损失 h_{fi} 应该相等。如果所求得的各分管道的损失差别在允许的误差范围内，则所计算出的流量 q_i 便是合理的流量分配，h_{f1} 是并联管道的能量损失。如果所求得的各分管道阻力损失的差别超过允许误差范围，则应以 q_1 为新的假设流量，重复上述计算，直到符合规定的精度要求为止。

例 5-9 由 3 根管路组成的并联管道中，$l_1=900\ \text{m}$，$d_1=0.3\ \text{m}$，$\varepsilon_1=0.000\ 3\ \text{m}$；$l_2=600\ \text{m}$，$d_2=0.2\ \text{m}$，$\varepsilon_2=0.000\ 03\ \text{m}$；$l_3=1\ 200\ \text{m}$，$d_3=0.4\ \text{m}$，$\varepsilon_3=0.000\ 024\ \text{m}$；$\nu=1\times10^{-6}\ \text{m}^2/\text{s}$，$\rho=998\ \text{kg/m}^3$，并联管道入口的相对压强为 $p_A=9.807\times10^5\ \text{Pa}$。假设总流量 $q=0.4\ \text{m}^3/\text{s}$。求每个分管道的流量 q_1,q_2,q_3 及并联管道出口的相对压强 p_B。

解 由于管道很长，局部损失换算成的等值长度与管长相比很小，可以忽略不计。

本题为并联管路的第二类问题，因此按照并联管路的第二类问题的解题步骤进行计算。假设通过第一根管的流量为 $q_1^{(1)}=0.2\ \text{m}^3/\text{s}$，则

$$v_1^{(1)}=\frac{4q_1^{(1)}}{\pi d_1^2}=\frac{4\times0.2}{\pi\times0.3^2}=2.83\ \text{m/s}$$

并求得 $Re_1^{(1)}=\dfrac{v_1^{(1)}d_1}{\nu}=\dfrac{2.83\times0.3}{1.0\times10^{-6}}=8.49\times10^5>10^4$

第一管段的相对粗糙度 $k_1=\dfrac{\varepsilon_1}{d_1}=\dfrac{0.000\ 3}{0.3}=0.001$，由式(5-67)知沿程损失系数为

$$\lambda_1^{(1)}=a_1+b_1\text{Re}_1^{(1)-c_1}=0.021$$

则

$$h_{f1}^{(1)}=\lambda_1^{(1)}\frac{l_1}{d_1}\frac{v_1^{(1)2}}{2g}=0.021\times\frac{900\times2.83^2}{0.3\times2\times9.807}=25.807\ \text{m}$$

根据并联管道的流动特点，其余管路：$h_{f2}^{(1)}=h_{f3}^{(1)}=h_{f1}^{(1)}=25.807\ \text{m}$。

对于第二根管段，先假设 $\lambda_2^{(1)}=0.02$

由达西公式 $h_f=\lambda\dfrac{l}{d}\dfrac{v^2}{2g}$，得流体在管内流速为

$$v_2^{(1)}=\sqrt{\frac{2h_{f2}^{(1)}gd_2}{\lambda_2^{(1)}l_2}}=\sqrt{\frac{2\times25.807\times9.807\times0.2}{0.02\times600}}\ \mathrm{m/s}=2.905\ \mathrm{m/s}$$

并求得

$$Re_2^{(1)}=\frac{v_2^{(1)}d_2}{\nu}=\frac{2.905\times0.2}{1\times10^{-6}}=5.81\times10^5>10^4$$

第二管段的相对粗糙度 $k_2=\dfrac{\varepsilon_2}{d_2}=\dfrac{0.000\ 03}{0.2}=0.000\ 15$，由式(5-67)知沿程损失系数为

$$\lambda'^{(1)}_2=a_2+b_2Re_2^{(1)-c_2}=0.015\ 5$$

又有 $\lambda_2^{(1)}\neq\lambda'^{(1)}_2$，即假设与所求相差较大。所以，再取 $\lambda_2^{(2)}=\lambda'^{(1)}_2=0.015\ 5$，重复上述第二根管段的计算，得

$$\lambda'^{(2)}_2=a_2+b_2Re_2^{(2)-c_2}=0.015\ 4$$

$$\sigma_2=\frac{|\lambda'^{(2)}_2-\lambda_2^{(2)}|}{\lambda_2^{(2)}}=\frac{|0.015\ 4-0.015\ 5|}{0.015\ 5}\times100\ \%$$

$$=0.645\%<1\%$$

误差较小，可以认为假设正确。所以

$$q_2^{(1)}=\frac{\pi d_2^2v_2^{(2)}}{4}=\frac{\pi\times0.2^2\times3.299}{4}\ \mathrm{m^3/s}=0.103\ 6\ \mathrm{m^3/s}$$

对于第三根管段，先假设 $\lambda_3^{(1)}=0.02$，由达西公式 $h_f=\lambda\dfrac{l}{d}\dfrac{v^2}{2g}$，得流体在管内流速为

$$v_3^{(1)}=\sqrt{\frac{2h_{f3}^{(1)}gd_3}{\lambda_3^{(1)}l_3}}=\sqrt{\frac{2\times25.807\times9.807\times0.4}{0.3\times1\ 200}}\ \mathrm{m/s}=2.905\ \mathrm{m/s}$$

并求得

$$Re_3^{(1)}=\frac{v_3^{(1)}d_3}{\nu}=\frac{3.493\times0.4}{1\times10^{-6}}=1.16\times10^6>10^4$$

第三管段的相对粗糙度 $k_3=\dfrac{\varepsilon_3}{d_3}=\dfrac{0.000\ 024}{0.4}=0.000\ 06$，由式(5-67)知沿程损失系数为

$$\lambda'^{(1)}_3=a_3+b_3Re_3^{(1)-c_3}=0.013\ 2$$

又有 $\lambda_3^{(1)}\neq\lambda'^{(1)}_3$，假设与所求一致误差较大。所以，再取 $\lambda_3^{(2)}=\lambda'^{(1)}_3=0.013\ 2$，重复第三管段的计算，得

$$\lambda'^{(2)}_3=a_3+b_3Re_3^{(2)-c_3}=0.013\ 0$$

$$\sigma_3{}'=\frac{|\lambda'^{(2)}_3-\lambda_3^{(2)}|}{\lambda_3^{(2)}}=\frac{|0.013-0.013\ 2|}{0.013\ 2}\times100\ \%=1.52\%<1\%$$

重新取 $\lambda_3^{(3)}=\lambda'^{(2)}_3=0.0130$，重复第三管段的计算，得

$$\lambda'^{(3)}_3 = a_3 + b_3 Re_3^{(3)-c_3} = 0.01295$$

$$\sigma_3' = \frac{|0.01295-0.0130|}{0.0130}\times 100\ \% = 0.385\% < 1\%$$

误差较小，可以认为假设正确。所以

$$q_3^{(1)} = \frac{\pi d_3^2 \times v_3'}{4} = \frac{\pi \times 0.4^2 \times 3.603}{4}\ \mathrm{m^3/s} = 0.4525\ \mathrm{m^3/s}$$

将已知的总流量 q 按照如下比例进行分配

$$q_i^{(2)} = \frac{q_i^{(1)} q}{\sum_{j=1}^{n} q_j^{(1)}} (i=1,2,3,\cdots,n)$$

则
$$q_1^{(2)} = \frac{q_1^{(1)} q}{\sum_{j=1}^{3} q_j^{(1)}} = \frac{0.2\times 0.4}{0.7561}\ \mathrm{m/s} = 0.1058\ \mathrm{m/s}$$

$$q_2^{(2)} = \frac{q_2^{(1)} q}{\sum_{j=1}^{3} q_j^{(1)}} = \frac{0.1036\times 0.4}{0.7561}\ \mathrm{m/s} = 0.0548\ \mathrm{m/s}$$

$$q_3^{(2)} = \frac{q_3^{(1)} q}{\sum_{j=1}^{3} q_j^{(1)}} = \frac{0.4525\times 0.4}{0.7561}\ \mathrm{m/s} = 0.2394\ \mathrm{m/s}$$

按照简单管路的第一类计算步骤进行计算，假设由 $q_1^{(2)}$，$q_2^{(2)}$，$q_2^{(2)}$ 求得的 v_1，v_2，v_3 表示为 $v_1^{(a)}$，$v_2^{(a)}$，$v_2^{(a)}$ 由此得

$$v_1^{(a)} = \frac{4q_1^{(a)}}{\pi d_1^2} = \frac{4\times 0.1058}{\pi\times 0.3^2}\ \mathrm{m/s} = 1.498\ \mathrm{m/s}$$

$$v_2^{(a)} = \frac{4q_2}{\pi d_2^2} = \frac{4\times 0.0548}{\pi\times 0.2^2}\ \mathrm{m/s} = 1.745\ \mathrm{m/s}$$

$$v_3^{(a)} = \frac{4q_3}{\pi d_3^2} = \frac{4\times 0.2394}{\pi\times 0.4^2}\ \mathrm{m/s} = 1.906\ \mathrm{m/s}$$

并求得

$$Re_1^{(a)} = \frac{v_1^{(a)} d_1}{\nu} = 4.49\times 10^5$$

$$Re_2^{(a)} = \frac{v_2^{(a)} d_2}{\nu} = 3.49\times 10^5$$

$$Re_3^{(a)} = \frac{v_3^{(a)} d_3}{\nu} = 7.62\times 10^5$$

均大于 10^4，符合要求。进而求得

$$\lambda_1^{(a)} = a_1 + b_1 Re_1^{(a)-c_1} = 0.0214$$

$$\lambda_2^{(a)} = a_2 + b_2 Re_2^{(a)-c_2} = 0.016\,2$$

$$\lambda_3^{(a)} = a_3 + b_3 Re_3^{(a)-c_3} = 0.013\,7$$

则

$$h_{f1}^{(a)} = \lambda_1^{(a)} \frac{l_1}{d_1} \frac{v_1^{(a)^2}}{2g} = 0.021\,4 \times \frac{900 \times 1.498^2}{0.3 \times 2 \times 9.807}\ \text{m} = 7.336\,9\ \text{m}$$

同理,得:$h_{f2}^{(a)}=7.559\,9$ m,$h_{f3}^{(a)}=7.623\,7$ m,误差较大。

按照并联管段第二类计算步骤,以 $q_1^{(a)}$ 为新的假设流量,重复上述计算过程,求得

$$h_{f1} = 7.526\ \text{m}, h_{f2} = 7.541\ \text{m}, h_{f3} = 7.544\ \text{m}$$

容易看出误差较小,所以取 $h_f=7.54$ m,得每个分管道的流量为

$$q_1 = q_1^{(b)} = 0.107\,2\ \text{m}^3/\text{s}$$

$$q_2 = q_2^{(b)} = 0.054\,7\ \text{m}^3/\text{s}$$

$$q_3 = q_3^{(b)} = 0.238\,1\ \text{m}^3/\text{s}$$

已知 $p_A - p_B = \rho g h_f$,所以

$$p_B = p_A - \rho g h_f = (9.807\times10^5 - 998\times9.807\times7.54)\ \text{Pa} = 9.069\times10^5\ \text{Pa}$$

5.7.4 管网

管网(pipe network)是一种非常复杂的管路系统,通常分为两类:枝状管网和环状管网,如图 5-25 所示。

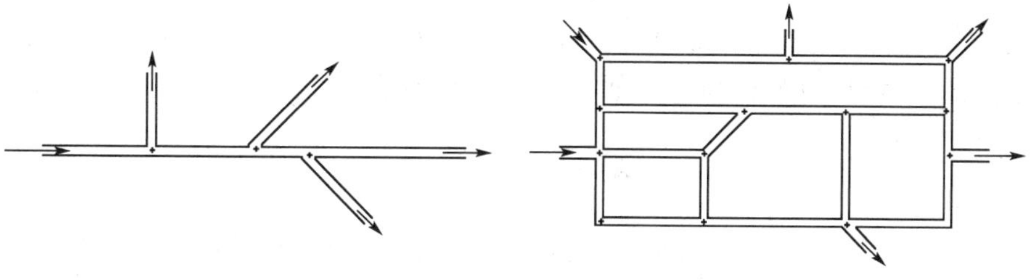

(a) 枝状管网　　(b) 环状管网

图 5-25 管网

枝状管网的特点是管道于某点分开后不再汇合到一起,计算时主要是根据结点处的流量守恒以及节点处的压强对于各分支管路都是相同的。其计算比较简单,下面主要讨论环状管网的计算问题。

环状管网是由若干管道环路相连接,并在节点处流出的流量来自几个环路的管道系统。环状管网的水力计算一般是很复杂的,需用试算法来求解。

环状管网的水力计算必须满足以下两个条件：

(1) 流入节点的流量应等于流出结点的流量。如果取流出的流量为正，流入的流量为负，则任一节点处流量的代数和等于0，即

$$\sum q = 0 \tag{5-70}$$

(2) 在任一环路中，由某一结点沿两个方向到另一个节点的水头损失应相等。如果取逆时针方向流动的损失为正，顺时针方向流动的损失为负，则任一环路水头损失的代数和等于0，即

$$\sum h_f = 0 \tag{5-71}$$

将达西—魏斯巴赫公式进行变形，用体积流量表示管道的沿程损失，即

$$h_f = \frac{8\lambda l}{\pi^2 g d^5} q^2 = \zeta q^2 \tag{5-72}$$

局部损失换算成等值长度后可加到该管道长度上去。对于很长的管道系统，局部损失可以忽略不计。

管网的水力计算可按如下步骤进行：

① 根据对管网的分析和式(5-70)，预选各管道流体的流动方向和流量。如果管径也是待定的话，还应合理选择各管道的直径。

② 计算各管道的水头损失，并检查环路中的水头损失是否满足式(5-71)。

③ 如果不满足式(5-71)，则按满足式(5-71)的要求引入修正流量 Δq，并利用式(5-72)求出修正流量。也即引入修正流量 Δq 使

$$\sum h_{fi} = \sum \zeta_i (q_i + \Delta q)^2 = 0$$

将上式展开，并略去高阶小量，得出修正流量为

$$\Delta q = -\frac{\sum \zeta_i q_i^2}{2\sum \zeta_i q_i} \tag{5-73}$$

④ 以修正后的流量为新的预选流量；重复上述计算，直至修正流量很小，达到精确度要求为止。应注意修正流量时各个环路之间的相互影响。

5.8 液体出流

5.8.1 孔口定常自由出流

在容器侧壁或底部上开一个形状规则的小孔，容器中的液体自孔口出流到大气中，称为孔口自由出流。如果出流到充满液体的空间，则称为淹没出流。

图5-26所示为孔口自由出流，容器中的液体从四面八方流向孔口，然后由孔口流出。由于流体质点的惯性，当绕过孔口边缘时，流线不能成直角突然地改

变方向，只能以圆滑曲线逐渐弯曲。在孔口断面上仍然继续弯曲且向中心收敛，造成孔口断面上的急变流。直至出流流股距孔 $d/2$（d 为孔径）处断面收缩达到最小，流线趋于平直，成为缓变流，该断面称为收缩断面，即图中的 $C—C$ 断面。

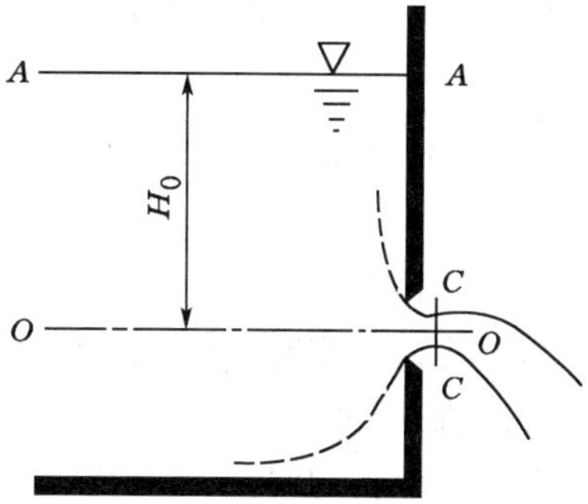

图 5-26　孔口自由出流

通过收缩断面形心引基准线 0—0，列出 $A—A$ 及 $C—C$ 两断面的伯努利方程

$$z_A+\frac{p_A}{\rho g}+\frac{v_A^2}{2g}=z_C+\frac{p_C}{\rho g}+\frac{v_C^2}{2g}+h_w \tag{5-74}$$

式中，h_w 为孔口出流的水头损失。由于水在容器中流动的沿程损失极小，故只要考虑孔口处发生局部损失。图 5-26 所示的具有的孔口，出流流股与孔口壁接触仅是一条周线，这种条件的孔口称为薄壁孔口。若孔壁厚度和形状促使流股收缩后又扩张，与孔壁接触形成面而不是线，这种孔口称为厚壁孔口或管嘴。

无论薄壁、厚壁孔口或管嘴，能量损失都只发生在孔与嘴的局部。$A—A$ 及 $C—C$ 两断面均暴露在大气中，其压强均为大气压。如果认为自由液面 $A—A$ 保持恒定，而对于薄壁孔口来说 $h_w=\zeta\frac{v_C^2}{2g}$，代入式(5-74)，可求得出流速度 v_C 为

$$v_C=\frac{1}{\sqrt{1+\zeta}}\sqrt{2gH_0} \tag{5-75}$$

式(5-75)给出了薄壁孔口自由出流收缩断面 $C—C$ 上速度公式。令

$$\varphi=\frac{1}{\sqrt{1+\zeta}} \tag{5-76}$$

式中，φ 称为速度系数，表示实际出流速度与理想流体出流速度的比值。φ 的值可通过实验测得，对圆形薄壁小孔口，速度系数 $\varphi=0.97\sim0.98$。

通过孔口出流的流量为

$$q=v_CA_C \tag{5-77}$$

式中，A_C 是收缩断面的面积。

一般情况下，由于只给出孔口面积 A，故引入

$$\varepsilon=A_C/A \tag{5-78}$$

式中，ε 称为收缩系数。由实验得知，圆形薄壁小孔口的 $\varepsilon=0.60\sim0.64$。

用 $\varepsilon A=A_C$ 代入流量公式，得

$$q = v_C\varepsilon A = \varepsilon\varphi A\sqrt{2gH_0} \tag{5-79}$$

令 $\mu=\varepsilon\varphi$，称 μ 为流量系数。对于圆形薄壁小孔口，其值为 0.58～0.62，则

$$q = \mu A\sqrt{2gH_0} \tag{5-80}$$

5.8.2 孔口非定常出流

如果孔口出流时，容器内的液体得不到补充，则自由液面将逐渐下降，形成非定常出流。

在一个微小的时间段 $\mathrm{d}t$ 内，可以认为出流是定常的。假设此时容器内液深为 y，孔口出流速度为 $v_C=\varphi\sqrt{2gy}$。在时间段 $\mathrm{d}t$ 内，液面下降了 $\mathrm{d}y$。记自由液面面积为 A_0，则由液体体积守恒，得

$$A_0\mathrm{d}y=\mu A\sqrt{2gy}\,\mathrm{d}t$$

对上式进行积分，可得出自由液面从 H_1 下降到 H_2 所需要的时间，则

$$t=\int_{H_2}^{H_1}\frac{A_0}{\mu A\sqrt{2gy}}\mathrm{d}y=\frac{2A_0}{\mu A\sqrt{2g}}(\sqrt{H_1}-\sqrt{H_2}) \tag{5-81}$$

5.8.3 管嘴出流

当圆孔壁厚 $\delta=(3\sim4)d$ 时，或者在孔口处外接一段 $l=(3\sim4)d$ 的圆管时（图 5-27），此时的出流称为圆柱形外管嘴出流，外接短管称为管嘴。

水流入管嘴时如同孔口出流一样，流股也发生收缩，存在一个收缩断面 $C—C$。而后流股逐渐扩张，至出口断面上完全充满管嘴断面流出。

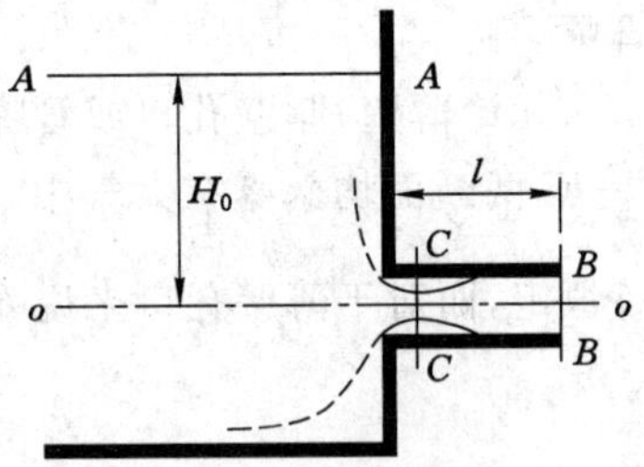

图 5-27 管嘴出流

在收缩断面 $C—C$ 前后流股与管壁分离，中间形成旋涡区，产生负压，出现了管嘴的真空现象。

在管嘴出流中，由于 p_C（绝对压强）小于大气压，从而使 H_0 增大，因而出流流量亦增大。由于管嘴出流出现真空现象，促使出流流量增大，这是管嘴出流不同于孔口出流的基本特点。

列 $A—A$ 及 $B—B$ 断面的伯努利方程，以管嘴中心线为基准线。

$$z_A+\frac{p_A}{\rho g}+\frac{v_A^2}{2g}=z_B+\frac{p_B}{\rho g}+\frac{v_B^2}{2g}+h_w$$

假设自由液面 $A—A$ 保持恒定，阻力损失只考虑局部损失，即 $h_w=\zeta\frac{v_B^2}{2g}$。则

$$v_B = \frac{1}{\sqrt{1+\zeta}} \sqrt{2gH_0} = \varphi \sqrt{2gH_0} \tag{5-82}$$

$$q = v_B A = \varphi A \sqrt{2gH_0} = \mu A \sqrt{2gH_0} \tag{5-83}$$

由于出口断面 B—B 流股完全充满(不同于孔口),$\varepsilon=1$,则 $\varphi=\mu=\frac{1}{\sqrt{1+\zeta}}$。

管嘴的阻力损失主要是进口损失,沿程阻力损失很小可略去。对于如图 5-28所示的锐缘管嘴,$\zeta=0.5$。则 $\varphi=\mu=\frac{1}{\sqrt{1+0.5}}=0.82$。

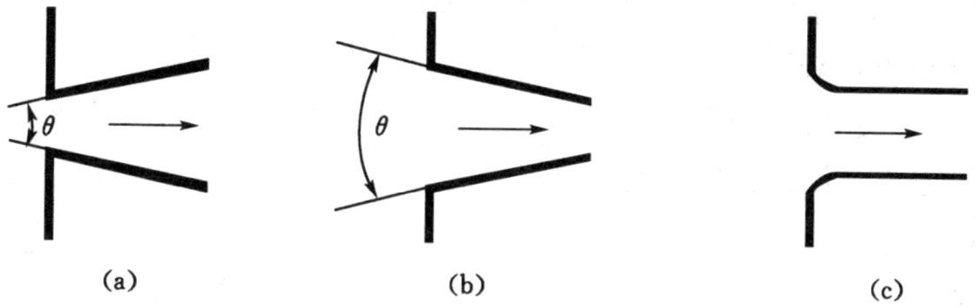

图 5-28 常见喷嘴

在孔口接上管嘴以后,局部阻力增大了,但是正如前面提到的,管嘴的出流流量反而增大了。这是因为管嘴内的收缩截面处存在真空,对出流的液流产生了抽吸作用。管嘴的真空现象及真空值,可通过收缩断面 C—C 与出口断面 B—B 建立伯努利方程得到证明。

$$\frac{p_C}{\rho g} + \frac{v_C^2}{2g} = \frac{p_B}{\rho g} + \frac{v_B^2}{2g} + h_j \tag{5-84}$$

C—C 断面到 B—B 断面之间的局部阻力主要是过流断面突然扩大造成的,即

$$h_j = \left(\frac{1}{\varepsilon} - 1\right)^2 \frac{v_B^2}{2g}$$

根据连续性方程,有 $v_C = \frac{A}{A_C} v_B = \frac{1}{\varepsilon} v_B$。而 $p_B = p_a$(大气压),则式(5-84)变为

$$\frac{p_C}{\rho g} = \frac{p_a}{\rho g} - \left[\varepsilon^{1/2} - 1 - \left(\frac{1}{\varepsilon} - 1\right)^2\right] \varphi^2 H_0$$

取 $\varepsilon=0.64$,$\varphi=0.82$,则圆柱形管嘴在收缩断面 C—C 上的真空值为:

$$\frac{p_a - p_C}{\rho g} = 0.75 H_0 \tag{5-85}$$

可见,H_0 值越大,收缩断面上真空值也越大。当真空值达到 7~8 mH_2O

时，常温下的水发生汽化而不断产生气泡破坏了连续流动。同时，空气在较大的压差作用下，经 B—B 断面冲入真空区，破坏了真空。气泡及空气都使管嘴内部液流脱离管内壁，不再充满断面，于是成为孔口出流。因此，为保证管嘴的正常出流，真空值必须控制在以 7 mH_2O 下，从而决定了作用水头 H_0 的极限值 $[H_0]=\frac{7}{0.75}=9.3$ m，这就是外管嘴正常工作条件之一。

另外，管嘴长度也有一定极限值，太长阻力大，使流量减少。太短则流股收缩后来不及扩大到整个断面而呈非满流流出，仍如孔口一样，因此一般取管嘴长度$[l]=(3\sim4)d$，这就是外管嘴正常工作条件之二。

5.8.4 其他类型管嘴出流

对于其他类型的管嘴出流，流速、流量计算公式与圆柱形外管嘴公式形式相同，但速度系数、流量系数各有不同。下面介绍工程上常用的几种管嘴，如图5-28所示。

1. 圆锥形扩张管嘴

在收缩断面处形成真空，其真空值随圆锥角增大而加大，并具有较大的过流能力和较低的出口速度。适用于要求形成较大真空或者出口流速较小情况，如引射器、水轮机尾水管和人工降雨设备。但扩张角 θ 不能太大，否则形成孔口出流，一般 $\theta=5°\sim7°$。

2. 圆锥形收缩管嘴

具有较大的出口流速，适用于水力机械施工，如水力挖土机喷嘴以及消防用喷嘴等设备。出流与收缩角度 θ 有关。$\theta=30°24'$时，流量系数达到最大值 $\mu=0.943$。

3. 流线型管嘴

水流在管嘴内无收缩及扩大，阻力系数最小。常用于水坝泄水管。适用于要求流量大，水头损失小，出口断面上速度分布均匀的情况。

各种常见孔口出流及各种类型的管嘴出流的水力特性见表5-3。

表 5-3　孔口、管嘴的水力特性

孔口、管嘴的类型	薄壁锐边小孔口	修圆小孔口	圆柱形外管嘴	圆锥形扩张管嘴($\theta=5°\sim7°$)	圆锥形收敛管嘴	流线型圆管嘴
图形	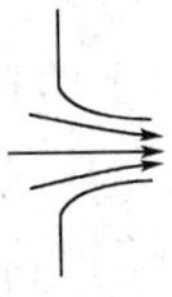	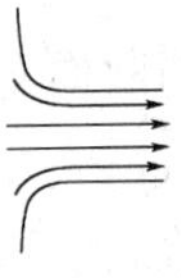	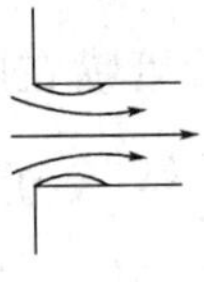	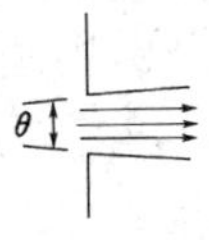	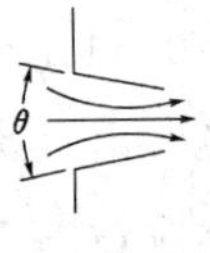	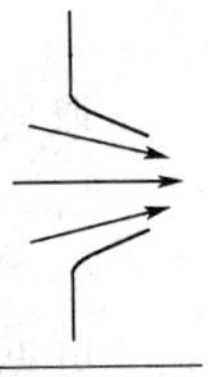

续表 5-3

孔口、管嘴的类型	薄壁锐边小孔口	修圆小孔口	圆柱形外管嘴	圆锥形扩张管嘴($\theta=5°\sim7°$)	圆锥形收敛管嘴	流线型圆管嘴
阻力系数 ζ	0.06		0.5	3.0～4.0	0.09	0.04
收缩系数 ε	0.64	1.00	1.0	1.0	0.98	1.0
流速系数 φ	0.97	0.98	0.82	0.45～0.50	0.96	0.98
流量系数 μ	0.62	0.98	0.82	0.45～0.50	0.94	0.98
出口单位动能 $v^2/(2g)=\varphi^2 H_0$	$0.95H_0$	$0.96H_0$	$0.67H_0$	$(0.2\sim0.25)H_0$	$0.90H_0$	$0.96H_0$

注：表中所列系数均是对管嘴出口断面而言的。

5.9 水击现象

当管道中的阀门迅速关闭时，水流受阻而流速突然变小，水的惯性使局部压强突然升高。这种突然升高的压强将迅速向上游传播，并在一定条件下反射回来，产生往复波动而引起管道振动，伴随有液体的锤击声音，所以称其为水锤现象或水击现象(hydraulic hammer)。

水击现象的出现将影响管道系统的正常流动和水泵的正常运转，压强很高的水击还可能造成管道和管件破裂。通过慢关阀门或装置安全阀等措施，可防止水击现象的出现或阻止水击的发展。但水击也有它可以利用的一面，如水锤泵(水锤扬水机)便是利用水击能量输水的一例。

5.9.1 水击现象的发展过程

下面分析等直径简单管路中由于阀门突然关闭而引起的水击问题。在水击问题中，必须考虑水的可压缩性和管道的变形。假设水管的长度为 L，直径为 d，截面积为 A，管道内水的正常流速为 v，忽略摩擦损失。

如图 5-29(a)所示，当水管末端的闸阀突然关闭时($t=0$)，紧贴阀门上游的一层流体由于受阀门所阻，其流速突然变为 0，而这层流体受后面流来流体的压缩，其压强突增了 Δp(称为水击压强)，这种压缩必然一层一层地向上游传播，形成所谓的压缩波(compression wave)，其传播速度以 C 表示。

当阀门关闭 $t=L/C$ 时刻后，压缩波达到管道入口，整个管道内流体处于静

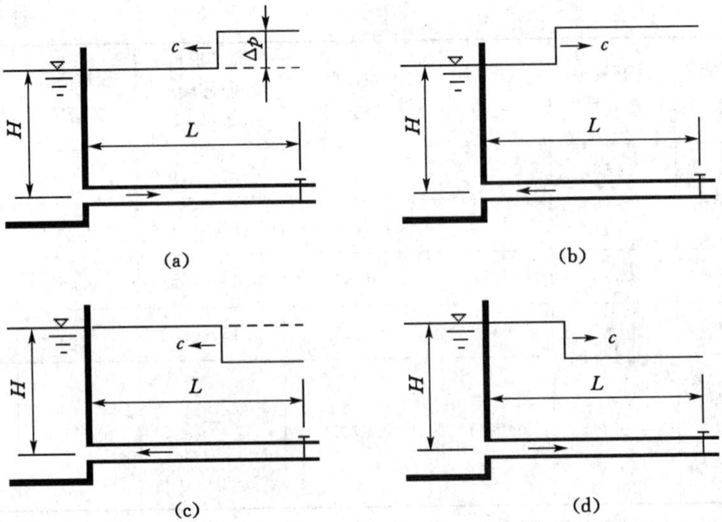

图 5-29　水击全过程

止状态，并处在压强 $p+\Delta p$ 的作用之下，流体的动能转变为流体压缩和管道变形的弹性能。

因为管道内流体的压强比管道入口以外的压强高，管道内的流体便从入口端开始以 v 的速度倒流入池内。倒流使管内流体的压强降低到 p。这种压强的降低也是一层一层地向下游传播的，形成所谓的膨胀波(expansion wave)，其传播的速度也是 C，如图 5-29(b)所示。

当 $t=2L/C$ 时，全管长内液体压强和体积都已恢复了原状。由于阀门是关闭的，所以流体继续倒流，必然引起阀门左面的压强进一步降低，直到靠近阀门的一层流体停止倒流，这时压强降低到 $p-\Delta p$。低压使流体更加膨胀、管道收缩。这种膨胀也是一层一层地以速度 C 向上游传播。膨胀波所到之处，倒流停止，如图 5-29(c)所示。

当 $t=3L/C$ 时，膨胀波传到管道入口，这时整个管道内的流体再次处于静止状态，而压强为 $p-\Delta p$。由于管道内的流体压强比管道入口以外的压强低，流体便从入口端开始以速度 v 再次流入，其压强又上升到 p，流体又受到压缩，压缩波以 C 的速度向下游传播，如图 5-29(d)所示。

当 $t=4L/C$ 时，压缩波传播到阀门，这时整个管道内流体的流动状态恢复到阀门关闭前的状态，完成一个循环。

这样，每经过 $4L/C$ 的时间便重复一次水击的全过程，流体中的压缩波与膨胀波往复传播；与它们的传播相适应，管道也一胀一缩地振动。如此循环往复，形成轰轰的振动声。由于实际流体是有黏性的，流体和管材又不是完全弹性的。因此，它们在压缩、膨胀和变形的过程中都要消耗能量，以至于所引起的波动和振动的强度将逐渐衰减，直到完全消失。图 5-30 所示为上述情况下闸阀处压强随时间的变化。

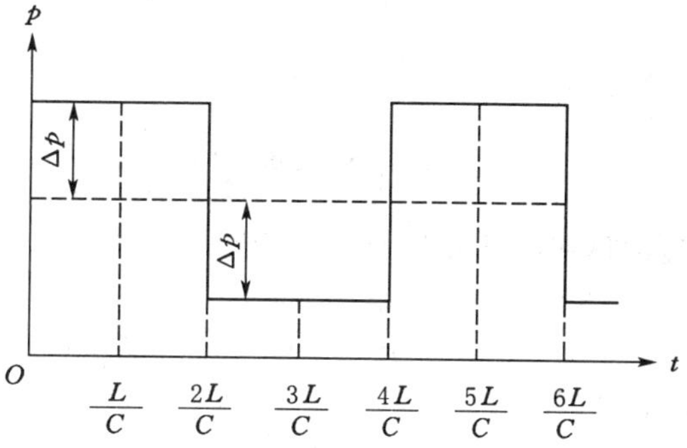

图 5-30　理想情况下水击压强变化

5.9.2　水击压强的计算

前面讨论了水击发生的原因及传播过程。在此基础上，进行水击压强 Δp 的计算，为设计压力管路以及控制供水系统的运行提供依据。

当阀门瞬时关闭时，在极短的 Δt 时间内，紧靠阀门的一层液体（图 5-31 中 $m-n$ 段）首先停止流动。

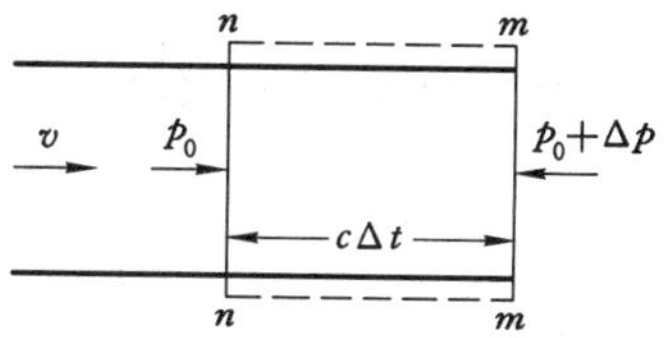

图 5-31　水击压强推导图

如水击波的传播速度为 c，经 Δt 时间后水击波传至断面 $n—n$。$m—n$ 段水体流速由 v_0 变为 0，其密度由 ρ 变至 $\rho+\Delta\rho$，因管壁膨胀，过水断面由 A 变至 $A+\Delta A$，$m-n$ 段的长度为 $c\Delta t$。

根据动量守恒定理，有

$$-\Delta p(A+\Delta A)\Delta t=-(\rho+\Delta\rho)(A+\Delta A)c\Delta t v_0$$

考虑到水的密度变化很小，简化上式，得直接水击压强计算公式为

$$\Delta p=\rho c v_0 \tag{5-86}$$

或

$$\frac{\Delta p}{\rho g}=\frac{c v_0}{g} \tag{5-87}$$

5.9.3　水击波的传播速度

在 Δt 时间内，水击波传播距离为 $\Delta s=c\Delta t$。考虑到液体的密度变化和管直

径的变化，该管段内液体质量的增加量为

$$(\rho+\mathrm{d}\rho)(A+\mathrm{d}A)cv_0\,\mathrm{d}t-\rho Ac\,\mathrm{d}t\approx(\rho\mathrm{d}A+A\mathrm{d}\rho)c\mathrm{d}t$$

根据连续性，液体质量的增加量应该等于该时间段内流入 m—n 段的液体质量

$$(\rho\mathrm{d}A+A\mathrm{d}\rho)c\mathrm{d}t=\rho v_0 A\mathrm{d}t \tag{5-88}$$

假设水管直径为 D，则$\frac{\mathrm{d}A}{A}=2\frac{\mathrm{d}D}{D}$。由式(5-88)得

$$v_0=c\left(\frac{\mathrm{d}\rho}{\rho}+2\frac{\mathrm{d}D}{D}\right) \tag{a}$$

根据式(1-6)液体体积弹性模量的定义，得

$$\frac{\mathrm{d}\rho}{\rho}=\frac{\mathrm{d}p}{K} \tag{b}$$

根据材料虎克定律，可求得

$$\frac{\mathrm{d}D}{D}=\frac{D\mathrm{d}p}{2\delta E} \tag{c}$$

式中，δ 为管壁的厚度；E 为水管材料的弹性模量。

将式(b)和式(c)代入式(a)中，得

$$\mathrm{d}p=\frac{v_0K}{c\left(1+\frac{DK}{\delta E}\right)} \tag{5-89}$$

将式(5-89)代入式(5-86)，整理得

$$c=\frac{c_0}{\sqrt{1+\frac{K}{E}\frac{D}{\delta}}} \tag{5-90}$$

式中，$c_0=\sqrt{\frac{K}{\rho}}$为水中声波的传播速度(propagation velocity)。

5.9.4 水击危害的预防

从以上关于水击的讨论中可以看到，水击压强是巨大的。这一巨大的压强可使管路发生很大的变形甚至爆裂。为了预防水击的危害，可在管路上设置空气室，或安装具有安全阀性质的水击消除阀。这种阀能在压强升高时自动开启，将部分的水从管中放出以降低管中流速的变化，从而降低水击的增压，而当增高的压强消除以后，又能够自动关闭。在水电站的有压输水道上常设有调压塔，这种调压塔可减小水击压强及缩小水击的影响范围。当闸门关闭时，由于惯性作用，沿管路流动的水流，有一部分会流到调压塔。这样，水击危害可大大减少。此外，延长阀门的关闭时间，缩短有压管路的长度(如用明渠代替或设调压塔)，减少管内流速(如管径加大)等都是预防水击危害的有效方法。

习 题 5

5-1 为什么不能用流速来判别流体的流动状态？

5-2 什么是水力光滑和水力粗糙？一根水管是否能够永远保持水力光滑或水力粗糙？

5-3 简单叙述沿程损失系数随雷诺数的变化规律。

5-4 简单管路与串联管路有何区别。

5-5 串联管路与并联管路的流动特点是什么？

5-6 如图所示，一个长度为 $L=0.4$ m 的喷嘴垂直安装，喷嘴入口直径 $d_1=60$ mm、出口直径 $d_2=20$ mm。已知喷嘴入口处水的相对压强为 98 000 Pa，假设水流经喷嘴的能量损失为 1.8 m 水柱，求喷嘴喷出的水射流能够上升的高度以及喷出的流量。

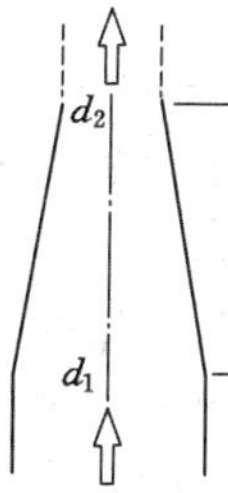

题 5-6 图

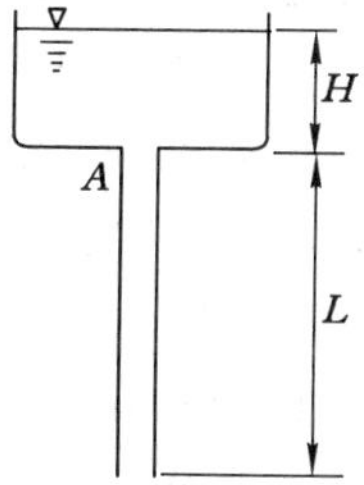

题 5-7 图

5-7 水从直径 d、长度 L 的垂直水管流入大气，水箱中的液面保持为 H；忽略局部损失，假设水管的沿程阻力系数为 λ。试求：(1) 水管入口断面 A 处的压强；(2) 使 A 处压强等于大气压的 H 值；(3) H 为多大时，管内的流速与长度 L 无关？

5-8 某长度为 5 km 的输油管路倾斜安装，管路入口比出口低 15 m，管路直径 0.2 m，管路的沿程阻力系数为 0.03，输送密度为 860 kg/m^3 的原油。在管路入口油压为 5×1^5 Pa 时，输送的质量流量为 $q_m=250$ kg/min，求管路出口端的油压。

5-9 沿直径 $d=200$ mm 的管道输送润滑油，质量流量 $q_m=9\ 000$ kg/h，润滑油的密度 $\rho=900\ kg/m^3$，冬季运动黏度 $\nu=0.109\ 2\times10^{-3}\ m^2/s$，夏季 $\nu=0.035\ 5\times10^{-3}\ m^2/s$。试分别判断冬、夏两季润滑油在管中的流动状态。

5-10 在直径为 30 cm 的水平管道上用水做沿程损失实验，在相距 120 m

的两点用水银差压计(上面为水)测得的水银柱高度差为 $h=33$ cm,已知流量为 0.23 m^3/s。试问:沿程损失系数等于多少?

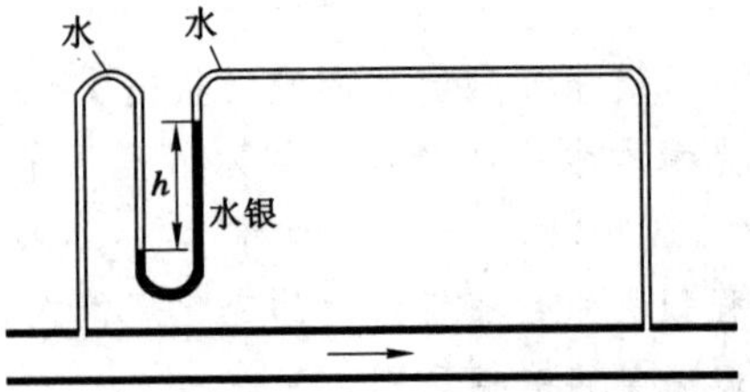

题 5-10 图

5-11　应用细管式黏度计测定油的黏度,已知细管直径 $d=6$ mm,测量段长 $L=2$ m,实测油的流量 $Q=77$ cm^3/s,水银压差计读数 $h=30$ cm,油的容重 $\gamma=8.83$ kN/m^3,试求油的运动黏度 ν 和动力黏度 μ。

5-12　水泵排水系统如图所示,吸、排水管的管径均为 $d=200$ mm,流量为 $Q=0.1$ m^3/s,吸水管与排水管的总长为 30 m,沿程阻力系数 $\lambda=0.02$;吸水管设有带阀门的莲蓬头 $\zeta_{阀}=2.0$,所有弯头 $\zeta_{弯}=0.3$(一共有 3 个弯头),两水面高差 $z=10.$ m,求水泵扬程。

5-13　不同管径的两管道的连接处出现截面突然扩大。管道 1 的管径 $d_1=0.2$ m,管道 2 的管径 $d_2=0.3$ m。为了测量管 2 的沿程损失系数 λ 及截面突然扩大的局部损失系数 ξ,在突扩处前面装一个测压管,在其他地方再装两个测压管。如图,已知 $l_1=1.2$ m,$l_2=3$ m;测压管水柱高度为 $h_1=80$ mm、$h_2=162$ mm、$h_3=152$ mm,水流量 $q_v=0.06$ m^3/s,试求 λ 和 ξ。

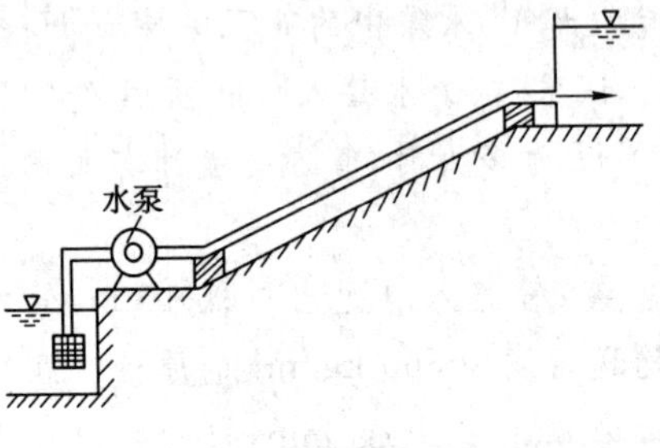

题 5-12 图

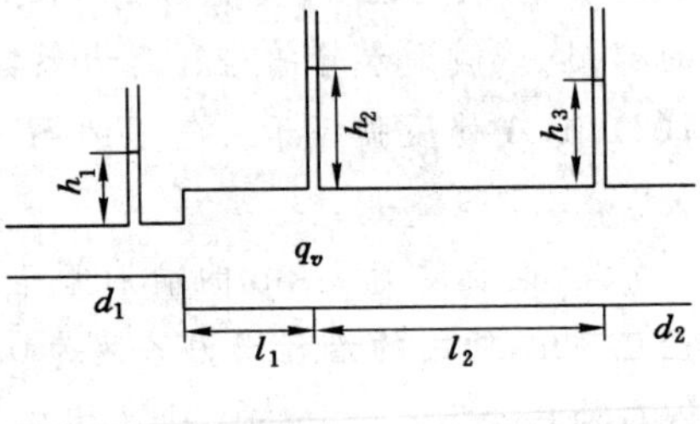

题 5-13 图

5-14　假设管内的流动为层流,试求流速恰好等于管内平均流速的位置与管轴线的距离 r。

5-15　设圆管中的紊流速度分布为

$$u=u_{\max}\left(1-\frac{r}{r_0}\right)^{1/7}$$

现准备用皮托管一次测出断面的平均速度，请问测点应该在何处？

5-16　在圆管层流中，将动量修正系数定义为用实际流速计算出的动量与用断面平均流速计算出的动量之比，试求该动量修正系数。

5-17　某输油管路长 4 000 m，管径 0.3 m，输送运动黏度为 2.5×10^{-4} m^2/s、密度为 840 kg/m^3 的原油。当流量 $Q=240$ m^3/h 时，求油泵为克服沿程阻力所需增加的功率。

5-18　两根直径分别为 $d_1=0.18$ m 和 $d_2=0.25$ m 的水平管道串联在一起。输送密度为 980 kg/m^3、运动黏度为 4×10^{-4} m^2/s 的原油。如果流量为 $Q=0.1$ m^3/s，管道长度 $L_1=500$ m，$L_2=100$ m。求原油流经管道的压强损失？（忽略局部损失）

5-19　已知管道直径为 50mm，输送运动黏度 5.06×10^{-6} m^2/s 的燃油，求保持管内流动为层流的最大流量？

5-20　长度 300 m、直径 250 mm 的水管，管壁绝对粗糙度 $\varepsilon=0.25$ mm，已知管内输送流体流量 $q=6$ m^3/min，流体运动黏度 $\nu=0.001\times10^{-3}$ m^2/s，求沿程损失为多少米水柱。

5-21　温度为 20 ℃的水在直径 0.1 m 的管内流动，当流量为 15.7 L/s 时，试判别流态。如欲改变管内流态，那么流量应变为多少（其他条件不变）？

5-22　如图所示，从水箱中引出一条长 50 m、直径为 100 mm 的管道，在管中间安装一个闸阀（处于半开），局部阻力系数为 2.5。当水头 $H=4.0$ m 时，已知其沿程阻力系数为 0.025，试求此时的流量，并绘出水管的总水头线和测压管水头线。

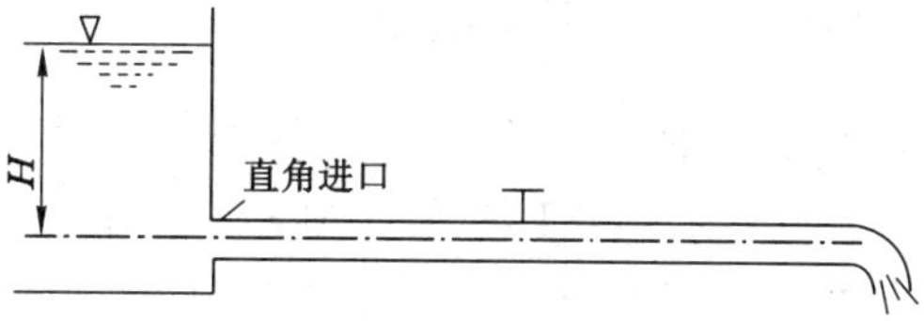

题 5-22 图

5-23　运动黏度为 4×10^{-5} m^2/s 的流体在直径 1 cm 的管内以 4 m/s 的速度流动，求每米管长上的沿程损失。

5-24　外径为 $2r_1$ 和内径为 $2r_2$ 的两个同心圆管，各以角速度 ω_1 和 ω_2 同向旋转。试证明两圆管间的速度分布为 $v_\theta=\frac{1}{r_1^{\,2}-r_2^{\,2}}\left[r(r_1^{\,2}\omega_1-r_2^{\,2}\omega_2)-\frac{r_1^{\,2}r_2^{\,2}}{r}(\omega_1-\omega_2)\right]$。

5-25　如图所示，假设直径为 50 mm 的柱塞以 $U=0.6$ m/s 的速度向油缸方向运动。试求柱塞带入油缸内的油的流量；并求作用在柱塞上的切向应力和总力 F。

5-26　如图所示，用手动液压千斤顶支承 $m=200$ kg 的重物，已知 $L=70$ mm，$d=50$ mm，$\delta=0.01$ mm。液压油从微小缝隙向外渗漏，如果不计柱塞的自重及其微小的下降速度，求经过 1 小时后重物下降的高度是多少？（假设油的动力黏度为 0.021 Pa·s）

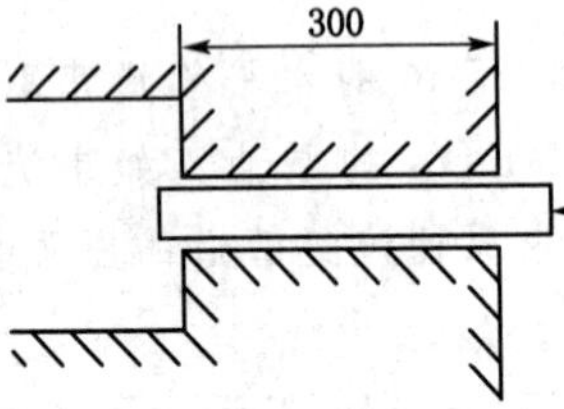

题 5-25 图

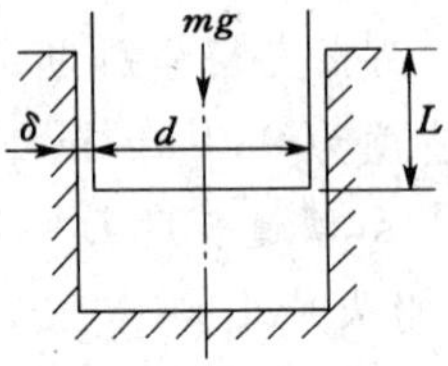

题 5-26 图

5-27　油的相对密度为 0.85，动力黏度 $\mu=3\times10^{-3}$ Pa·s，流过 $r_1=15$ cm、$r_2=7.5$ cm 的圆环形管道。若管道水平放置时每米管长的压强降为 196 Pa。试求：(1) 油的流量；(2) 外管壁上的切向应力；(3) 作用在每米内管上的轴向力。

5-28　沿倾斜平面均匀流下薄液层，液层厚度为 b。试用如图所示的自由体（长度为 dl，厚度为 s）去证明：

(1) 流层内的速度分布为 $v_x=\dfrac{\rho g}{2\mu}(b^2-s^2)\sin\theta$；

(2) 单位宽度上的流量为 $q'=\dfrac{\rho g}{3\mu}b^3\sin\theta$。

5-29　如图所示，斜楔形滑块以 $U=1.2$ m/s 的速度运动．假设滑块的宽度为 300 mm，且在宽度的方向（垂直图面方向）没有油流出，油的动力黏度 $\mu=0.784$ Pa·s，求滑块能够支承的载荷和滑块的阻力。

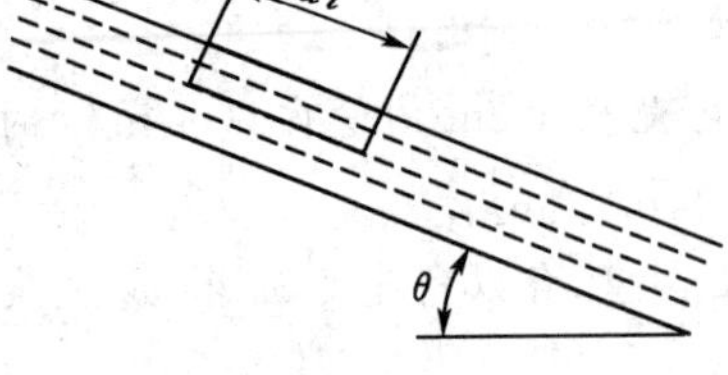

题 5-28 图

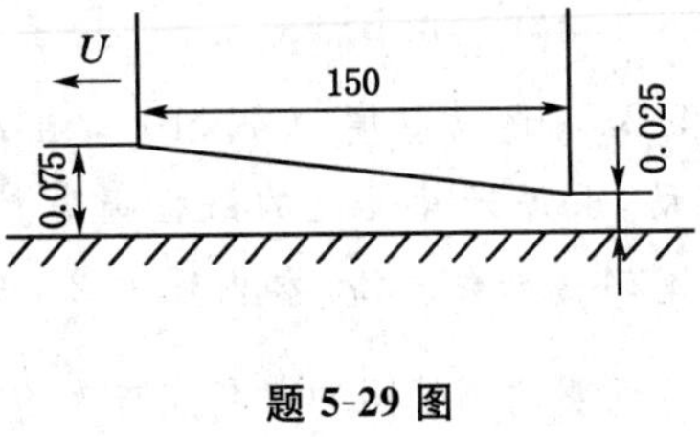

题 5-29 图

5-30 上题中，试求作用在滑块上的最大压强和作用位置；并求作用在滑块上的压力中心。

5-31 15 ℃的空气流过直径 $d=1.25$ m、长度 $l=200$ m、绝对粗糙度 $\varepsilon=1$ mm的管道，已知沿程损失 $h_f=8$ cmH_2O，试求空气的流量 q。

5-32 一直径 $d=12$ mm、长度 $l=15$ m 的低碳钢管，用来排出油箱中的油。已知油面比管道出口高出 $H=2$ m，油的动力黏度 $\mu=0.01$ Pa · s，密度 $\rho=815.8$ kg/m^3，求油的质量流量。

5-33 密度 $\rho=860$ kg/m^3、运动动力黏度 $\nu=5\times10^{-6}$ m^2/s 的轻柴油通过管道从一油池被输送到储油库内。铸铁管长 $l=150$ m，绝对粗糙度 $\varepsilon=0.45$ mm，要求质量流量 $q_m=10^5$ kg/h，出油端比吸入端高 $H=25$ m。假设油泵能够产生的压强 $p_i=3.43\times10^5$ Pa，只考虑沿程损失，试求必需的管道直径。

5-34 用新铸铁管输送 25 ℃的水，流量 $q=300$ L/s，在 $L=1\ 000$ m 长的管道上沿程损失为 $h_f=2$ mH_2O，试求必需的管道直径。

5-35 已知油的密度 $\rho=800$ kg/m^3，动力黏度 $\mu=0.069$ Pa · s，在如图所示连接两容器的光滑管中流动，已知两容器的水位高度差为 $H=3$ m。当计及沿程和局部损失时，管内的流量为多少？

5-36 用突然扩大管道使平均流速由 u_1 减小到 u_2，若直径 $d_1=350$ mm，流速 $u_1=3.0$ m/s，试求使测压管液面差 h 成为最大值的 u_2 及 d_2，并求最大的 h 值。

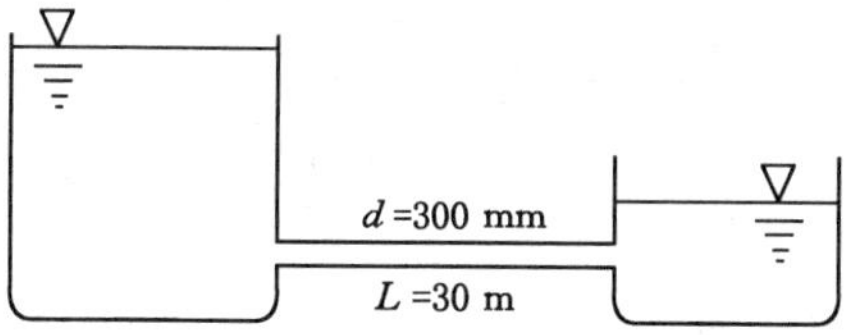

题 5-35 图

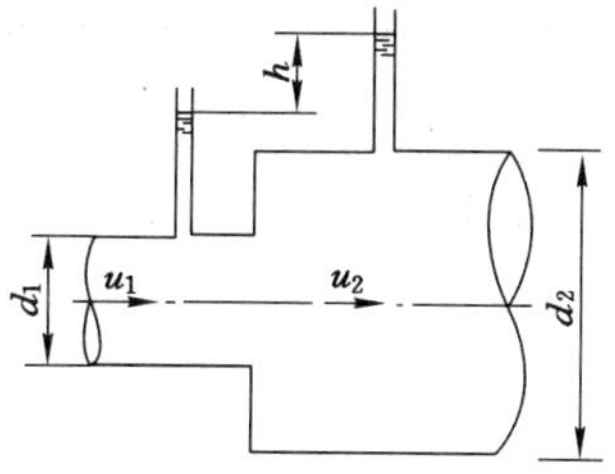

题 5-36 图

5-37 如图所示，两容器用两段新的低碳钢管连接起来，已知 $d_1=20$ cm，$l_1=30$ m；$d_2=30$ cm，$l_2=60$ m，管 1 为锐边入口，管 2 上的阀门的损失系数 $\zeta=3.5$。当流量 $q=0.2$ m^3/s 时，求必需的总水头 H。

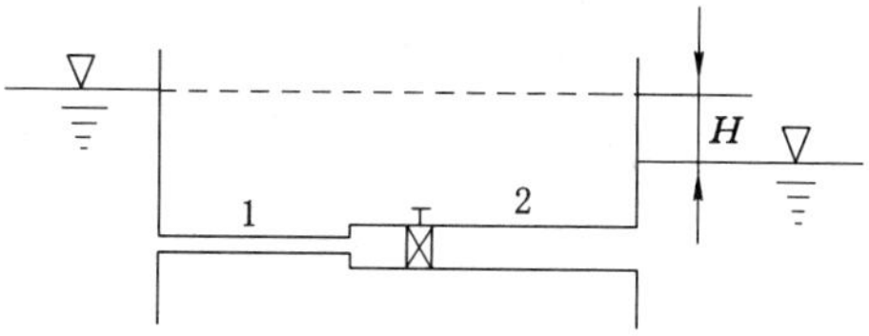

题 5-37 图

5-38　流速由 u_1 变为 u_2 的突然扩大管，如分为两次扩大，中间流速 u 取何值时，局部压头损失最小，此时压头损失为多少？并与一次扩大相比较。

5-39　水从一容器通过锐边入口进入如图所示管系，钢管的内径均为 50 mm，用水泵保持稳定的流量 12 m^3/h，该设备可用于测试新阀门的压强降。若在给定流量下水银差压计的读数为 150 mm，试求：(1) 求水通过阀门的压强降；(2) 计算水通过阀门的局部损失系数；(3) 计算阀门前水的计示压强；(4) 不计水泵损失，求该系统的总损失，并计算水泵供给水的功率。

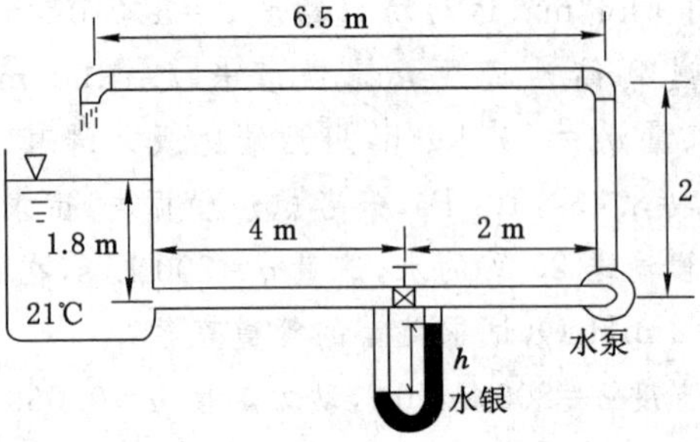

题 5-39 图

5-40　并联管道的总流量为 $Q=25$ L/s，其中一根管长 $l_1=50$ m、直径 $d_1=100$ mm，沿程阻力系数 $\lambda_1=0.03$，阀门的局部阻力系数 $K=3.0$；另一根管长 $l_2=30$ m，直径 $d_2=50$ mm，沿程阻力系数 $\lambda_2=0.04$，试求各管段的流量及并联管道的压头损失。

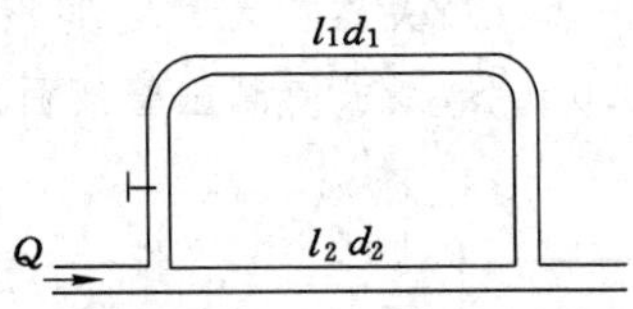

题 5-40 图

5-41　往车间送水的输水管道由两管段串联而成，第一管段的直径 $d_1=150$ mm，长度 $l_1=800$ m，第二管段的直径 $d_2=125$ mm，长度 $l_2=600$ m，管壁的绝对粗糙度都为 $\varepsilon=0.5$ mm。设压力水塔具有的水头为 $H=20$ m，局部损失忽略不计，试求在阀门全开时的最大可能流量。

5-42　直径 250 mm 的铸铁管，当量粗糙度 $\Delta=0.5$ mm；输送运动黏度 $\nu=1.3\times10^{-6}$ m^2/s 的水。请分别计算流动处于水力光滑区的最大流量和阻力平方区的最小流量。

6 流体的涡旋流动

流体的涡旋流动是自然界和工程中普遍存在的一种流动现象，流体的运动绝大多数都是有旋的。例如，水流经明渠弯道处存在明显的旋涡，风力比较大的季节里会看到在墙角处有碎纸片、树叶等时停时转，大气中的龙卷风，在水中移动的固体的后方也会看到旋涡。

本章将简单介绍流体微团的运动分解，以及旋涡运动的性质、基本概念和定理，最后比较详细地介绍了卡门涡街。

6.1 流体微团运动分析

刚体的一般运动可以分解为平移和转动的组合。流体运动要比刚体运动复杂，因为它除了平移和转动外，还有变形运动，包括线变形和角变形。

如图 6-1 所示，在流场中取一流体微团，在流体微团内某点 $M_0(x,y,z)$ 点处的瞬时速度记为 $v(x,y,z,t)$，在 M_0 点邻域内任一点 $M(x+dx,y+dy,z+dz)$ 处的同一瞬时的速度记为 $v'(x+dx,y+dy,z+dz,t)$。设速度是多元连续函数，M 点 x 方向的速度投影可利用泰勒(Taylor)级数展开式，略去二阶以上的微量后，用 M 点的速度表示，则

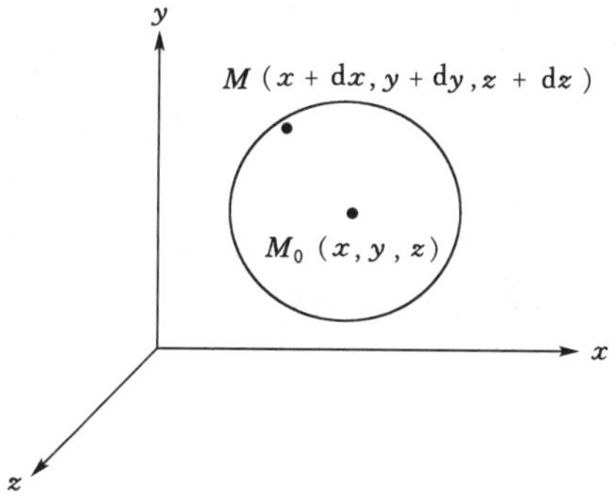

图 6-1 流体微团速度分解

$$v_x' = v_x + \frac{\partial v_x}{\partial x}dx + \frac{\partial v_y}{\partial y}dy + \frac{\partial v_z}{\partial z}dz \tag{6-1}$$

将式(6-1)进行恒等变换并整理，可改写成

$$v_x{}' = v_x + \frac{1}{2}\left(\frac{\partial v_x}{\partial x} + \frac{\partial v_x}{\partial x}\right)\mathrm{d}x + \frac{1}{2}\left(\frac{\partial v_x}{\partial y} + \frac{\partial v_y}{\partial x}\right)\mathrm{d}y +$$

$$\frac{1}{2}\left(\frac{\partial v_x}{\partial z} + \frac{\partial v_z}{\partial x}\right)\mathrm{d}z + \frac{1}{2}\left(\frac{\partial v_x}{\partial z} - \frac{\partial v_z}{\partial x}\right)\mathrm{d}z - \frac{1}{2}\left(\frac{\partial v_y}{\partial x} - \frac{\partial v_x}{\partial y}\right)\mathrm{d}y \tag{6-2}$$

记为

$$v_x{}' = v_x + e_{xx}\mathrm{d}x + e_{xy}\mathrm{d}y + e_{xz}\mathrm{d}z + \omega_y\mathrm{d}z - \omega_z\mathrm{d}y \tag{6-3}$$

同理,有

$$v_y{}' = v_y + e_{yx}\mathrm{d}x + e_{yy}\mathrm{d}y + e_{yz}\mathrm{d}z + \omega_z\mathrm{d}x - \omega_x\mathrm{d}z \tag{6-4}$$

$$v_z{}' = v_z + e_{zx}\mathrm{d}x + e_{zy}\mathrm{d}y + e_{zz}\mathrm{d}z + \omega_x\mathrm{d}y - \omega_y\mathrm{d}x \tag{6-5}$$

式(6-3)~式(6-5)中

$$e_{xx} = \frac{\partial v_x}{\partial x}, e_{yy} = \frac{\partial v_y}{\partial y}, e_{zz} = \frac{\partial v_z}{\partial z} \tag{6-6}$$

$$\left.\begin{aligned} e_{xy} &= \frac{1}{2}\left(\frac{\partial v_x}{\partial y} + \frac{\partial v_y}{\partial x}\right) \\ e_{yz} &= \frac{1}{2}\left(\frac{\partial v_y}{\partial z} + \frac{\partial v_z}{\partial y}\right) \\ e_{zx} &= \frac{1}{2}\left(\frac{\partial v_z}{\partial x} + \frac{\partial v_x}{\partial z}\right) \end{aligned}\right\} \tag{6-7}$$

$$\left.\begin{aligned} \omega_x &= \frac{1}{2}\left(\frac{\partial v_z}{\partial y} - \frac{\partial v_y}{\partial z}\right) \\ \omega_y &= \frac{1}{2}\left(\frac{\partial v_x}{\partial z} - \frac{\partial v_z}{\partial x}\right) \\ \omega_z &= \frac{1}{2}\left(\frac{\partial v_y}{\partial x} - \frac{\partial v_x}{\partial y}\right) \end{aligned}\right\} \tag{6-8}$$

ω_i 为流体质点的旋转角速度,而 e_{ij} 构成一个变形率矩阵

$$\boldsymbol{e} = \begin{bmatrix} e_{xx} & e_{xy} & e_{xz} \\ e_{yx} & e_{yy} & e_{yz} \\ e_{zx} & e_{zx} & e_{zz} \end{bmatrix} \tag{6-9}$$

该矩阵为对称矩阵,其对角线元素表示流体微团的线变形率,非对角线元素表示流体微团的角变形率。

式(6-3)~式(6-5)为流体微团的速度分解公式,也称为亥姆霍兹(Helmholtz)速度分解定理。其矢量形式为

$$\boldsymbol{v}' = \boldsymbol{v} + \boldsymbol{\omega} \times \mathrm{d}\boldsymbol{r} + \boldsymbol{e} \cdot \mathrm{d}\boldsymbol{r} \tag{6-10}$$

式(6-10)表明,M_0 点邻域内任一点的速度可以分成 3 个部分:第一项为平移速度;第二项为旋转引起的速度增量;第三项为变形(包括线变形和角变形)引起的速度增量。图 6-2 所示的一个平面流体微团的平移、变形和旋转。

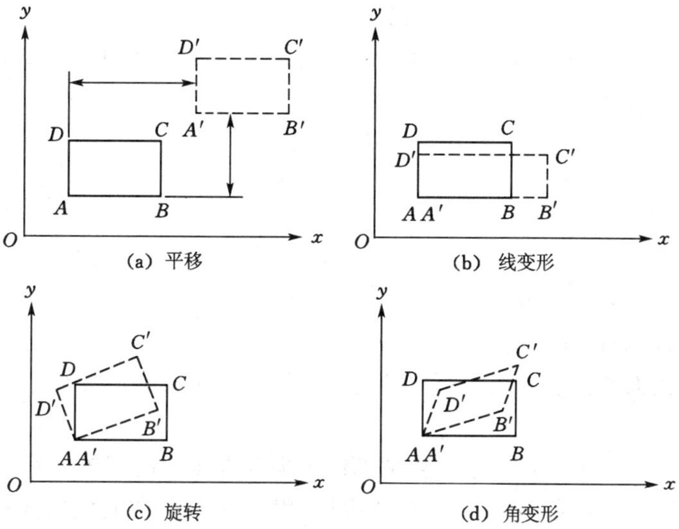

图 6-2 流体微团平面运动分解

6.2 涡旋运动的基本概念

6.2.1 有旋运动和无旋运动

流体微团旋转角速度的矢量形式为

$$\boldsymbol{\omega} = \boldsymbol{i}\omega_x + \boldsymbol{j}\omega_y + \boldsymbol{k}\omega_z \tag{6-11}$$

或

$$\boldsymbol{\omega} = \frac{1}{2}\nabla \times \boldsymbol{v} \tag{6-11a}$$

由此可见,流体微团的角速度(angular velocity)就是其速度的旋度。根据流场中每个流体微团的角速度是否为 0,可以将流动分为有旋流动(rotational flow)和无旋流动(irrotational flow),无旋运动又称为有势流动(potential flow)。

有旋流动又叫做旋涡运动,它是流体运动的一种重要类型。流动究竟是有旋还是无旋,是根据流体微团本身是否旋转来决定的,即根据它的速度旋度$\nabla \times \boldsymbol{v}$是否为 0 来决定的,而不是根据流体微团的轨迹形状来决定的。例如,圆形的运动轨迹可以由两个方向的平移组合而成,但微团本身并没有旋转,因此这种流动仍然是无旋流动。而做直线运动的流体微团本身却可以一边向前运动一边发生转动,所以这种流动也有可能是有旋流动。

流体速度的旋度$\nabla \times \boldsymbol{v}$在流体力学中称为涡量(vorticity),记为

$$\boldsymbol{\Omega} = \nabla \times \boldsymbol{v} \tag{6-12}$$

涡量是描述流体运动的一种物理量，它是空间位置和时间的函数。可以直接验证，涡量满足

$$\frac{\partial \Omega_x}{\partial x} + \frac{\partial \Omega_y}{\partial y} + \frac{\partial \Omega_z}{\partial z} = 0 \tag{6-13}$$

其矢量形式是

$$\nabla \cdot \boldsymbol{\Omega} = 0 \tag{6-13a}$$

也就是说，涡量的散度为 0。

6.2.2 涡线、涡面和涡管

涡线、涡面和涡管的概念可以从流线和流管的定义类似推出。

1. 涡线

在同一时刻，曲线上任意一点的切线方向与在该点的流体的涡量方向一致，这样的曲线称为涡线(vortex line)。所以，涡线也可看做流体微团的瞬时转动轴线，如图 6-3(a)所示。

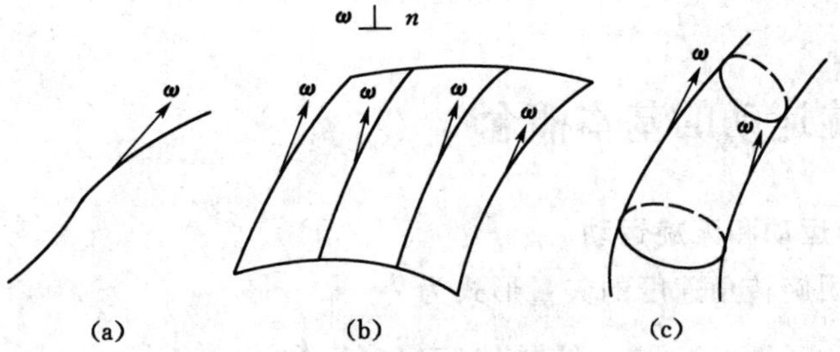

图 6-3 涡线、涡面和涡管

涡线的方程由其定义可知为

$$\boldsymbol{\Omega} \times \mathrm{d}\boldsymbol{r} = 0 \tag{6-14}$$

式中，$\mathrm{d}\boldsymbol{r}$为涡线切线方向的微元矢量。

展开式(6-14)可得涡线微分方程

$$\frac{\mathrm{d}x}{\omega_x} = \frac{\mathrm{d}y}{\omega_y} = \frac{\mathrm{d}z}{\omega_z} \tag{6-15}$$

对于不定常流动，在涡线方程中会出现自变量时间 t，但这个 t 是作为参数形式出现的，所以涡线的形状可以随时间变化。对于定常流动来说，涡线将不随时间变化。根据涡线定义，过一点只能做一条涡线。

2. 涡面

在同一时刻，涡量场中任取一条非涡线的非封闭曲线，过曲线的每一点做涡线，这些涡线形成的曲面称为涡面(vortex surface)，如图 6-3(b)所示。

3. 涡管

在同一时刻，涡量场中任取一条非涡线的封闭曲线，过曲线的每一点做涡线，这些涡线形成的管状曲面称为涡管(vortex tube)，如图 6-3(c)所示。

显然，根据定义，涡面和涡管上任一点的法线方向和该点的涡量方向是垂直的。

6.2.3 涡通量、涡管强度和速度环量

1. 涡通量

在流场中某一曲面 A，其面积分

$$\boldsymbol{J}=\iint_A \boldsymbol{\Omega}\cdot \mathrm{d}\boldsymbol{A}=\iint_A \Omega_x \mathrm{d}A_x+\Omega_y \mathrm{d}A_y+\Omega_z \mathrm{d}A_z$$

$$=\iint_A \Omega_x \mathrm{d}y\mathrm{d}z+\Omega_y \mathrm{d}z\mathrm{d}x+\Omega_z \mathrm{d}x\mathrm{d}y \qquad (6\text{-}16)$$

称为通过曲面 A 的涡通量(flux of vortex)，它表示了通过某一曲面的涡量的总和，如图 6-4(a)所示。

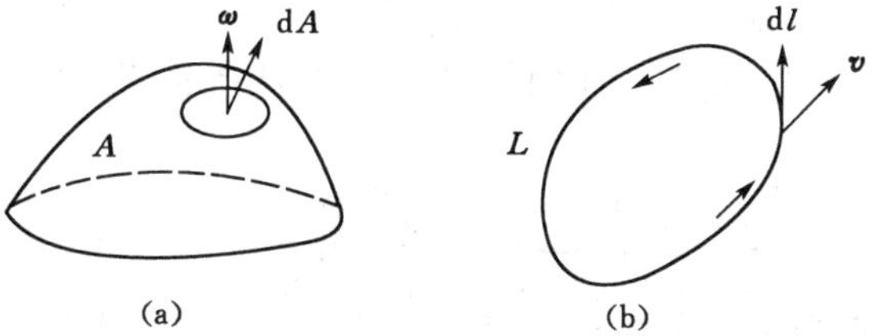

图 6-4 涡通量和速度环量

2. 涡管强度

对于流场中某时刻的涡管，取涡管的一个横截面 A，称过曲面 A 的涡通量为该瞬时的涡管强度。

3. 速度环量

在流场中任取一封闭曲线 L，速度$\boldsymbol{v}$沿封闭曲线的线积分称为$\boldsymbol{v}$沿曲线 L 的速度环量(velocity circulation)$\boldsymbol{\Gamma}$。如图 6-4(b)所示，根据速度环量的定义有

$$\boldsymbol{\Gamma}=\oint_L \boldsymbol{v}\cdot \mathrm{d}\boldsymbol{l}=\oint_L v_x \mathrm{d}x+v_y \mathrm{d}y+v_z \mathrm{d}z \qquad (6\text{-}17)$$

速度环量的符号不仅与流场的速度方向有关，而且与积分时所取的绕行方向有关。因此，规定积分时的绕行方向是逆时针方向，即封闭曲线所包围的区域总在行进方向的右侧，如图 6-4(b)所示。当沿顺时针方向绕行时，式(6-17)前应加负号。

6.2.4 涡管强度守恒定理

涡管强度守恒定理：在同一时刻，同一涡管的各个截面上，涡通量都是相同的，即涡管强度是守恒的，与截面的选取无关。现证明如下：

在某一时刻，任取一段涡管，如图 6-5 所示，与涡管相交的两个任意曲面为 A_1、A_2（它们的边界线为绕涡管的封闭曲线），A_3 为涡管段的侧面。因此，这段涡管的表面积为：$A=A_1+A_2+A_3$。通过这一封闭曲面的涡通量按式(6-16)计算，得

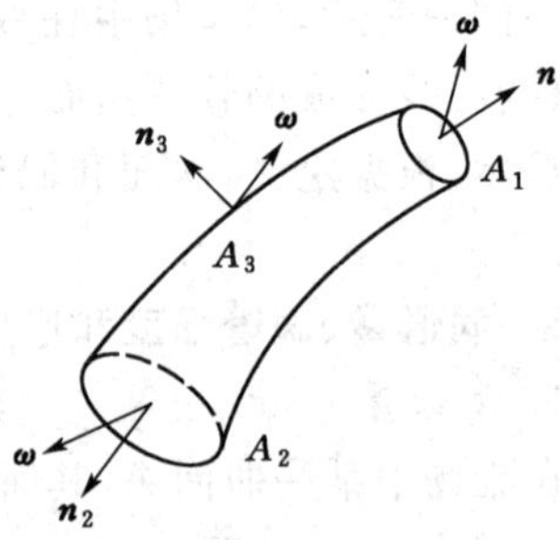

图 6-5　涡管通量

$$\boldsymbol{J}=\oiint_A \boldsymbol{\Omega}\cdot \mathrm{d}\boldsymbol{A}$$
$$=-\iint_{A_1}\boldsymbol{\Omega}\cdot \boldsymbol{n}_1 \mathrm{d}A+\iint_{A_2}\boldsymbol{\Omega}\cdot \boldsymbol{n}_2 \mathrm{d}A+\iint_{A_3}\boldsymbol{\Omega}\cdot \boldsymbol{n}_3 \mathrm{d}A$$

根据涡管的定义，在 A_3 曲面上涡线总是与法线垂直，所以上式右侧第三项为 0，于是

$$\boldsymbol{J}=-\iint_{A_1}\boldsymbol{\Omega}\cdot \boldsymbol{n}_1 \mathrm{d}A+\iint_{A_2}\boldsymbol{\Omega}\cdot \boldsymbol{n}_2 \mathrm{d}A \tag{a}$$

另一方面，根据数学分析中的高斯公式：若 A 为包围体积 V 的光滑曲面，$P=P(x,y,z)$，$Q=Q(x,y,z)$，$R=R(x,y,z)$ 及其一阶偏导数在 $V+S$ 上连续，则

$$\oiint_A P\mathrm{d}y\mathrm{d}z+Q\mathrm{d}z\mathrm{d}x+R\mathrm{d}x\mathrm{d}y=\iiint_V\left(\frac{\partial P}{\partial x}+\frac{\partial \Omega_y}{\partial y}+\frac{\partial R}{\partial z}\right)\mathrm{d}V$$

令：$P=\Omega_x$，$Q=\Omega_y$，$R=\Omega_z$，上式可改写为

$$\oiint_A \Omega_x\mathrm{d}y\mathrm{d}z+\Omega_y\mathrm{d}z\mathrm{d}x+\Omega_z\mathrm{d}x\mathrm{d}y=\iiint_V\left(\frac{\partial \Omega_x}{\partial x}+\frac{\partial \Omega_y}{\partial y}+\frac{\partial \Omega_z}{\partial z}\right)\mathrm{d}V$$

或

$$\oiint_A \boldsymbol{\Omega}\cdot \mathrm{d}\boldsymbol{A}=\iiint_V \nabla\cdot\boldsymbol{\Omega}\mathrm{d}V$$

根据式(6-13a)，上式的右边为 0。可得

$$\boldsymbol{J}=\oiint_A \boldsymbol{\Omega}\cdot \mathrm{d}\boldsymbol{A}=0 \tag{b}$$

将式(b)代入式(a)，有

$$\iint_{A_1}\boldsymbol{\Omega}\cdot \boldsymbol{n}_1 \mathrm{d}A=\iint_{A_2}\boldsymbol{\Omega}\cdot \boldsymbol{n}_2 \mathrm{d}A \tag{6-18}$$

因截面 A_1 和 A_2 是沿涡管任意选取的，由此可以得出结论：在同一时刻，沿同一涡管各截面的涡通量相同，与截面的选取无关。

由涡强守恒定理可以得出两个结论：

(1) 对于同一个涡管来说，在截面积越小的地方，涡量越大，流体旋转的角速度越大。

(2) 涡管截面不可能收缩到0，因为在涡管零截面上的旋转角速度必然要增加到无穷大，这在物理上是不可能的。因此，涡管不能始于或终于流体，而只能成为环形，或者始于边界、终于边界，或者伸展到无穷远。

涡旋强度守恒定理是对同一时刻而言的。但在一定的条件下，涡管强度将不随时间而变化。

6.2.5 斯托克斯(Stokes)定理

斯托克斯定理描述了速度环量与涡通量之间的关系。如图 6-4(a)所示，斯托克斯定理表明，沿封闭曲线 L 的速度环量等于穿过以该曲线为周界的任意曲面的涡通量。其证明如下：

根据数学分析中的斯托克斯公式：若 L 是包围逐片光滑有界双侧曲面 S 的逐段光滑简单闭曲线，$P=P(x,y,z)$，$Q=Q(x,y,z)$，$R=R(x,y,z)$ 是在 $S+L$ 上的连续可微函数，则

$$\oint_L P\mathrm{d}x+Q\mathrm{d}y+R\mathrm{d}z=\iint_A\left(\frac{\partial R}{\partial y}-\frac{\partial Q}{\partial z}\right)\mathrm{d}y\mathrm{d}z+\left(\frac{\partial P}{\partial z}-\frac{\partial R}{\partial x}\right)\mathrm{d}z\mathrm{d}x+\left(\frac{\partial Q}{\partial x}-\frac{\partial P}{\partial y}\right)\mathrm{d}x\mathrm{d}y$$

若令：$P=v_x$，$Q=v_y$，$R=v_z$，上式可写为

$$\oint_L v_x\mathrm{d}x+v_y\mathrm{d}y+v_z\mathrm{d}z=\iint_A\left(\frac{\partial v_z}{\partial y}-\frac{\partial v_y}{\partial z}\right)\mathrm{d}y\mathrm{d}z+\left(\frac{\partial v_x}{\partial z}-\frac{\partial v_z}{\partial x}\right)\mathrm{d}z\mathrm{d}x+\left(\frac{\partial v_y}{\partial x}-\frac{\partial v_x}{\partial y}\right)\mathrm{d}x\mathrm{d}y$$

或

$$\oint_L \boldsymbol{v}\cdot\mathrm{d}\boldsymbol{l}=\iint_A\boldsymbol{\Omega}\cdot\mathrm{d}\boldsymbol{A} \tag{6-19}$$

由此可见，$\boldsymbol{\Gamma}=\boldsymbol{J}$，得证。

斯托克斯定理建立起了涡通量和速度环量之间的联系，它们都刻画了流体在运动过程中的涡旋特性。但是由于速度环量是线积分，而且被积函数是速度本身；而涡通量是面积分，被积函数是速度的偏导数，无论从数学计算的角度、或者从测量的角度，使用速度环量往往要方便一些。

6.3 卡门涡街

流体绕过非流线型物体时，物体尾流左右两侧产生的成对的、交替排列的、旋转方向相反的反对称涡旋，称为卡门涡街(Karman vortex street)，如图 6-6 所示。

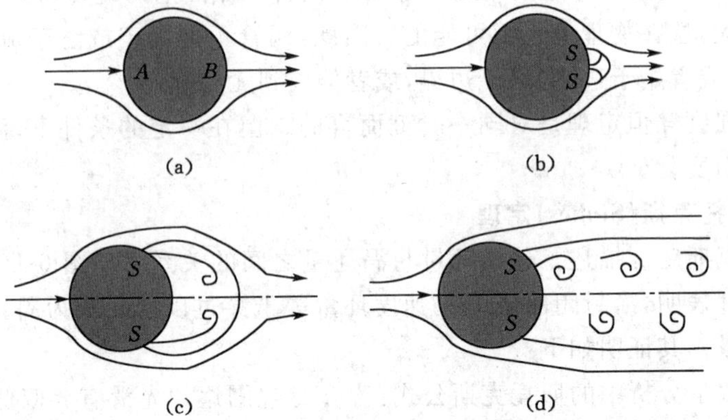

图 6-6　卡门涡街形成示意图

流体绕流高大烟囱、高层建筑、电线、油管道和换热器的管束时都会产生卡门涡街。

流体绕流静止的圆柱体，当雷诺数($Re=\frac{\rho v d}{\mu}$)很低时($Re<1$)，开始瞬间与理想流体绕流圆柱体一样，流体在前驻点速度为零，而后沿圆柱体两侧流动，流动在圆柱体的前半部分是降压，速度逐渐增大到最大值，而后半部分是升压，速度逐渐下降，到后驻点速度重新等于 0[图 6-6(a)]。

随着雷诺数的逐渐增加，将使圆柱体后半部分的压强梯度增加，当 $Re>4$ 时，将引起边界层的分离，并在圆柱下游形成 2 个"附着涡"。涡内的流体自成封闭回路，并不向下游远处流去，称为"死水区"[图 6-6(b)]。随着来流雷诺数的不断增加，圆柱体后半部分边界层中的流体微团受到更大的阻滞，分离点 S 一直向前移动，死水区逐渐拉长。

当雷诺数增加到大约 40 时，在圆柱的后面便产生一对旋转方向相反的对称旋涡[图 6-6(c)]。当雷诺数超过 40 后，对称旋涡不断增长并出现摆动，直到 $Re=60$时，这对不稳定的对称旋涡分裂，形成等间隔规则排列的涡列。同一涡列中涡的旋转方向相同，而两列涡的方向彼此相反，每一个涡的纵向位置在另一列两相邻涡的正中间，就是卡门涡街[图 6-6(d)]，它向下游移动的速度比来流速度小得多。

当 $Re>300$ 以后，圆柱后方的涡列逐渐失去其规则性和周期性。当 $Re=3.3\times10^5$，达到超临界范围时，柱后尾流完全紊乱了，有规则的旋涡脱落不再存在。这种情况只持续到 $Re=3.5\times10^6$，超过这数值后，又会形成卡门涡街。

对有规则的卡门涡街，只能在 $Re=60\sim5\ 000$内观察到，而且在多数情况下涡街是不稳定的，即受到外界扰动涡街就破坏了。卡门的研究发现，只有当两列旋涡之间距离 h 与同列中相邻两个旋涡间距离 l 之比为 0.281 时，卡门涡街才是稳定的，图 6-7 所示为卡门涡街的流谱。

图 6-7 卡门涡街流谱

对卡门涡街的研究结果表明，当流体绕流一根圆柱时，在雷诺数为200～50 000，柱后旋涡的脱体频率与绕流速度 v 成正比，与圆柱体直径 d 成反比，即

$$f=Sr\frac{v}{d} \tag{6-20}$$

式中，Sr 为斯特劳哈尔数，它主要与流体的雷诺数有关。

卡门涡街后涡的交替脱落，流体对物体会产生一个周期性的交变横向作用力。如果力的频率与物体的固有频率相接近，就会引起共振，甚至使物体损坏。这种涡街曾使潜水艇的潜望镜失去观察能力，海峡大桥受到毁坏，锅炉的空气预热器管箱发生振动和破裂。

20 世纪 40 年代，美国塔科玛峡谷桥(Tacoma Narrow Bridge)风毁事故的惨痛教训，使人们认识到卡门涡街对建筑安全上的重要作用。1940 年，美国华盛顿州的塔科玛峡谷上花费 640 万美元，建造了一座主跨度 853.4 m 的悬索桥。建成 4 个月后，于同年 11 月 7 日碰到了一场风速为 19 m/s 的风。虽风不算大，但桥却发生了剧烈的扭曲振动，且振幅越来越大(接近 9 m)，直到桥面倾斜到 45°左右，使吊杆逐根拉断导致桥面钢梁折断而塌毁，坠落到峡谷之中。当时正好有一支好莱坞电影队在以该桥为外景拍摄影片，记录了桥梁从开始振动到最后毁坏的全过程，它后来成为美国联邦公路局调查事故原因的珍贵资料。人们在调查这一事故收集历史资料时，惊异地发现：从 1818 年到 19 世纪末，由风引起的桥梁振动已至少毁坏了 11 座悬索桥。

卡门涡街不仅在圆柱后出现，也可在其他形状的物体后形成，如在高层楼厦、电视发射塔、烟囱等建筑物后形成。这些建筑物受风作用而引起的振动，往往与卡门涡街有关。因此，现在进行高层建筑物设计时都要进行计算和风洞模型实验，以保证不会因卡门涡街造成建筑物的破坏。据了解，北京、天津的电视发射塔，上海的东方明珠电视塔在建造前，都曾在风洞中做过模型实验。

实际上，卡门涡街并不全是会造成不幸的事故，它也有很成功的应用。比如已在工业中广泛使用的卡门涡街流量计，就是利用卡门涡街现象制造的一种流量计，如图 6-8 所示。它将涡旋发生体垂直插入到流体中时，流体绕过发生体时会形成卡门涡街，在满足一定的条件下，非对称涡列就能保持稳定，此时，涡旋的频率与流体的流速及涡旋发生体的宽度关系为式(6-20)。测出涡旋的脱落频率，就可以换算出管内流体的流速。

卡门涡街流量计有许多优点：可测量液体、气体和蒸汽的流量；精度可达 ±1%(指示值)；结构简单，无运动件，可靠、耐用；压电元件封装在发生体中，检测元件不接触介质；使用温度和压力范围宽，使用温度最高可达 400 ℃；并具备自动调整功能，能用软件对管线噪声进行自动调整。

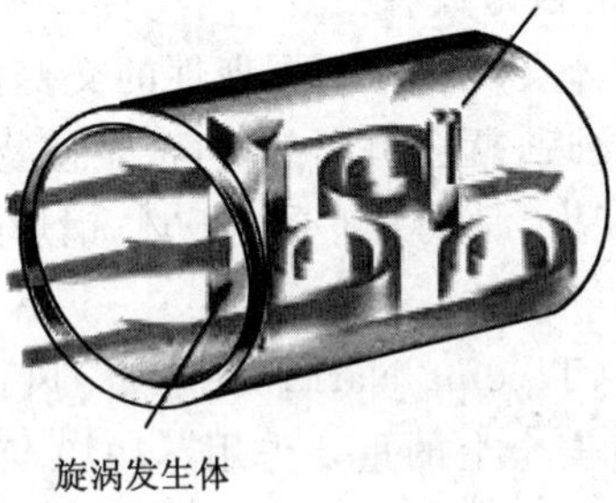

图 6-8　涡街流量计

习　题　6

6-1　与刚体的运动相比，流体的运动有何特点？

6-2　如何判别流动是否为有旋流动和无旋流动？

6-3　列举工程实际中卡门涡街的例子(至少 3 个以上)。

6-4　试判断下列流场是否满足不可压流体的连续性方程：

(1) $v_x = x + 2y$, $v_y = z + 2x$, $v_z = x + 2y + 5z$

(2) $v_x=x^2+y+z$, $v_y=y^2+x+z$, $v_z=z^2+x+y$

(3) $v_x=xy^2$, $v_y=yx^2$, $v_z=-4xyz$

(4) $v_x=y^2+z^2$, $v_y=x^2+z^2$, $v_z=x^2+y^2$

6-5 求下列流场的涡量场和涡线：

(1) $v_x=y+2x$, $v_y=z+2x-2y$, $v_z=x+2y$

(2) $vx={}_x+y^2+z^2$, $v_y=-2y+x^2+z^2$, $v_z=z+x^2+y^2$

6-6 已知速度场为 $v_x=2y+32$, $v_y=2z+3x$, $v_z=2x+3y$,求旋转角速度、角变形速度和涡线方程。

6-7 已知圆管中层流流动过流截面上的速度分布为 $u_x=\frac{\gamma J}{4\mu}(r_0^2-r^2)$, $u_y=u_z=0$,式中 γ、J、μ、r_0 皆为常数,$r^2=y^2+z^2$,求涡线方程。

6-8 证明不可压流体在平面极坐标中的连续性方程式和旋转角速度为：

$$\frac{\partial v_r}{\partial r}+\frac{\partial v_\theta}{r\partial\theta}+\frac{v_r}{r}=0$$

$$\bar{\omega}=\frac{1}{2}\left(\frac{\partial v\theta}{\partial r}-\frac{\partial v_r}{r\partial\theta}+\frac{v_\theta}{r}\right)$$

6-9 将下列直角坐标系中的流速分量换算为平面极坐标中的流速分量,并验算流动是否有旋。

(1) $v_x=-Ky$, $v_y=Kx$

(2) $v_x=-y/(x^2+y^2)$, $v_y=x/(x^2+y^2)$

6-10 已知三元流场速度分布为 $v_x=x^2+y^2z^3$, $v_y=-(xy+yz+zx)$,而且已知在 $z=0$ 处,$v_z=0$,求流场中速度分量 v_z 的表达式。

6-11 已知三元流场速度分布为 $v_x=2y+3z$, $v_y=2z+3x$, $v_z=2x+3y$。试求其旋转角速度、角变形速度和涡线方程。

6-12 已知流场速度分布为 $v_x=-y/(x^2+y^2)$, $v_y=x/(x^2+y^2)$, $v_z=0$,求围绕 z 轴的任意封闭曲线的速度环量。

6-13 已知速度分布:$v_x=-7y$, $v_y=9x$。试求绕圆周 $x^2+y^2=1$ 的速度环量。

6-14 在给定柱坐标内平面流动 $v_r=v_\infty\left(1-\frac{a^2}{r^2}\right)\cos\theta$, $v_\theta=-v_\infty\left(1+\frac{a^2}{r^2}\right)\sin\theta+\frac{k}{r}$。式中 a、k、v_∞ 均为常数,试求包含 $r=a$ 的任一封闭曲线的速度环量,并证明任一封闭曲线上的速度环量为常数。

6-15 已知流体通过漏斗时旋转的速度分量是：

当 $0\leqslant r\leqslant a$ 时,$v_r=0$, $v_\theta=\frac{1}{2}\omega r$, $v_z=0$;

当 $r>a$ 时，$v_r=0$，$v_\theta=\frac{1}{2}\omega\frac{a^2}{r^2}$，$v_z=0$。

式中ω为旋转角速度，是一常数。试求涡量并判断有旋及无旋区域。

6-16　已知二维流场速度分布为：$v_x=xy^2$，$v_y=-xy^2$。求旋转角速度、线变形速度和角变形速度。

6-17　直径为 500 mm 的管道，流过 30 ℃的空气，在垂直于管道的轴线方向插入直径为 10 mm 的卡门涡街流量计，测得漩涡的脱落频率为 10^5 Hz，求管道中的体积流量。

7 理想不可压流体的无旋流

流体质点的运动由平动、变形和旋转 3 种形式构成，根据流体质点的旋转角速度是否为 0，可将流体的运动分为有旋流动和无旋流动。实际工程中，黏性流体的流动都是有旋流动，但在分析研究工程中的实际流动现象时，为使问题简化，有时将流体当成理想流体，由此得到的结果在进行适当修正后仍有相当高的工程精度。因此，研究理想流体的流动具有重要的实际意义。本章主要研究理想不可压流体的平面无旋流。

7.1 理想流体的运动微分方程

理想流体(ideal fluid)是黏性流体的简化，研究理想流体的运动具有重要的意义，是流体力学的重要组成部分。理想流体的黏度为 0，在 N-S 方程中，取 $\mu=0$，则

$$\left.\begin{aligned}\frac{\mathrm{d}v_x}{\mathrm{d}t}&=f_x-\frac{1}{\rho}\frac{\partial p}{\partial x}\\\frac{\mathrm{d}v_y}{\mathrm{d}t}&=f_y-\frac{1}{\rho}\frac{\partial p}{\partial y}\\\frac{\mathrm{d}v_z}{\mathrm{d}t}&=f_z-\frac{1}{\rho}\frac{\partial p}{\partial z}\end{aligned}\right\}\tag{7-1}$$

其矢量形式为

$$\frac{\mathrm{d}\boldsymbol{v}}{\mathrm{d}t}=\boldsymbol{f}-\frac{1}{\rho}\nabla p\tag{7-1a}$$

上式为理想流体运动微分方程或称欧拉运动微分方程。

式(7-1a)的分量形式可写为

$$\left.\begin{aligned}f_x-\frac{1}{\rho}\frac{\partial p}{\partial x}&=\frac{\partial v_x}{\partial t}+v_x\frac{\partial v_x}{\partial x}+v_y\frac{\partial v_x}{\partial y}+v_z\frac{\partial v_x}{\partial z}\\f_y-\frac{1}{\rho}\frac{\partial p}{\partial y}&=\frac{\partial v_y}{\partial t}+v_x\frac{\partial v_y}{\partial x}+v_y\frac{\partial v_y}{\partial y}+v_z\frac{\partial v_y}{\partial z}\\f_z-\frac{1}{\rho}\frac{\partial p}{\partial z}&=\frac{\partial v_z}{\partial t}+v_x\frac{\partial v_z}{\partial x}+v_y\frac{\partial v_z}{\partial y}+v_z\frac{\partial v_z}{\partial z}\end{aligned}\right\}\tag{7-2}$$

欧拉运动微分方程是研究理想流体各种运动规律的基础，对可压缩及不可压缩理想流体的定常流或非定常流都适用。欧拉运动微分方程中的每一项都表示单位质量流体所受的力：左边第一项为单位质量力，左边第二项为单位质量流体所受到的总压力；右边为单位质量流体的惯性力。

但是，在式(7-2)中并没有以显式的形式表示出流体是否旋转，不能直接看出流动是否有旋。为此，对运动微分方程进行如下的变形

$$\begin{aligned}\frac{\mathrm{d}v_x}{\mathrm{d}t} &= \frac{\partial v_x}{\partial t} + v_x\frac{\partial v_x}{\partial x} + v_y\frac{\partial v_x}{\partial y} + v_z\frac{\partial v_x}{\partial z} + \left(v_y\frac{\partial v_y}{\partial x} - v_y\frac{\partial v_y}{\partial x}\right) + \\ &\quad \left(v_z\frac{\partial v_z}{\partial x} - v_z\frac{\partial v_z}{\partial x}\right) \\ &= \frac{\partial v_x}{\partial t} + v_x\frac{\partial v_x}{\partial x} + v_y\frac{\partial v_y}{\partial x} + v_z\frac{\partial v_z}{\partial x} + v_y\left(\frac{\partial v_x}{\partial y} - \frac{\partial v_y}{\partial x}\right) + \\ &\quad v_z\left(\frac{\partial v_x}{\partial z} - \frac{\partial v_z}{\partial x}\right) \\ &= \frac{\partial v_x}{\partial t} + \frac{\partial}{\partial x}\left(\frac{v^2}{2}\right) - 2v_y\omega_z + 2v_z\omega_y\end{aligned}$$

于是，得到欧拉运动微分方程的另一形式，即

$$\left.\begin{aligned}\frac{\partial v_x}{\partial t} + 2(v_z\omega_y - v_y\omega_z) &= f_x - \frac{1}{\rho}\frac{\partial p}{\partial x} - \frac{\partial}{\partial x}\left(\frac{v^2}{2}\right) \\ \frac{\partial v_y}{\partial t} + 2(v_x\omega_z - v_z\omega_x) &= f_y - \frac{1}{\rho}\frac{\partial p}{\partial y} - \frac{\partial}{\partial y}\left(\frac{v^2}{2}\right) \\ \frac{\partial v_z}{\partial t} + 2(v_y\omega_x - v_x\omega_y) &= f_z - \frac{1}{\rho}\frac{\partial p}{\partial z} - \frac{\partial}{\partial z}\left(\frac{v^2}{2}\right)\end{aligned}\right\} \tag{7-3}$$

其矢量形式为

$$\frac{\partial \boldsymbol{v}}{\partial t} - 2\,\boldsymbol{v}\times\boldsymbol{\omega} = \boldsymbol{f} - \frac{1}{\rho}\nabla p + \nabla\left(\frac{v^2}{2}\right) \tag{7-3a}$$

式(7-3a)称为兰姆型的运动微分方程，简称兰姆方程(Lamb equation)。从该式可直接看出流体的运动是否有旋。以上不同形式的理想流体运动微分方程都是以欧拉法来研究流体运动的，应用中各有方便之处，可视所研究的问题选用之。

7.2 欧拉积分式和伯努利积分式

欧拉运动微分方程是一非线性二阶偏微分方程，求其通解是比较困难的，但在特定的条件下可以得出积分形式。为此首先假设：

(1) 流动是定常的。

(2) 作用在流体上的质量力是有势的,即

$$f_x = -\frac{\partial \pi}{\partial x}, f_y = -\frac{\partial \pi}{\partial y}, f_z = -\frac{\partial \pi}{\partial z} \tag{7-4}$$

其矢量形式为

$$\boldsymbol{f} = -\nabla \pi \tag{7-4a}$$

(3) 流场是正压的,即其密度只与压力有关,令

$$p_F = \int \frac{\mathrm{d}p}{\rho} \tag{7-5}$$

式中,p_F 为该正压流场的压力函数。

根据多元函数的求导法,则

$$\frac{\partial p_F}{\partial x} = \frac{1}{\rho}\frac{\partial p}{\partial x}, \frac{\partial p_F}{\partial y} = \frac{1}{\rho}\frac{\partial p}{\partial y}, \frac{\partial p_F}{\partial z} = \frac{1}{\rho}\frac{\partial p}{\partial z} \tag{7-6}$$

其矢量形式为

$$\nabla p_f = \frac{1}{\rho}\nabla p \tag{7-6a}$$

如果是不可压流体,则:$p_F = p/\rho$。

将式(7-4a)、式(7-6a)代入式(7-3a),于是兰姆运动微分方程可简化为

$$\nabla\left(\pi + p_F + \frac{v^2}{2}\right) = 2\,\boldsymbol{v} \times \boldsymbol{\omega} \tag{7-7}$$

其分量形式为

$$\left.\begin{aligned}
\frac{\partial}{\partial x}\left(\pi + p_F + \frac{v^2}{2}\right) &= 2(v_z\omega_y - v_y\omega_z) \\
\frac{\partial}{\partial y}\left(\pi + p_F + \frac{v^2}{2}\right) &= 2(v_x\omega_z - v_z\omega_x) \\
\frac{\partial}{\partial x}\left(\pi + p_F + \frac{v^2}{2}\right) &= 2(v_y\omega_x - v_x\omega_y)
\end{aligned}\right\} \tag{7-7a}$$

下面分别研究式(7-7)在无旋流和有旋流中的积分形式。

7.2.1 欧拉积分

设流动是无旋的,由式(7-7)可得

$$\nabla\left(\pi + p_F + \frac{v^2}{2}\right) = 0$$

积分得

$$\pi + p_F + \frac{v^2}{2} = C \tag{7-8}$$

式(7-8)称为欧拉积分(Euler's integral)。该式说明:对于理想流体,当流动是定常、无旋,且流场是正压时,对不可压流体或可压的正压流体,流场中任一

点的单位质量流体的质量力位势能、压力势能和动能之和保持不变,处处相等,且可相互转化。

7.2.2 伯努利积分

如果是有旋流动,则可沿流线对式(7-7)进行积分。在流线上取微元矢量 d$\boldsymbol{r}$。在定常流条件下,流线与迹线是重合的,因此 d$\boldsymbol{r}$ = $\boldsymbol{v}$dt,其分量形式为 $\mathrm{d}x = v_x \mathrm{d}t$, $\mathrm{d}y = v_y \mathrm{d}t$, $\mathrm{d}z = v_z \mathrm{d}t$。将式(7-7)两端分别乘以 d$\boldsymbol{r}$,则

$$\nabla\left(\pi + p_F + \frac{v^2}{2}\right)\mathrm{d}\boldsymbol{r} = (2\boldsymbol{v} \times \boldsymbol{\omega}) \cdot \boldsymbol{v}\mathrm{d}t \tag{a}$$

根据矢量的运算法则,在任何流动中有:$(\boldsymbol{v} \times \boldsymbol{\omega}) \perp \boldsymbol{v}$,故式(a)的右端为0。式(a)可改写为

$$\mathrm{d}\left(\pi + p_F + \frac{v^2}{2}\right)\mathrm{d}\boldsymbol{r} = 0$$

或

$$\frac{\partial}{\partial x}\left(\pi + p_F + \frac{v^2}{2}\right)\mathrm{d}x + \frac{\partial}{\partial y}\left(\pi + p_F + \frac{v^2}{2}\right)\mathrm{d}y + \frac{\partial}{\partial z}\left(\pi + p_F + \frac{v^2}{2}\right)\mathrm{d}z = 0$$

沿流线积分可得

$$\pi + p_F + \frac{v^2}{2} = C \tag{7-9}$$

式(7-9)称为伯努利积分(Bernoulli's integral)。

该式表明:当流动定常且流场正压时,对于理想不可压流体或可压缩的正压流体,在同一流线上各点单位质量流体质量力的位势能、压力势能、动能的总和保持为常数,且可以相互转换。一般来说,在不同的流线上积分常数是不同的。

7.2.3 伯努利方程

如果质量力只有重力,则 $\pi = gz$;且流体是不可压的,则 $p_F = p/\rho$。于是式(7-9)可改写为

$$gz + \frac{p}{\rho} + \frac{v^2}{2} = C \tag{7-10}$$

式(7-10)称为伯努利方程,它和式(3-41)沿流线的伯努利方程是一致的。对于有旋流动,伯努利方程沿流线成立;对于无旋流动,伯努利方程在整个流场成立。

7.3 理想流体流动的定解条件

理想流体流动的定解条件是指根据理想流体的运动方程求得其特解的条件。理想流体的流动满足连续性方程式(3-25)及欧拉运动微分方程式(7-1)。

在重力场中，质量力是已知的，这 4 个方程中含有 5 个未知量（v_x，v_y，v_z，p，ρ）。因此，还需要寻找一个方程，才能使该方程组封闭。

对于不可压流体，密度为常数，故封闭方程为 $\rho=C$。

对于正压流场，密度只与压力有关，则封闭方程为 $\rho=\rho(p)$。

对于封闭方程组，要得到确定的解，必须给出相应的定解条件。定解条件包括初始条件和边界条件。

7.3.1 初始条件

初始条件（initial condition）就是规定在某一给定的时刻（可视为起始时刻），流场每一点上的流动状态。在大多数问题中，表征流动状态的物理量是 v_x，v_y，v_z，p，ρ。所以，起始条件是在 $t=t_0$ 时刻规定

$$v_x(x,y,z,t_0) = f_1(x,y,z)$$
$$v_y(x,y,z,t_0) = f_2(x,y,z)$$
$$v_z(x,y,z,t_0) = f_3(x,y,z)$$
$$p(x,y,z,t_0) = f_4(x,y,z)$$
$$\rho(x,y,z,t_0) = f_5(x,y,z)$$

式中，$f_1 \sim f_5$ 分别为给定的函数。

显然，对于定常流动来说，不需要也不能给定初始条件。

7.3.2 边界条件

任一时刻，在运动流体所占据空间的边界上所必须满足的条件，称为边界条件（boundary condition）。

在流体力学中，边界条件起着重要的作用。边界条件分为两类：一类是与力有关的动力学条件，另一类是与速度有关的运动条件。

边界条件是多种多样的，只能对具体问题给出确定的边界条件。在工程问题中，比较主要的有下述几类问题：物体在大气中的飞行；物体在水中或水面上的运动；流体在管内流动。因此，常见的边界条件可分成 3 类：固体壁面上的边界条件；无穷远或管道进出口处边界条件；自由面上的边界条件。

1. 固体壁面上的运动学边界条件

由于在理想流体内不存在黏性摩擦力，因此在流体和固体表面之间也不存在切向力，即流体沿着固体表面可以滑动。

从宏观上来说，固体表面是不可渗透的，并且假定在运动过程中流体始终紧贴着固体表面而不能形成空隙，这就是所谓的绕流假设。

在固体壁面上，流体相对于固体表面来说，其法向速度应该等于 0，即固壁表面上本身任一点的速度向量和紧贴着该点的流体质点的速度向量，在壁面该点处法线上的分量应该相等，即流体质点相对壁面的法向速度为 0。其数学表

示式为

$$(\boldsymbol{v}-\boldsymbol{v}_b)\cdot\boldsymbol{n}=0 \tag{7-11}$$

式中，$\boldsymbol{v}_b$为物面的运动速度。

若物面静止不动，则边界条件为

$$\boldsymbol{v}\cdot\boldsymbol{n}=0 \tag{7-11a}$$

2. 无穷远或管道进口处的边界条件

一般给定无穷远或管道进口处的 v_x, v_y, v_z, p 和 ρ。至于管道出口处的边界条件的提法，对于不同的情况来说可以是不同的，将在有关章节中讨论。

3. 自由表面上的边界条件

（1）自由表面上的运动学条件　设自由表面的方程为：$F(x,y,z,t)=0$，则在自由表面上各点处必须满足如下方程

$$\frac{\partial F}{\partial t}+v_x\frac{\partial F}{\partial x}+v_y\frac{\partial F}{\partial y}+v_z\frac{\partial F}{\partial z}=0 \tag{7-12}$$

这是因为在某一时刻位于自由表面上的流体质点，将始终位于自由表面上。

（2）自由表面上的动力学条件　自由表面上的流体压力与外界流体在交界面上压力相等。例如，对于河道中水的自由面来说，该处的动力学边界条件为

$$p=p_a=C \tag{7-13}$$

7.4　速度势和流函数

7.4.1　势函数

对于无旋流动，$\boldsymbol{\omega}=0$，即$\nabla\times\boldsymbol{v}=0$，于是

$$\frac{\partial v_z}{\partial y}=\frac{\partial v_y}{\partial z},\frac{\partial v_x}{\partial z}=\frac{\partial v_z}{\partial x},\frac{\partial v_y}{\partial x}=\frac{\partial v_x}{\partial y}$$

上式即为使 $v_x dx+v_y dy+v_z dz$ 成为某个函数的全微分的充要条件，即

$$\mathrm{d}\varphi=\frac{\partial\varphi}{\partial x}\mathrm{d}x+\frac{\partial\varphi}{\partial y}\mathrm{d}y+\frac{\partial\varphi}{\partial z}\mathrm{d}z=v_x\mathrm{d}x+v_y\mathrm{d}y+v_z\mathrm{d}z \tag{7-14}$$

由此可见

$$v_x=\frac{\partial\varphi}{\partial x},v_y=\frac{\partial\varphi}{\partial y},v_z=\frac{\partial\varphi}{\partial z} \tag{7-15}$$

其矢量形式为

$$\boldsymbol{v}=\mathrm{grad}\varphi=\nabla\varphi \tag{7-15a}$$

式(7-15a)为函数 φ 为流场的速度势函数（简称势函数，potential function）。速度势的梯度就是速度。可以证明：当流动为无旋时，一定存在势函数。因此，无旋流亦称为有势流。

势函数具有如下性质：

(1) 势函数是无旋流动中的一个连续函数，它在任何方向的偏导数等于该方向的速度。在柱坐标系中，有

$$v_r=\frac{\partial\varphi}{\partial r},v_\theta=\frac{1}{r}\frac{\partial\varphi}{\partial\theta},v_z=\frac{\partial\varphi}{\partial z} \tag{7-16}$$

(2) 将式(7-15)代入式(3-25)，可得用势函数表示的不可压流体连续性方程为

$$\frac{\partial^2\varphi}{\partial x^2}+\frac{\partial^2\varphi}{\partial y^2}+\frac{\partial^2\varphi}{\partial z^2}=0 \tag{7-17}$$

或

$$\nabla^2\varphi=0 \tag{7-17a}$$

式(7-17a)称为拉普拉斯方程(Laplace's equation)。式中，$\nabla^2=\nabla\cdot\nabla=\frac{\partial^2}{\partial x^2}+\frac{\partial^2}{\partial y^2}+\frac{\partial^2}{\partial z^2}$，称为拉普拉斯算子(operator)，运算时直接将算子后的函数放到二阶偏微分符号的后面进行二阶偏微分运算。

在柱坐标系中，拉普拉斯方程为

$$\nabla^2\varphi=\frac{\partial^2\varphi}{\partial r^2}+\frac{1}{r}\frac{\partial\varphi}{\partial r}+\frac{1}{r^2}\frac{\partial^2\varphi}{\partial\theta^2}+\frac{\partial^2\varphi}{\partial z^2}=0 \tag{7-18}$$

因此，不可压流体的无旋流动问题，可以转化为给定初始条件和边界条件下求解拉普拉斯方程。而求解拉普拉斯方程在数学上已有一套成熟的方法。求出速度后，应用伯努利方程即可求出压力分布。与直接求解式(3-25)和式(7-1)组成的方程组相比，应用速度势可使流体无旋流动的研究大为简化。所以，可以说速度势是研究流体无旋流的重要工具。

(3) 对势流而言，在单连通域中任意位置的速度环量等于0。当流动有势，在单连通域中，速度环量为

$$\boldsymbol{\Gamma}=\oint_L(v_x\mathrm{d}x+v_y\mathrm{d}y+v_z\mathrm{d}z)=\oint_L\mathrm{d}\varphi$$

在单连通域中速度势是单值的，所以沿任何封闭曲线的速度环量均为0。还可以证明，在单连通域中流动有势时，任意两点的速度势之差等于沿两点之间任意曲线的曲线积分。

7.4.2 流函数

由不可压流体平面流动的连续性方程

$$\frac{\partial v_x}{\partial x}=-\frac{\partial v_y}{\partial y} \tag{7-19}$$

此外，平面流动的流线方程可改写为 $-v_y\mathrm{d}x+v_x\mathrm{d}y=0$。

式(7-19)即为使$-v_y\mathrm{d}x+v_x\mathrm{d}y$成为某个函数的全微分的充要条件,即

$$\mathrm{d}\psi=\frac{\partial\psi}{\partial x}\mathrm{d}x+\frac{\partial\psi}{\partial y}\mathrm{d}y=-v_y\mathrm{d}x+v_x\mathrm{d}y \tag{7-20}$$

称ψ为流函数(stream function)。由此可见,无论流动无旋或有旋,流函数总是存在的。流函数的偏导数与速度的关系为

$$\left.\begin{aligned}v_x&=\frac{\partial\psi}{\partial y}\\ v_y&=-\frac{\partial\psi}{\partial x}\end{aligned}\right\} \tag{7-21}$$

在极坐标系中,有

$$v_r=\frac{1}{r}\frac{\partial\psi}{\partial\theta},v_\theta=-\frac{\partial\psi}{\partial r} \tag{7-22}$$

流函数的具有以下性质:

(1) 流函数的等值线为流线。在流函数等值线上$\psi=C$,即$\mathrm{d}\psi=0$。也就是说

$$\mathrm{d}\psi=\frac{\partial\psi}{\partial x}\mathrm{d}x+\frac{\partial\psi}{\partial y}\mathrm{d}y=0$$

根据式(7-20),有

$$-v_y\mathrm{d}x+v_x\mathrm{d}y=0$$

上式正是平面流动的流线方程,说明流函数的等值线为流线。

(2) 平面流场中任意两点A,B的流函数值之差,恰为通过A,B连线的单位厚度的流量。

如图 7-1 所示,在xOy平面上任取A,B两点,AB是其间的连线。对于平面问题来说,AB连线所代表的是在z轴方向为无限长的柱面。平面问题中的流量是指通过z方向单位宽度的柱面的体积流量。

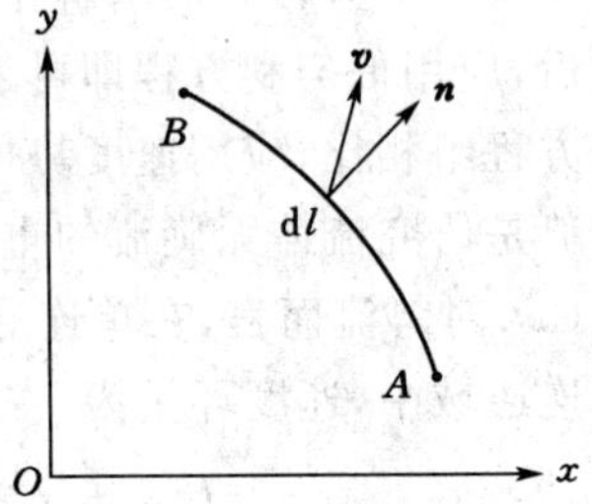

图 7-1　流函数与流量

在曲线上任取一点,过此点沿曲线AB的微元弧长用$\mathrm{d}l$表示,M点处曲线的单位法线矢量用$\boldsymbol{n}$表示。显然,通过微元弧长$\mathrm{d}l$的体积流量为

$$\mathrm{d}q=\boldsymbol{v}\cdot\boldsymbol{n}\mathrm{d}l=[v_x\cos(n,x)+v_y\cos(n,y)]\mathrm{d}l=v_x\mathrm{d}y-v_y\mathrm{d}x$$

对上式积分得

$$q=\int_A^B\mathrm{d}q_v=\int_A^B(v_x\mathrm{d}y-v_y\mathrm{d}x)=\int_A^B\mathrm{d}\psi=\psi_B-\psi_A$$

(3) 对不可压缩平面势流，必然同时存在流函数和势函数。根据无旋条件，可证明流函数也满足拉普拉斯方程。

根据式(6-8)，对于平面势流有 $\boldsymbol{\omega}_z = \frac{1}{2}(\frac{\partial v_y}{\partial x} - \frac{\partial v_x}{\partial y}) = 0$，将式(7-21)代入该式，得

$$\frac{\partial^2 \psi}{\partial x^2} + \frac{\partial^2 \psi}{\partial y^2} = 0 \tag{7-23}$$

或

$$\nabla^2 \psi = 0 \tag{7-23a}$$

所以，流函数也满足拉普拉斯方程。

(4) 等势线和等流函数线正交。根据式(7-15)和式(7-21)，流函数和势函数有如下关系

$$u_x = \frac{\partial \varphi}{\partial x} = \frac{\partial \psi}{\partial y}$$

$$u_y = \frac{\partial \varphi}{\partial y} = \frac{\partial \psi}{\partial x}$$

由此可得

$$\frac{\partial \varphi}{\partial x}\frac{\partial \psi}{\partial x} + \frac{\partial \varphi}{\partial y}\frac{\partial \psi}{\partial y} = 0 \tag{7-24}$$

或

$$(\boldsymbol{i}\frac{\partial \varphi}{\partial x} + \boldsymbol{j}\frac{\partial \varphi}{\partial y})(\boldsymbol{i}\frac{\partial \psi}{\partial x} + \boldsymbol{j}\frac{\partial \psi}{\partial y}) = 0$$

或

$$\nabla \varphi \cdot \nabla \psi = 0$$

这说明等流函数线和势函数线处处垂直。我们将等势线和流线所构成的正交网络称为流网(flow net)，如图 7-2 所示。

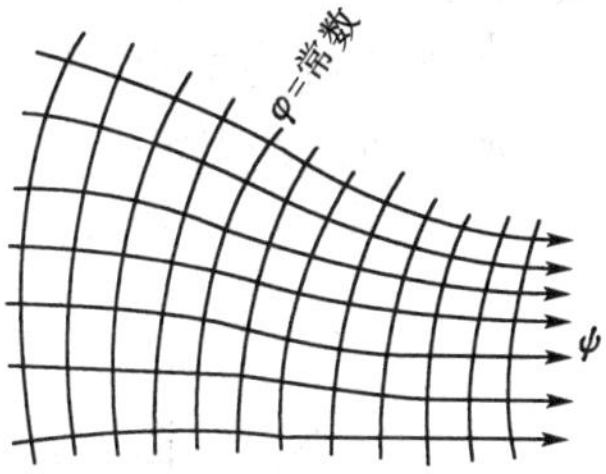

图 7-2 流网

7.5 几种简单的平面势流

7.5.1 平行流

流场中各点的速度大小和方向都相同的流动称为平行流(parallel flow)，如图 7-3 所示。设速度为$\boldsymbol{v}$，与 x 轴的夹角为 α，在 x 方向和 y 方向的速度分量为 $v_x = v_{x0}$，$v_y = v_{y0}$。下面求该流场的势函数和流函数。

根据式(7-14)有

$$d\varphi = v_x dx + v_y dy = v_{x0} dx + v_{y0} dy$$

积分得

$$\varphi = v_{x0} x + v_{y0} y + C$$

由于流场速度分量与势函数为偏导数关系，上式中的积分常数不起作用。所以，平行流的势函数为

$$\varphi = v_{x0} x + v_{y0} y \tag{7-25}$$

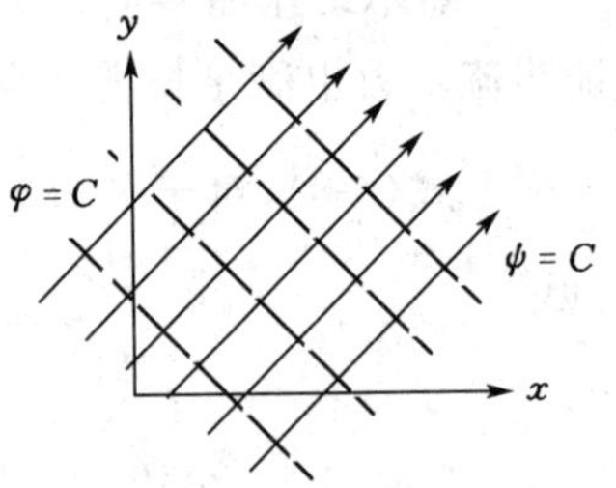

图 7-3　平行流

根据式(7-20)流函数的定义，有

$$d\psi = v_x dy - v_y dx = v_{x0} dy - v_{y0} dx$$

仿照求解势函数的方法，可得平行流的流函数为

$$\psi = v_{x0} y - v_{y0} x \tag{7-26}$$

在图 7-3 中画出了等势函数线和等流函数线。由于流场中各点的速度为常数，所以根据式(7-10)有

$$z + \frac{p}{\rho g} = C \tag{7-27}$$

7.5.2　点源和点汇

设流体在无限大平面上，从某一点沿径向流出，这种流动称为点源(point source)，这个点称为源点(图 7-4a)。反之，如果流体沿径向从各个方向流入一点，则这种流动称为点汇(point sink)，这个点称为汇点[图 7-4(b)]。

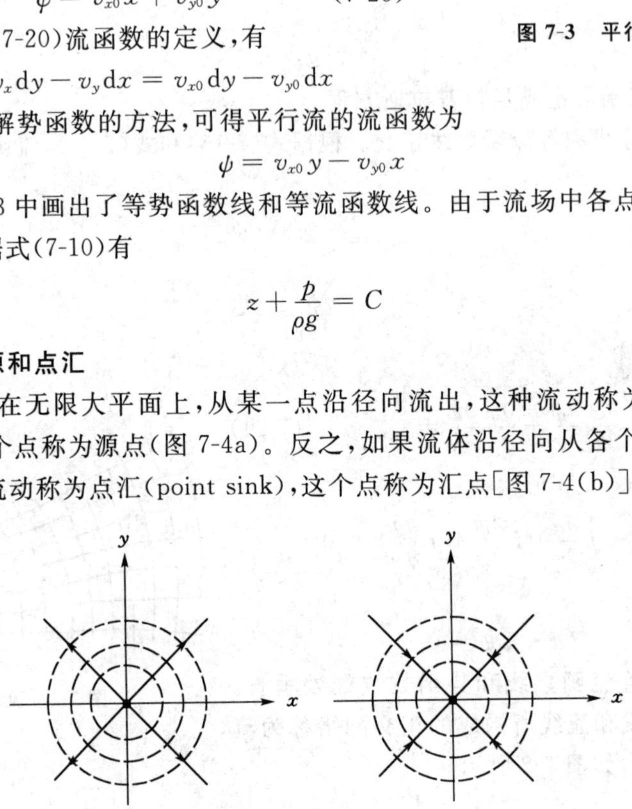

图 7-4　点源和点汇

显然这些流动是轴对称的，从源点流出和向汇点流入都只有径向速度 v_r。将极坐标的原点设在源点(或汇点)，根据流动的连续性条件，不可压流体通过任一圆柱面的流量都应该相等，通过半径为 r 的单位长度圆柱面流出或流入的流量为 q，称为点源或点汇的强度，则

$$v_r = \pm \frac{q}{2\pi r} \tag{a}$$

$$v_\theta = 0 \tag{b}$$

式中，对于点源取正号；对于点汇取负号。

根据式(7-16)得

$$\mathrm{d}\varphi = \pm \frac{q}{2\pi}\frac{\mathrm{d}r}{r} \tag{c}$$

积分得

$$\varphi = \pm \frac{q}{2\pi}\ln r \tag{7-28}$$

当 $r=0$ 时，速度势和速度都将变成无穷大，故源点和汇点均是奇点。所以，速度势和速度 v_r 只有在源点或汇点以外才能应用。根据式(7-22)，有

$$\mathrm{d}\psi = - v_\theta \mathrm{d}r + v_r r \mathrm{d}\theta \tag{d}$$

积分，得

$$\psi = \pm \frac{q}{2\pi}\theta \tag{7-29}$$

在图 7-4 中画出了等势线和流线。等势线是半径不同的同心圆，流线是极角不同的径线，等势线与流线相互正交。

如果平面 Oxy 是无限水平面，则可列伯努利方程

$$\frac{p}{\rho} + \frac{v_r^2}{2} = \frac{p_\infty^2}{\rho} \tag{e}$$

式中，p_∞ 为在无穷远处的流体压强，该处速度为 0。将式(a)代入式(e)，得

$$p = p_\infty - \frac{\rho q^2}{8\pi^2 r^2} \tag{7-30}$$

可以看出，压强 p 随着半径 r 的减小而降低；当 $r=r_0=\sqrt{\dfrac{\rho q^2}{8\pi^2 p_\infty}}$ 时，$p=0$。如图 7-5 所示：当 $r>r_0$ 时，点汇沿半径 r 的压强分布。

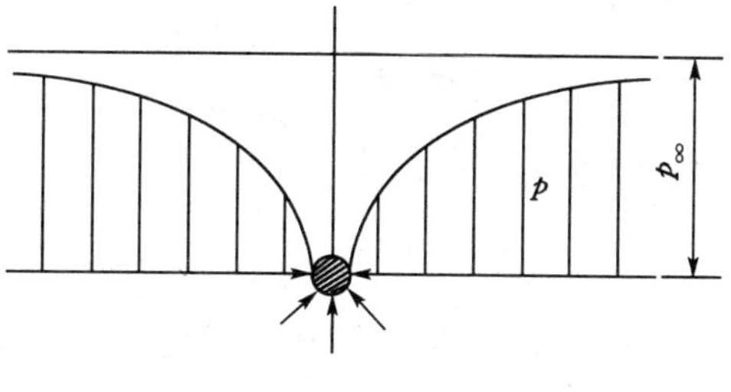

图 7-5　点汇沿半径的压强分布

7.5.3　点涡

设有一无限长直线涡，涡旋强度为 J，在与其垂直的平面上看，它是一个平

面点涡(point vortex),如图 7-6 所示。该无限长直线涡以等角速度转动,它将带动周围的流体产生环流,其流线是以 O 点为圆心的同心圆。于是有

$$v_r = 0 \tag{a}$$

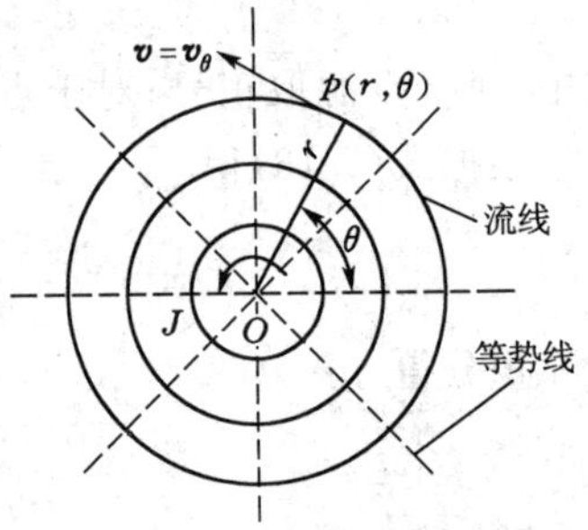

图 7-6　点涡

根据斯托克斯定理可得

$$\oint_L \boldsymbol{v} \cdot \mathrm{d}\boldsymbol{l} = \iint_A \boldsymbol{\Omega} \cdot \mathrm{d}\boldsymbol{A} = \boldsymbol{J} = \boldsymbol{\Gamma} \tag{b}$$

若取封闭曲线 L 是包围点涡,且以 O 点为圆心的圆,积分式(b)得到

$$v_\theta = \frac{\boldsymbol{\Gamma}}{2\pi r} \tag{c}$$

当 $r \to 0$ 时,$v_\theta \to \infty$,所以点涡处是奇点。任何不包含该点的封闭曲线,环量都为 0,因而流动都是无旋的。也就是说,环量和涡量都集中在涡点上。

下面求解点涡的流函数和势函数。根据式(7-15)有

$$\mathrm{d}\varphi = v_r \mathrm{d}r + r v_\theta \mathrm{d}\theta = \frac{\boldsymbol{\Gamma}}{2\pi}\mathrm{d}\theta \tag{d}$$

积分得

$$\varphi = \frac{\boldsymbol{\Gamma}}{2\pi}\theta \tag{7-31}$$

根据式(7-22)有

$$\mathrm{d}\Psi = - v_\theta \mathrm{d}r + v_r r \mathrm{d}\theta = - \frac{\boldsymbol{\Gamma}}{2\pi r}\mathrm{d}r \tag{e}$$

积分得

$$\Psi = - \frac{\boldsymbol{\Gamma}}{2\pi}\ln r \tag{7-32}$$

当 $\boldsymbol{\Gamma} > 0$ 时,环流方向的逆时针;当 $\boldsymbol{\Gamma} < 0$ 时,环流的方向的顺时针。

若 xOy 平面是无限大水平面,根据伯努利方程

$$\frac{p}{\rho} + \frac{v_\theta^2}{2} = \frac{p_\infty}{\rho} \tag{f}$$

将式(c)代入式(f),解得

$$p = p_\infty - \frac{\rho \boldsymbol{\Gamma}^2}{8\pi^2 r^2} \tag{7-33}$$

由此可见,由点涡所诱导的流场中,距离点涡越近,压强越低。

7.6 势流叠加原理

上面我们只是讨论简单的势流，而复杂的势流可以看成是几种简单的平面势流叠加而成。

两种或两种以上的简单平面势流叠加形成的流动仍是势流，叠加后的流函数和势函数等于各简单势流的流函数和势函数的代数和，叠加后的速度也是各简单势流的速度的矢量和，称为势流迭加原理。

设有若干个简单势流的势函数为 $\varphi_1, \varphi_2, \varphi_3, \cdots$，叠加后得新的势流的势函数为

$$\varphi = \varphi_1 + \varphi_2 + \varphi_3 + \cdots \tag{7-34}$$

将式(7-34)分别对 x、y 求偏导，则

$$\frac{\partial \varphi}{\partial x} = \frac{\partial \varphi_1}{\partial x} + \frac{\partial \varphi_2}{\partial x} + \frac{\partial \varphi_3}{\partial x} + \cdots \tag{a}$$

$$\frac{\partial \varphi}{\partial y} = \frac{\partial \varphi_1}{\partial y} + \frac{\partial \varphi_2}{\partial y} + \frac{\partial \varphi_3}{\partial y} + \cdots \tag{b}$$

所以

$$v_x = v_{1x} + v_{2x} + v_{3x} + \cdots \tag{7-35}$$

$$v_y = v_{1y} + v_{2y} + v_{3y} + \cdots \tag{7-36}$$

因此，对于流函数来说也有类似的结论。

由于速度势 $\varphi_1, \varphi_2, \varphi_3, \cdots$ 都满足拉普拉斯方程，而拉普拉斯方程又是线性的，所以叠加后的速度势函数中仍然满足拉普拉斯方程，即

$$\nabla^2 \varphi = \nabla^2 \varphi_1 + \nabla^2 \varphi_2 + \nabla^2 \varphi_3 + \cdots \tag{7-37}$$

同样，叠加后的流函数平也满足拉普拉斯方程，即

$$\nabla^2 \psi = \nabla^2 \psi_1 + \nabla^2 \psi_2 + \nabla^2 \psi_3 + \cdots \tag{7-38}$$

由此可见，叠加两个或更多的流动组成一个新的复合流动，要想得到该复合流动的流函数或势函数，只要把各原始流动的流函数或势函数简单地代数相加起来就可以了。

这一原理使得有可能把复杂的流动分解成几个简单的流动，分别推导出这些简单流动的流函数及势函数，然后把它们进行代数相加，即可得到所要求的复杂流动的流函数及势函数。这种处理流动的方法物理概念是清楚的，而方法简便。下面介绍几种合成平面势流。

7.6.1 螺旋流

在旋风燃烧室、离心式喷油嘴和离心式除尘器等设备中，流体自外沿圆周切

向进入，又从中央不断流出。这样的流动可以近似地看成是点汇和点涡的叠加。设环流方向为逆时针方向，则由式(7-28)和式(7-31)以及式(7-29)和式(7-32)的叠加得新的组合流动的速度势和流函数各为

$$\varphi=-\frac{1}{2\pi}(q\ln r-\boldsymbol{\Gamma}\theta) \tag{7-39}$$

$$\psi=-\frac{1}{2\pi}(q\,\theta+\boldsymbol{\Gamma}\ln r) \tag{7-40}$$

令以上两式等于常数，便可得到等势线和流线的方程分别为

$$r=C_1\mathrm{e}^{\frac{\boldsymbol{\Gamma}}{q}\theta} \tag{7-41}$$

$$r=C_2\mathrm{e}^{\frac{\boldsymbol{\Gamma}}{q}\theta} \tag{7-42}$$

式中，C_1，C_2 分别为常数。这是 2 组相互正交的对数螺旋线簇，称为螺旋流，如图 7-7 所示。

求得径向速度和切向速度分别为

$$v_r=\frac{\partial\varphi}{\partial r}=-\frac{q}{2\pi r} \tag{7-43}$$

$$v_\theta=\frac{1}{r}\frac{\partial\varphi}{\partial\theta}=\frac{\boldsymbol{\Gamma}}{2\pi r} \tag{7-44}$$

代入伯努利方程(7-10)，得流场中的压强分布

$$p_1=p_2-\frac{\rho}{8\pi^2}(\boldsymbol{\Gamma}^2+q^2)\left(\frac{1}{r_1^2}-\frac{1}{r_2^2}\right) \tag{7-45}$$

7.6.2 偶极流

在 xOy 平面上有一对强度相等且无限接近的源和汇分别位于点 $A(-a,0)$ 和 $B(a,0)$，如图 7-8 所示，当 $a\to0$ 时有

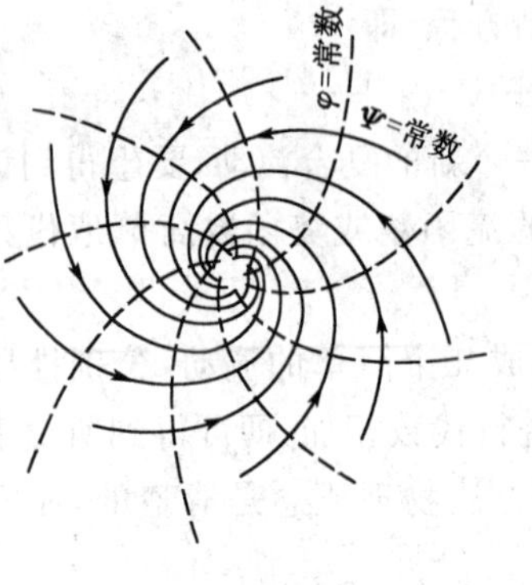

图 7-7 螺旋流

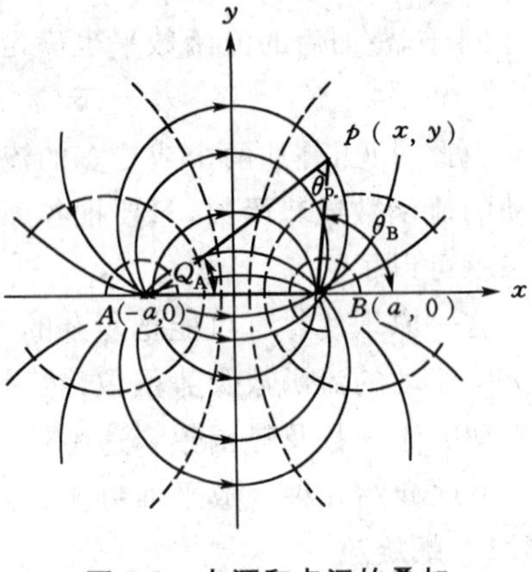

图 7-8 点源和点汇的叠加

$$\lim_{a\to 0} 2aq = M \tag{7-46}$$

式中，M 为一有限量，称为偶极矩。这样一对源汇称为偶极子(doublet)，所形成的流场称为偶极流。点源和点汇本身都是奇点，因此偶极子也是一个奇点。偶极子具有方向，其方向与点源和点汇的布置方式有关，规定由点汇指向点源的方向为正方向。下面求偶极流的势函数和流函数。

根据式(7-28)，点源和点汇叠加后的势函数为

$$\varphi = \frac{q_A}{2\pi}\ln r_A - \frac{q_B}{2\pi}\ln r_B \tag{7-47}$$

式中，$r_A=\overline{PA}=\sqrt{y^2+(x+a)^2}$，$r_B=\overline{PB}=\sqrt{y^2+(x-a)^2}$。令上式等于常数，可得等势线，如图 7-8 中虚线所示。

假设点源和点汇的强度相等，则

$$\varphi = \frac{q}{2\pi}(\ln r_A - \ln r_B) = \frac{q}{2\pi}\ln\frac{r_A}{r_B} \tag{7-48}$$

由图 7-8 可见，$r_A - r_B \approx 2a\cos\theta_A$ 。

将上式代入式(7-48)并求极限，可得偶极流的势函数为

$$\varphi = \lim_{a\to 0}\frac{q}{2\pi}\ln\left(1+\frac{2a\cos\theta_A}{r_B}\right) = \lim_{a\to 0}\frac{q}{2\pi}\frac{2a\cos\theta_A}{r_B} = \frac{2aq}{2\pi}\frac{r\cos\theta}{r^2} \tag{7-49}$$

所以

$$\varphi = \frac{M}{2\pi}\frac{x}{x^2+y^2} \tag{7-50}$$

令式(7-50)等于常数，可得等势线方程为

$$\left(x-\frac{M}{4\pi C_2}\right)^2 + y^2 = \left(\frac{M}{4\pi C_2}\right)^2 \tag{7-51}$$

等势线是一系列圆心位于 x 轴，与 y 轴相切的圆，如图 7-9 中虚线所示。

点源和点汇叠加后的流函数为

$$\psi = \frac{q}{2\pi}(\theta_A - \theta_B) = -\frac{q}{2\pi}\theta_p \tag{7-52}$$

合成流动的流线方程为

$$\theta_A - \theta_B = C \tag{7-53}$$

这表明流线是圆心位于 y 轴且过 A、B 两点的一系列圆，如图 7-8 中的实线所示。当 $a\to 0$ 时，流线便是在坐标原点处与 x 轴相切一系列圆，如图 7-9 中实线所示。

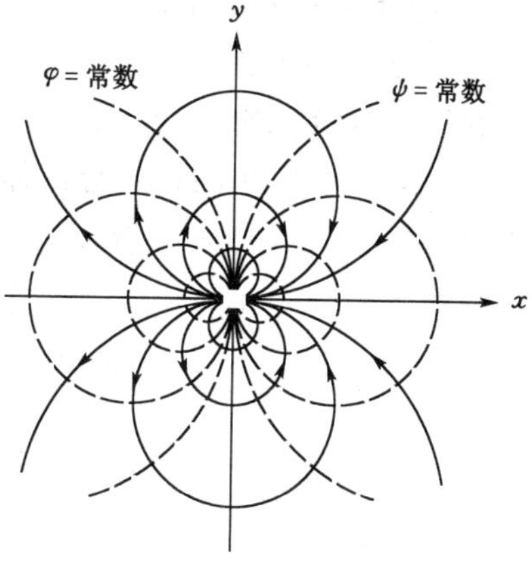

图 7-9　偶极流

所以，偶极流的流函数为

$$\psi = \lim_{a\to 0}\left[\frac{q_v}{2\pi}(\theta_A-\theta_B)\right] = \lim_{a\to 0}\left[\frac{q_v}{2\pi}\arctan(\theta_A-\theta_B)\right]$$

$$= \lim_{a\to 0}\left[\frac{q_v}{2\pi}\arctan\frac{\dfrac{y}{x+a}-\dfrac{y}{x-a}}{1+\dfrac{y}{x+a}\,\dfrac{y}{x-a}}\right]$$

则

$$\psi = -\frac{M}{2\pi}\frac{y}{x^2+y^2} \tag{7-54}$$

令式(7-54)等于常数，可得流线方程

$$x^2+\left(y+\frac{M}{4\pi C_1}\right)^2 = \left(\frac{M}{4\pi C_1}\right)^2 \tag{7-55}$$

式(7-55)表明，偶极流的流线为一系列圆心位于 y 轴上，且与 x 轴相切的圆。

7.7 平行流的圆柱绕流

设有一速度为 v_∞ 的均匀流，从与圆柱体轴垂直的方向绕过一半径为 r_0 的无限长圆柱体，这一流动可看成平面流动(图 7-10)。

当均匀流绕过圆柱体时，由于圆柱的阻挡，流过圆柱体附近的流体质点就会受到扰动，而偏离其原来的直线路径。显然，离圆柱体越远，这种扰动就越小，在距离圆柱体无穷远的地方可以说完全不受扰动，仍做均匀的直线运动。下面将绕圆柱体的流动分 2 种情况进行讨论。

7.7.1 圆柱体无环量绕流

1. 势函数和流函数

圆柱体无环量绕流是由均匀流和偶极子流叠加而成的平面流动，如图 7-11 所示。设有一速度为 v_∞ 的理想流体平行流，垂直地绕过半径为 r_0 的无限长圆柱体，这种绕流流动可以看做是平行流与偶极流的叠加。因此，该流动的势函数和流函数为

$$\varphi = v_\infty x + \frac{M}{2\pi}\frac{x}{x^2+y^2} \tag{7-56}$$

$$\psi = v_\infty y - \frac{M}{2\pi}\frac{x}{x^2+y^2} \tag{7-57}$$

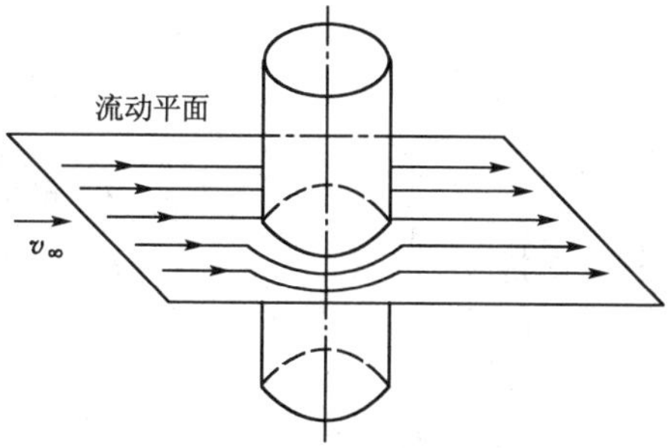

图 7-10　无限长圆柱绕流

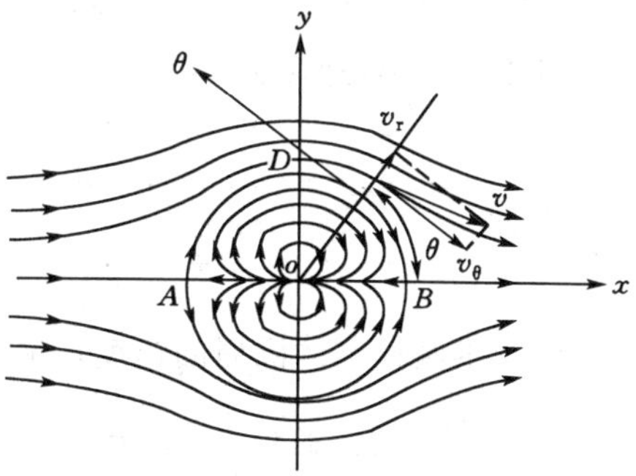

图 7-11　均匀流和偶极流的叠加

在极坐标中的形式为

$$\varphi = v_\infty\left(1+\frac{r_0^2}{r^2}\right)r\cos\theta \tag{7-56a}$$

$$\psi = v_\infty\left(1-\frac{r_0^2}{r^2}\right)r\sin\theta \tag{7-57a}$$

式中，$r_0=\sqrt{\dfrac{M}{2\pi v_\infty}}$。

流线方程为

$$v_\infty y-\frac{M}{2\pi}\frac{y}{x^2+y^2}=C \tag{7-58}$$

$\psi=0$ 的流线称为零流线，得零流线方程为

$$y=0 \tag{7-59}$$

$$x^2+y^2=r_0^2 \tag{7-60}$$

即零流线为 x 轴以及一个圆心在原点、半径为 r_0 的圆。

根据流线的特点，外面的流体不能进入圆内，圆内的流体也不能穿过圆周表面。这流线到 A 点分成 2 股，沿上、下两个半圆周流入 B 点又重新汇合。A 点和 B 点分别叫做前驻点和后驻点。故这一流动可看做是理想流体绕过圆柱体的流动。圆柱体的半径为 r_0。

2. 速度分布

流场中任意点的速度为

$$\left.\begin{aligned} v_x &= \frac{\partial\psi}{\partial y} = v_\infty\left[1-\frac{r_0^2(x^2-y^2)}{(x^2+y^2)^2}\right] \\ v_y &= -\frac{\partial\psi}{\partial x} = -2v_\infty r_0^2\frac{xy}{(x^2+y^2)^2} \end{aligned}\right\} \tag{7-61}$$

由式(7-61)可知，在无穷远处，$v_x=v_\infty$，$v_y=0$。这说明：离开圆柱体无限远

时，流动仍是平行流，不受圆柱的影响。

对于极坐标，速度为

$$\left.\begin{aligned} v_r &= \frac{1}{r}\frac{\partial \psi}{\partial \theta} = v_\infty\left(1-\frac{r_0^2}{r^2}\right)\cos\theta \\ v_\theta &= -\frac{\partial \psi}{\partial r} = -v_\infty\left(1+\frac{r_0^2}{r^2}\right)\sin\theta \end{aligned}\right\} \tag{7-62}$$

沿包围圆柱体的圆周的速度环量为

$$\boldsymbol{\Gamma} = \oint v_\theta \mathrm{d}s = -v_\infty\left(1+\frac{r_0^2}{r^2}\right)\oint \sin\theta r\,\mathrm{d}\theta = 0 \tag{7-63}$$

因此，平行体的流动是没有速度环量的，称为无环量圆柱绕流。

当 $r=r_0$ 时，即在圆柱面上

$$\left.\begin{aligned} v_r &= 0 \\ v_\theta &= -2v_\infty\sin\theta \end{aligned}\right\} \tag{7-64}$$

这说明：流体沿圆柱面只有切向速度，没有径向速度。这也证实，该组合流动符合流体既不穿入又不脱离圆柱面（或圆柱表面为流线）的边界条件。在圆柱面上速度是按照正弦曲线规律分布的，在 $\theta=0$（B 点）和 $\theta=\pi$（A 点）处，$v_\theta=0$。在 $\theta=\pm\pi/2$ 处，v_θ 达到最大值，$|v_{\theta\max}|=2v_\infty$，即等于无穷远处来流速度的 2 倍。

3. 压力分布

由伯努利方程得圆柱面上任一点的压力

$$\frac{p}{\rho}+\frac{v^2}{2}=\frac{p_\infty}{\rho}+\frac{{v_\infty}^2}{2}$$

将圆柱表面的速度代入上式得

$$p = p_\infty + \frac{1}{2}\rho v_\infty^2(1-4\sin^2\theta) \tag{7-65}$$

采用压力系数（pressure coefficient）来表示流体作用在物体表面任一点的压力，其的定义为

$$C_p = \frac{p-p_\infty}{\frac{1}{2}\rho v_\infty^2} \tag{7-66}$$

将 p 代入式(7-66)，得

$$C_p = 1-4\sin^2\theta \tag{7-67}$$

由此可见，沿圆柱面无量纲压力系数既与圆柱体的半径无关，也与无穷远处的速度和压力无关。无量纲压力系数的这个特性也可推广到其他形状的物体（如叶片的叶型等）上去。根据上式计算出的理论无量纲压力系数曲线如图7-12

所示。

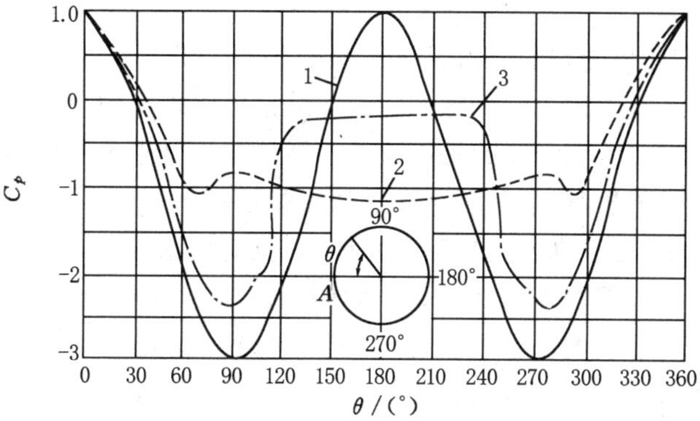

1—理想情况压力分布
2— Re =1.86×10[5]（亚临界）压力分布
3— Re =6.7×10[5]（超临界）压力分布

图 7-12　圆柱体表面上的压力分布

4. 合力

从图 7-12 中可以看出，180°⩽θ⩽360°和 0°⩽θ⩽180°的理论压力系数曲线完全一样，即圆柱面上的压力分布既对称于 x 轴，又对称于 y 轴。因此，流体在圆柱面上的合力必等于 0。

如图 7-13 所示，在圆柱面上取微元弧段 $ds = r_0 d\theta$，则作用在其上的压力为

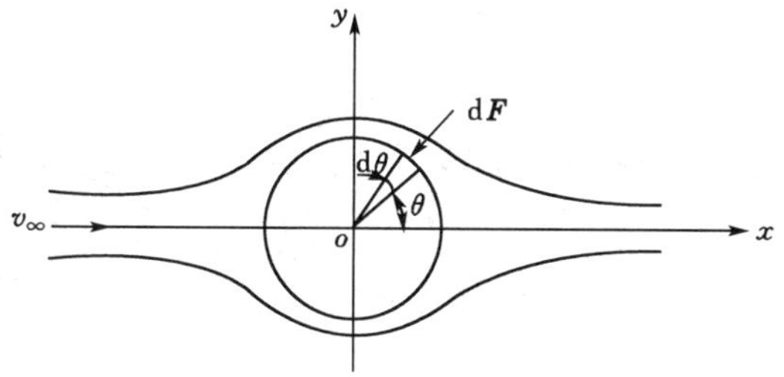

图 7-13　圆柱绕流合力分析

$$\left.\begin{aligned} dF_x &= -\,p r_0 \cos\theta d\theta \\ dF_y &= -\,p r_0 \sin\theta d\theta \end{aligned}\right\} \tag{7-68}$$

流体作用在圆柱体上的总压力沿 x 轴和 y 轴的分量，即圆柱受到的与来流方向平行和垂直的作用力，分别称为流体作用在圆柱体上的阻力 F_D 和升力 F_L。

将式(7-65)代入式(7-68)，得

$$F_D = F_x = -\int_0^{2\pi} r_0 \left[p_\infty + \frac{1}{2}\rho v_\infty^2 (1 - 4\sin^2\theta) \right] \cos\theta d\theta = 0$$

$$F_L = F_y = -\int_0^{2\pi} r_0 \left[p_\infty + \frac{1}{2}\rho v_\infty^2 (1 - 4\sin^2\theta) \right] \sin\theta \mathrm{d}\theta = 0 \tag{7-69}$$

由此可见，圆柱体受到的阻力(drag)和升力(lift)都为0，这与实际的流动不符合。这是因为没有考虑黏性的缘故。这一结论可以推广到理想流体平行流绕过任意形状柱体无环流无分离的平面流动。圆柱体不受阻力作用的理论结果与实际观察有很大的矛盾，这就是著名的达朗伯疑题(D'Alembert paradox)。

实验结果表明，由于真实流体存在黏性，其流动现象及流体对固体的作用力与理想流体假设条件下的理论结果是不同的。对于真实的黏性流体，由于黏性的作用使流体对圆柱表面产生摩擦力，并使圆柱前后的流动不再对称。流动的不对称性使圆柱后面出现尾涡，流体对圆柱将产生压差力。实验测量出的与理论计算出的压强曲线有很大的差别，如图7-12所示。

7.7.2 圆柱体的有环量绕流

1. 流函数和势函数

将圆柱体的无环量绕流与点涡叠加，就可得到圆柱体的有环量绕流，它相当于均匀流绕过等速旋转圆柱体的流动，如图7-14所示。根据势流叠加原理，得到圆柱体的有环量绕流的流函数和势函数为

$$\psi = v_\infty \left(1 - \frac{r_0^2}{r^2}\right) r\sin\theta - \frac{\boldsymbol{\Gamma}}{2\pi}\ln r \tag{7-70}$$

$$\varphi = v_\infty \left(1 + \frac{r_0^2}{r^2}\right) r\cos\theta + \frac{\boldsymbol{\Gamma}}{2\pi}\theta \tag{7-71}$$

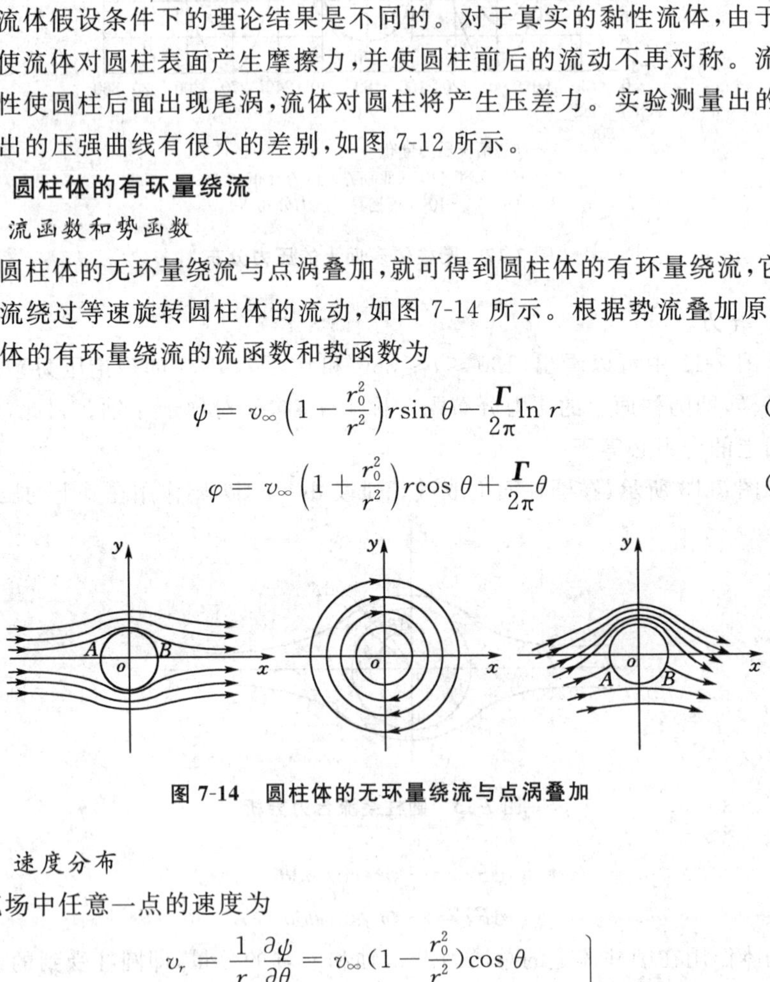

图7-14 圆柱体的无环量绕流与点涡叠加

2. 速度分布

流场中任意一点的速度为

$$\left.\begin{aligned} v_r &= \frac{1}{r}\frac{\partial\psi}{\partial\theta} = v_\infty \left(1 - \frac{r_0^2}{r^2}\right)\cos\theta \\ v_\theta &= -\frac{\partial\psi}{\partial r} = \frac{\boldsymbol{\Gamma}}{2\pi \mathrm{r}} - v_\infty \left(1 + \frac{r_0^2}{r^2}\right)\sin\theta \end{aligned}\right\} \tag{7-72}$$

下面根据流动的边界条件来验证这是圆柱体有环量绕流的解。首先，当

$r=r_0$时，在圆柱面上，$\psi=-\frac{\boldsymbol{\Gamma}}{2\pi}\ln r_0$ 为常数，因此圆柱面是一根流线；其次，当 $r=r_0$时

$$\left.\begin{aligned} v_r &= 0 \\ v_\theta &= -2v_\infty \sin\theta + \frac{\boldsymbol{\Gamma}}{2\pi r_0} \end{aligned}\right\} \tag{7-73}$$

这表明流体沿圆柱体表面流动，与圆柱体表面没有分离，所以满足以半径为 r_0 的圆柱体的周线来代替这条流线的边界条件。第三，容易证明当 $r\to\infty$时，$v_x=v_\infty$，$v_y=0$，表明在远离圆柱体的地方为均匀流，所以也满足无穷远处的边界条件。综上所述，圆柱体的无环量绕流与点涡叠加就是圆柱体的有环量绕流。

由图 7-15 可以看出，当所叠加的点涡的环量 $\boldsymbol{\Gamma}<0$ 时，在圆柱体的上部环流的速度方向与均匀流绕过圆柱体的速度方向相同，而在下部则相反。叠加的结果是在上部速度增高，而在下部速度降低。这样，就破坏了流线关于 x 轴的对称性，使驻点 A 和 B 离开了 x 轴，向下移动。为了确定驻点的位置，令式(7-72)中 $v_\theta=0$，得驻点的位置角为

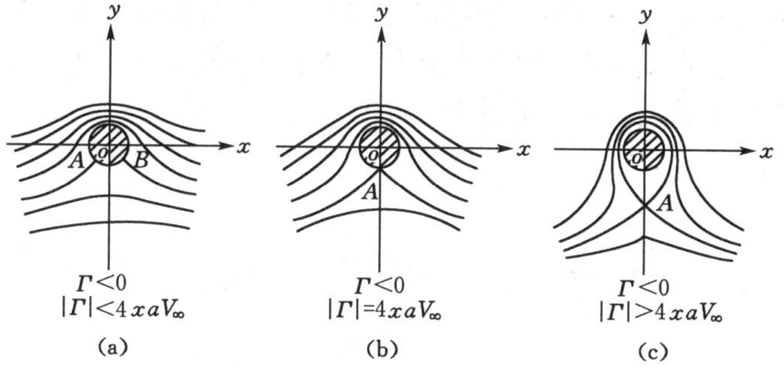

图 7-15 均匀流绕过圆柱体的有环量绕流

$$\sin\theta = \frac{\boldsymbol{\Gamma}}{4\pi r_0 v_\infty} \tag{7-74}$$

当$|\boldsymbol{\Gamma}|<4\pi r_0 v_\infty$时，则$|\sin\theta|<1$，又 $\sin(-\theta)=\sin[-(\pi-\theta)]$，所以圆柱面上的两个驻点左右对称，并位于第三和第四象限内，如图 7-15(a)所示。在 v_∞ 保持常数值的情况下，A，B 驻点随 $\boldsymbol{\Gamma}$ 的增加而向下移动，并互相靠拢。

当$|\boldsymbol{\Gamma}|=4\pi r_0 v_\infty$时，$|\sin\theta|=1$。也就是说，2 个驻点重合成一点，并位于圆柱面的最下端，如图 7-15(b)所示。

当$|\boldsymbol{\Gamma}|>4\pi r_0 v_\infty$时，$|\sin\theta|>1$ 时，在圆柱面上已不存在驻点，驻点脱离圆柱面沿 y 轴向下移到相应的位置。它的位置可以这样确定：令式(7-72)的值为 0，便可得到两个位于 y 轴上的驻点，一个在圆柱体内，另一个在圆柱体外。但在

这种流动中只有一个在圆柱体外的自由驻点 A，如图 7-15(c)所示。这样，全流场便由经过驻点 A 的闭合流线划分为内、外两个区域。外部区域是平行流绕过圆柱体有环流的流动，而在闭合流线和圆柱面之间的内部区域却自成闭合环流，但流线不是圆形的。

当叠加的环流 $\boldsymbol{\Gamma}>0$ 时，环流方向为逆时针，流动正好与上述相差 180°。

由此可知，驻点的位置不仅取决于 $\boldsymbol{\Gamma}$，而且取决于 $\boldsymbol{\Gamma}/(4\pi r_0 v_\infty)$。也就是说，在给定圆柱体半径 r_0 和均匀流来流速度 v_∞ 的情况下，驻点的位置才只取决于速度环量。

3. 压力分布

将式(7-73)代入伯努利方程，得到圆柱面上的压强分布用下式表示

$$\begin{aligned} p &= p_\infty + \frac{1}{2}\rho v_\infty^2 - \frac{1}{2}\rho(v_r^2 + v_\theta^2) \\ &= p_\infty + \frac{1}{2}\rho\left[v_\infty^2 - \left(-2v_\infty \sin\theta + \frac{\boldsymbol{\Gamma}}{2\pi r_0}\right)^2\right] \end{aligned} \tag{7-75}$$

4. 合力

因为流动关于 x 轴不对称，圆柱体受到了一个与来流速度方向垂直的作用力，称为库塔-儒可夫斯基升力。这个力主要是由于圆柱表面上压力分布不对称造成的。下面求单位长度上的升力。

$$\begin{aligned} F_D = F_x &= -\int_0^{2\pi} p r_0 \cos\theta \mathrm{d}\theta \\ &= -\int_0^{2\pi}\left\{p_\infty + \frac{1}{2}\rho\left[v_\infty^2 - (-2v_\infty \sin\theta + \frac{\boldsymbol{\Gamma}}{2\pi r_0})^2\right]\right\} r_0 \cos\theta \mathrm{d}\theta \\ &= 0 \end{aligned} \tag{7-76}$$

$$\begin{aligned} F_L = F_y &= -\int_0^{2\pi} p r_0 \sin\theta \mathrm{d}\theta \\ &= -\int_0^{2\pi}\left\{p_\infty + \frac{1}{2}\rho\left[v_\infty^2 - (-2v_\infty \sin\theta + \frac{\boldsymbol{\Gamma}}{2\pi r_0})^2\right]\right\} r_0 \sin\theta \mathrm{d}\theta \\ &= -\rho v_\infty \boldsymbol{\Gamma} \end{aligned} \tag{7-77}$$

称为库塔—儒可夫斯基升力公式。

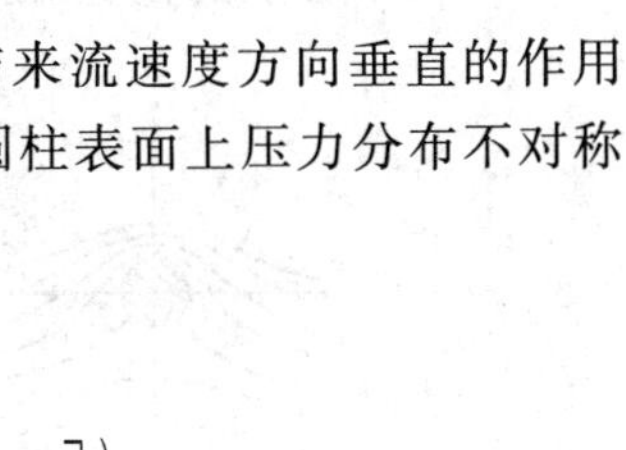

图 7-16　升力的方向

在理想流体平行流绕过圆柱体有环流的流动中，在垂直于来流方向上，流体作用于单位长度圆柱体上的升力的大小等于流体密度、来流速度和速度环量三者的乘积。升力的方向由来流速度矢量 $\boldsymbol{v}_\infty$ 沿反速度环量的方向旋转 90°来确定，如图 7-16 所示。库塔—儒可夫斯基升力公式也可推广应用

于理想流体平行流绕过任意形状柱体有环流无分离的平面流动，如具有流线型外形的机翼绕流等。

在自然界和日常生活中，以及工程上和流体机械中，常遇到许多有关升力的问题，如鸟在空中飞翔，球类运动中的旋转球，飞机的起飞和飞行，汽轮机、泵、风机、等流体机械的工作原理等。

7.8 三孔圆柱形探针

三孔圆柱形探针(cylindrical probe)主要是用来测量二维流场速度的大小和方向以及压力分布。如图 7-17 所示，将三孔圆柱形探针垂直放置在平面流动场中。设圆柱尺寸足够小，对流场的影响可以忽略。如果把绕流流体先按理想流体来考虑，则由式(7-75)得圆柱管上同一横截面上各点的压力可表示为

$$\left.\begin{aligned} p_1 &= p_\infty + \frac{\rho}{2}v_\infty^2[1-4\sin^2(\alpha+\beta)] \\ p_2 &= p_\infty + \frac{\rho}{2}v_\infty^2(1-4\sin^2\beta) \\ p_3 &= p_\infty + \frac{\rho}{2}v_\infty^2[1-4\sin^2(\alpha-\beta)] \end{aligned}\right\} \tag{7-78}$$

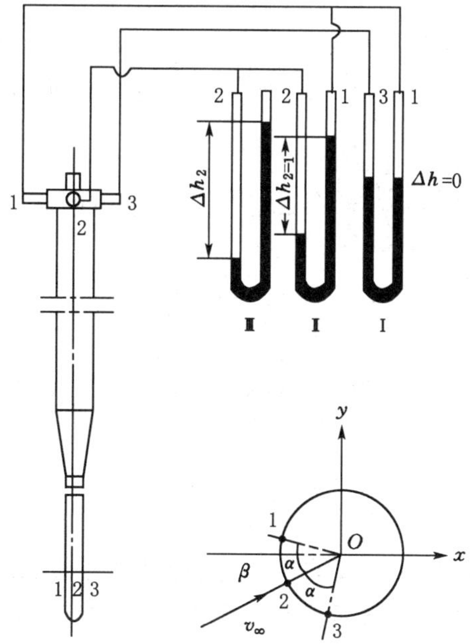

图 7-17 三孔圆柱探针测量原理图

式中，β 是三孔圆柱形探针中心孔 2 与来流方向的夹角。

在实际操作中，转动三孔圆柱形探针，使连接 1、3 孔的 U 形管压力计处于平衡状态，此时表明孔 1 与孔 3 感受相同的压力。按照圆柱绕流理论，此时气流速度的方向刚好与两侧孔 1、3 的轴心线的夹角的平分线重合。如果探针的 3 个压力孔加工精确，中心孔 2 就是前驻点，孔 2 的轴心线就与气流方向重合，这时 $\beta=0$。

平衡时，由式(7-78)得三孔压力值为

$$\left.\begin{aligned} p_1 = p_3 &= p_\infty + K_1 \frac{\rho}{2} v_\infty^2 \\ p_2 &= p_\infty + K_2 \frac{\rho}{2} v_\infty^2 \end{aligned}\right\} \tag{7-79}$$

式中，K_2 为中心孔 2 动压感受系数，它是由于小孔制造误差引起的修正系数。K_2 接近于 1，其具体值由校准确定。K_1 为侧孔 2、3 动压感受系数，由于 1，3 孔与 2 孔(来流方向)偏转了 45°，所以 $K_1 \neq K_2$，其具体值也由校准确定。

另外，由 U 形管压力计测得

$$\begin{aligned} p_2 - p_a &= \rho' g \Delta h_2 \\ p_2 - p_1 &= \rho' g \Delta h_{2-1} \end{aligned} \tag{7-80}$$

式中，ρ' 是 U 形管压力计中的液体密度。

由式(7-79)和式(7-80)即可求得气流的各项参数如下：

气流的静压

$$p_\infty - p_a = \rho' g \Delta h_2 - \frac{K_2}{K_2 - K_1} \rho' g \Delta h_{2-1} \tag{7-81}$$

气流的总压

$$p^* = p_2 = \rho' g \Delta h_2 + \frac{1 - K_2}{K_2 - K_1} \rho' g \Delta h_{2-1} \tag{7-82}$$

气流的速度

$$v_\infty = \sqrt{\frac{2}{\rho} \frac{\rho' g \Delta h_{2-1}}{K_2 - K_1}} \tag{7-83}$$

由速度值 v_∞ 及方向角 β 即可求出水平(x 轴)方向及垂直(y 轴)方向的分速度为

$$\left.\begin{aligned} v_x &= v_\infty \cos\beta \\ v_y &= v_\infty \sin\beta \end{aligned}\right\} \tag{7-84}$$

三孔探针只适用于二元流动，即与三孔探针轴心线(z 轴)方向一致的速度分量 $v_z=0$ 的流动。否则将引起较大误差，但当 z 轴方向的速度值较小时，三孔探针可以进行近似测量。

在设计三孔探针时需要注意到：首先圆柱尺寸不能太大，以免对流动干扰太大，目前有条件做到圆柱直径为 3 mm 或更小些，感压孔尺寸为 0.5～0.6 mm；其次对于测定流动方向的 1、3 孔，位置要取得合适，使得三孔探针有最大的方向敏感性，也就是当三孔探针有微小偏转时，有较大的 h_{3-1} 值反映出来，这可以根据 $\mathrm{d}c_p/\mathrm{d}\theta$ 绝对值最大的原则来确定 1，3 孔开孔位置，即用式(7-67)对 θ 角求导数可得

$$\frac{\mathrm{d}c_p}{\mathrm{d}\theta} = -4 \times 2\sin\theta\cos\theta = -4\sin 2\theta \tag{7-85}$$

由上式可知，$\theta=0°$时$\dfrac{\mathrm{d}c_p}{\mathrm{d}\theta}$的值最小，方向敏感性最差；$\theta=45°$时 $\mathrm{d}C_p/\mathrm{d}\theta$ 的值最大。所以，通常取 1、3 孔为±45°，此时三孔探针有最大的方向敏感性。对于实际黏性流体绕流时，应取 42°～45°，一般情况都是取±45°。

习 题 7

7-1 流函数存在的条件是什么？

7-2 势函数存在的条件是什么？

7-3 对于平面势流，其速度分量、流函数及势函数存在什么关系？

7-4 判断下列函数能否成为理想流体平面流动的势函数：

(1) $x+5y$；

(2) $3x^2-4y^2$；

(3) $\cos(x-y)$；

(4) $\ln(x+y)$；

(5) $\arctan(x/y)$。

7-5 求下列平面流动中半径为 r_1，r_2 的两流线间的流量。

(1) $v_r=0$，$v_\theta=C/r$；

(2) $v_r=0$，$v_\theta=Cr$。

7-6 试确定下列函数所描述的流动是否无旋。

(1) $\psi=Kxy$；

(2) $\psi=x^2-y^2$；

(3) $\psi=K\ln xy^2$；

(4) $\psi=K(1-1/r^2)r\sin\theta$。

7-7 已知势函数为 xy，求速度分量和流函数，并绘出流网。

7-8 证明不可压缩平面流动 $v_x=2xy+x$，$v_y=x^2-y^2-y$ 能满足连续性方程，且是有势流动，求其势函数。

7-9　不可压缩平面流动的流函数为，试判断是否存在势函数。如果存在，求其势函数。

7-10　不可压缩平面流动的势函数为 x^2-y^2+x，求其流函数，并求流场中 $A(-1,-1)$ 和 $B(2,2)$ 两点处的压强差。

7-11　已知不可压缩平面流动的流函数为 $\psi=-\dfrac{q}{2\pi}\theta$，求速度场。

7-12　已知平面流动速度分布为 $v_x=2xy$，$v_y=a^2+x^2-y^2$。问：

(1) 是否存在流函数？如果存在，求其流函数；

(2) 是否存在势函数？如果存在，求其势函数。

7-13　等强度的两个源，对称地位于 x 轴上，距离原点为 a。求其流函数，并确定驻点位置。

7-14　讨论平行流与源叠加后的流场。

7-15　根据上题结果，求速度为 48 km/h 的风吹过高 300 m 的山峰时的流函数。

7-16　等强度的源和汇，分别放置在 $(-a,0)$ 和 $(a,0)$ 处。无穷远处有一平行于 x 轴的流动，求三者叠加后流场驻点位置及过驻点的流线。

7-17　90°二元弯头中的流动设为势流，弯头内外侧壁的曲率半径分别为 0.4 m和 1.4 m，直段中均匀来流的流速为 10 m/s，求弯头内外侧壁处的流速及内外侧壁的压强差。

7-18　为了在 $(0,5)$ 点产生数值为 10 的流速，位于坐标原点的偶极矩强度 M 应为多大？并求通过 $(0,5)$ 点的流函数值。

7-19　平行流流速为 U_0，位于坐标原点的偶极矩强度为 M，试求这两种流动叠加后流速数值与 U_0 相等的点位于怎样的一条曲线上？

7-20　一长圆柱体直径为 1 m，位于 $v_\infty=10$ m/s 的正交于柱轴的平行流中，流体密度为 1 000 kg/m^3，扰动的流体的压强为 0。求在圆柱体表面上 $\theta=\pi$、$\dfrac{7}{8}\pi$、$\dfrac{6}{8}\pi$、$\dfrac{5}{8}\pi$、$\dfrac{1}{2}\pi$ 处的流速的压强值。

7-21　一平面对称绕流物体的形状为半无限体，宽 100 mm，置于流速 $v=$ 15 m/s 和密度 $\rho=1.23$ kg/m^3 的气流中，求描述此势流场所应叠加的源流强度，源点和驻点的距离以及以源点为坐标原点的轮廓线方程。

7-22　一自左向右的水平平行流，流速 $v_0=10$ m/s，与一中心位于坐标原点的顺时针向环流相叠合。已知驻点位于 $(0,-5)$，求环量值；并求 $(0,5)$ 点的流速值以及经过驻点的流线方程，大致描绘流场的图形。

7-23　向右的水平平行流，流速为 U_0，坐标原点有一点源，流量为 Q，绕原点有一顺时针方向的环流，环量为 $\boldsymbol{\Gamma}$，求叠加流场的流速分量及驻点位置：(1) 用直角坐标表示；(2) 用极坐标表示。

7-24 有一三孔探针，三孔间夹角各为 30°，放在迎面空气流中，测得：$p_1=145\ \text{mmH}_2\text{O}$；$p_2=254\ \text{mmH}_2\text{O}$；$p_3=50\ \text{mmH}_2\text{O}$。已知空气温度为 308 K。求空气流速度和方向(静压及各分速度 v_x、v_y)。

8　边界层理论基础

1904 年普朗特第一次提出了边界层(boundary layer)流动的概念。他认为,对于如水和空气等具有普通黏性的流体绕流物体时,黏性的影响仅限于贴近物面的薄层中,在这一薄层外黏性的影响可以忽略,当成理想流体的流动处理。虽然边界层理论具有广泛的理论和实用意义,但是本章仅讨论边界层的基本概念和基本理论。

8.1　边界层的基本概念

不管是流体流过物体,或者是物体在流体中运动,在物体表面和与之直接接触的薄层流体之间,都会出现附着作用,而使这一层流体附着在物体表面,与相邻的另一层流体之间便出现速度梯度。现在来研究黏性流体在大雷诺数下平滑地绕过静止物体流动的情况,如图 8-1 所示。正如第 4 章指出的,雷诺数的物理意义为流体的惯性力与黏滞力的比值。在远离固体壁面处,流体的惯性力起主要作用,速度梯度很小,黏滞力可以忽略不计。因此,流动可以当成是理想流动来处理,甚至可以当成理想流体的无旋流动来处理。但是,在紧靠物体表面的薄层内,流体受到壁面的影响,流速将由物体表面上的零值迅速地增加到与来流速度 v_∞ 相同数量级的大小。这种在大雷诺数下紧靠物体表面流速从零急剧增加到与来流速度相同数量级的薄层称为边界层。在边界层内,流体在物体表面法线方向上的速度梯度很大,即使黏度很小的流体,表现出的黏滞力也较大,决不能忽略。所以,边界层内的流体有相当大的涡通量。当边界层内的有旋流离开物体而流入下游时,在物体后将形成尾涡区(wake)。

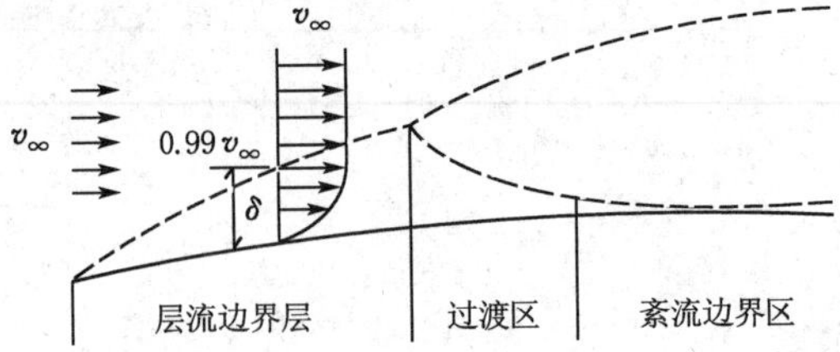

图 8-1　边界层的结构

由此可见，当黏性流体绕过物体流动时，可以将物体外面的流场分为两个区域。在边界层和尾涡区域外，流体的黏滞力很小，可以看做是理想流体的无旋流动。实际上，边界层的内、外区域并没有一个明显的分界面，一般在实际应用中规定从固体壁面沿外法线到速度达到外部来流速度的99%处的距离为边界层的厚度，以δ表示，如图8-1所示。解决大雷诺数下绕过物体流动的近似方法就是以边界层理论为基础的。

实际上边界层的厚度很薄，通常边界层的厚度仅为被绕流物体特征长度的几百分之一。例如，在汽轮机叶片出气边上，最大边界层厚度一般为零点几毫米。从图8-1可以看出，流体在前驻点处速度为0，所以边界层的厚度在前驻点处等于0，然后沿着流动方向逐渐增加。为了清晰起见，在图8-1上将边界层的尺寸放大了。另外，边界层的外边界和流线并不重合，流线深入边界层内，这是由于层外的流体质点不断地穿入到边界层里去的缘故。

总结上面所述，边界层的基本特征有：

(1) 与物体的长度相比，边界层的厚度很小。

(2) 边界层内沿边界层厚度方向的速度变化非常急剧，即速度梯度很大。

(3) 边界层沿着流体流动的方向逐渐增厚。

(4) 由于边界层很薄，因而可以近似地认为边界层中各截面上压强等于同一截面上边界层外边界上的压强。

(5) 在边界层内黏滞力和惯性力是同一数量级。

(6) 边界层内流体的流动与管内流动一样，也可以有层流和紊流两种状态。

全部边界层内都是层流的，称为层流边界层。仅在边界层的起始部分是层流，而在其他部分是紊流的，称为混合边界层。图8-1所示为混合边界层，在层流与紊流之间。有一个过渡区域；在紊流边界层内紧靠平板处，总是存在一层极薄的黏性底层。

判别层流和紊流的准则数仍为雷诺数，雷诺数中表征几何特征长度的是离物体前缘点的距离x，特征速度可以取外边界上的速度v，即

$$Re_x = \frac{\rho v x}{\mu}$$

对平板而言，层流转变为紊流的临界雷诺数为$Re_x = 5\times10^5 \sim 3\times10^6$。边界层从层流转变为紊流的临界雷诺数的大小由许多因素决定。实验证明，增加紊流度和增加粗糙度都会使临界雷诺数值降低，即提早使层流转变为紊流。如机翼前端的边界层很薄，不大的粗糙凸出就会透过边界层，导致层流变为紊流。

8.2 层流边界层的微分方程

边界层特性的确定，关系到流动阻力、能量损失、传热传质、流动稳定性等重要的工程实际问题。普朗特除了提出边界层的概念外，还推导出了边界层的微分方程式。

下面根据边界层的特征，利用不可压缩黏性流体的运动微分方程来研究边界层内流体的流动规律。为简单起见，只讨论流体沿平板做定常的平面流动，x 轴与壁面重合，如图 8-2 所示。假定边界层内的流动全是层流，忽略质量力，则不可压缩黏性流体平面定常运动的微分方程和连续方程为

$$\left.\begin{aligned} & v_x \frac{\partial v_x}{\partial x}+v_y \frac{\partial v_x}{\partial y}=-\frac{1}{\rho}\frac{\partial p}{\partial x}+\nu\left(\frac{\partial^2 v_x}{\partial x^2}+\frac{\partial^2 v_x}{\partial y^2}\right) \\ & v_x \frac{\partial v_y}{\partial x}+v_y \frac{\partial v_y}{\partial y}=-\frac{1}{\rho}\frac{\partial p}{\partial y}+\nu\left(\frac{\partial^2 v_y}{\partial x^2}+\frac{\partial^2 v_y}{\partial y^2}\right) \\ & \frac{\partial v_x}{\partial x}+\frac{\partial v_y}{\partial y}=0 \end{aligned}\right\} \tag{8-1}$$

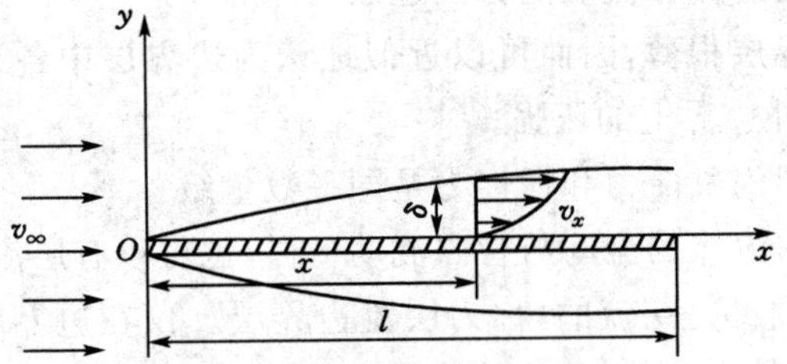

图 8-2 推导层流边界层的微分方程用图

可以利用边界层每一处的厚度都很小的特征，来估计并比较方程式(8-1)中各项的数量级，忽略高阶无穷小项，这样便可大大简化该方程组。

边界层的厚度 δ 与平板的长度 l 相比较是很小的，即 $\delta \ll l$ 或 $\delta/l \ll 1$，而 y 的取值范围限制在边界层内，因而满足不等式

$$0 \leqslant y \leqslant \delta$$

为了把方程组(8-1)变成无量纲方程，引入边界层厚度与平板长度 l，坐标与平板长度 l，分速度与来流速度 v_∞，压强与 ρv_∞^2 之比，即引入无量纲系数：

$$\delta' = \frac{\delta}{l},x' = \frac{x}{l},y' = \frac{y}{l},{v_x}' = \frac{v_x}{v_\infty},{v_y}' = \frac{v_y}{v_\infty},p' = \frac{p}{\rho v_\infty^2}$$

将它们代入方程式(8-1)，整理后得

$$\left.\begin{aligned}
&v_x{}'\frac{\partial v_x{}'}{\partial x'}+v_y{}'\frac{\partial v_x{}'}{\partial y'}=-\frac{\partial p'}{\partial x'}+\frac{1}{Re_l}\left(\frac{\partial^2 v_x{}'}{\partial x'^2}+\frac{\partial^2 v_x{}'}{\partial y'^2}\right)\\
&v_x{}'\frac{\partial v_y{}'}{\partial x'}+v_y{}'\frac{\partial v_y{}'}{\partial y'}=-\frac{\partial p'}{\partial y'}+\frac{1}{Re_l}\left(\frac{\partial^2 v_y{}'}{\partial x'^2}+\frac{\partial^2 v_y{}'}{\partial y'^2}\right)\\
&\frac{\partial v_x{}'}{\partial x'}+\frac{\partial v_y{}'}{\partial y'}=0
\end{aligned}\right\} \tag{8-2}$$

式中，$Re_l=v_\infty l/\nu$。显然，在边界层内，v_x 与 v_∞、x 与 l 以及 y 与 δ 是同一数量级，于是可取 $v_x{}'\sim 1$，$x'\sim 1$ 和 $y'\sim\delta'$（符号～表示数量级相同），所以得到如下一些数量级估计

$$\frac{\partial v_x{}'}{\partial x'}\sim 1,\frac{\partial^2 v_x{}'}{\partial x'^2}\sim 1,\frac{\partial v_x{}'}{\partial y'}\sim\frac{1}{\delta'},\frac{\partial^2 v_x{}'}{\partial y'^2}\sim\frac{1}{\delta'^2}$$

由连续方程，有

$$\frac{\partial v_y{}'}{\partial y'}=-\frac{\partial v_x{}'}{\partial x'}\sim 1$$

因此，$v_y{}'\sim\delta'$，于是又得到以下数量级

$$\frac{\partial v_y{}'}{\partial x'}\sim\delta',\frac{\partial^2 v_y{}'}{\partial x'^2}\sim\delta',\frac{\partial v_y{}'}{\partial y'}\sim 1,\frac{\partial^2 v_y{}'}{\partial y'^2}\sim\frac{1}{\delta'}$$

下面来分析方程(8-2)各项的数量级，以达到简化方程的目的。

方程(8-2)的第一式中，惯性项 $v_x{}'\frac{\partial v_x{}'}{\partial x'}$ 和 $v_y{}'\frac{\partial v_x{}'}{\partial y'}$ 具有相同的数量级 1。方程右边的黏滞力项 $\frac{\partial^2 v_x}{\partial x'^2}$ 和 $\frac{\partial^2 v_x}{\partial y'^2}$ 的数量级分别为 1 和 $\frac{1}{\delta'^2}$，说明 $\frac{\partial^2 v_x}{\partial x'^2}\gg\frac{\partial^2 v_x}{\partial x'^2}$。于是，该式可以简化为

$$v_x{}'\frac{\partial v_x{}'}{\partial x'}+v_y{}'\frac{\partial v_x{}'}{\partial y'}=-\frac{\partial p'}{\partial x'}+\frac{1}{Re_l}\frac{\partial^2 v_x{}'}{\partial x'^2} \tag{8-2a}$$

根据边界层的特征，在边界层内惯性项和黏性项具有相同的数量级，由式(8-2a)可知，必须使 $1/Re_l$ 和 δ'^2 同数量级，所以 $\delta/l\sim 1\sqrt{Re_l}$，即 δ 反比于 $\sqrt{Re_l}$。这表明，雷诺数越大，边界层相对厚度越小。

方程(8-2)的第二式中，惯性项 $v_x{}'\frac{\partial v_y{}'}{\partial x'}$ 和 $v_y{}'\frac{\partial v_y{}'}{\partial y'}$ 具有相同的数量级 δ'，均为无穷小量，可以略去。而黏性项中，$\frac{\partial^2 v_y{}'}{\partial x'^2}$ 与 $\frac{\partial^2 v_y{}'}{\partial y'^2}$ 比较，$\frac{\partial^2 v_y{}'}{\partial x'^2}$ 可以略去；保留下的项 $\frac{1}{Re_l}\frac{\partial^2 v_y{}'}{\partial y'^2}$ 的数量级为 δ'，也为无穷小量，可以略去。于是，该分式可以简化为

$$\frac{\partial p'}{\partial y'}=0 \tag{8-2b}$$

将式(8-2a)和式(8-2b)以及方程(8-2)的第三式再变换成有量纲方程，便得到了层流边界层的微分方程(称为普朗特边界层方程)：

$$\left.\begin{aligned}&v_x\frac{\partial v_x}{\partial x}+v_y\frac{\partial v_x}{\partial y}=-\frac{1}{\rho}\frac{\partial p}{\partial x}+\nu\frac{\partial^2 v_x}{\partial y^2}\\&\frac{\partial p}{\partial y}=0\\&\frac{\partial v_x}{\partial x}+\frac{\partial v_y}{\partial y}=0\end{aligned}\right\}\tag{8-3}$$

边界条件为：在 $y=0$ 处，$v_x=v_y=0$；在 $y=\delta$ 处，$v_x=v(x)$。其中，$v(x)$是边界层外边界上势流的速度分布，可由势流理论来决定。对于绕平板的流动，$v(x)=v_\infty$。

从方程(8-3)第二式得到一个很重要的结论：在边界层内压强 p 与 y 无关，即边界层横截面上各点的压强相等，$p=p(x)$。而在边界层外边界上，边界层内的流动与外部有势流动相同。所以压强分布 $p(x)$可以根据势流的速度$v(x)$由伯努利方程来决定，即

$$p+\frac{1}{2}\rho v^2=C$$

或者

$$\frac{\mathrm{d}p}{\mathrm{d}x}=-\rho v\frac{\mathrm{d}v}{\mathrm{d}x}\tag{8-4}$$

因为 $v_x'\sim 1$，即 $v_x\sim v_\infty$，那么压强项$-\frac{1}{\rho}\frac{\partial p}{\partial x}=v\frac{\mathrm{d}v}{\mathrm{d}x}$和惯性项 $v_x\frac{\partial v_x}{\partial x}$具有同一个数量级。

对于在壁面上的各点，$y=0$，$v_x=v_y=0$，由方程(8-3)的第一式可得

$$\left(\frac{\partial^2 v_x}{\partial y^2}\right)_{y=0}=\frac{1}{\mu}\frac{\mathrm{d}p}{\mathrm{d}x}=-\frac{1}{\nu}v\frac{\mathrm{d}v}{\mathrm{d}x}\tag{8-5}$$

方程(8-3)是在物体壁面为平面的假设下得到的。但是，对于曲面物体，只要壁面上任何点的曲率半径与该处边界层厚度相比很大，则该方程式仍然是适用的，并具有足够的精确度。这时，应用曲线坐标，x 轴沿着物体的曲面，y 轴垂直于曲面。

虽然层流边界层的微分方程(8-3)比一般的黏性流体运动微分方程要简单些，但是对最简单的物体外形，该方程的求解仍是很复杂的。因此，解决边界层问题的近似法便具有很大的实际意义。下节介绍的边界层的动量积分关系式为近似解法提供了基础。

8.3 动量积分方程

边界层微分方程式虽然能取得确切的分析解，但是计算非常困难，而且目前只能对平板绕流层流边界层进行数值计算。但是，其计算结果可作为检验和校核其他计算方法的依据。目前比较广泛应用的是边界层积分方程，也称动量积分方程式(integral momentum equation)。它是冯·卡门(Von Karman)根据动量原理推导出的。

在定常流动的流体中，沿边界层划出一个单位宽度的微小控制体，它的投影面 $ABDC$(图 8-3)由作为 x 轴的物体壁面上的一微元距离 BD、边界层的外边界 AC 和彼此相距 $\mathrm{d}x$ 的两直线 AB 和 CD 所围成。现在应用动量方程来研究该控制体内的流体在单位时间内沿 x 方向的动量变化和外力之间的关系。

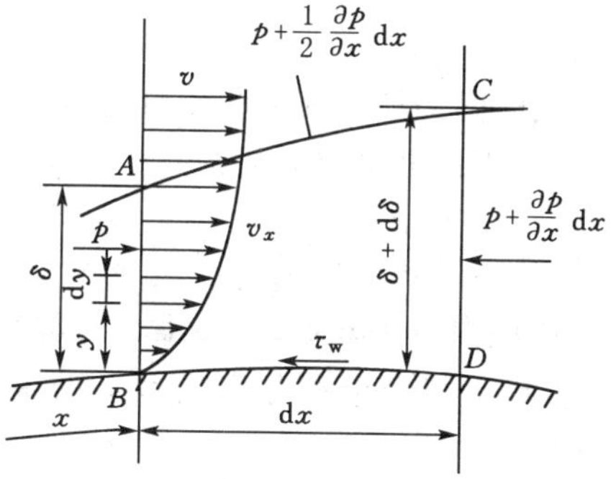

图 8-3 推导边界层的动量积分关系式用图

单位时间经过 AB 面流入的质量和带入的动量分别为 $\int_0^\delta \rho v_x \mathrm{d}y$ 和 $\int_0^\delta \rho v_x^2 \mathrm{d}y$；单位时间经过 CD 面流出的质量和带出的动量分别为

$$\int_0^\delta \rho v_x \mathrm{d}y + \mathrm{d}x \frac{\partial}{\partial x}\int_0^\delta \rho v_x \mathrm{d}y$$

$$\int_0^\delta \rho v_x^2 \mathrm{d}y + \mathrm{d}x \frac{\partial}{\partial x}\int_0^\delta \rho v_x^2 \mathrm{d}y$$

对于不可压流体，根据连续方程从边界层外边界 AC 面流入的质量和带入的动量分别为

$$\mathrm{d}x \frac{\partial}{\partial x}\int_0^\delta \rho v_x \mathrm{d}y, v\mathrm{d}x \frac{\partial}{\partial x}\int_0^\delta \rho v_x \mathrm{d}y$$

式中，v 为边界层上的速度。

这样，可得单位时间沿 x 方向经控制面的动量通量为

$$\mathrm{d}x\left[\frac{\partial}{\partial x}\int_0^\delta \rho v_x^2 \mathrm{d}y - v\frac{\partial}{\partial x}\int_0^\delta \rho v_x \mathrm{d}y\right]$$

下面分析作用在该控制体上沿 x 方向的所有外力。作用在 AB、CD 和 AC 面上的总压力沿 x 方向的分量分别为

$$p\delta;(p+\frac{\partial p}{\partial x}\mathrm{d}x)(\delta+\mathrm{d}\delta);(p+\frac{1}{2}\frac{\partial p}{\partial x}\mathrm{d}x)\mathrm{d}\delta$$

式中，$(p+\frac{1}{2}\frac{\partial p}{\partial x}\mathrm{d}x)\mathrm{d}\delta$ 是 A 与 C 之间的平均压强。壁面 BD 作用在流体上的切向应力的合力为 $\tau_w \mathrm{d}x$。于是，作用在该控制体上沿 x 方向所有外力之和为

$$p\delta-(p+\frac{\partial p}{\partial x}\mathrm{d}x)(\delta+\mathrm{d}\delta)+(p+\frac{1}{2}\frac{\partial p}{\partial x}\mathrm{d}x)\mathrm{d}\delta-\tau_w \mathrm{d}x$$

$$\approx(-\delta\frac{\partial p}{\partial x}-\tau_w)\mathrm{d}x$$

式中，二阶微量已经略去。

根据动量方程，即单位时间经控制面流体动量的通量等于外力之和，就可得到定常流动条件下卡门的边界层动量积分关系式

$$\frac{\partial}{\partial x}\int_0^\delta \rho v_x^2 \mathrm{d}y - v\frac{\partial}{\partial x}\int_0^\delta \rho v_x \mathrm{d}y = -\delta\frac{\partial p}{\partial x}-\tau_w \mathrm{d}x$$

由 8.4 节已知，在边界层内 $p=p(x)$；从以后的计算中可知，$\delta=\delta(x)$，在给定截面上 $v_x=v_x(y)$。所以，上式两个积分都只是 x 的函数，因此，式中的偏导数可改写为全导数，上式成为

$$\frac{\mathrm{d}}{\mathrm{d}x}\int_0^\delta p v_x^2 \mathrm{d}y - v\frac{\mathrm{d}}{\mathrm{d}x}\int_0^\delta \rho v_x \mathrm{d}y = -\delta\frac{\mathrm{d}p}{\mathrm{d}x}-\tau_w \tag{8-6}$$

在推导过程中，由于对壁面上的切向应力 τ_w 未进行任何本质的假设，所以式(8-6)对层流和紊流边界层都适用。

边界层外边界上的速度 v 可以用实验或解势流问题的办法求得，并可根据伯努利方程看作已知数，而未知数只有 v_x、τ_w 和 δ。因此，要解这个关系式，还需要补充两个关系式。通常把沿边界层厚度的速度分布 $v_x/v_\infty=f(y/\delta)$ 以及切向应力与边界层厚度的关系式 $\tau=\tau(\delta)$ 作为两个补充关系式。一般在应用边界层的动量积分关系式(8-6)来求解边界层问题时，边界层内的速度分布是按已有的经验来假定的。假定的 $v_x=v_x(y/\delta)$ 越接近实际，则所得到的结果越正确。所以，选择边界层内的速度分布函数$v_x(y/\delta)$是求解边界层问题的关键。

8.4　边界层厚度的定义

在管内紊流和绕流情况下，流场中的速度变化主要发生在壁面附近。与壁面接触的地方，流体速度为 0。按法线方向离开壁面后，速度逐渐增高，开始时速度变化较大，离壁面越远，变化越小。流速自壁面到速度不再改变时的距离称为边界层的名义厚度。根据流速为主流 99%的地方作为边界层名义厚度的规定，边界层厚度是极薄的。但是这样的规定不利于对边界层进行解析计算。因此，在实际计算中(例如在计算曲面边界层时)常用到位移厚度 δ_1 和动量损失厚度 δ_2，并把这两个假定厚度作为边界层的特征。

根据伯努利方程，已知

$$\frac{\mathrm{d}p}{\mathrm{d}x}=-\rho v\frac{\mathrm{d}v}{\mathrm{d}x}$$

又由于

$$\delta\frac{\mathrm{d}p}{\mathrm{d}x}=-\rho v\frac{\mathrm{d}v}{\mathrm{d}x}\int_0^\delta \mathrm{d}y=-\rho\frac{\mathrm{d}v}{\mathrm{d}x}\int_0^\delta v\mathrm{d}y$$

$$v\frac{\mathrm{d}}{\mathrm{d}x}\int_0^\delta \rho v_x\mathrm{d}y=\frac{\mathrm{d}}{\mathrm{d}x}\int_0^\delta \rho v v_x\mathrm{d}y-\frac{\mathrm{d}v}{\mathrm{d}x}\int_0^\delta \rho v_x\mathrm{d}y$$

代入式(8-6)，将动量积分关系式改写为

$$\frac{\mathrm{d}}{\mathrm{d}x}\int_0^\delta \rho v_x^2\mathrm{d}y-\frac{\mathrm{d}}{\mathrm{d}x}\int_0^\delta \rho v v_x\mathrm{d}y+\frac{\mathrm{d}v}{\mathrm{d}x}\int_0^\delta \rho v_x\mathrm{d}y=\rho\frac{\mathrm{d}v}{\mathrm{d}x}\int_0^\delta v\mathrm{d}y-\tau_{\mathrm{w}}$$

或者

$$\rho\frac{\mathrm{d}v}{\mathrm{d}x}\int_0^\delta (v-v_x)\mathrm{d}y+\rho\frac{\mathrm{d}}{\mathrm{d}x}\int_0^\delta v_x(v-v_x)\mathrm{d}y=\tau_{\mathrm{w}} \tag{8-7}$$

下面分析一下式(8-7)中两项积分的物理意义。

第一项积分表示以等速 v 的流动(即理想流体的流动)与实际流速为 v_x 的流动(即边界层内黏性流体的流动)经过同一厚度为 δ 的截面的流量之差，其差值等于图 8-4(a)中的阴影面积。当以 δ 为上限的积分值与以∞为上限的积分值相差很小时，上式的积分限可取 $0\to\infty$，所以用等值矩形面积 $\delta_1 v$ 代替图中的阴影面积，得

$$\delta_1=\frac{1}{v}\int_0^\delta (v-v_x)\mathrm{d}y=\int_0^\delta \left(1-\frac{v_x}{v}\right)\mathrm{d}y \tag{8-8}$$

式中，δ_1 称为位移厚度或排挤厚度。可解释如下：当理想流体流过壁面时，它的流线应与壁面平行；但当实际流体流过壁面时，黏性作用使边界层内的速度降低，要达到边界层外边界上势流的来流速度，必然要使势流的流线向外移动 δ_1

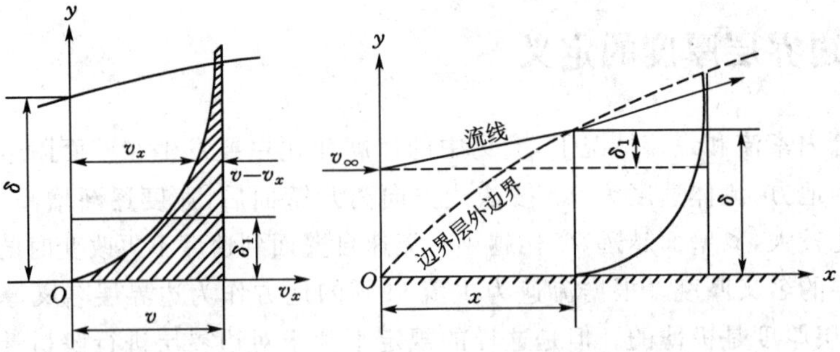

图 8-4　边界层的位移厚度

距离，所以称 δ_1 为位移厚度(displacement thickness)，如图 8-4(b)所示。

第二项积分表示在边界层内因黏性的影响而减少的流体动量。这部分减少的动量也可以用以理想流体的速度 v 流过某层厚度为 δ_2 的截面的流体动量来代替，即

$$\rho\,\delta_2 v^2 = \int_0^\infty \rho\, v_x (v - v_x)\,\mathrm{d}y$$

或者

$$\delta_2 = \frac{1}{\rho v^2}\int_0^\infty \rho v_x (v - v_x)\,\mathrm{d}y = \int_0^\infty \frac{v_x}{v}\left(1 - \frac{v_x}{v}\right)\mathrm{d}y \tag{8-9}$$

式中，δ_2 称为动量损失厚度(momentum thickness)。

将 δ_1 和 δ_2 代入式(8-7)，得

$$\rho\,\frac{\mathrm{d}}{\mathrm{d}x}(v^2\delta_2) + \rho\delta_1 v\,\frac{\mathrm{d}v}{\mathrm{d}x} = \tau_{\mathrm{w}} \tag{8-10}$$

这是另一种形式的平面不可压缩黏性流体边界层动量积分关系式。式中，势流速度 v 为已知，δ_1、δ_2 和 τ_{w} 都是未知数，它们决定于边界层内速度的分布规律。由于未对 τ_{w} 做任何假设，所以对层流和紊流边界层都适用。

为了将式(8-10)化为无量纲形式，同除以 ρv^2，得

$$\frac{\mathrm{d}\delta_2}{\mathrm{d}x} + (2\delta_2 + \delta_1)\,\frac{1}{v}\,\frac{\mathrm{d}v}{\mathrm{d}x} = \frac{\tau_{\mathrm{w}}}{\rho v^2}$$

或者

$$\frac{\mathrm{d}\delta_2}{\mathrm{d}x} + (2 + H_{12})\,\frac{\delta_2}{v}\,\frac{\mathrm{d}v}{\mathrm{d}x} = \frac{\tau_{\mathrm{w}}}{\rho v^2} \tag{8-11}$$

式中，$H_{12} = \delta_1/\delta_2$。计算曲面边界层时，用上式较为方便。

8.5　平板层流边界层的近似计算

在实际应用中，大都采用边界层的动量积分关系式(8-6)对边界层进行近似计算。这种方法比较简单，所得的结果也有足够的精确度。现在以纵向流动中的平板层流边界层为例加以说明。不可压黏性流体的平行来流，以速度 v_∞ 绕流过一块极薄的平板，在平板上、下形成边界层。取平板的前缘点 0 为坐标原点，x 轴沿着平板(即平行于 v_∞)，y 轴垂直于平板，如图 8-5 所示。因为顺着来流方向放置的是极薄的平板，可以认为不引起流动的改变。所以，在边界层外边界上 $v(x)\approx v_\infty$。

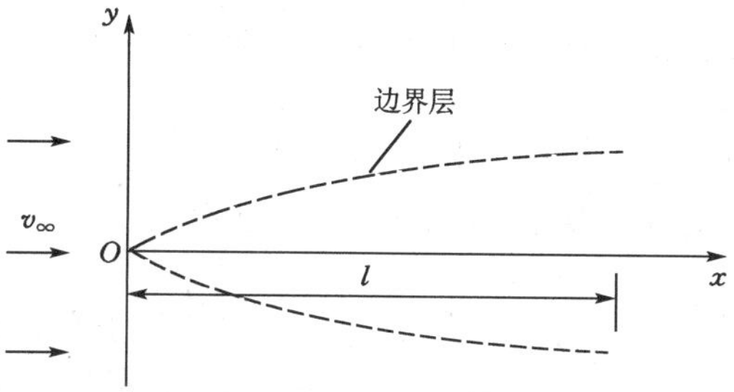

图 8-5　平板上的层流边界层

根据伯努利方程

$$p+\frac{1}{2}\rho v_\infty^2=\text{常数}$$

可知，在边界层上的压强也保持常数。所以，在整个边界层内每一点的压强都是相同的，即 $p=$常数，$\mathrm{d}p/\mathrm{d}x=0$。这样，边界层的动量积分关系式(8-6)变成

$$\frac{\mathrm{d}}{\mathrm{d}x}\int_0^\delta v_x^2\mathrm{d}y-v_\infty\frac{\mathrm{d}}{\mathrm{d}x}\int_0^\delta v_x\mathrm{d}y=-\frac{\tau_\mathrm{w}}{\rho}\tag{a}$$

由于在上式中有 3 个未知数 v_x，τ_w 和 δ，所以需要再补充 2 个关系式。

第一个补充关系式:假定层流边界层内的速度分布以 y/δ 的幂级数表示为

$$\frac{v_x}{v_\infty}=a_0+a_1\frac{y}{\delta}+a_2\left(\frac{y}{\delta}\right)^2+a_3\left(\frac{y}{\delta}\right)^3+a_4\left(\frac{y}{\delta}\right)^4\tag{b}$$

根据下列边界条件来确定待定系数 a_0，a_1，a_2，a_3 和 a_4：

(1) 在平板壁面上的速度为 0，即在 $y=0$ 处，$v_x=0$。

(2) 在边界层外边界上的速度等于来流速度 v_∞，即在 $y=\delta$ 处，$v_x=v_\infty$。

(3) 在边界层外边界上的切向应力 $\tau=\mu\dfrac{\partial v_x}{\partial y}$变为 0，即在 $y=\delta$ 处，$\left(\dfrac{\partial v_x}{\partial y}\right)_{y=\delta}=0$。

(4) 由于在边界层外边界上 $v_x=v_\infty$，由层流边界层的微分方程(8-3)的第一式可得 $\left(\dfrac{\partial^2 v_x}{\partial y^2}\right)_{y=\delta}=\dfrac{1}{\mu}\dfrac{\mathrm{d}p}{\mathrm{d}x}=0$。

(5) 由于在平板壁面上的速度为0，即 $v_x=v_y=0$，由方程(8-3)的第一式得 $\left(\dfrac{\partial^2 v_x}{\partial y^2}\right)_{y=0}=\dfrac{1}{\mu}\dfrac{\mathrm{d}p}{\mathrm{d}x}=0$。

利用上面5个条件求得的5个系数为

$$a_0=0;a_1=2;a_2=0;a_3=-2;a_4=1$$

于是，层流边界层中速度的分布规律为

$$v_x=v_\infty\left[2\left(\frac{y}{\delta}\right)-2\left(\frac{y}{\delta}\right)^3+\left(\frac{y}{\delta}\right)^4\right] \tag{8-12}$$

第二个补充关系式：利用牛顿内摩擦定律和式(8-12)得出：

$$\tau_\mathrm{w}=\mu\left(\frac{\mathrm{d}v_x}{\mathrm{d}y}\right)_{y=0}=\mu\frac{v_\infty}{\delta}\left[2-6\left(\frac{y}{\delta}\right)^2+4\left(\frac{y}{\delta}\right)^2\right]_{y=0}=2\mu\frac{v_\infty}{\delta} \tag{c}$$

为了便于计算边界层厚度，先求下列2个积分式

$$\int_0^\delta v_x\mathrm{d}y=\int_0^\delta v_\infty\left[2\left(\frac{y}{\delta}\right)-2\left(\frac{y}{\delta}\right)^3+\left(\frac{y}{\delta}\right)^4\right]\mathrm{d}y=\frac{7}{10}v_\infty\delta \tag{d}$$

$$\int_0^\delta v_x^2\mathrm{d}y=\int_0^\delta v_\infty^2\left[2\left(\frac{y}{\delta}\right)-2\left(\frac{y}{\delta}\right)^3+\left(\frac{y}{\delta}\right)^4\right]\mathrm{d}y=\frac{367}{630}v_\infty^2\delta \tag{e}$$

将式(c)、式(d)和式(e)代入边界层动量积分式(a)，得

$$\frac{367}{630}v_\infty^2\delta\frac{\mathrm{d}\delta}{\mathrm{d}x}-\frac{7}{10}v_\infty^2\delta\frac{\mathrm{d}\delta}{\mathrm{d}x}=-2\frac{\mu}{\rho}\frac{v_\infty}{\delta}$$

或者

$$\frac{367}{630}v_\infty\delta\mathrm{d}\delta=\nu\mathrm{d}x$$

积分得

$$\frac{37}{1\ 260}v_\infty\delta^2=\nu x+C$$

因为在平板壁面前缘点处边界层厚度为0，即 $x=0,\delta=0$，所以积分常数 $C=0$。于是得边界层厚度为

$$\delta=5.84\sqrt{\frac{\nu x}{v_\infty}}=5.84xRe_x^{-1/2} \tag{8-13}$$

将式(d)和式(e)代入式(8-8)和式(8-9)，得

$$\delta_1=\int_0^\delta\left(1-\frac{v_x}{v_\infty}\right)\mathrm{d}y=0.3\delta=1.752\sqrt{\frac{v_x}{v_\infty}}=1.752xRe_x^{-1/2} \tag{8-14}$$

$$\delta_2 = \int_0^\delta \frac{v_x}{v_\infty}\left(1 - \frac{v_x}{v_\infty}\right) dy = 0.117\ 5\delta = 0.686\sqrt{\frac{v_x}{v_\infty}} = 0.686xRe_x^{-1/2} \tag{8-15}$$

将式(8-13)代入式(c),得切向应力为

$$\tau_w = 0.343\sqrt{\frac{\mu\rho v_\infty^3}{x}} = 0.343\rho v_\infty^2\sqrt{\frac{\nu}{v_\infty x}} = 0.343\rho v_\infty^2 Re_x^{-1/2} \tag{8-16}$$

在平板一个壁面上由黏滞力引起的总摩擦阻力为

$$F_D = b\int_0^l \tau_w dx = 0.343b\sqrt{\mu\rho v_\infty^3}\int_0^l \frac{dx}{\sqrt{x}}$$

$$= 0.686b\sqrt{\mu\rho l v_\infty^3} = 0.686bl\rho v_\infty^2 Re_l^{-1/2} \tag{8-17}$$

摩擦阻力系数为

$$C_f = \frac{F_D}{\frac{1}{2}bl\rho v_\infty^2} = 1.372Re_l^{-1/2} \tag{8-18}$$

8.6 边界层的分离

8.6.1 边界层的分离

在正常情况下,边界层中的流动方向与主流方向一致。但是对非流线型物体,物面上的边界层在某个位置上与物面分离。所谓分离,是指在物面附近出现与主流方向相反的回流,边界层分离又称为边界层的脱体,分离点也称为脱体点。流线型物体在非正常情况下也能产生边界层分离。这一节将着重说明前曲面边界层的分离现象。

当流体绕流过曲面边界时,沿物体表面的流速先增加,一直增加到曲面上某一点 M,然后降低。由伯努利方程可知,相应的压强先降低($dp/dx<0$,称为顺压梯度),而后再升高($dp/dx>0$,称为逆压梯度)。M 点外边界层上的速度最大,而压强最低。沿曲面各点法向的速度剖面和压强变化曲线的示意图如图8-6所示。图中实线表示流线,虚线表示边界层的外边界。

首先从流体在边界层内流动的物理过程来说明曲面边界层的分离现象。当黏性流体流经曲面时,边界层内的流体微团被黏滞力阻滞,动能损耗,逐渐减速。越接近物体壁面的流体微团,受黏滞力的阻滞作用越大,动能损耗也越大。在曲面的降压加速段中,由于流体的部分压强势能转变为流体的动能,故流体微团虽然受到黏滞力的阻滞作用,但仍然有足够的动能使它继续前进。但是,在曲面的升压减速段中,流体的部分动能不仅要转变为压强势能,而且黏滞力的阻滞作用

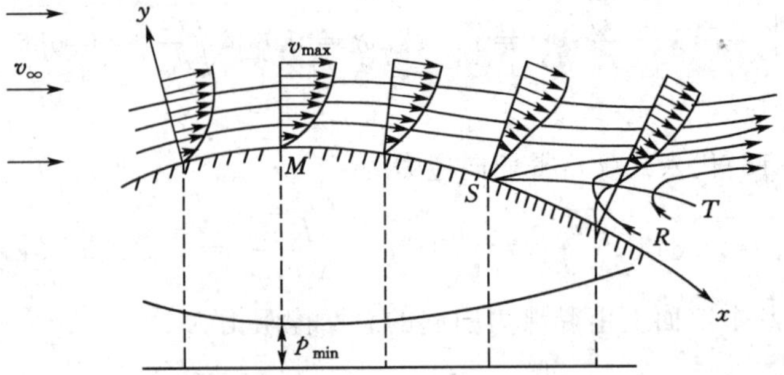

图 8-6　曲面边界层分离的形成示意图

也要继续损耗它的动能，这就使流体微团的动能损耗加大，流速迅速降低，其边界层不断增厚。当流体流到曲面的某一点 S 时，靠近物体壁面的流体微团的动能已被消耗尽，这部分流体微团便停滞不前。跟着而来的流体微团也将同样停滞下来，以致越来越多的被停滞的流体微团在物体壁面和主流之间堆积起来，并使该处的压强逐步升高。与此同时，在 S 点之后，压强的继续升高将使部分流体微团被迫反方向逆流，并迅速向外扩展，造成边界层的分离。在 ST 线上一系列流体微团的切向速度等于 0，S 点称为边界层的分离点。分离时形成的旋涡，不断地被主流带走，在物体后部形成尾涡区。分离以后的区域，已不属于边界层区域，分离点下游的物面上的流动不再具有边界层的特点。

下面在从边界层理论来分析边界层没速度分布的规律，以便明确曲面边界层形成分离的原因。因为曲面边界层的基本特征与平板边界层相同，而且假定其边界层的厚度比曲面的曲率半径小得多，以及曲面边界层全部是层流的，这样便可以将层流边界层的微分方程(8-3)应用于曲面边界层。由于在物体壁面上各点的流速等于 0，即 $y=0, v_x=v_y=0$，于是方程(8-3)的第一式成为

$$\left.\frac{\partial^2 v_x}{\partial y^2}\right|_{y=0}=\frac{1}{\mu}\frac{\mathrm{d}p}{\mathrm{d}x} \tag{8-19}$$

根据边界层外边界上势流流动情况(图 8-6)，可将边界层内的流动划分为 3 种情况：

(1) 流动方向有压强降落($\frac{\mathrm{d}p}{\mathrm{d}x}<0$，顺压梯度)的情况：此时，$\left.\frac{\partial^2 v_x}{\partial y^2}\right|_{y=0}<0$，$\frac{\partial^2 v_x}{\partial y}>0$，而且$\frac{\partial^2 v_x}{\partial y^2}<0(0\leqslant y\leqslant\delta)$，即边界层内的流体微团不但是全部沿流动方向向前进，而且边界层内的速度分布曲线沿流动方向向外凸出[图 8-7(a)]。

(2) 压强达到最小值$\left(\frac{\mathrm{d}p}{\mathrm{d}x}=0\right)$的情况：此时，$\left.\frac{\partial^2 v_x}{\partial y^2}\right|_{y=0}=0$，即边界层内速度

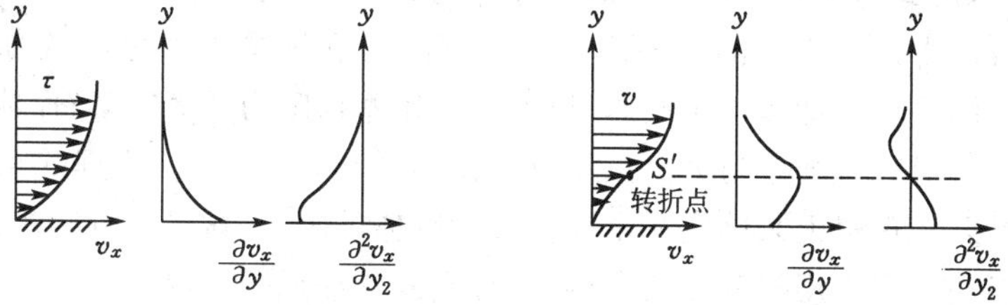

(a) 顺压梯度　　　　(b) 逆压梯度

图 8-7　边界层内的速度分布

曲线在物体壁面上有一个转折点。

(3) 流动方向有压强升高($\frac{\mathrm{d}p}{\mathrm{d}x}>0$,逆压梯度)的情况:此时,$\left.\frac{\partial^2 v_x}{\partial y^2}\right|_{y=0}>0$,即边界层内速度曲线沿流动方向向内凹[图 8-7(b)]。但是,由于在边界层外边界上$\frac{\partial v_x}{\partial y}\to 0$,所以在外边界附近$\frac{\partial^2 v_x}{\partial y^2}<0$。显然,在 $y=0$ 和 $y=\delta$ 之间速度曲线应有一个转折点$\left(\frac{\partial^2 v_x}{\partial y^2}=0\right)$。在$\frac{\mathrm{d}p}{\mathrm{d}x}>0$ 的流动中,开始时,整个边界层内的流体微团还可以保持沿流动方向的运动,即$\frac{\partial v_x}{\partial y}>0$,但随着 x 的增加,在某一点处达到了$\left.\frac{\partial v_x}{\partial y}\right|_{y=0}=0$,从 S 点开始边界层就产生了分离。x 再增加,就有$\left.\frac{\partial v_x}{\partial y}\right|_{y=0}<0$,即壁面附近的流体存在着逆流现象。

从以上的分析可得如下结论:黏性流体在压强降低区内流动(加速流动)时,不会出现边界层分离,只有在压强升高区内流动(减速流动)时,才有可能出现分离,形成旋涡。尤其在主流的减速足够大的情况下,边界层的分离就一定会发生。例如,在圆柱体和球这样的钝头体的后半部分,当流速足够大时,便会发生边界层的分离。这是由于在钝头体的后半部分有急剧的压强升高区,主流减速加剧的缘故。若将钝头体的后半部分改为充分细长形的尾部,成为圆头尖尾的所谓流线型物体(如叶片叶型和机翼翼型),就可使主流的减速大为减低,防止边界层内逆流的发生,避免边界层的分离。

8.6.2　绕流阻力

黏性流体绕物体流动时,物体一定受到流体的压力和切向应力的作用,这些力的合力一般可分解为与来流方向一致的作用力 F_D 和垂直于来流方向的升力 F_L。由于 F_D 与物体运动方向相反,起着阻碍物体运动的作用,所以称为阻力。绕流物体的阻力由两部分组成:一部分是由于流体的黏滞性在物体表面上作用切向应力，由此切向应力所形成的摩擦阻力；另一部分是由于边界层分离，物体前后形成压力差而产生的压差阻力。摩擦阻力和压差阻力之和统称为物体阻力。对于圆柱体和球体等钝头体，压差阻力比摩擦阻力要大得多；而流体纵向流过平板时一般只有摩擦阻力。虽然物体阻力的形成过程，从物理观点看完全清楚。但是要从理论上来确定一个任意形状物体的阻力，这是十分困难的。目前，一般只能在风洞中用实验方法测得，这种实验称为风洞实验。

通过实验分析可以得出，物体阻力与来流的动压头和物体在垂直于来流方向的截面积 A 成正比，即

$$F_D = C_D \frac{1}{2}\rho v_\infty^2 A \tag{8-20}$$

式中，C_D 为无量纲阻力系数。

习　题　8

8-1　什么是边界层？边界层具有什么特征？

8-2　边界层的位移厚度和动量损失厚度如何定义？其物理意义是什么？

8-3　为什么汽车高速行驶时的阻力主要来自其尾部？

8-4　试分析边界层的流动分离可能发生的位置。

8-5　一平板顺流放置于均匀流中。如果将平板的长度增加 1 倍，试问：平板所受的摩擦阻力将增加几倍？（设平板边界层内的流动为层流）

8-6　设顺流长平板上的层流边界层中，板面上的速度梯度为 $k=\left.\frac{\partial u}{\partial y}\right|_{y=0}$。试证明板面附近的速度分布可用下式表示

$$u = \frac{1}{2\mu}\frac{\partial p}{\partial x}y^2 + ky$$

式中，$\frac{\partial p}{\partial x}$为板长方向的压强梯度，$y$ 为至板面的距离。（设流动为定常流）

8-7　温度为 25 ℃的空气，以 30 m/s 的速度纵向绕流一块极薄的平板，压强为大气压强，计算离平板前缘 200 mm 处边界层的厚度为多少？

8-8　温度为 20 ℃、密度 $\rho=925\ \mathrm{kg/m^3}$ 的油流，以 60 cm/s 的速度纵向绕流一宽 15 cm、长 50 cm 的薄平板流动。试求总摩擦阻力和边界层厚度。（在 20 ℃时，油的 $\nu=7.9\times10^{-5}\ \mathrm{m^2/s}$）

8-9　平板层流边界层内速度分布规律为$\frac{v^x}{v_\infty}=2\frac{y}{\delta}-\left(\frac{y}{\delta}\right)^2$，试求边界层厚度和摩擦阻力系数与雷诺数的关系式。

8-10 若平板层流边界层内的速度分布为正弦曲线 $v_x = v_\infty \sin\left(\frac{\pi y}{2\delta}\right)$，试求 δ 和 C_f 与 Re 之间的关系式。

8-11 根据边界层内紊流速度分布的指数规律 $\frac{v_x}{v_\infty} = \left(\frac{y}{\delta}\right)^{1/9}$ 和 $\lambda = 0.185 Re^{-1/5}$，试求紊流边界层厚度 δ。

8-12 在同样雷诺数 Re_l 的情况下，试求 20 ℃的水和 30 ℃的空气各平行流过长度为 L 的平板时产生的摩擦阻力之比。

8-13 一块长 6 m，宽 2 m 的平板平行静止地安放在速度为 60 m/s 的 40 ℃空气流中，在平板边界层内从层流转变为紊流的临界雷诺数 $Re_x = 10^6$，试计算平板的摩擦阻力。

8-14 假设一平板顺流放置于速度为 U 的均流中，如已知平板上层流边界层内的速度分布可用 y（y 为该点至板面的距离）的三次多项式表示，试求这一速度分布。

8-15 已知平板边界层的速度分布和壁面切应力表达式为：

$$\frac{v_x}{v_\infty} = \left(\frac{y}{\delta}\right)^{\frac{1}{7}} \qquad \tau_0 = 0.023\,3\left(\frac{\mu}{\rho v_\infty \delta}\right)^{\frac{1}{4}} \rho v_\infty^2$$

试用边界层动量积分关系式计算边界层的厚度 δ 和平板的阻力系数 C_f。

9 气体动力学基础

真实流体均具有一定的可压缩性，在某些情况下，例如流场中压差或密度变化很小时，作为一种近似，可以当成不可压流体来处理，这就是前面几章所研究的内容。

但是，当流场中流体的运动速度很高，压差或密度变化显著时，就必须考虑压缩性对流动的影响。在可压缩流动中，温度是一个很重要的参数。因此，气体动力学(aerodynamics)与工程热力学关系密切。

下面先介绍热力学(thermodynamics)的一些基本概念。

流体参数就是表征流体某种物理特性的量。宏观参数一般都可以借助于测量得到。例如，温度、压力、质量、密度、速度和膨胀系数等都是最基本的参数。

从热力学上来讲，所谓状态(state)，就是用参数来表示系统的状况。其最重要的状况就是平衡。平衡状态包括热平衡、力平衡、相平衡和化学平衡。而这些平衡都是指净效应而言，并不要求系统处于静止的凝结的状况。

热力学过程(thermodynamic process)就是指系统从一个平衡状态转变到另一个平衡状态的全部经历。这个经历常称为路径(path)。

仅仅取决于起始平衡状态和终了平衡状态，而与路径无关的系统的物理特性量，就是状态参数(state parameters)。

除了温度和压力之外，在热力学上内能、焓和熵同样是重要的状态参数。

内能(internal energy)就是流体内部所含有的热量。

任何物质所含的物理热量是以温度的高低来衡量的。所以流体的物理内能可以写成

$$u = c_V T \tag{9-1}$$

式中，c_V 称为定容比热(specific heat capacity at constant volume)。它是在体积保持不变的条件下，单位质量流体温度升高一度时所吸收的热量。在大多数情况下，c_v 只是温度 T 的函数，所以流体内能只是 T 的函数。如前所述，温度 T 是状态参数，所以内能也是状态参数，它只取决于初始和终了温度。

焓(enthalpy)具有能量的量纲，但却很难作出物理上的明确解释。采用焓主要是在某些热力学计算中比较方便。因此，单位质量的焓定义为

$$h = u + p/\rho \tag{9-2}$$

对于理想气体，利用状态方程式 $p=\rho RT$，得

$$h=(c_V+R)T=c_pT \tag{9-3}$$

式中，c_p 称为定压比热(specific heat capacity at constant pressure)。定压比热与定容比热的关系

$$c_p=c_V+R \tag{9-4}$$

式中，R 称为气体常数(gas constant)。它仅与气体的分子量有关。

定压比热 c_p 对于理想气体只是温度的函数。所以理想气体的焓也仅和温度有关系。显然，焓也是一种状态参数。

对于不可压缩的流体，显然没有 c_V 与 c_p 之分，所以它们的内能与焓是一样的。

熵(entropy)是一个更加抽象的概念。若从外界向一个系统加热，加入到系统中的热量 dQ 并不是一个状态参数。因为加入的热量与加热的过程有关。例如，保持气体的容积不变，则加入的热量全部成为气体内能的增量，最后表现为温度的升高。若保持气体的压力不变，则加入热量一部分成为内能，另一部分为气体的膨胀功。所以要加热到同样的温度，显然定压下加入的热量比较多。因此，热量并不是状态参数。但是，热量增量与温度之比却是一个状态参数，称为熵，即

$$\mathrm{d}s=\frac{\mathrm{d}q}{T} \tag{9-5}$$

9.1 一元定常等熵气流的基本方程

气体动力学的研究对象一般是可压缩气体在小范围空间中做高速运动，如飞机、导弹等飞行器在空中高速运动所引起的空气流动，汽轮机内流过叶轮的气流，强爆炸造成的气流等。对于这类流动，可做如下假设

(1) 密度是变化的。

(2) 因为流速极高，边界层很薄，故流体的黏滞性可以忽略。

(3) 流动是等熵的(isentropic)。这是由于流速高，气流流过所研究区域的时间很短，再加上气体的热传导能力弱，因此可认为流动过程是绝热的(adiabatic)。而无黏性绝热过程就是等熵过程。

(4) 由于气体密度小，可忽略重力的影响。

9.1.1 连续性方程

考虑一元流管，在定常条件下，由质量守恒定律

$$\mathrm{d}(\rho vA)=0 \tag{9-6}$$

展开得

$$\frac{d\rho}{\rho}+\frac{dv}{v}+\frac{dA}{A}=0 \tag{9-7}$$

式(9-7)表明，沿流管流体的速度、密度和流管截面积三者的相对变化率的代数和为0。

9.1.2 能量方程

对单位质量的静止气体，从外部加入热量 dq，使气体的内能增加了 du，同时气体因膨胀对外做了 $p d\left(\frac{1}{\rho}\right)$ 的功。则由热力学第一定律，得

$$dq = du + p d\left(\frac{1}{\rho}\right) \tag{9-8}$$

根据焓的定义

$$h = u + \frac{p}{\rho}$$

所以 $$dh = du + \frac{dp}{\rho} + p d\left(\frac{1}{\rho}\right) = dp + \frac{dp}{\rho}$$

对于定常等熵流动，$dq=0$，则

$$dh = \frac{dp}{\rho}$$

根据第3章的一元绝热能量方程，有

$$u + \frac{p}{\rho} + \frac{v^2}{2} = C$$

根据以上各式，可把一元定常等熵气流的能量方程写成如下形式

$$h + \frac{v^2}{2} = C \tag{9-9}$$

$$c_p T + \frac{v^2}{2} = C \tag{9-10}$$

$$\frac{kRT}{k-1} + \frac{v^2}{2} = C \tag{9-11}$$

$$\frac{a^2}{k-1} + \frac{v^2}{2} = C \tag{9-12}$$

9.1.3 运动方程

对能量方程(9-9)进行微分，得

$$dh + v dv = dq + \frac{dp}{\rho} + v dv = 0$$

对等熵过程，$dq=0$，则

$$\frac{dp}{\rho} + v dv = 0 \tag{9-13}$$

式(9-13)就是一元定常等熵流动的运动方程。

在以上的连续性方程、能量方程及运动方程共有4个(即 v,p,ρ,T)未知数，还需要加入一个方程使其成为封闭方程组。这个封闭方程就是等熵状态方程

$$\frac{p}{\rho^k} = C \tag{9-14}$$

这样，连续性方程式(9-7)、能量方程式(9-9)、运动方程式(9-13)及等熵状态方程式(9-14)就构成了一元定常等熵流动的基本方程组。

9.2 微弱扰动的传播

如图9-1所示，直圆管内充满着压强为 p、密度为 ρ、温度为 T 的静止气体。若管内的活塞突然以微小的速度 $\mathrm{d}v$ 向右运动，它将首先压缩紧靠活塞右侧的那层气体，接着又压缩下一层气体，这样一层一层依次传下去，便在管内形成一道以速度 c 向右传播的微弱扰动压缩波(compression wave)。波后气体的压强 $p_2=p_1+\mathrm{d}p$、密度 $\rho_2=\rho_1+\mathrm{d}\rho$、温度 $T_2=T_1+\mathrm{d}T$ 均较波前气体的有微量升高，且以和活塞同样的微小速度 $\mathrm{d}v$ 向右运动。

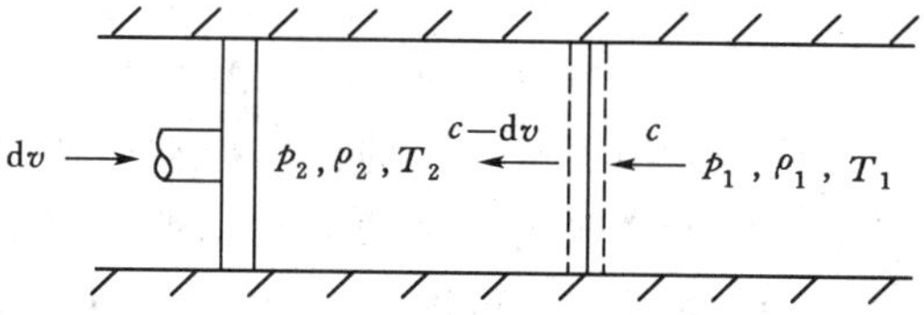

图9-1 微弱扰动的传播

为求微弱扰动波在圆管中的传播速度(propagation velocity)，可选用与微弱扰动波一起运动的相对坐标系作为参考坐标系。对于该参考坐标系，上述流动便转化为定常的了。取如图9-1虚线所示的控制面，则由连续方程得

$$(\rho_1+\mathrm{d}\rho)(c-\mathrm{d}v)A-\rho_1 cA=0$$

略去二阶微量得 $$c\mathrm{d}\rho=\rho_1\mathrm{d}v$$

由动量方程得

$$\rho_1 cA[(c-\mathrm{d}v)-c]=[p_1-(p_1+\mathrm{d}p)]A$$

即

$$\rho_1 c\mathrm{d}v=\mathrm{d}p$$

由上面两式得

$$c=\sqrt{\left(\frac{\mathrm{d}p}{\mathrm{d}\rho}\right)_s} \tag{9-15}$$

这就是微弱扰动传播速度微分形式的计算公式，对微弱扰动的压缩波和膨胀波(expansion wave)都适用。由于经过微弱扰动波，气流的压强、密度、温度和速度的变化都是无限小量，而且传播过程进行得相当迅速，因而可忽略黏性作用和传热，把微弱扰动的传播过程视为等熵过程。

9.3 声速与马赫数

9.3.1 声速

图 9-2 表示了击鼓传声的情况。用锤击鼓时，将引起鼓膜的振动。当鼓膜向外凸起时，必然挤压邻近的一层空气，使其密度和压强均稍微升高；由于这一层空气压强升高，它又会挤压外面一层的空气。这样一层一层地向外挤压，使空气密度和压强稍微升高的扰动就从鼓膜处向周围传播出去。当鼓膜向内凹时，邻近的一层空气就会膨胀，其密度和压强均稍微有所降低。同样，这个使压强降低的扰动也会从鼓膜处向周围传播出去。因此，声音实际上是发声器所发生的微弱振动而使周围空气交替压缩和膨胀的一种微弱扰动波。声音传播的速度同样由式(9-15)确定。所以，声速(sonic velocity)可作为微弱扰动波传播速度的统称。

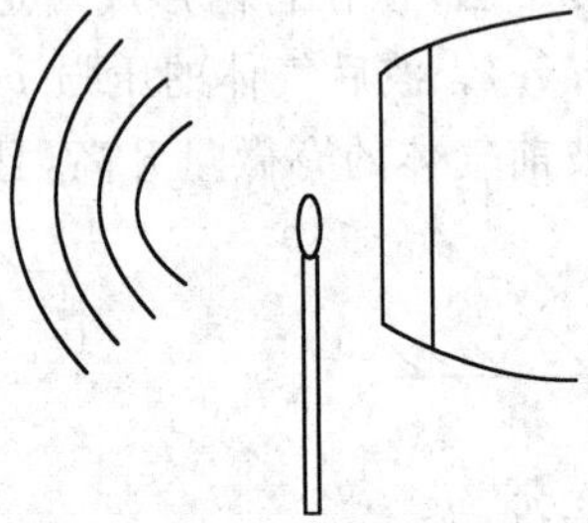

图 9-2　击鼓传声

当有微弱的压强扰动时，流体的体积模量为

$$K=-V\frac{\mathrm{d}p}{\mathrm{d}V}=\rho\frac{\mathrm{d}p}{\mathrm{d}\rho}$$

将上式代入式(9-15)，得

$$c=\sqrt{\left(\frac{\mathrm{d}p}{\mathrm{d}\rho}\right)_s}=\sqrt{\frac{K}{\rho}} \tag{9-16}$$

对于完全气体(perfect gas)，由等熵过程关系式 $p/\rho^k=C$ 以及状态方程 $p=\rho RT$ 可得

$$\mathrm{d}p/\mathrm{d}\rho=kp/\rho=kRT$$

代入式(9-16)，得微弱扰动传播速度的另一表达式

$$c=\sqrt{k\frac{p}{\rho}}=\sqrt{kRT} \tag{9-17}$$

例如，对于空气：$k=1.4$，$R=287\ \mathrm{J/(kg\cdot K)}$，得空气中的声速为

$$c = 20.05\sqrt{T}$$

海平面上，在标准大气下温度为 288.2 K 时，空气所对应的声速为 340.3 m/s。

综上所述，可以看出：

(1) 声速是状态参数的函数。在相同介质中，各点以及各瞬时流体的状态参数都可能不同，故声速也可能不同。声速指的都是当地声速。

(2) 在相同温度下，不同介质中声速不同。流体可压缩性大的，声速低；对于不可压流体，声速趋于无穷大。例如，20 ℃空气中的声速为 343.2 m/s，而 20 ℃水中的声速却为 1 478 m/s。

(3) 在同一气体中，声速与气体温度的平方根成正比。

例 9-1　求 0 ℃和 30 ℃时空气的声速。

解　因为对于空气，$k=1.4$，$R=287\ \mathrm{J/(kg\cdot K)}$。由式(9-17)，得：

0 ℃时空气的声速为

$$c = \sqrt{kRT} = \sqrt{1.4\times 287\times(273+0)}\ \mathrm{m/s} = 330.5\ \mathrm{m/s}$$

30 ℃时空气的声速为

$$c = \sqrt{kRT} = \sqrt{1.4\times 287\times(273+30)}\ \mathrm{m/s} = 348.1\ \mathrm{m/s}$$

9.3.2　马赫数

气体在某点的流速与当地声速之比定义为该点气流的马赫数，用 Ma 表示

$$Ma = \frac{v}{c} \tag{9-18}$$

马赫数是个无量纲系数。对于完全气体

$$Ma^2 = \frac{v^2}{kRT} \tag{9-19}$$

可见，马赫数代表的是气体的宏观运动动能与气体内分子运动动能之比。根据马赫数大小可以将气体的流动分为：

$Ma<1$，亚声速流(subsonic flow)；

$Ma=1$，声速流(sonic flow)；

$Ma>1$，超声速流(supersonic flow)；

$Ma^2>10$，高超声速流。

这几种流动在物理上有本质的区别。下面讨论扰动源以不同速度运动的情况。

(1) 图 9-3(a)，扰动源静止不动。此时微弱扰动向四面八方等值传播，波面是球面。

(2) 图 9-3(b),扰动源以小于声速的速度运动。此时微弱扰动仍然能向四面八方传播,但是在扰动源运动方向上传播得慢一些,而在运动的相反方向上传播得快一些。

(3) 图 9-3(c),扰动源以声速运动。则在扰动源运动方向上,所有微弱扰动波的波面将重叠成一个面,扰动只能在右半平面内传播。

(4) 图 9-3(d),扰动源以大于声速的速度运动。此时,扰动源走在扰动波面之前,所有的扰动波面将叠加形成一个圆锥面,扰动只能在此圆锥面内传播,称为马赫锥(Mach cone)。当超音速飞机飞过头顶时,就可观察到这种现象。

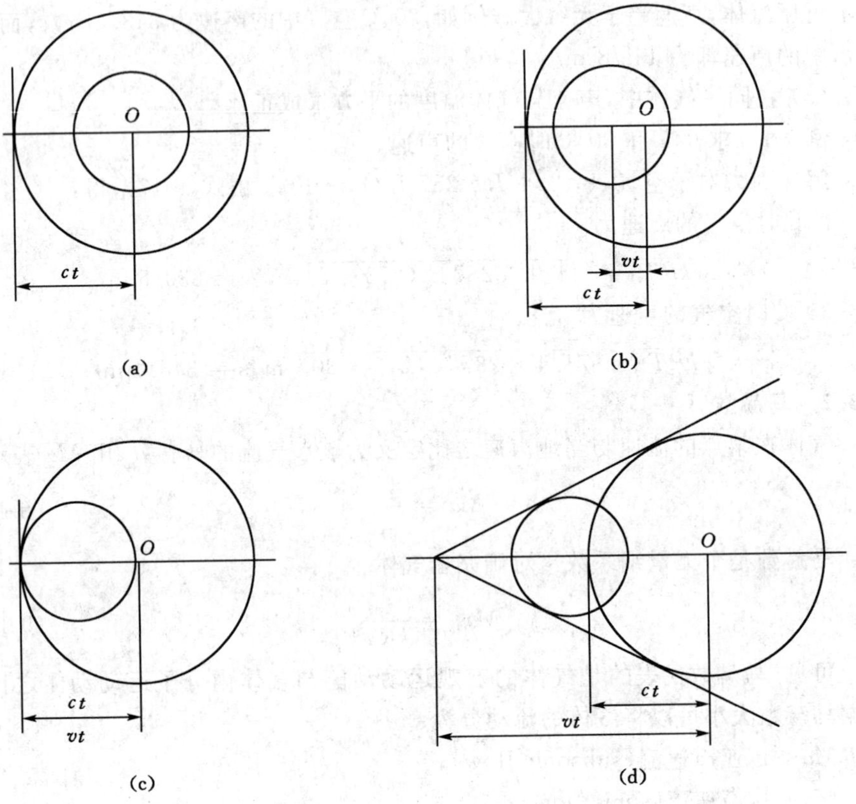

图 9-3 小扰动在不同来流速度场内的传播

9.4 气流的特定状态

在一元流中,如果已知某一截面上的气流参数及另一截面的一个参数,就可以通过基本方程求出那个截面上的所有其他参数。已知参数的截面就称为参考截面，该截面上的参数就称为参考状态参数。下面讨论几种常用的参考状态。

9.4.1 滞止状态

为描述流场中某点的状态，常给出该点气流的压强、密度和温度等参数。这些参数在气体动力学中称为静参数。

如果按照一定的过程将气流速度滞止到零，这时的压强 p_0、密度 ρ_0 和温度 T_0 等便称为滞止参数(stagnation parameters)或总参数。

为了方便起见，常常设想由气流速度等熵地滞止到零而得到与每点的静参数相对应的滞止参数，并以此作为参考状态。显然，这样的滞止状态(stagnation state)是与气体的实际流动过程无关的。

气体一维定常绝能流的能量方程可写成

$$h + \frac{v^2}{2} = h_0 \tag{9-20}$$

式中，h_0 为滞止焓(stagnation enthalpy)，在绝能流中是个常数。

对于比热为常数的完全气体，式(9-20)成为

$$T + \frac{v^2}{2c_p} = T_0 \tag{9-21}$$

滞止温度在绝能流中也是个常数。对于绝能的流动，不论过程等熵与否，以上两式都是适用的。对应于滞止温度有一个滞止声速

$$c_0 = \sqrt{kRT_0} \tag{9-22}$$

在绝能流中，c_0 同样是个常数，也是一个常用的参考速度。

注意到 $c_p = kR/(k-1)$，$kRT = c^2$，$Ma^2 = v^2/c^2$，可得

$$\frac{T_0}{T} = \frac{c_0^2}{c^2} = 1 + \frac{k-1}{2}Ma^2 \tag{9-23}$$

由等熵过程关系式：$p_0/p = (\rho_0/\rho)^k = (T_0/T)^{k/(k-1)}$，得

$$\frac{p_0}{p} = \left(1 + \frac{k-1}{2}Ma^2\right)^{k/(k-1)} \tag{9-24}$$

$$\frac{\rho_0}{\rho} = \left(1 + \frac{k-1}{2}Ma^2\right)^{1/(k-1)} \tag{9-25}$$

可见，对于绝能等熵流，随马赫数的增大，气流的温度、声速、压强和密度都将降低。

根据式(9-24)，可进一步分析不考虑气体的压缩性会带来多大的误差。

当马赫数不大时，可以引用牛顿二项式定理，将式(9-24)展开成级数，即

$$\frac{p_0}{p} = 1 + \frac{k}{2}Ma^2 + \frac{k}{8}Ma^4 + \cdots$$

即
$$p_0 - p = \frac{1}{2}\rho v^2 \varepsilon_p \tag{9-26}$$

式中，$\varepsilon_p = 1 + \frac{k}{4}Ma^2 + \frac{2-k}{24}Ma^4 + \cdots$，称为压缩性因子(compressibility factor)。显然，压缩性因子随马赫数的增大而增大。

当 $Ma=0$ 时，$\varepsilon_p=1$，则式(9-26)是不可压缩流动的动压表达式。当 $Ma=0.3$ 时，$\varepsilon_p=1.023$，即不可压缩性假设将给动压带来2.3%的误差，这在工程上是允许的。因此，当流速小于102m/s(即 $Ma<0.3$)时，可以忽略压缩性的影响。

9.4.2 极限状态

极限状态(limiting state)是指绝能流随着气体的膨胀、加速、分子无规则运动的动能全部转换成宏观运动的动能。气流的静温和静压均降低到0，气流速度达到极限速度 $v_{\max}$(气流膨胀到完全真空所能达到的最大速度)。由式(9-20)得

$$v_{\max} = \sqrt{\frac{2kR}{k-1}T_0} \tag{9-27}$$

这是理论上的极限值，实际上是不可能达到的，因为真实气体在达到该速度前就已液化了。但这个状态指出，气流的速度不可能超过极限速度。极限状态的参数只有一个，就是极限速度，其余的参数均为0。

9.4.3 临界状态

对式(9-20)稍加变换，可得

$$\frac{1}{k-1}c^2 + \frac{1}{2}v^2 = \frac{1}{k-1}c_0^2 = \frac{1}{2}v_{\max}^2 \tag{9-28}$$

将其画在 c-p 状态平面上(图9-4)，可以看出，当气流速度被滞止到0，当地声速上升到滞止声速。当气流速度被加速到极限速度时，当地声速下降到0。因此，在气流速度由小变大和当地声速由大变小的过程中，必定会出现气流速度恰好等于当地声速的状态，该状态便是临界状态(critical state)。

临界状态下的气流参数称为临界参数，出现临界状态的截面称为临界截面(critical cross-section)。下标"cr"表示临界状态。

在临界状态，由式(9-28)可得

$$c_{\mathrm{cr}} = \sqrt{\frac{2}{k+1}}c_0 = \sqrt{\frac{k-1}{k+1}}v_{\max} \tag{9-29}$$

对于给定的气体，临界声速也只决定于总温度，在绝能流中它是常数，是一个重要的参考速度。

由式(9-22)~式(9-25)可求出临界参数与滞止参数之比(令 $Ma=1$)

$$\frac{T_{cr}}{T_0}=\frac{c_{cr}^2}{c_0^2}=\frac{2}{k+1} \tag{9-30}$$

$$\frac{p_{cr}}{p_0}=\left(\frac{2}{k+1}\right)^{k/(k-1)} \tag{9-31}$$

$$\frac{\rho_{cr}}{\rho_0}=\left(\frac{2}{k+1}\right)^{1/(k-1)} \tag{9-32}$$

可以看出，对于一定气体的绝能等熵流，各临界参数均保持不变，它们与对应滞止参数的比值是常数。

9.4.4　速度系数

工程上经常用到与马赫数相类似的无量纲系数，称为速度系数(velocity coefficient)，它是气流速度与临界声速之比，即

$$M_*=\frac{v}{c_{cr}} \tag{9-33}$$

利用速度系数的好处是：

① 在绝能流中临界声速是个常数，求气流速度时，只要知道速度系数就可以了；而由马赫数求气流速度时，则需要先逐个求出当地声速。

② 在绝能流中，当速度趋于极限速度时，马赫数趋于无穷大，而速度系数却是一个有限量。因为

$$M_{*\max}=\frac{v_{\max}}{c_{cr}}=\sqrt{\frac{k+1}{k-1}} \tag{9-34}$$

马赫数与速度系数的关系为

$$M_*^2=\frac{(k+1)Ma^2}{2+(k-1)Ma^2} \tag{9-35}$$

$$Ma^2=\frac{2M_*^2}{(k+1)-(k-1)M_*^2} \tag{9-36}$$

根据速度系数也可以对气体流动进行划分：

$Ma=0$ 时，$M_*=0$，为不可压缩流动；

$Ma<1$ 时，$M_*<1$，为亚声速流；

$Ma=1$ 时，$M_*=1$，为声速流；

$Ma>1$ 时，$M_*>1$，为超声速流。

例 9-2　气体在收缩喷管中做定常等熵流动，已知该喷管中某一断面处气流的速度为 $v=100$ m/s，压强 $p=200$ kPa，温度 $T=300$ K。求：

(1) 该气流的滞止压强和滞止温度。

(2) 该气流的临界压强和临界温度。

解　该断面上气流的声速为

$$c = \sqrt{kRT} = \sqrt{1.4 \times 287 \times 300}\ \mathrm{m/s} = 347.2\ \mathrm{m/s}$$

马赫数为

$$Ma = \frac{v}{c} = \frac{100}{347.2} = 0.288$$

则气流的滞止压强为

$$p_0 = p\left(1 + \frac{k-1}{2}Ma^2\right)^{k/(k-1)}$$

$$= 200\,000 \times \left(1 + \frac{1.4-1}{2} \times 0.288\right)^{1.4/(1.4-1)}\ \mathrm{kPa} = 211.9\ \mathrm{kPa}$$

滞止温度为

$$T_0 = T\left(1 + \frac{k-1}{2}Ma^2\right)$$

$$= 300 \times \left(1 + \frac{1.4-1}{2} \times 0.288^2\right)\ \mathrm{K} = 305.9\ \mathrm{K}$$

根据临界参数与滞止参数的关系，可得：

临界压强为

$$p_{cr} = p_0\left(\frac{2}{k+1}\right)^{k/(k-1)} = 211.9 \times \left(\frac{2}{1.4+1}\right)^{1.4/(1.4-1)}\ \mathrm{kPa}$$

$$= 111.9\ \mathrm{kPa}$$

临界温度为

$$T_{cr} = T_0\,\frac{2}{k+1} = 305.9 \times \left(\frac{2}{1.4+1}\right)\ \mathrm{K} = 254.2\ \mathrm{K}$$

9.5 激波

当飞机、炮弹等以超声速飞行时，或发生强爆炸时，气流受到急剧压缩，压强和密度突然显著增加，这时所产生的压强扰动将以比声速大得多的速度传播，波阵面所到之处气流的各种参数都将发生突跃。这种使流动参数发生突跃变化的强压缩波称为激波(shock wave)。

例如，当超声速飞机飞过时，我们听到的爆震声便是掠过我们耳朵的空气密度有很大变化的激波。激波是超声速气流中经常出现的重要物理现象。

9.5.1 激波的形成和厚度

下面举一个简单的例子来说明激波的形成过程。

如图 9-4 所示，设有一根很长的等截面直管，管内充满静止的气体，流动参数用下标“0” 表示。在管子的左端有一个活塞，在 $0 \sim t_1$ 的一小段时间内，活塞的速度由 0 加速到 v_g。活塞的连续加速，必将产生无数的微弱压缩波，依次向右传播，压缩活塞右面的气体。

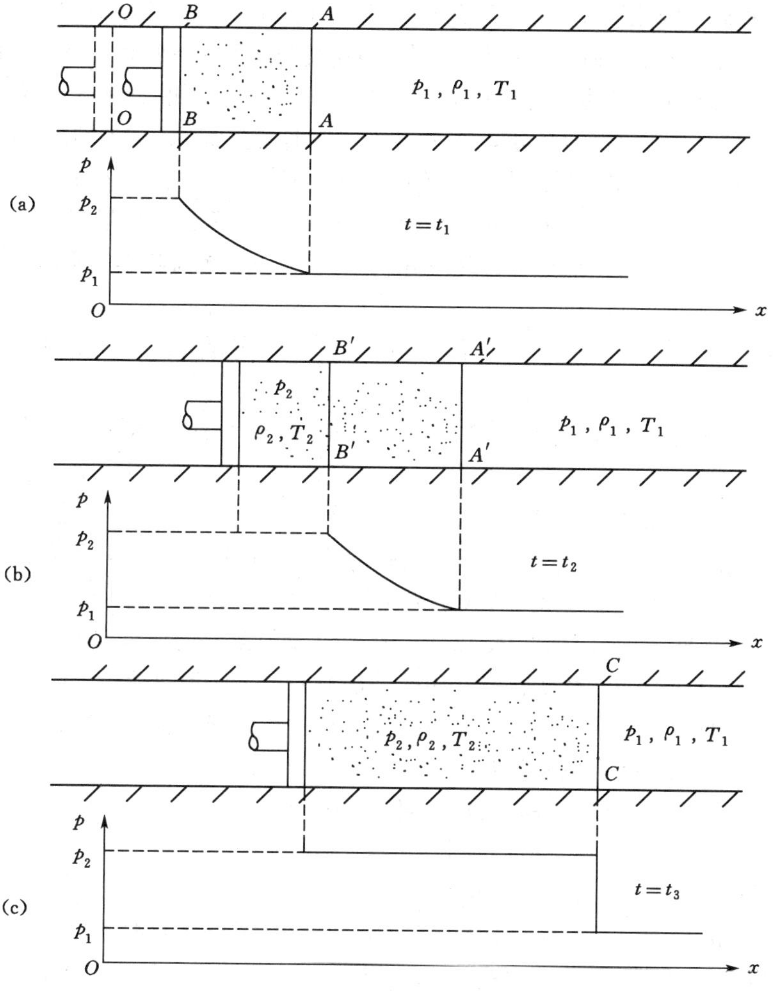

图 9-4 激波的形成过程

在这段时间内，被无数微弱压缩波所连续压缩的气体如图 9-4(a)中的 A-A-B-B 所示。显然，从第一道微弱压缩波到达的 A—A 面至经无数道微弱压缩波压缩过的 B—B 面，流动参数是连续变化的。所以，A-A-B-B 是个过渡区。

微弱压缩波都是以当地声速向前传播的，流场经过前一道微弱压缩波压缩后，其压强和温度均升高，压缩后的流场的当地声速将比原来的当地声速大。这样，当活塞继续运动而产生新的一道微弱压缩波时，新的压缩波是在前一道微弱压缩波扰动后的流场中传播，其传播速度比它前面的压缩波传播得快。

这样，到某一瞬时 t_2，过渡区将比 t_1 时的短，如图 9-4(b)所示。假设到某一瞬时 t_3，所有后面的压缩波都赶上了最初的第一道压缩波，$A—A$ 面与 $B—B$ 面重合而成 $C—C$ 面，过渡区缩短成一个面，则压强曲线变成了一条竖直线，即经过 $C—C$ 压强由 p_1 突变成 p_2，其他流动参数也都作突跃式的变化，如图 9-4(c)所示。这种突跃的压缩或强压缩波便是激波，是无数微弱压缩波叠加而形成的结果。

气流中的激波现象要依靠光学等技术才能观察到，而在明渠流动中与激波有点类似的水跃(hydraulic jump)现象却可以直接观察到。当闸门突然打开或决堤时，高水位的水突然冲向下游，将在下游形成一个水面陡峭的水跃区。水跃区可当成一个间断面来处理。

关于激波的厚度，在工程上通常把微波视为没有厚度的流动参数的突跃面或间断面。

但是，既然经过激波流动参数要发生突跃变化，而激波的厚度又等于 0，那么，流动参数的变化率将是无穷大，这是不可能的。实际上，从拍摄到的激波照片中可以看到激波是一个具有极其微小厚度的薄层，其厚度大约是 10^{-6} m，基本上达到分子平均自由程(mean free path of molecular)的量级。例如，在标准大气下，当来流的马赫数等于 2 时，激波的厚度约为 2.54×10^{-4} mm。而在上述条件下，分子的平均自由行程是 7.0×10^{-5} mm，即激波的厚度只有几个分子的平均自由行程。此外，激波的厚度还随马赫数的增大而迅速减小。

然而，我们关心的是气流经过激波后流动参数的变化，对激波内部的流动并不关心。因此，在处理激波问题时，通常做如下假设：

忽略激波的厚度，而将激波作为间断面来处理；

激波前后气体是理想绝热完全气体，比热不变；

激波前后气体满足基本物理规律。

按照激波的形状及其与气流方向之间的夹角，可以将激波分为：

(1) 正激波(normal shock wave)　正缴波是指波面与气流方向相垂直的平面激波。如图 9-5(a)所示，正激波一般出现在一维管道流动中。

(2) 斜激波(oblique shock wave)　斜激波是指波面与气流方向不垂直的平面激波。如图 9-5(b)所示，当超声速气流流过凹钝角边界或尖头物体时，将产生斜激波。在超声速气流绕叶片或叶栅流动时，斜激波总是要出现的。

(3) 曲激波或脱体激波(curved shock wave or detached shock wave)　曲激波是指波面是弯曲的、且与物体有一定距离的激波。如图 9-5(c)所示，当超声速气流流过钝头物体时，由于其前方堆积着一些气体，形成高压；以至于激波不能依附于物体的头部而成为脱体的曲激波。脱体的曲激波的中间部分与来流方

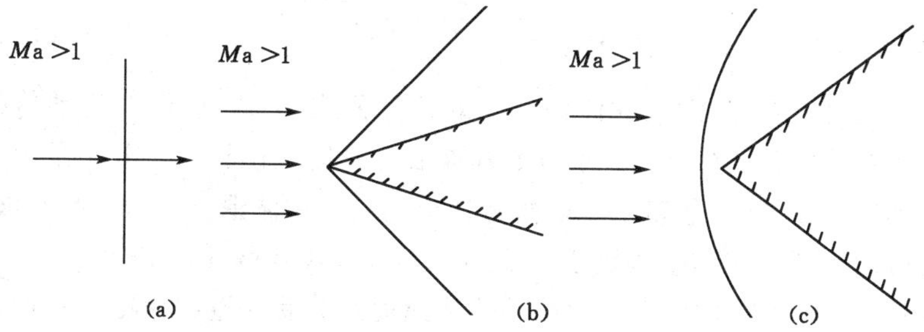

图 9-5　激波

向垂直，是正激波；沿着波面向外延伸的是强度逐渐减小的斜激波系。

本节主要讨论正激波。

9.5.2　正激波的传播速度

仍以活塞在充满静止气体的管中加速运动所形成的正激波为例，来说明激波在气体中的传播规律。如图 9-6 所示，设在某瞬时 t，激波以速度 v_s 推进到 2—2 截面，经 Δt 时间推进到 1—1 截面。取控制面如图中虚线所示。由连续方程得

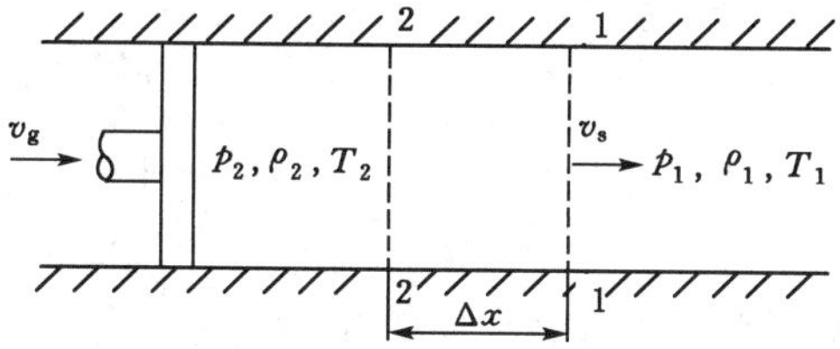

图 9-6　正激波的传播

$$\frac{(\rho_2 - \rho_1)A\Delta x}{\Delta t} + (-\rho_2 A v_g) = 0$$

将 $\Delta x = v_s \Delta t$，$v_s = \Delta x / \Delta t$ 代入后，得

$$(\rho_2 - \rho_1)v_s - \rho_2 v_g = 0 \tag{a}$$

将动量方程应用于图示控制体，得

$$\frac{\rho_2 A \Delta x v_g}{\Delta t} + (-\rho_2 A x_g^2) = -(p_1 - p_2)A$$

或者

$$\rho_2 v_s v_g - \rho_2 v_g^2 = p_2 - p_1 \tag{b}$$

联立(a)、(b)两式，得

$$v_s = \sqrt{\frac{\rho_2}{\rho_1} \frac{p_2 - p_1}{\rho_2 - \rho_1}} \tag{9-37}$$

$$v_g = \sqrt{\frac{(\rho_2 - p_1)(\rho_2 - \rho_1)}{\rho_1 \rho_2}} \tag{9-38}$$

从上式可以看出，激波的传播速度的计算公式(9-37)比微弱扰动传播速度微分形式的计算公式(9-15)多了波前和波后的密度之比。这个差别是由于推导微弱扰动传播速度时，忽略了二阶微量造成的。当激波退化为微弱扰动波时，波前和波后的密度之比非常接近于1，此时式(9-37)和式(9-15)完全相同。

此外，从式(9-37)看，好像激波的传播速度及波后气流的速度不仅取决于压强突跃，而且与密度突跃有关。其实，它们只取决于压强突跃，因为密度突跃本身也由压强突跃决定。下面推导压强变化与密度变化之间的关系。

将能量方程应用于图9-7所示控制体，得

$$\frac{[\rho_2(u_2 + v_g^2/2) - \rho_1 u_1]A\Delta x}{\Delta t} + [-\rho_2(u_2 + v_g^2/2)v_g A] = -(-p_2 v_g A)$$

或者

$$(\rho_2 u_2 + \rho_2 v_g^2/2 - \rho_1 u_1)v_s - \rho_2(u_2 + v_g^2/2)v_g = p_2 v_g$$

将式(a)代入上式，得

$$\rho_1\left(\frac{1}{2}v_g^2 + u_2 - u_1\right)v_s = p_2 v_g \tag{c}$$

内能可表示为

$$u = \frac{p}{(k-1)\rho}$$

将式(9-37)、式(9-38)代入式(c)，整理得

$$\frac{\rho_2}{\rho_1} = \frac{\dfrac{k+1}{k-1}\dfrac{p_2}{p_1} + 1}{\dfrac{k+1}{k-1} + \dfrac{p_2}{p_1}} \tag{9-39}$$

$$\frac{p_2}{p_1} = \frac{\dfrac{k+1}{k-1}\dfrac{\rho_2}{\rho_1} - 1}{\dfrac{k+1}{k-1} - \dfrac{\rho_2}{\rho_1}} \tag{9-40}$$

式(9-39)和式(9-40)称为 Rankine-Hugoniot 公式。

9.5.3 突跃压缩与等熵压缩的比较

根据式(9-24)和式(9-25)，容易得出等熵压缩情况下压强变化与密度变化之间的关系，即

$$\frac{p_2}{p_1} = \left(\frac{\rho_2}{\rho_1}\right)^k \tag{9-41}$$

将等熵压缩和突跃压缩2种情况下的压强变化与密度变化的关系曲线画在

图 9-7 上。可以看出，对于等熵压缩，随着压强变化的增大，密度变化将无限增大；而对于突跃压缩，无论压强突跃有多大，密度突跃最多只能达到其极限：

$$\lim_{p_2/p_1 \to \infty} \frac{\rho_2}{\rho_1} = \frac{k+1}{k-1}$$

例如，对于空气来说，$k=1.4$，则密度突跃的极限值为 6。这就是说，空气经过激波压缩后，波后的密度最多只能达到波前密度的 6 倍。这是因为，气流通过激波后，部分动能不可逆地转变为热能，气流受到剧烈加热，温度增高，从而使压强突跃引起的密度突跃受到限制。

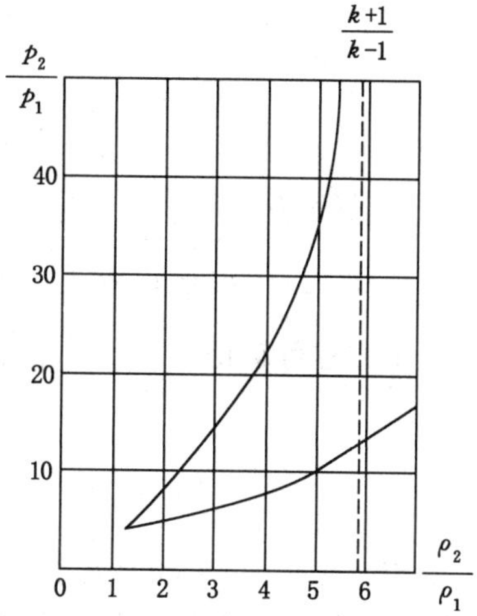

图 9-7　等熵压缩与突跃压缩的比较

9.5.4　正激波前后气流参数的关系及波阻的概念

在形成正激波空间取出如图 9-9 所示的流管，并把参考坐标系固结在激波上。这样，对于所取的坐标系，激波不动，而气流成了定常流动。选取控制体和激波前后各参数标记如图所示，写出对于于该控制体的基本方程：

连续性方程

$$\rho_1 v_1 = \rho_2 v_2 \tag{d}$$

动量方程

$$\rho_2 v_2^2 - \rho_1 v_1^1 = p_1 - p_2 \tag{e}$$

能量方程

$$h_1 + \frac{v_1^2}{2} = h_2 + \frac{v_2^2}{2} \tag{f}$$

对于比热为常数的完全气体，存在关系式

$$h = c_p T = kRT/(k-1) = kp/(k-1)\rho$$

再参考极限状态和临界状态的关系式，可以将能量方程改写为：

$$\frac{k}{k-1}\frac{p_1}{\rho_1} + \frac{v_1^2}{2} = \frac{k}{k-1}\frac{p_2}{\rho_2} + \frac{v_2^2}{2} = \frac{k+1}{2(k-1)}c_{cr}^2 \tag{g}$$

用式(e)除以式(d)，得

$$v_1 - v_2 = \frac{p_2}{\rho_2 v_2} - \frac{p_1}{\rho_1 v_1} \tag{h}$$

由式(g)得

$$\frac{p_1}{\rho_1} = \frac{k+1}{2k}c_{\mathrm{cr}}^2 - \frac{k-1}{2k}v_1^2$$

$$\frac{p_2}{\rho_2} = \frac{k+1}{2k}c_{\mathrm{cr}}^2 - \frac{k-1}{2k}v_2^2$$

代入式(h),得

$$v_1 - v_2 = (v_1 - v_2)\left(\frac{k+1}{2k}\,\frac{c_{\mathrm{cr}}^2}{v_1 v_2} + \frac{k-1}{2k}\right)$$

这个方程可解得 $v_1 = v_2$(没有激波)。

$$v_1 v_2 = c_{\mathrm{cr}}^2 \tag{9-42}$$

$$M_{*1} M_{*2} = 1 \tag{9-43}$$

这就是著名的 Prandtl 激波公式。它建立了正激波前后气流速度之间的关系,即正激波前、后速度系数的乘积等于 1。

由于正激波前来流的速度为超声速,正激波后的气流水远为亚声速流。

下面讨论经过激波气流的能量损失问题。由于经过激波气流参数的突跃变化是在极短的距离内用极短的时间迅速完成的,因而可以认为该过程是绝热的,气流的总能量是没有损失的,即总焓不变。但是,正如前面已经分析过的,在突跃压缩过程中,由于黏性作用和导热效应的存在,一定存在不可逆的能量转化,标志这种不可逆损失的熵值将增加。也就是说,突跃压缩是绝热非等熵过程。

根据熵的定义

$$\mathrm{d}s = \frac{\mathrm{d}q}{T}$$

其中,热量的增量

$$\mathrm{d}q = \mathrm{d}u + p\mathrm{d}\left(\frac{1}{\rho}\right) = \mathrm{d}\left(h - \frac{p}{\rho}\right) + p\mathrm{d}\left(\frac{1}{\rho}\right) = \mathrm{d}h - \frac{\mathrm{d}p}{\rho}$$

因此

$$\mathrm{d}s = \frac{\mathrm{d}h}{T} - \frac{\mathrm{d}p}{\rho T} = c_p\frac{\mathrm{d}h}{T} - R\frac{\mathrm{d}p}{p}$$

由过程的起点 1 到终点 2 积分,得

$$\begin{aligned}\Delta s = s_2 - s_1 &= c_p\int_{T_1}^{T_2}\frac{\mathrm{d}T}{T} - R\int_{p_1}^{p_2}\frac{\mathrm{d}p}{p} \\ &= R\ln\left[\frac{p_1}{p_2}\left(\frac{T_2}{T_1}\right)^{k/(k-1)}\right]\end{aligned} \tag{9-44}$$

由 Rankine-Hugoniot 公式及状态方程,可得

$$\frac{T_2}{T_1}=\frac{\dfrac{k+1}{k-1}\dfrac{p_2}{p_1}+\left(\dfrac{p_2}{p_1}\right)^2}{\dfrac{k+1}{k-1}\dfrac{p_2}{p_1}+1}$$

代入式(9-44)，得

$$\Delta s=c_v\left[\ln\frac{p_2}{p_1}+k\ln\left(\frac{k+1}{k-1}+\frac{p_2}{p_1}\right)-k\ln\left(\frac{k+1}{k-1}\frac{p_2}{p_1}+1\right)\right] \tag{9-45}$$

很容易证明，式(9-45)在压强比值为 1 时，Δs 等于 0；在压强比值大于 1 时，Δs 永远大于 0，这就说明了熵是增加的。

这种机械能的损失，也可以从另一个角度去理解。例如，在等直径长管中形成激波，为了维持激波的强度和继续压缩波前的气体，必须使活塞顶着高压气体以一定的速度前进。也就是说，必须不断地给活塞提供能量，以克服波后高压气体对活塞的阻力。

当超声速气流绕物体流动时，必定会出现激波。气流经过激波后，速度降低、动量减少、熵值增加。因此，必有作用在气流上与其流动方向相反的力，即阻滞气体流动的力。相反，对于引起激波的物体，也必然受到与此力相等的反作用力，就是气体作用在物体上的阻力。这种阻力是由于激波而引起的，故称为波阻(wave drag)。它是与摩擦阻力和压差阻力不同的另一种阻力，其大小与激波的强度成正比。

9.6　变截面管流

9.6.1　气流速度与管道截面的关系

本节讨论管道截面变化对气体流动的影响。

设气流是一维定常绝能等熵流，即假设气体流动中与外界没有热、功和质量交换，也不考虑黏性的影响。取连续方程式的对数的微分，得

$$\frac{d\rho}{\rho}+\frac{dv}{v}+\frac{dA}{A}=0 \tag{a}$$

对于非黏性气体沿微元流管的定常流动，如果经过 dx 后气体流速增加 dv、压力增加 dp，则由动量方程得

$$\rho v\,dv=-dp$$

由声速公式可得

$$\frac{dp}{p}=-\frac{\rho}{p}v\,dv=-kMa^2\frac{dv}{v} \tag{b}$$

$$\frac{dp}{p}=k\frac{d\rho}{\rho} \tag{c}$$

取完全气体状态方程的对数的微分，得

$$\frac{\mathrm{d}p}{p}=\frac{\mathrm{d}\rho}{\rho}+\frac{\mathrm{d}T}{T} \tag{d}$$

联立式(a)～式(d),可得

$$\frac{\mathrm{d}A}{A}=(Ma^2-1)\frac{\mathrm{d}v}{v} \tag{e}$$

$$\frac{\mathrm{d}p}{p}=-kMa^2\frac{\mathrm{d}v}{v} \tag{f}$$

$$\frac{\mathrm{d}\rho}{\rho}=-Ma^2\frac{\mathrm{d}v}{v} \tag{g}$$

$$\frac{\mathrm{d}T}{T}=-(k-1)Ma^2\frac{\mathrm{d}v}{v} \tag{h}$$

由此可看出,对于一维定常绝能等熵流,气流的加速必然伴随着气体压强、密度和温度的降低,即气流经历的是膨胀过程;反之,气流的减速必然伴随着气体压强、密度和温度的升高,即气流经历的是压缩过程。还可看出,气流参数的相对变化都与马赫数有关,这是因为在压强不断变化的流动过程中,气体的密度也不断变化,而马赫数又与密度对压强的变化率密切相关。以上 4 个方程是一维定常绝能等熵流必须服从的基本规律。下面按作用的不同分喷管和扩压器 2 种情况进行讨论。

1. 喷管

喷管(nozzle)的作用是使高温高压气体的热能经降压加速转换为高速气流的动能。以便利用它去做功或满足某些特殊需要。

气流在喷管中经历的是降压加速的膨胀过程。喷管截面积的相对变化趋向不仅与速度的相对变化趋向有关,而且也与马赫数的大小有关。

在加速过程中,气流的速度不断增加,因此$\frac{\mathrm{d}v}{v}>0$。此时,根据式(e):

如果 $Ma<1$,则必须$\frac{\mathrm{d}A}{A}<0$,即超声速喷管亚声速段的截面积应该逐渐减小;

如果 $Ma=1$,则必须$\frac{\mathrm{d}A}{A}=0$,即临界截面处的截面积不变;

如果 $Ma>1$,则必须$\frac{\mathrm{d}A}{A}>0$,即超声速段的截面积应该逐渐增大。

在 $Ma=1$ 的截面上,气流处于临界状态,故该截面称为临界截面。显然,临界截面应是超声速喷管的最小截面,称为喷管的喉部,如图 9-8 所示。

由此可见,用喷管得到超声速气流的条件,除去必须保证在喷管的进口和出口有足以产生超声速气流的压强差之外,还必须具备适合于气流不断降压膨胀加速的管道截面变化,即管道要先逐渐收缩,使亚声速流逐渐加速,在喉部达到

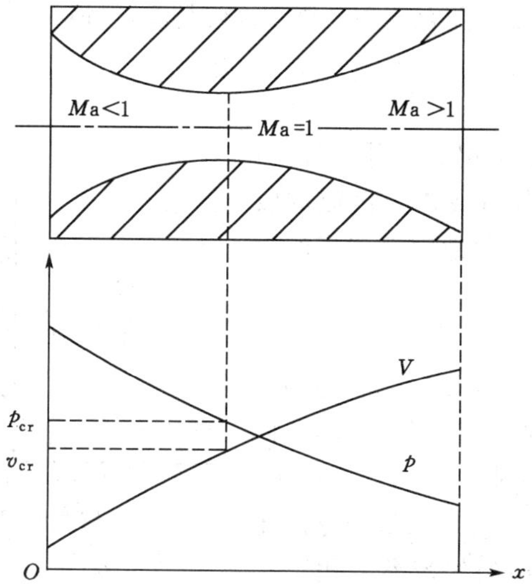

图 9-8　拉瓦尔喷管

声速，而后管道便逐渐扩张，使气流继续加速成超声速流。这种缩放形的超声速喷管是瑞典工程师拉瓦尔(Laval)于19世纪末发明的，所以又叫拉瓦尔喷管(Laval nozzle)。收缩形喷管的出口气流速度最高只能达到当地声速。

2. 扩压器

扩压器(diffuser)的作用是通过减速增压使超声速气流的动能转换为气体的压强势能和内能，以满足增压和节能的需要。

气流在扩压器中经历的是增压减速的压缩过程。

在减速过程中，气流的速度不断降低，因此$\frac{dv}{v}<0$。此时，根据式(e)：

如果$Ma>1$，则必须$\frac{dA}{A}<0$，即超声速段的截面积应该逐渐减小；

如果$Ma=1$，则必须$\frac{dA}{A}=0$，即临界截面处的截面积不变；

如果$Ma<1$，则必须$\frac{dA}{A}>0$，即亚声速段的截面积应该逐渐增大。

这样，从截面的变化趋向看，超声速扩压器是超声速喷管的逆转。但是。扩压器内的增压减速过程并不简单地等于喷管内降压加速过程的逆转，这是因为在扩压器中伴随着减速过程的是逆压梯度，实际存在的边界层会迅速增厚起来。如果在亚声速段的渐扩管道中减速过急(管道张角过大)，便会导致边界层分离而形成旋涡，使主流离开壁面。在超声段的渐缩管道中往往会出现激波，激波使边界层急剧增厚，也常伴随有流动分离。也就是说，气体在扩压器中的流动要比在喷管中更为复杂。

9.6.2 喷管

下面介绍工业上常用的 2 种喷管：一种是能获得亚声速气流或声速气流的收缩喷管；另一种是能获得超声速气流的缩放喷管（拉瓦尔喷管）。

1. 收缩喷管

将收缩喷管（convergent nozzle）的进口连接到一个很大的高压气储罐，容器内的气体通过收缩喷管喷出，如图 9-9 所示。因此，喷管进口断面参数可以认为是滞止参数。喷管出口断面的气流参数用下标“1”表示。则喷管中绝能流的能量方程为

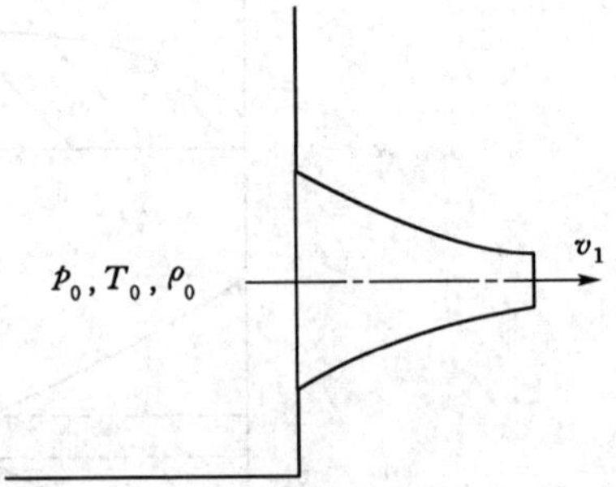

图 9-9 收缩喷管

$$h_1 + \frac{1}{2}v_1^2 = h_0$$

对于比热为常数的完全气体，上式成为

$$c_p T_1 + \frac{1}{2}v_1^2 = c_p T_0$$

解出喷管出口的气流速度

$$v_1 = \sqrt{2c_p(T_0 - T_1)} = \sqrt{\frac{2k}{k-1}RT_0\left(1 - \frac{T_1}{T_0}\right)} \tag{9-46}$$

如果将等熵关系式和状态方程代入，则

$$v_1 = \sqrt{\frac{2k}{k-1}\frac{p_0}{\rho_0}\left[1 - \left(\frac{p_1}{p_0}\right)^{(k-1)/k}\right]} \tag{9-47}$$

流过喷管的质量流量为

$$q_m = A_1\rho_1 v_1 = A_1\rho_0\left(\frac{p_1}{p_0}\right)^{1/k} v_1$$

于是

$$q_m = A_1\rho_0\sqrt{\frac{2k}{k-1}\frac{p_0}{\rho_0}\left[\left(\frac{p_1}{p_0}\right)^{2/k} - \left(\frac{p_1}{p_0}\right)^{(k+1)/k}\right]} \tag{9-48}$$

因为在收缩喷管内的流动是降压加速的膨胀过程，因此最大流量只能通过求极值的方法求出。将式(9-48)对压强 p_1 求导，并令其等于 0，得

$$p_1 = p_0\left(\frac{2}{k+1}\right)^{k/(k-1)} = p_{cr} \tag{9-49}$$

上式说明，当出口压强等于临界压强时，也即喷管出口截面气流达到临界状态时，流量达到最大。最大流量为

$$q_{\max}=A_1\rho_0\left(\frac{p_{cr}}{p_0}\right)^{1/k}v_{cr}=A_1\left(\frac{2}{k+1}\right)^{\frac{k+1}{2(k-1)}}\sqrt{kp_0\rho_0} \tag{9-50}$$

2. 拉瓦尔喷管

与收缩喷管一样，仍假定将拉瓦尔喷管的进口连接到一个很大的高压储气罐，喷管进口断面参数可以认为是滞止参数，如图 9-10 所示。

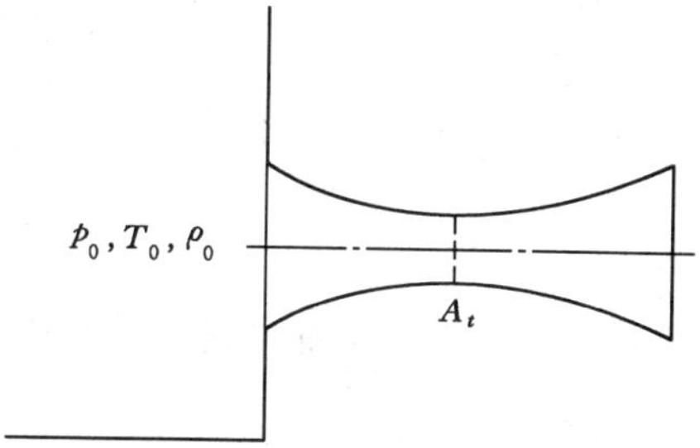

图 9-10　拉瓦尔喷管

实际上，拉瓦尔喷管的前半段就是一个收缩喷管，而且在其喉部达到临界状态。因此，通过拉瓦尔喷管的质量流量仍可按式(9-50)计算

$$q_{\max}=A_t\left(\frac{2}{k+1}\right)^{\frac{k+1}{2(k-1)}}\sqrt{kp_0\rho_0} \tag{9-51}$$

式中，A_t 为喉部截面积。

喷管截面积的变化控制着气体的膨胀程度。由连续性方程

$$\frac{A}{A_t}=\frac{A}{A_{cr}}=\frac{\rho_{cr}v_{cr}}{\rho v}$$

根据式(9-29)、式(9-32)、式(9-47)，代入上式得

$$\frac{A}{A_1}=\frac{1}{Ma}\left(\frac{2}{k+1}+\frac{k-1}{k+1}Ma^2\right)^{\frac{k+1}{2(k-1)}} \tag{9-52}$$

由此可见，要得到某一马赫数的超声速气流，拉瓦尔喷管的出口截面积与喉部截面积之比是唯一的。当然，与此对应的压强比也是唯一的。

缩放喷管的尺寸总是根据气流在设计工况压强下可以正常膨胀而确定的，但是喷管并不总是在设计工况下工作。当压强比变化时，气流的流动情况也随之改变。

9.7　等截面摩擦管流

本节讨论摩擦对管流的影响，讨论中仍假定流动是一维的、定常的、绝能的。这里只限于讨论管道比较短、又有保温措施、流动接近于绝热过程的情况，认为这种流动属于纯摩擦过程。

9.7.1　范诺线

对于等截面管道中的一维定常绝能流，其连续方程为

$$\rho v=\frac{q_m}{A}=C$$

式中，ρv 称为密流。该式表明，沿管道气体的密流不变。

能量方程为

$$h+\frac{v^2}{2}=h_0$$

合并以上二式，得

$$h=h_0-\frac{q_m^2}{2\rho^2 A^2} \tag{a}$$

式中，滞止焓、质量流量和截面积都是给定的常数。因此，沿管道气体的焓是气流密度的函数。

由热力学已知，气体的状态方程可表示为

$$h=h(s,\rho) \tag{b}$$

由式(a)、式(b)消去密度 ρ，可得方程

$$h=h(s) \tag{c}$$

即气体的焓与熵的函数关系。

给气体的密流以不同的值，即可求出不同的(h,s)曲线，称为范诺线(Fanno line)，如图 9-11 所示。

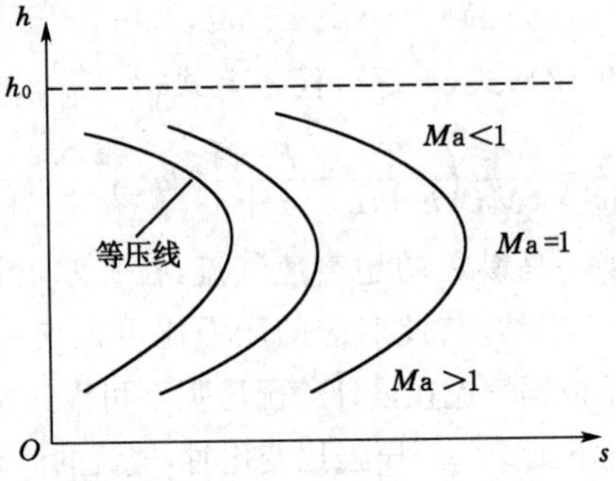

图 9-11　范诺线

由上述可见，范诺线是焓熵图上满足等截面管流的连续性方程、绝能流的能量方程和气体状态方程的诸点的连线。在范诺线上，气流的总焓和密流均保持不变。等截面绝热摩擦管流是满足上述方程和条件的，因而可以用范诺线来描地绝热摩擦管流的流动情况。

在以上的讨论中并没有规定是什么气体，因而范诺线对完全气体和非完全气体都是适用的。

为了定性地分析清楚绝热摩擦管流中气流参数的变化趋向,这里引入微分形式的连续方程、能量方程和完全气体的焓和熵:

$$\frac{d\rho}{\rho}+\frac{dv}{v}=0$$

$$dh+vdv=0$$

$$dh=c_p dT$$

$$ds=c_V\frac{dT}{T}-R\frac{d\rho}{\rho}$$

假定气体的比热为常数,联立求解以上四式,可得

$$ds=c_V\left(1-\frac{1}{Ma^2}\right)\frac{dh}{h}=\frac{R}{k-1}\left(1-\frac{1}{Ma^2}\right)\frac{dT}{T} \tag{9-53}$$

由气流的焓和熵的微分关系式可以看出:

当 $Ma<1$ 时,dh 与 ds 异号,在焓熵图上曲线的斜率为负,这指的是曲线的上半支,它代表的是亚声速流;

当 $Ma>1$ 时,dh 与 ds 同号,在焓熵图上曲线的斜率为正,这指的是曲线的下半支,它代表的是超声速流;

当 $Ma=1$ 时,$ds=0$。在焓熵图上曲线的斜率为无穷大,即曲线在该点的切线垂直于 s 轴,所以该点是最大熵值点,它代表声速流的临界状态。

热力学第二定律已经阐明,在绝能流中熵值是不能减小的。因此,绝热摩擦管流流动状态的变化必沿范诺线而趋向右方,即对于亚声速流,摩擦的作用是消耗有用的机械能,使熵值增加,由图 9-11 可见,马赫数将增大,但最大只能到 1,不可能大于 1;而气流的焓、温度、压强和总压强都要降低。对于超声速流,摩擦的作用同样使熵值增加,马赫数将减小,但最小到 1,不可能小于 1,而气流的焓、温度、压强虽然升高,但总压强同样是降低的。也就是说,摩擦的作用使亚声速流和超声速流最终达到的极限状态都是 $Ma=1$ 的临界状态,由亚声速流连续地变化为超声速流或由超声速流连续地变化为亚声速流都是不可能的。

9.7.2 摩擦造成的壅塞现象

从以上分析可知,摩擦的作用是使气流向临界状态靠近。对应于每个给定的进口马赫数,气流将在一定的管长内达到临界状态,这一管长称为极限管长。

如果实际管长超过极限管长,即使出口的背压足够低,流动也将出现壅塞(choke)现象。因为极限管长处的气流速度已达到声速,密流已达到最大值。但大于极限管长的管段的摩擦作用将使气流的总压继续降低,原先在极限管长时能够通过的流量,这时便通不过了,于是发生了壅塞。这就是摩擦造成的壅塞现象。

对于亚声速气流,由于壅塞引起的压强增高扰动可以逆流往上游传播,直至管道的进口,从而在进口发生溢流,减小通过管道的流量,同时也就减小了进口

的气流速度。这样，对应的极限管长加长，临界截面往后移动，直至后移到出口为止。这时，出口的气流必处于临界状态。

对于超声速气流，壅塞所引起的压强增高将在超声速气流中形成激波。当实际管长超过极限管长不多时，激波位于管内，进口的马赫数没有变，流量也没有变。激波之后是亚声速气流，而亚声速气流因摩擦造成的总压损失比超声速气流要小得多，可以通过更长的管段才达到临界状态。这样，便可把临界截面往后移动到出口，从而使进口流量能够从出口顺利通过，而不需要进行调整。

激波的位置可根据气流在出口达到临界状态的条件来确定。由于实际气体的黏性作用，加之超声速摩擦管流几乎全处于速度剖面不断变化的入口段中，实际的激波结构是复杂的。但作为一种近似，仍可把它看做一道正激波来处理。壅塞越严重，激波的位置越靠前，激波也越强。壅塞十分严重时，激波会被推移到进口截面，甚至被推出进口之外。

习 题 9

9-1 声音是如何传播的？

9-2 简述当地声速、滞止声速和临界声速的意义及其之间的联系。

9-3 为什么亚声速气流的速度随通道截面积的增大而减小，而超声速气流的速度却随通道截面积的增大而增大？

9-4 试证明亚声速气流进入收缩喷管后，在收缩喷管内不可能出现超声速流。

9-5 飞机在 20 000 m 高空以 2 400 km/h 的速度飞行，气温为 $-50.5°$，问飞机飞行的马赫数是多少？

9-6 推导气体等熵流动时，以马赫数表示的压强系数 c_p 的表达式，并求马赫数分别为 1,2,3 时的 c_p 值。

9-7 进入涡轮动叶片的过热蒸汽压强为 4 000 kPa，温度为 400 K，速度为 500 m/s，求过热蒸汽在动叶片前的滞止压强和滞止温度[过热蒸汽的比热比 k 取 1.333，定压比热取 1 862 J/(kg·K)]。

9-8 已知正激波后空气流的参数为 $p_2=360$ kPa，$v_2=210$ m/s，$t_2=50$ ℃，求激波前的马赫数。

9-9 温度为 20 ℃，压强 0.1 MPa 的空气通过正激波后，速度减小为原来的 1/2，求空气流的速度和马赫数。

9-10 储气罐的侧面开孔，连接一喷管。气罐内空气的压强为 101.3 kPa，密度为 1.5 kg/m³。不计流动损失，并假定喷管出口处为绝对真空，求喷管出口处的极限速度。

9-11　设计一个马赫数为 3.5 的拉瓦尔喷管，其出口截面直径为 200 mm，出口气流的压强为 7 kPa，温度为 −85 ℃，求喷管的喉部直径、气流的滞止压强和滞止温度。

9-12　气体由大容器通过渐缩管定常等熵地流出。容器内气体的压强和密度，试根据渐缩管出口截面外的压强变化，分析其对渐缩管质量流量的影响。

9-13　模型试验中，气流温度为 15 ℃，而驻点 p 的温度为 40 ℃，流动可认为是绝热的。试求：

(1) 气流的马赫数；

(2) 气流速度；

(3) 驻点的压强比气流压强增大的百分比。

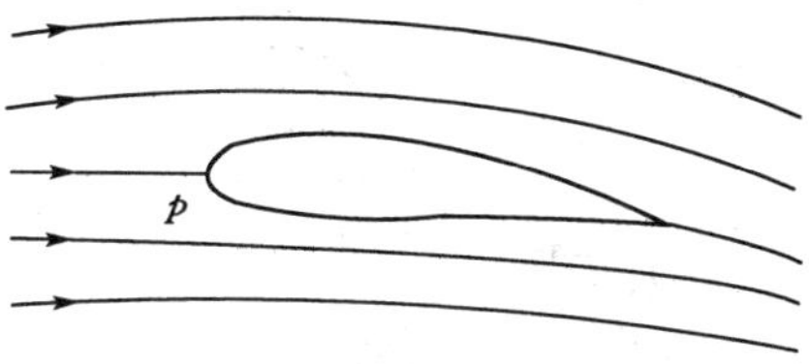

题 9-13 图

9-14　在绝热气流中，测得流线上 $1^{\#}$ 点的速度为 225 m/s，声速为 335 m/s，压强为 1.03 bar；$2^{\#}$ 点的速度为 315 m/s。试求 $2^{\#}$ 点的压强。

9-15　绝热指数为 1.4 的可压缩气体在涡轮机中做绝热流动，已知图中 1—1，2—2 两断面上的面积比为 0.5，密度比为 4，声速比为 2，试求 1—1，2—2 两断面上的马赫数。

9-16　气体在直径为 d，长度为 l 的水平直管段中做等温流动，其温度为 T。由于摩擦作用，沿流动方向产生压强降，其规律可用达西公式表示

$$dp = -\lambda \frac{\rho v^2}{2} \frac{dx}{d}$$

求证：(1) $p_2 = p_1 \sqrt{1 - \frac{\lambda l v_1^2}{RTd}}$；(2) $v_1 = v_2 \sqrt{1 - \frac{\lambda l v_1^2}{RTd}}$。

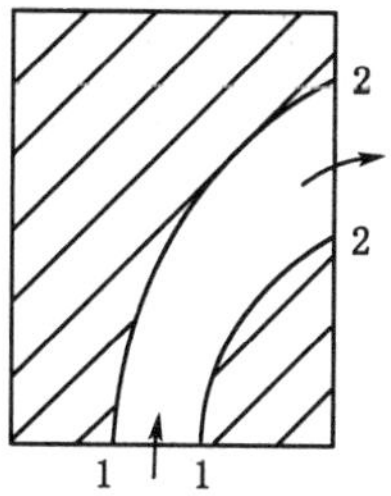

题 9-15 图

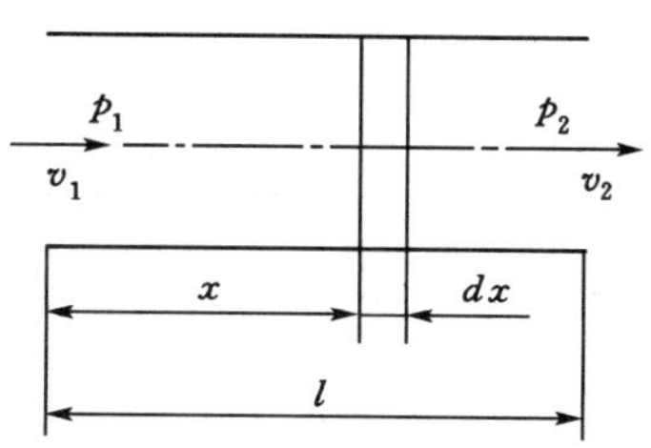

题 9-16 图

9-17　压气机将绝对压强为 0.3 MPa、温度为 117 ℃的压缩空气输送给 2 台涡

轮发动机，压气机总质量流量为 $M_0=2\ 000$ kg/h，直径 $d_0=10$ cm，质量流量 M_2 是 M_1 的 3 倍。如果总管和分管中的流速相同，求气流流速以及两分管的直径。

9-18　空气在管中流动，测得绝对压强为 $p=0.1$ MPa，温度为 5 ℃，测压计中水银柱的高度为 20 cm，求：

(1) 等熵流动且定压比热为 1 005 时，轴心上的速度；

(2) 当成不可压流动时，轴心上的速度。

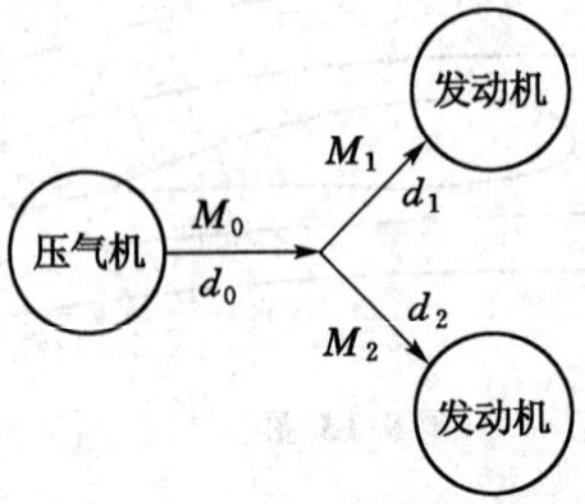

题 9-17 图

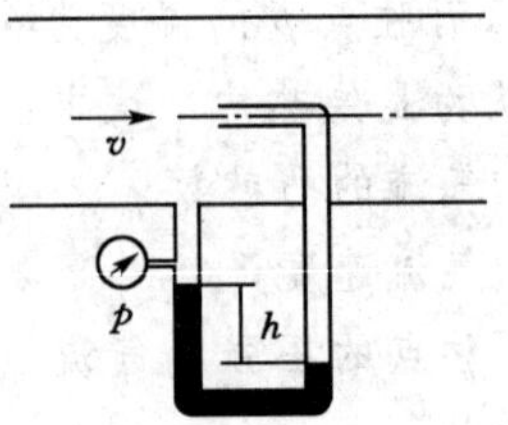

题 9-18 图

9-19　设计一个马赫数为 3.5 的超声速喷管，其出口截面的直径为 200 mm，出口气流的压强为 7 kPa，温度为 −85 ℃。试计算喷管的喉部直径和气流的总温、总压。

9-20　空气的超声速喷管的质量流量为 0.051 kg/s，出口马赫数为 3，滞止压强为 88 300 Pa，滞止温度为 25 ℃，求：

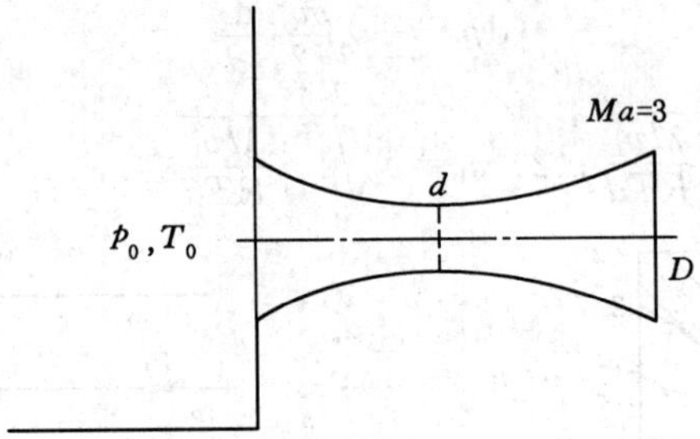

题 9-20 图

(1) 喉部的直径 d；

(2) 临界压强、临界密度和临界温度；

(3) 出口断面直径 D。

10 气体紊动射流

射流(jet)是指从孔口或管嘴或缝隙中连续射出的一股具有一定速度的流体运动。在热能与动力、环境工程、给排水工程、建筑环境与设备工程、交通运输、水利等工程领域中,会遇到大量的射流问题。

射流与孔口管嘴出流的研究对象不同。前者讨论的是出流后的速度场、温度场和浓度场。后者仅讨论出口断面的流速和流量。

本章主要论述无限空间的气体射流。对有限空间射流仅做简单介绍。

10.1 射流的分类

射流可以按不同的特征进行分类。

按流动形态,可分为层流射流(laminar jet)和紊流射流(turbulent jet)。在实际工程中,遇到的多为紊流射流(turbulent jet),所以本章只介绍紊动射流。

按射流周围介质的性质,可分为淹没射流和非淹没射流。若射流与周围介质的物理性质相同,则为淹没射流(submerged jet);若不相同,则为非淹没射流。

按射流周围固体边界的情况,可分为自由射流和非自由射流。若射流进入一个无限空间,完全不受固体边界限制,称为自由射流(free jet)或无限空间射流;若进入一个有限空间,射流受固体边界限制,称为非自由射流(unfree jet)或有限空间射流。

按射流出流后继续运动的动力,可分为动量射流(momentum jet)、浮力羽流(简称羽流,plume)和浮力射流(简称浮射流)。

动量射流是指射流出口流速、动量较大,出流后继续运动的动力来自动量。

浮力羽流是指射流出口流速、动量较小,出流后继续运动的动力主要来自浮力。如密度较小的废水泄入含盐密度大的海水,烟囱的烟气排入大气等。因浮力形成的烟气流,犹如羽毛飘浮在空中,故称为羽流。

浮力射流是指射流出流后继续运动的动力受动量和浮力的共同作用。在浮力射流出口附近一般动量占主要作用,而在远处浮力发挥主要作用,如火电站的冷却水排入河流中,污水排入密度较大的河口水体中。

按射流出口的断面形状,可分为圆形射流、平面射流和三维射流等。

研究射流所要解决的主要问题有：确定射流扩展的范围，射流中流速分布及流量沿程变化；对于变密度、非等温和含有污染物质的射流，还要确定射流的密度分布、温度分布和污染物质的浓度分布。

10.2 无限空间淹没紊流射流的特征

下面以无限空间中圆断面紊流射流为例，讨论射流运动的特征。

气流从半径为 R 的圆断面喷嘴(nozzle)喷出。出口断面上的速度可以认为是均匀分布的，记为 u_0，且假设流动为紊流。取射流轴线为 x 轴。经过大量的试验和观测，得出这种射流的流动特性及结构图形如图 10-1 所示。

由于射流为紊流型，紊流的横向脉动造成射流与周围介质之间不断发生质量、动量交换，带动周围介质流动，使射流的质量流量、射流的横断面积沿 x 方向不断增加，形成了向周围扩散的锥体状流场。

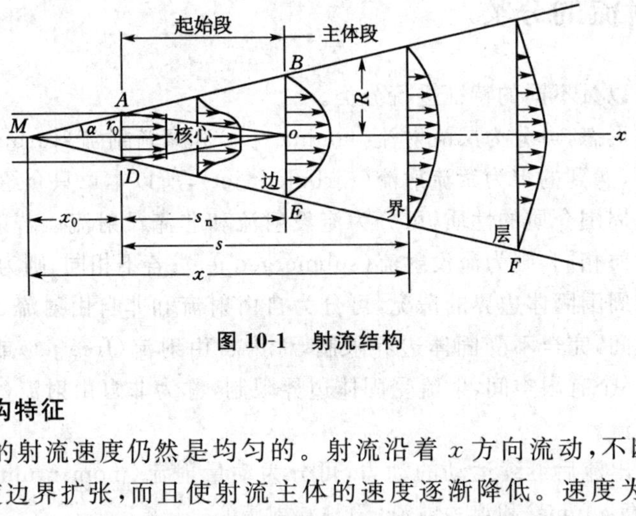

图 10-1 射流结构

10.2.1 结构特征

刚喷出的射流速度仍然是均匀的。射流沿着 x 方向流动，不断带入周围介质，不仅使边界扩张，而且使射流主体的速度逐渐降低。速度为 u_0 的部分(如图 10-1 所示的 AOD 锥体)称为射流核心(core)，其余部分速度小于 u_0，称为边界层。显然，射流边界层从出口开始沿射程不断地向外扩散，带动周围介质进入边界层，同时向射流中心扩展，至某一距离处，边界层扩展到射流轴心线，核心区域(core region)消失，只有轴心点上速度为 u_0。射流这一断面为图 10-1 上的 BOE，称为过渡断面或转折断面。以过渡断面分界，出口断面至过渡断面称为射流起始段。过渡断面以后称为射流主体段。起始段射流轴心上速度都为 u_0，而主体段轴心速度沿 x 方向不断下降，主体段中完全为射流边界层所占据。

10.2.2　几何特征

实验结果及半经验理论都得出射流外边界是一条直线，如图 10-1 上的 AB 及 DE 线。AB、DE 延至喷嘴内交于 M 点，此点称为极点，$\angle AMD$ 的 1/2 称为极角，又称为扩散角。

BO 为圆断面射流截面的半径 R（或平面射流边界层的半宽度 y_b）。它和从极点起算的距离成正比，即 $BO=Kx$。

OM 是从极点起算的距离。由图 10-1 可以看出，$BO/OM=\tan\alpha$，故

$$\tan\alpha=K \tag{10-1}$$

式中，K 为经验系数，对圆断面射流 $K=3.4a$；a 为紊流系数，由实验决定，是表征射流流动结构的特征系数。

紊流系数 a 与出口断面上的紊流强度（即脉动速度的均方根值与平均速度值之比）有关，紊流强度越大，说明射流与周围介质混合的能力越大，则 a 值也越大，使射流扩散角 α 增大，被带动的周围介质增多，射流速度沿程下降越快。a 还与射流出口断面上速度分布的均匀性有关。根据经验数据，如果速度分布是均匀的，则 $a=0.066$；如果不太均匀，例如速度最大值与平均值的比值为 1.25 时，则 $a=0.076$。各种不同形状喷嘴的紊流系数和扩散角的实测值列于表 10-1。

表 10-1　紊流系数

喷嘴种类	a	α	喷嘴种类	a	α
带有收缩口的喷嘴	0.066	25°20′	带金属网格的轴流风机	0.24	78°40′
	0.071	27°10′	收缩极好的平面喷口	0.108	29°30′
圆柱形管	0.076	29°00′	平面壁上锐缘狭缝	0.118	32°10′
	0.08	29°00′			
带有导风板的轴流式通风机	0.12	44°30′	具有导叶且加工磨圆边口的风道上纵向缝	0.155	41°20′
带导流板的直角弯管	0.20	68°30′			

由式(10-1)可知，一定 a 值确定，则射流边界层的外边界线也就被确定，射流即按一定的扩散角 α 向前作扩散运动，这就是它的几何特征。应用这一几何特征，对圆断面射流可求出射流半径沿射程的变化规律，如图 10-1 所示。根据图中的几何关系，有

$$\frac{R}{r_0}=1+3.4a\frac{s}{r_0} \tag{10-2}$$

$$\frac{R}{r_0} = 3.4a\,\bar{x} \tag{10-2a}$$

$$\frac{D}{d_0} = 1 + 6.8a\,\frac{s}{d_0} \tag{10-2b}$$

式中，各符号的具体含义如图 10-1 所示。

从极点起算的无量纲距离为

$$\bar{x} = \frac{x_0}{r_0} + \frac{s}{r_0} \text{ 或 } \bar{x} = \frac{1}{3.4a} + \frac{s}{r_0}$$

10.2.3 运动特征

为了找出射流速度分布规律，许多学者做了大量实验，图 10-2和图 10-3 就是不同横截面上速度分布的测定结果。

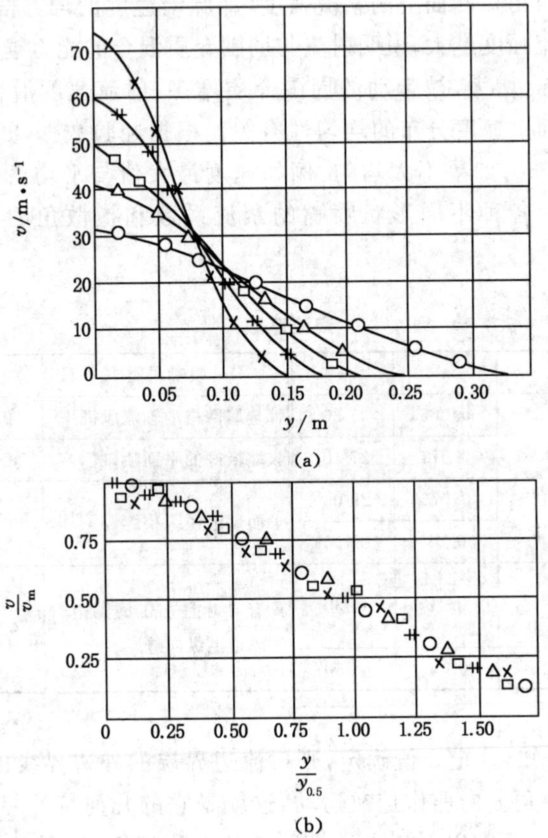

图 10-2 淹没射流主体段的流速分布

(×: x=0.6 m; +: x=0.8 m; □: x=1.0 m; △: x=1.2 m; ○: x=1.4 m)

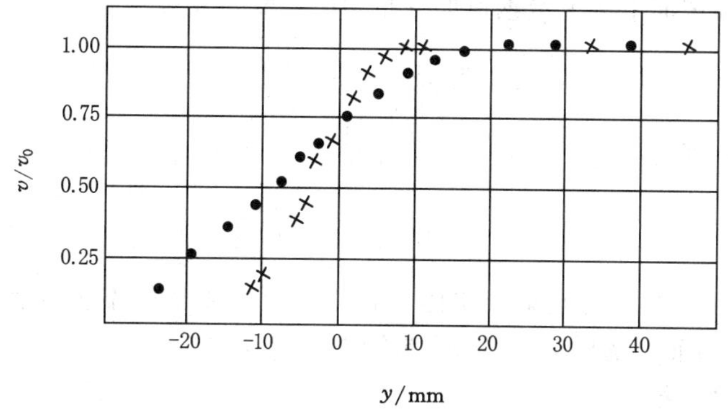

(a)

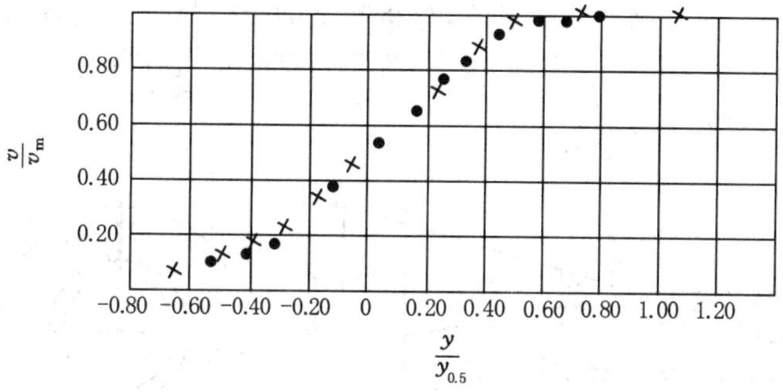

(b)

图 10-3 淹没射流起始段的流速分布

(×:x=100 mm; ●:x= 250 mm;)

从两图中可见，无论主体段或起始段内，轴心处速度最大，从轴心向边界层边缘，速度逐渐减小至 0。同时可以看出，距喷嘴距离越远，边界层厚度越大，而轴心速度则越小。也就是说，随着 x 的增大，速度分布曲线不断地扁平化了。

为了更清楚地看出射流的速度分布特征，将图 10-2(a)和图 10-3(a)的纵坐标用无量纲速度，横坐标用无量纲距离分别代替原图中的速度 v 和横向距离 y，可得图 10-2(b)、图 10-3(b)的曲线。无量纲速度和无量纲距离定义如下：

$$\frac{y}{y_{0.5}}=\frac{\text{截面上任一点至轴心的距离}}{\text{同截面上 }0.5v_{\mathrm{m}}\text{ 点至轴心的距离}}$$

$$\frac{v}{v_{\mathrm{m}}}=\frac{\text{截面上 }y\text{ 点的速度}}{\text{同截面上轴心点的速度}}$$

经过整理，可以看到各截面的速度分布曲线变换均成为同一条无量纲分布曲线。这种同一性说明，射流各截面上速度分布具有相似性。这就是射流的运动特征。

射流各横截面上的无量纲速度分布用半经验公式表示如下

$$\frac{v}{v_m}=[1-(y/R)^{1.5}]^2 \tag{10-3}$$

令$\frac{y}{R}=\eta$,则

$$\frac{v}{v_m}=(1-\eta^{1.5})^2 \tag{10-3a}$$

式中,y 为截面上任一点至射流主体段轴心的距离或至射流起始段核心边界的距离;R 为同截面上的射流半径;v_m 为轴心的速度。

10.2.4 动力特征

实验证明,射流中任意点上的静压强均等于周围气体的压强。现取图 10-4 中 1—1、2—2 截面之间的一段射流,分析其上的受力情况。因各面上所受静压强均相等,则 x 轴向外力之和为 0。据动量方程可知,各横截面上动量必守恒,这就是射流的动力学特征。

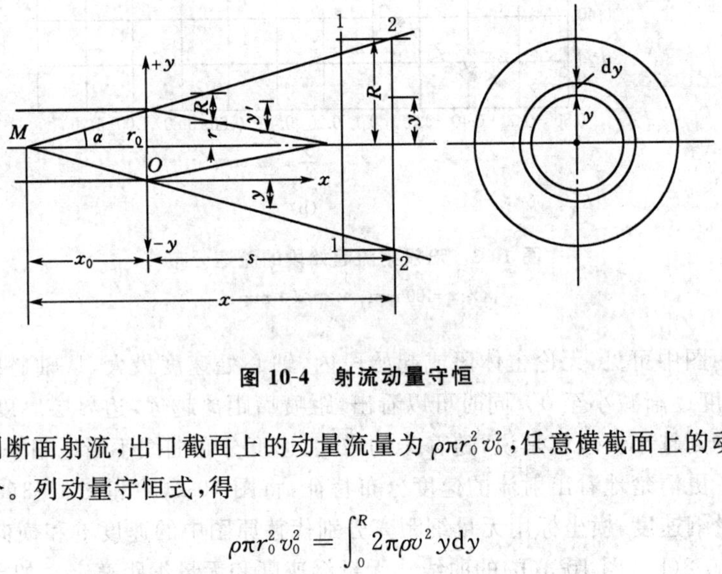

图 10-4 射流动量守恒

对圆断面射流,出口截面上的动量流量为 $\rho\pi r_0^2 v_0^2$,任意横截面上的动量流量则需积分。列动量守恒式,得

$$\rho\pi r_0^2 v_0^2=\int_0^R 2\pi\rho v^2 y\mathrm{d}y \tag{10-4}$$

10.3 圆断面射流的运动分析

本节根据紊流射流特征来研究圆断面射流的速度和流量沿射程的变化规律。

10.3.1 射流轴心速度

将式(10-4)两端均除以 $\rho\pi R^2 v_m^2$，得

$$\left(\frac{r_0}{R}\right)^2\left(\frac{v_0}{v_m}\right)^2 = 2\int_0^1\left(\frac{v}{v_m}\right)^2\frac{y}{R}\mathrm{d}\left(\frac{y}{R}\right)$$

将射流的速度分布式(10-3a)代入上式，得

$$\left(\frac{r_0}{R}\right)^2\left(\frac{v_0}{v_m}\right)^2 = \int_0^1[(1-\eta^{1.5})^2]^2\eta\mathrm{d}\eta$$

积分得：$\left(\frac{r_0}{R}\right)^2\left(\frac{v_0}{v_m}\right)^2 = 0.0928$。于是

$$\frac{v_m}{v_0} = 3.28\frac{r_0}{R} \tag{10-5}$$

再将射流半径沿程变化规律(10-2a)代入式(10-5)，得

$$\frac{v_m}{v_0} = \frac{0.965}{a\bar{x}} \tag{10-6}$$

式(10-6)表明，射流主体段无量纲轴心速度与无量纲距离$\bar{x}$成反比。

10.3.2 射流断面流量

取无量纲流量

$$\frac{Q}{Q_0} = \frac{2\pi\int_0^R vy\mathrm{d}y}{\pi r_0^2 v_0} = 2\int_0^{\frac{R}{r_0}}\left(\frac{v}{v_0}\right)\left(\frac{y}{r_0}\right)\mathrm{d}\left(\frac{y}{r_0}\right)$$

再用$\frac{v}{v_0}=\frac{v}{v_m}\frac{v_m}{v_0}$；$\frac{y}{r_0}=\frac{y}{R}\frac{R}{r_0}$代换上式各项，得

$$\frac{Q}{Q_0} = 2\frac{v_m}{v_0}\left(\frac{R}{r_0}\right)^2\int_0^1\left(\frac{v}{v_m}\right)\frac{y}{R}\mathrm{d}\left(\frac{y}{R}\right)$$

将式(10-3a)和式(10-6)代入上式，得

$$\frac{Q}{Q_0} = 2.2a\bar{x} \tag{10-7}$$

10.3.3 射流断面平均流速

由断面平均流速的定义：$v_1=\frac{Q}{A}$，$v_0=\frac{Q_0}{A_0}$。则无量纲断面平均流速为

$$\frac{v_1}{v_0} = \frac{QA_0}{Q_0A} = \frac{Q}{Q_0}\left(\frac{r_0}{R}\right)^2$$

将式(10-7)和式(10-2a)代入，得

$$\frac{v_1}{v_0} = \frac{0.19}{a\bar{x}} \tag{10-8}$$

10.3.4 质量平均流速

断面平均流速 v_1 表示的是射流断面上按体积流量相等求出的算术平均值。

比较(10-6)和(10-8)两式,可得 $v_1 \approx 0.2v_m$,说明断面平均流速仅为轴心流速的20%。由于通风、空调工程中通常使用的是轴心附近较高的速度区,因此按体积流量相等求出的断面平均流速 v_1 不能恰当的反映被使用区的速度。为此,引入质量平均流速 v_2。

用质量平均流速 v_2 乘以质量流量,即为动量。列出口截面与任一横截面的动量守恒式

$$\rho Q_0 v_0 = \rho Q v_2$$

则

$$\frac{v_2}{v_0} = \frac{Q_0}{Q} = \frac{0.454\,5}{a\bar{x}} \tag{10-9}$$

比较式(10-6)与式(10-9),得 $v_2 = 0.47v_m$。因此,用 v_2 代表使用区的流速要比 v_1 更合适些。但必须注意,v_1,v_2 不仅在数值上不同,更重要的是在定义上根本不同,不可混淆。

以上分析得出的圆断面射流主体段内运动参数变化规律,这些规律亦适用于矩形喷嘴。但要将矩形换算成为水力直径代入进行计算。

例 10-1 用轴流风机水平送风,风机直径 $d_0 = 600$ mm。出口风速 10 m/s,求距出口 10 m 处的轴心速度和风量。

解:由表 10-1 查得紊流系数为 $a = 0.12$,由式(10-2b),得

$$\frac{D}{d_0} = 1 + 6.8a\frac{s}{d_0} = 1 + 6.8 \times 0.12 \times \frac{10}{0.6} = 14.6$$

由式(10-2a),得

$$a\bar{x} = \frac{1}{3.4}\frac{R}{r_0} = \frac{14.6}{3.4} = 4.29$$

代入式(10-6),得

$$\frac{v_m}{v_0} = \frac{0.965}{a\bar{x}} = \frac{0.965}{4.29} = 0.225$$

$$v_m = 0.225v_0 = 0.225 \times 10 \text{ m/s} = 2.25 \text{ m/s}$$

代入式(10-7),得

$$\frac{Q}{Q_0} = 2.2a\bar{x} = 2.2 \times 4.29 = 9.4$$

$$Q = 9.44Q_0 = 9.44 \times \frac{\pi}{4}d_0^2 v_0 = 9.44 \times \frac{\pi}{4} \times (0.6)^2 \times 10 \text{ m}^3/\text{s}$$

$$= 26.7 \text{ m}^3/\text{s}$$

10.3.5 起始段核心长度及核心收缩角

由图 10-1 可知,核心长度 s_n 为过渡断面至喷嘴的距离。在过渡断面处,

$v_m = v_0$。则由式(10-6)可得

$$\frac{v_m}{v_0} = \frac{0.965}{a\bar{x}} = 1$$

$$a\bar{x} = 0.965$$

而过渡断面处的无量纲距离为 $\bar{x} = \frac{x_0}{r_0} + \frac{s_n}{r_0}$。又因为$\frac{x_0}{r_0} = \frac{1}{K} = \frac{1}{3.4a}$，代入上式可解得

$$\bar{s}_n = \frac{s_n}{r_0} = \frac{0.671}{a} \tag{10-10}$$

核心收缩角为

$$\tan\theta = \frac{r_0}{s_n} = 1.49a \tag{10-11}$$

例 10-2 已知空气淋浴地带要求射流半径为 1.2 m，质量平均流速 $v_2 = 3$ m/s。圆形喷嘴直径为 0.3 m。求：(1) 喷嘴到工作地带的距离 s；(2) 喷嘴流量。

解 (1) 由表 10-1 查得紊流系数 $a = 0.08$。由已知条件有 $R = 1.2$，$r_0 = 0.3$
则由式(10-2)得

$$\frac{R}{r_0} = \frac{1.2}{0.15} = 1 + 3.4 \times 0.08 \times \frac{s}{0.15}$$

解得

$$s = 3.86 \text{ m}$$

(2) 由式(10-10)知 $s_n = 0.671 \times \frac{r_0}{a} = 0.671 \times \frac{0.15}{0.08} = 1.26$，故 $s > s_n$，所求横截面在主体段内。应用主体段内质量平均流速公式(10-9)，可求得出口速度 v_0 为

$$v_0 = \frac{a\bar{x}}{0.4545} \cdot v_2$$

由式(10-2a)，得

$$a\bar{x} = \frac{1}{3.4}\frac{R}{r_0} = 2.35$$

$$v_0 = \frac{2.35}{0.4545} \times 3 \text{ m/s} = 15.5 \text{ m/s}$$

于是

$$Q_0 = \frac{\pi}{4} d_0^2 v_0$$

$$= 0.785 \times (0.3)^2 \times 15.5 \text{ m}^3/\text{s} = 1.095 \text{ m}^3/\text{s}$$

10.4 平面射流

气体从狭长缝隙中外射时，射流只能在垂直条缝长度的平面上做扩散运动。如果条缝相当长，这种流动可视为平面运动，故称为平面射流。

平面射流喷口高度用 $2b_0$（b_0 为半高度）表示，则根据表 10-1，对于圆断面射流，有 $\tan\alpha=3.4a$；对于平面射流，有 $\tan\alpha=2.44a$。圆断面射流和平面射流的无量纲距离分别为 $\bar{x}=\frac{1}{3.4a}+\frac{s}{r_0}$ 和 $\bar{x}=\frac{1}{2.44a}+\frac{s}{b_0}$。

平面射流的几何、运动、动力特征完全与圆断面射流相似，所以各运动参数规律的推导基本与圆断面类似，这里不再推导，其计算公式见表 10-2。

表 10-2　射流参数的计算

段名	参数名称	符号	圆断面射流	平面射流
主体段	扩散角	α	$\tan\alpha=3.4a$	$\tan\alpha=2.44a$
	射流直径或半高度	D b	$\frac{D}{d_0}=3.4a\bar{x}$	$\frac{b}{b_0}=2.44a\bar{x}$
	轴心速度	v_m	$\frac{v_m}{v_0}=\frac{0.965}{a\bar{x}}$	$\frac{v_m}{v_0}=\frac{1.2}{\sqrt{a\bar{x}}}$
	流量	Q	$\frac{Q}{Q_0}=2.2a\bar{x}$	$\frac{Q}{Q_0}=1.2\sqrt{a\bar{x}}$
	断面平均流速	v_1	$\frac{v_1}{v_0}=\frac{0.19}{a\bar{x}}$	$\frac{v_1}{v_0}=\frac{0.492}{\sqrt{a\bar{x}}}$
	质量平均流速	v_2	$\frac{v_2}{v_0}=\frac{0.4545}{a\bar{x}}$	$\frac{v_2}{v_0}=\frac{0.833}{\sqrt{a\bar{x}}}$
起始段	收缩角	θ	$\tan\theta=1.49a$	$\tan\theta=0.97a$
	喷嘴至极点的距离	x_0	$x_0=\frac{r_0}{3.4a}$	$x_0=\frac{b_0}{2.44a}$
	核心段长度	s_n	$s_n=0.671\frac{r_0}{a}$	$s_n=1.03\frac{b_0}{a}$
	流量	Q	$\frac{Q}{Q_0}=1+0.76\frac{as}{r_0}+1.32(\frac{as}{r_0})^2$	$\frac{Q}{Q_0}=1+0.43\frac{as}{b_0}$
	断面平均流速	v_1	$\frac{v_1}{v_0}=\frac{r_0^2+0.76as+1.32(as)^2}{r_0^2+6.8as+11.56(as)^2}$	$\frac{v_1}{v_0}=\frac{b_0^2+0.43as}{b_0^2+2.44as}$
	质量平均流速	v_2	$\frac{v_2}{v_0}=\frac{1}{r_0^2+0.76as+1.32(as)^2}$	$\frac{v_2}{v_0}=\frac{1}{b_0^2+0.43as}$

从表 10-2 中可以看出，对平面射流来说，各无量纲参数（$\bar{v}_m$、$\bar{v}_1$、$\bar{v}_2$）都与无

量纲距离有关。与圆断面射流相比，平面射流的流量沿程的增加、流速沿程的衰减都要慢些。这是因为运动的扩散被限定在垂直于条缝长度的平面上的缘故。

10.5 温差或浓差射流

在采暖通风空调工程中，常采用冷风降温、热风采暖，这时就要用温差射流。在通风工程中，将有害气体或工业粉尘浓度降低就要用浓差射流。所谓温差、浓差射流，就是射流本身的温度或浓度与周围气体的温度、浓度有差异。

在温差或浓差射流分析中，主要是研究射流温差、浓差分布场的规律。同时讨论由温差、浓差引起射流弯曲的轴心轨迹。

射流的横向动量交换、旋涡的出现，将导致质量交换、热量交换、浓度交换。而在这些交换中，由于热量扩散比动量扩散要快些，因此温度边界层比速度边界层发展要快些、厚些。如图 10-5 所示，实线为速度边界层，虚线为温度边界层的内外界线。

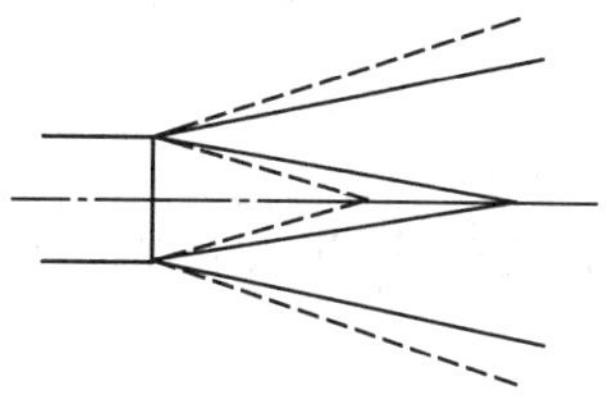

图 10-5 温度和速度边界层

浓度扩散与温度相似，然而在实际应用中，为了简化起见，可以近似认为温度、浓度内外的边界与速度内外的边界相同。于是各种参数的计算均可使用前几节给出的公式。下面仅对轴心温差、平均温差等沿射程的变化规律进行讨论。

设以下标 e 表示周围气体的参数，则对温差射流：

出口断面温差 $\Delta T_0 = T_0 - T_e$

轴线上温差 $\Delta T_m = T_m - T_e$

截面上任一点温差 $\Delta T = T - T_e$

对浓差射流：

出口断面浓差 $\Delta \chi_0 = \chi_0 - \chi_e$

轴线上浓差 $\Delta \chi_m = \chi_m - \chi_e$

截面上任一点浓差 $\Delta \chi = \chi - \chi_e$

由试验得出，截面上温差分布，浓差分布与速度分布关系如下

$$\frac{\Delta T}{\Delta T_m} = \frac{\Delta \chi}{\Delta \chi_m} = \sqrt{\frac{v}{v_m}} = 1 - \left(\frac{y}{R}\right)^{1.5} \tag{10-12}$$

如果将 $\frac{\Delta T}{\Delta T_m}$ 与 $\frac{v}{v_m}$ 同绘在一个无量纲坐标上，可以发现无量纲温差分布曲线在无量纲速度分布曲线的外部，证实了前面的分析。

据热力学可知，在等压情况下，以周围气体的焓值作为起算点，射流各横截面上的相对焓值不变。这一特点称为热力特征。设喷嘴断面上单位时间的相对焓值为 $\rho Q_0 c\Delta T_0$，则与射流任意横截面上单位时间通过的相对焓值 $\int_Q \rho c\Delta T \mathrm{d}Q$ 相等。

10.5.1 轴线温差 ΔT_m

根据相对焓值相等，有

$$\rho Q_0 c\Delta T_0 = \int_0^R \rho c\Delta T 2\pi y \mathrm{d}y \cdot v$$

两端除以 $\rho\pi R^2 v_{\mathrm{m}} c\Delta T_{\mathrm{m}}$，并将式(10-12)代入，得出

$$\left(\frac{r_0}{R}\right)^2\left(\frac{v_0}{v_m}\right)\left(\frac{\Delta T_0}{\Delta T_m}\right) = 2\int_0^1 \frac{v}{v_m}\frac{\Delta T}{\Delta T_m}\cdot\frac{y}{R}\mathrm{d}\left(\frac{y}{R}\right)$$

$$= 2\int_0^1\left(\frac{v}{v_{\mathrm{m}}}\right)^{1.5}\frac{y}{R}\mathrm{d}\left(\frac{y}{R}\right)$$

将主体段的$\dfrac{R}{r_0}$，$\dfrac{v_{\mathrm{m}}}{v_0}$代入上式，可得出主体段轴线温差变化规律

$$\frac{T_{\mathrm{m}}}{T_0} = \frac{0.706}{\dfrac{as}{r_0}+0.294} = \frac{0.35}{\dfrac{as}{d_0}+0.147} = \frac{0.706}{a\chi} \tag{10-13}$$

10.5.2 质量平均温差

所谓质量平均温差 ΔT_2，就是以该温差乘上 ρQc，便得出相对焓值，以符号 ΔT_2 表示。列出口断面与射流任一横截面相对焓值的相等式，于是

$$\Delta T_2 = \frac{\rho Q_0\Delta T_0}{\rho Qc} = \frac{Q_0\Delta T_0}{Q}$$

无量纲质量温差与 Q_0/Q 相等，将式(10-7)代入，得

$$\frac{\Delta T_2}{\Delta T_0} = \frac{Q_0}{Q} = \frac{0.455}{\dfrac{as}{r_0}+0.294} + \frac{0.23}{\dfrac{as}{d_0}+0.147} = \frac{0.455}{a\chi} \tag{10-14}$$

10.5.3 起始段质量平均温差

起始段质量平均温差用 ΔT_2 表示。起始段轴线温差 ΔT_{m} 是不变化的，与 ΔT_0 相同，无需讨论。而质量平均温差只要把 Q_0/Q 代为起始段无量纲流量即得

$$\frac{\Delta T_2}{\Delta T_0} = \frac{1}{1+0.76\dfrac{as}{r_0}+1.32\left(\dfrac{as}{r_0}\right)^2} \tag{10-15}$$

10.5.4 射流弯曲

温差射流或浓差射流由于密度与周围不同，所受的重力与浮力不相平衡，使

整个射流将发生向下或向上的弯曲。但整个射流仍可看做是对称于轴心线，因此了解轴心线的弯曲轨迹后，便可得出整个弯曲的射流。

我们采用近似的处理方法：取轴心线上的单位体积流体作为研究对象，只考虑受重力与浮力作用，应用牛顿定律导出公式。

假设有一热射流自直径为 d 的喷嘴中喷出，射流轴线与水平线成 α 角，如图 10-6 所示。

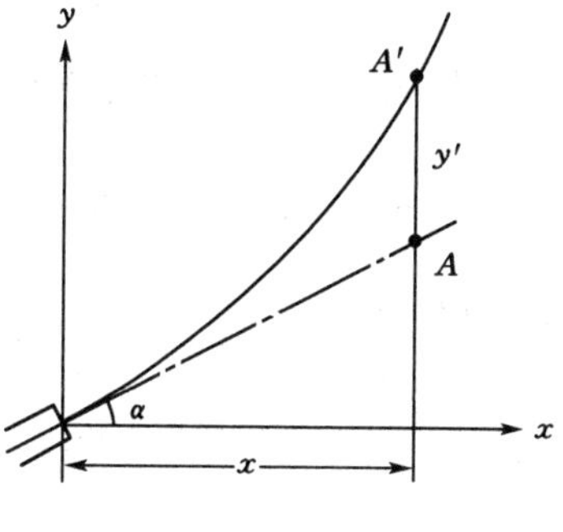

图 10-6　射流轴线的弯曲

图中 A 点为轴心线上单位体积射流，其上所受重力为 $\rho_m g$，浮力为 $\rho_e g_0$。则总的向上合力为 $(\rho_e-\rho_m)g$。根据牛顿定律

$$F=\rho_m j \text{ 即} (\rho_e-\rho_m)g=\rho_m j$$

则

$$j=\frac{\rho_e-\rho_m}{\rho_m}g \tag{10-16}$$

式中，j 为垂直向上的加速度。图 10-6 中可得射流轴心 A 点偏离的纵向距离为 y'，则 y' 和射流的垂直分速度 u_y、垂直加速度三者之间的关系为

$$j=\frac{\mathrm{d}u_y}{\mathrm{d}t}=\frac{\mathrm{d}^2 y}{\mathrm{d}t^2}$$

则

$$u_y=\int j\,\mathrm{d}t$$

$$y'=\int u_y\mathrm{d}t=\int \mathrm{d}t\cdot\int j\,\mathrm{d}t$$

将式(10-16)代入，得

$$y'=\int \mathrm{d}t\cdot\int\left(\frac{\rho_e}{\rho_m}-1\right)g\,\mathrm{d}t$$

气体在等压过程时，状态方程式为 $\rho g T=C$。因而可得 $\frac{\rho_e g}{\rho_m g}=\frac{T_m}{T_e}$，即 $\frac{\rho_e}{\rho_m}=\frac{T_m}{T_e}$，则

$$\frac{\rho_e}{\rho_m}-1=\frac{T_m}{T_e}-1=\frac{T_m-T_e}{T_e}=\frac{\Delta T_m}{\Delta T_0}\frac{\Delta T_0}{T_e}$$

将轴线温差换为轴线速度关系，应用(10-6)和(10-13)两式，得

$$\frac{\rho_e}{\rho_m}-1=0.73\left(\frac{v_m}{v_0}\right)\frac{\Delta T_0}{T_e}$$

则

$$y' = \int dt \int 0.73\left(\frac{v_m}{v_0}\right)\frac{\Delta T_0}{T_e} g dt = \frac{0.73g}{v_0}\frac{\Delta T_0}{T_e}\int dt \int v_m dt$$

因为 $v_m = \frac{ds}{dt}$，上式积分得

$$\int dt \cdot \int v_m dt = \int s dt\ \frac{1}{v_0}\int \frac{v_0}{v_m} v_m s dt = \frac{1}{v_0}\int \frac{v_0}{v_m}\frac{ds}{dt} s dt = \frac{1}{v_0}\int \frac{v_0}{v_m} s ds$$

最后整理得

$$y' = \frac{0.73g}{v_0^2}\frac{\Delta T_0}{T_e}\int \frac{\frac{as}{r_0} + 0.294}{0.965} s ds = \frac{g\Delta T_0}{v_0^2 T_e}\left(0.51\frac{a}{2r_0}s^3 + 0.11s^2\right) \tag{10-17}$$

根据大量的实验数据，式(10-17)最后一项的系数 0.11 应该改为 0.35，即

$$y' = \frac{g\Delta T_0}{v_0^2 T_e}\left(0.51\frac{a}{2r_0}s^3 + 0.35s^2\right) \tag{10-18}$$

式(10-18)给出了射流轴心轨迹偏离值 y' 随 s 变化的规律。如以图 10-6 中坐标表示，$s = \frac{x}{\cos\alpha}$，且以喷嘴直径 d 除之，便得出无量纲轨迹方程为

$$\frac{y}{d} = \frac{x}{d}\tan\alpha + \left(\frac{gd\Delta T_0}{v_0^2 T_e}\right)\left(\frac{x}{d\cos\alpha}\right)^2\left(0.51\frac{as}{d\cos\alpha} + 0.35\right)$$

式中，$\frac{gd\Delta T_0}{v_0^2 T_e} = Ar$（阿基米德准数）。

于是上式变为

$$\frac{y}{d} = \frac{x}{d}\tan\alpha + Ar\left(\frac{x}{d\cos\alpha}\right)^2\left(0.51\frac{as}{d\cos\alpha} + 0.35\right) \tag{10-19}$$

对于平面射流

$$\frac{\bar{y}}{Ar}\sqrt{\frac{T_e}{T_0}} = \frac{0.226}{a^2}\left(a\bar{x} + 0.205\right)^{2.5} \tag{10-20}$$

式中，$\bar{y} = \frac{y}{2b_0}$，$\bar{x} = \frac{x}{2b_0}$。

对于浓差射流，其规律与温差射流相同，所以温差射流公式完全适用于浓差射流。

例 10-3 工作地点质量平均风速要求 3 m/s，工作面直径 $D = 2.5$ m，送风温度为 15 ℃，车间空气温度 30 ℃，要求工作地点的质量平均温度降到 25 ℃，采用带导叶的通风机，其紊流系数 $a = 0.12$。试求：(1) 风口的直径及速度；(2) 风口到工作面的距离。

解 温差 $\Delta T_0=15\ ℃-30\ ℃=-15\ ℃$

$\Delta T_2=25\ ℃-30\ ℃=-5\ ℃$

$$\frac{\Delta T_2}{\Delta T_0}=\frac{0.23}{\dfrac{as}{d_0}+0.147}=\frac{-5}{-15}$$

求出$\dfrac{as}{d_0}+0.147=0.23\times\dfrac{15}{5}=0.69$，代入下式，得

$$\frac{D}{d_0}=6.8\left(\frac{as}{d_0}+0.147\right)=6.8\times 0.69$$

所以

$$d_0=\frac{D}{6.8\times 0.69}=\frac{2.5}{6.8\times 0.69}\ \text{m}=0.525\ \text{m}$$

工作地点质量平均风速要求 3 m/s，$\dfrac{v_2}{v_0}=\dfrac{0.23}{\dfrac{as}{d_0}+0.147}=\dfrac{5}{15}=\dfrac{3}{v_0}$

所以

$$v_0=9\ \text{m/s}$$

(2) 风口到工作面距离 s 可用下式求出

$$\frac{as}{d_0}+0.147=0.69$$

$$\frac{0.12s}{0.525}=0.543;s\approx 2.4\ \text{m}$$

例 10-4 数据同上题，求射流在工作面的下降值。

解 周围气体温度

$$\Delta T_e=(273+30)\ \text{K}=303\ \text{K}$$

$$\Delta T_0=-15\ \text{K};v_0=9\ \text{m/s}$$

$$a=0.12;d_0=0.525\ \text{m}$$

$$s=2.43\ \text{m}$$

$$\begin{aligned}y'&=\frac{g\Delta T_0}{v_0^2T_e}\left(0.51\frac{a}{2r_0}s^3+0.35s^2\right)\\&=\frac{9.8\times(-15)}{9^2\times 303}\left(0.51\times\frac{0.12}{0.525}\times 2.43^3+0.35\times 2.43^2\right)\ \text{m}\\&=-0.006\times(1.64+2.07)\ \text{m}=-0.0221\ \text{m}\end{aligned}$$

例 10-5 室外空气以射流方式，由位于热车间外墙上离地板 7 m 处的孔口送入。孔口的尺寸为：高 0.35 m、长 12 m。室外空气的温度为 −10 ℃，室内空气温度为 20 ℃，射流初速度为 2 m/s，求地板上的温度。

解 a 取为 0.12，则

$$\bar{y}=\frac{y}{2b_0}=\frac{7.0}{0.35}=20$$

$$Ar=\frac{g(2b_0)\Delta T_0}{v_0^2 T_e}=\frac{9.8\times 0.35\times(-10-20)}{2^2\times(273+20)}=\frac{103}{1\ 170}=0.088$$

$$\sqrt{\frac{T_e}{T_0}}=\frac{\sqrt{20+273}}{\sqrt{-10+273}}$$

$$\bar{y}/Ar\sqrt{\frac{T_e}{T_0}}=\frac{20\sqrt{293/263}}{0.008}=220$$

计算求出

$$\bar{x}=23;\frac{x}{2b_0}=23;\frac{x}{b_0}=46$$

用轴心温差公式

$$\frac{\Delta T_m}{\Delta T_0}=\frac{1.032}{\sqrt{0.12\times 46+0.41}}=\frac{1.032}{\sqrt{5.93}}=0.425$$

$$\frac{T-T_e}{T_0-T_e}=\frac{t-20\ ℃}{-10-20\ ℃}=\frac{t-20\ ℃}{-30\ ℃}=0.425$$

$$t=7.3\ ℃$$

习 题 10

10-1 圆射流以 $Q_0=0.55\ m^3/s$，从 $d_0=0.3$ m 管嘴流出。试求 2.1 m 处射流半宽度 R，轴心速度 v_m，断面平均流速 v_1，质量平均 v_2，并进行比较。

10-2 某体育馆的圆柱形送风口，$d_0=0.6$ m，风口至比赛区为 60 m。要求比赛区风速（质量平均风速）不得超过 0.3 m/s，则送风口的送风量应不超过多少？

10-3 岗位送风所设风口向下，距地面 4 m。要求在工作区（距地 1.5 m 高范围）造成直径为 1.5 m 射流截面，限定轴心速度为 2 m/s，则喷嘴直径及出口流量为多少？

10-4 有一两面收缩均匀的矩形孔口，截面为 $0.05\times 2\ m^2$，出口速度 v_0 为 10 m/s，求距孔口 2.0 m 处，射流轴心速度 v_m、质量平均速度 v_2 及流量 Q_0。

10-5 空气以 8 m/s 的速度从圆管喷出，d_0 为 0.2 m，求距出口 1.5 m 处的 v_m、v_2 及 D。

10-6 清扫沉降室中灰尘的吹吸系统如图所示。室长 $L=6$ m，吹风口高 $h_1=15$ cm，宽为 5 m，由于贴附底板，射流相当于半个平面射流。底板即为轴心线。问：(1) 吸风口高度 h_2 为多少？(2) 若吸风口处速度为 4 m/s，Q_0 应为多少？(3) 吸风口处的风量应为多少？

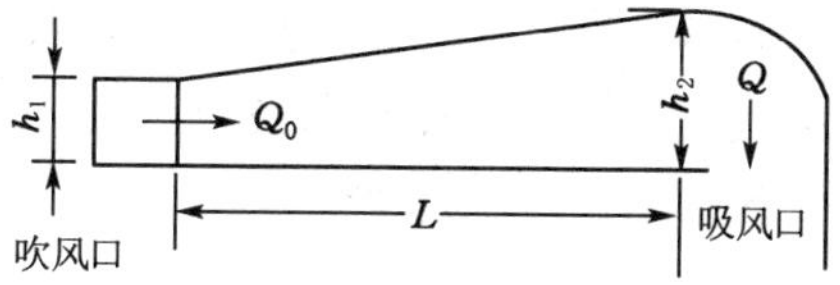

题 10-6 图

10-7　要求空气淋浴地带的宽度 $b=1$ m。周围空气中有害气体的浓度 $C_H=0.06$ mg/L。室外空气中浓度 $C_0=0$。工作地带允许的浓度为 $C_m=0.02$ mg/L。今用一平面喷嘴 $a=0.2$，试求喷嘴 b_0 及工作地带距喷嘴的距离 s。

10-8　温度为 40 ℃的空气，以 $v_0=3$ m/s，从 $d_0=100$ mm 水平圆柱形喷嘴射入 $t_0=18$ ℃的空气中，求射流轨迹方程。

10-9　高出地面 5 m 处设一孔口 d_0 为 0.1 m，以 2 m/s 速度向房间水平送风。送风温度 $t_0=-10$ ℃，室内温度 $t_0=27$ ℃。试求距出口 3 m 处的 v_2，t_2 及弯曲轴心坐标。

10-10　如图所示，室外空气经过墙壁上 $H=6$ m 处的扁平窗口($b_0=0.3$ m)射入室内，室外温度 $t_0=0$ ℃，室内温度 $t_0=25$ ℃，窗口处出口速度为 2 m/s，问距壁面 $s=6$ m 处，v_2，t_2 及冷射流轴心坐标。

10-11　喷出清洁空气的平面射流，射入含尘浓度为 0.12 mg/L 的静止空气中，要求距喷口 2 m 处造成宽度为 $2b=1.2$ m 的射流区，求设计喷口尺寸 b_0，并求工作区轴心处灰尘浓度。

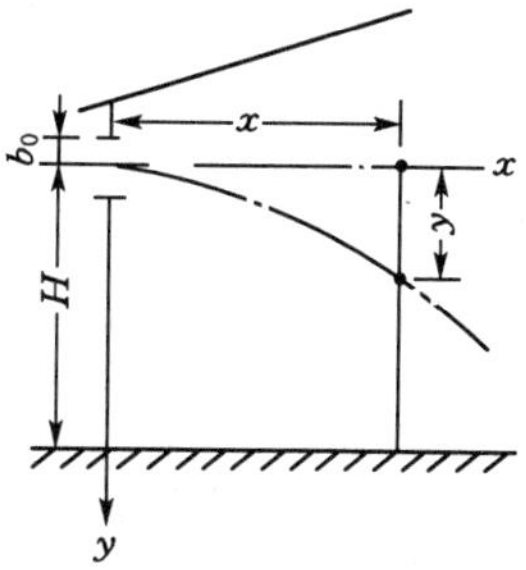

题 10-10 图

10-12　试验测得轴对称射流的 $v_0=50$ m/s，某断面处 $v_m=5$ m/s，试求在该断面上气体流量是初始流量的多少倍？

10-13　有一圆形射流，在距出口处 10 m 的地方测得 v_m 为 v_0 的 50%，试求其圆形喷嘴半径。

10-14　圆射流以 $Q_0=0.55$ m^3/s 的流量，从直径 $d_0=0.3$ m 的喷口流出。试求在 2.1 m 远处的射流半宽度 R、轴心速度 v_m、断面平均流速 v_1 和质量平均流速 v_2。

10-15　收缩均匀的矩形孔口，截面为 0.05 m×2 m，出口速度 $v_0=10$ m/s，求距孔口 2 m 处的射流轴心速度 v_m、质量平均流速 v_2 及流量 Q。

10-16　试求 $R_0=0.5$ m 的圆断面、射流出口断面为 20 m，距轴心 $y=1$ m 处的射流速度与出口速度之比值。

10-17　为保证距喷口中心 $x=20$ m，$y=2$ m 处的流速 $v=5$ m/s 及初始段长度 $S_n=1$ m，当 $a=0.07$ 时，试求喷口出口处的初始风量。

10-18　由 $R_0=75$ mm 的喷口中射出温度为 $T_0=300$ K 的气体射流，周围介质温度为 $T_1=290$ K，试求距喷口中心 $x=5$ m，$y=1$ m 处的气体温度。($a=0.075$)

10-19　绘制 $R_0=75$ mm，$a=0.08$ 的自由淹没紊流射流结构几何图。

10-20　为什么用无因次量研究射流运动？

10-21　什么是质量平均流速 v_2？为什么要引入这一流速？

10-22　温差射流中，无因次温度分布线为什么在无因次速度线的外边？

10-23　温差射流轨迹为什么弯曲？它是怎样寻求轨迹方程的？

11　多孔介质中的渗流

渗流(seepage)力学是流体力学的一个独立分支，它可分为3个方面：地下渗流、工程渗流及生物渗流。地下渗流是指土壤、岩石和地表堆积物中的流体渗流；工程渗流指各种人造多孔介质和工程装置中的流体渗流(如污水处理)；生物渗流指发生在动植物体内的渗流。

渗流理论在水文地质、水工结构、石油开采和地下水资源开发利用等领域有广泛的应用。由于各有关学科的不断发展和生产实践中提出的渗流问题日益复杂，现在渗流已经逐渐发展成为具有自己的理论、方法和应用范围的独立学科。

在普通流体力学问题中，N-S方程能够在给定边界内描述黏性流体的运动。但是，由于N-S方程本身具有非线性以及多孔介质流动通道的复杂和形状的未知，N-S方程不能有效地解决地下流体渗流问题，取而代之的是Darcy实验定律。本章将对渗流理论进行简单的介绍。

11.1　多孔介质

如果一个体积被分成很多微小的体积后，在每个小体积中都包含有固体和流体，则该体积所包含的介质称为多孔介质(porous media)。其中固体部分称为骨架，而充满流体(液体或气体)的部分称为孔隙(pore)。所以，连通的孔隙所占的体积称为有效孔隙。在有效孔隙中，流体可以从一点连续运动到另外任意一点。

多孔介质具有储容性，能够储集和容纳流体；具有渗透性，允许流体在孔隙中流动；具有润湿性，岩石孔隙表面与流体接触中所表现的亲和性；具有大的比表面积。单位体积岩石孔隙的总内表面积有时相当大；具有非均质性，平面上和纵向上物理性质时常差异明显，孔隙结构狭窄而复杂。

在自然界，多孔介质指的是松散土层，含裂隙的坚硬岩石等。

水或其他流体在多孔介质中的流动称为渗流。

多孔介质一个重要的物性参数是孔隙率(porosity)，它定义为孔隙体积(pore volume)与整个体积之比，即

$$n = \frac{V_0}{V} \tag{11-1}$$

孔隙率是一个无量纲参数，$0<n<1$。

与孔隙率相关的参数是孔隙比，其定义式为

$$e = \frac{n}{1-n} \tag{11-2}$$

式(11-2)表示孔隙体积与骨架体积的比值。

孔隙率与颗粒形状排列组合有关，如图 11-1 所示，理想化的同样大小球体以最松的立方体排列时 $n=0.476$，以最密的菱形体排列时 $n=0.259$。如果用小颗粒填在大颗粒之间的孔隙，则孔隙率将降低。例如，在图 11-1 中立方体排列的孔隙被次一级的球体所充填，则 $n=0.125$；如果逐级用颗粒填充孔隙，可得到最密实的情况 $n=0.1$。

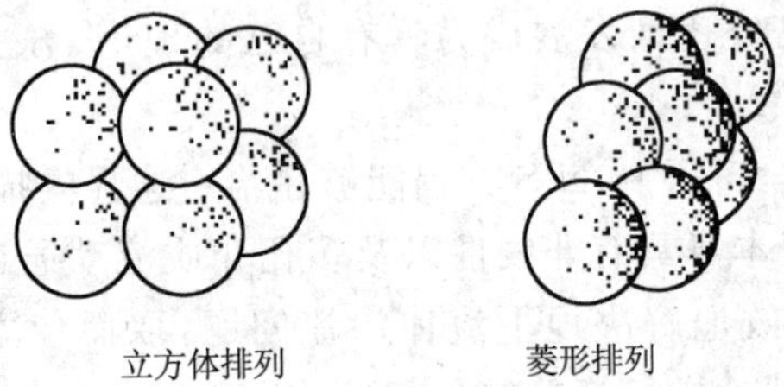

图 11-1　孔隙率

孔隙率不仅与土颗粒组成有关，而且与土的受压沉积等形成过程有关，一般天然土多为 $n=0.3\sim0.6$(参考表 11-1)。

表 11-1　各种土的孔隙率与渗透系数

土类	孔隙率	有效孔隙率	渗透系数
砂质砾	0.25～0.35	0.20～0.25	0.3～0.05
砾质砂	0.28～0.35	0.15～0.20	0.1～0.02
中　砂	0.30～0.38	0.10～0.15	0.04～0.01
粉　砂	0.33～0.40	0.08～0.12	0.02～0.001
砂壤土	0.35～0.45	0.05～0.10	0.005～0.000 1
黏壤土	0.40～0.55	0.03～0.08	0.000 5～0.000 001

11.2 渗流的达西定律

11.2.1 达西定律

1856 年，达西(Darcy)做了如图 11-2 所示的渗透试验。该试验是利用一组连通管(connected tube)，在连通管的中部放置渗透试验的砂土试样，连通管的两端各设一个有溢水口的容器，并使一端的容器较另一端的高，两容器的高差可以调节，同时两容器中的水面可以通过溢水口保持不变。

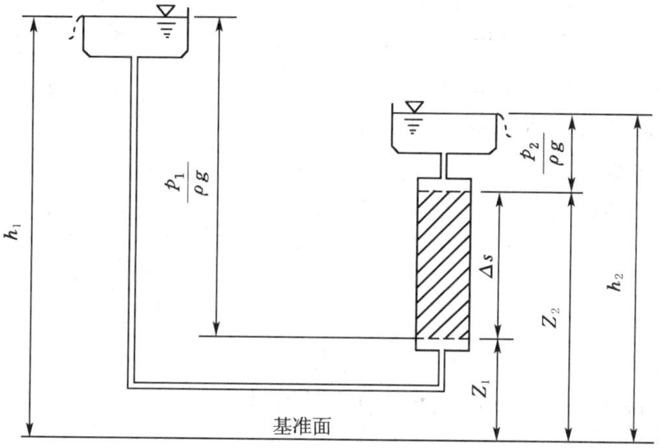

图 11-2 渗透实验

达西通过上述装置观测了单位时间内通过试验土样的渗透水量 Q，发现这一渗透水量不仅与土样的截面积 A 成正比，与土样的长度 Δs 成反比，而且随容器之间的水位差(h_1-h_2)基本上成正比关系。因此

$$Q \propto A \frac{h_1 - h_2}{\Delta s}$$

上式也可写成等式，即

$$Q = kA \frac{h_1 - h_2}{\Delta s} \tag{11-3}$$

式中，k 为比例常数，通常称为渗透系数(permeability coefficient)，其因次为 LT^{-1}；

h_1 为土样入流截面(土样底部截面)处的水头；

h_2 为土样出流截面(土样顶部截面)处的水头。

由于渗流量 Q 等于渗流流速与渗流截面积 A 的乘积，即 $Q=vA$。因此，由

式(11-3)可得渗流流速为

$$v = k\frac{h_1 - h_2}{\Delta s} \tag{11-4}$$

式(11-4)在极限情况下

$$v = -k\frac{dh}{ds} \tag{11-5}$$

称为达西定律(Darcy's law),表示渗流流速与水头的导数成正比。

达西定律也可以用多孔介质中层流运动理论来加以证明。如图 11-3 所示的渗流流束,截面积为 dA。如果略去水流的惯性力,则作用在该流束上的水流的自重、摩擦阻力和水压力应平衡

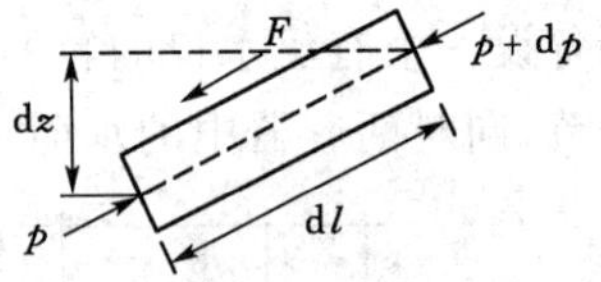

图 11-3　渗流流束

$$(p + \mathrm{d}p)n\mathrm{d}A - pn\mathrm{d}A + \rho gn\mathrm{d}A\mathrm{d}l\sin\theta + F = 0$$

其中,由几何关系有　$\sin\theta = \dfrac{\mathrm{d}z}{\mathrm{d}l}$

水头为　$h = \dfrac{p}{\rho g} + z$

将上式微分,得　$\mathrm{d}p = \rho g(\mathrm{d}h - \mathrm{d}z)$

整理得

$$\frac{\mathrm{d}h}{\mathrm{d}l} + \frac{F}{\rho gn\mathrm{d}A\mathrm{d}l} = 0 \tag{11-6}$$

作用在一个土粒上的阻力 f 可用 Stokes 层流阻力公式计算

$$f = \lambda\mu v'd$$

式中,λ 为阻力系数;μ 为邻近颗粒的影响系数,对于无限水体中的圆球,$\mu = 3\pi$;v'为孔隙中水的速度;d 为土粒的直径。

假设渗流土柱中颗粒的总体积为 V,每个颗粒的体积为 m,则颗粒数 N,则

$$N = \frac{V}{m} = \frac{(1-n)\mathrm{d}A\mathrm{d}l}{\beta d^3}$$

式中,β 为颗粒的球体系数。

因此,总阻力为

$$F = Nf = \frac{(1-n)\mathrm{d}A\mathrm{d}l}{\beta d^3}\lambda\mu v'd \tag{11-7}$$

考虑到断面上的平均流速为 $v = nv'$,以及水力坡度 $J = -\dfrac{\mathrm{d}h}{\mathrm{d}l}$,将式(11-7)代入式(11-6),得

$$v=\frac{\beta n^2}{\lambda(1-n)}d^2\frac{\rho g}{\mu}J$$

上式也可改写为

$$v=Cd^2\frac{\rho g}{\mu}J$$

式中，系数 $C=\frac{\beta n^2}{\lambda(1-n)}$，取决于颗粒的几何形状与排列。

令 $k=Cd^2\frac{\rho g}{\mu}$，则得到达西定律为

$$v=kJ \tag{11-8}$$

实际上，式(11-8)表示的是渗流通过土样截面的平均速度，也即此时的渗流面积是整个截面积。而渗流的实际面积应该是 nA，显然实际的渗流速度要大于式(11-8)所表示的值。

如果把达西定律推广到各向异性渗透流动，则为如下形式

$$\left.\begin{aligned} v_x &= -k_x\frac{\partial h}{\partial x}\\ v_y &= -k_y\frac{\partial h}{\partial y}\\ v_z &= -k_z\frac{\partial h}{\partial z}\end{aligned}\right\} \tag{11-9}$$

11.2.2 达西定律的适用范围

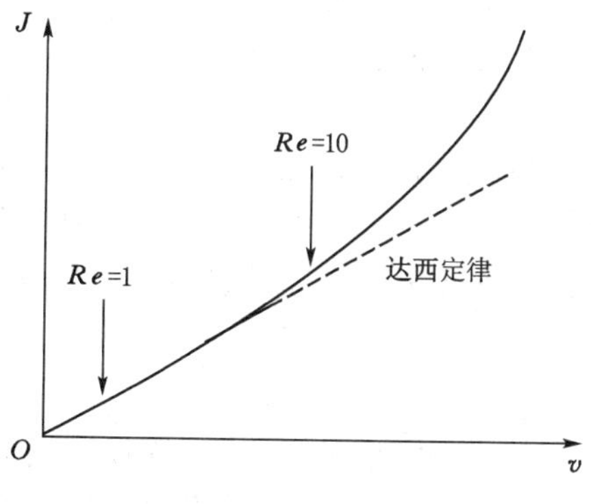

图 11-4 渗流速度与水力梯度的关系

应该指出的是，达西定律有一定适用范围。达西定律表明，渗流的沿程水头损失与流速的一次方成正比。但是，根据实验，渗流速度 q 与水力梯度 J 的实际关系如图 11-4 所示。当雷诺数不超过 10 时，地下水的运动才符合达西定律。另外，也可以从多孔介质中的水流状态判断 Darcy 定律适用范围，当渗流速度由低到高时，可把多孔介质中的地下水运动状态分为 3 种情况：① 当地下水低速度运动时，即雷诺数小于 10 时，为黏滞力占优势的层流运动。② 随着流速的增大，当雷诺数大致在 10～100 时，为一过渡带。由黏滞力占优势的层流运动转变为惯性力占优势的层流运动再转变为紊流运动。③ 高雷诺数时为紊流运动。显然，达西定律适用范围为地下水低

流速，以黏滞力占优势的层流运动范围，当雷诺数超过 10 以后，将偏离达西定律较大。在自然条件下，多孔介质中地下水流速都很小，绝大多数地下水运动都服从达西定律。

11.2.3 渗透系数的确定

达西定律中的渗透系数，也称为水力传导系数（hydraulic conductivity），表示土的渗透强弱的程度，是渗流中的一个重要参数。根据达西定律的表达式，渗透系数具有速度的量纲。

渗透系数与许多因素有关，不仅取决于多孔介质的性质，如颗粒成分、颗粒排列、充填状况等，而且与渗透液体的物理性质（密度、黏度等）有关。

试验表明，渗透系数与液体的动力黏度成反比，与液体的密度成正比。液体的动力黏度的大小又与液体的温度有关：温度越高，液体的动力黏度越小，故温度高时土的渗透系数大。然而，目前还很难用一个公式来表达渗透系数，在工程实际中，一般是通过实验或经验来确定渗透系数的值。

在土木、水利工程中所讨论的主要是水的渗流问题，温度对流体物性的影响可以忽略不计。因此，渗透系数只与孔隙介质有关，可以把渗透系数理解为孔隙介质特性对透水性影响的一个参数。渗透系数的确定方法基本上有如下 3 类：

1. 经验公式估算法

渗透系数的准确确定对解决工程实际问题具有重要意义，因此各国研究工作者通过实验研究，给出了大量的经验公式，但能够普遍适用的公式极少。根据这些经验公式，只能对渗透系数给出一个初步的估算。

2. 实验室测定法

采用类似于图 11-2 所示的达西渗透试验装置，可以在实验室里较准确地测定土样的渗透系数。然而，这些土样与实际土壤还是有差别的。为了使被测的土样能够准确反映现场土壤的情况，应该尽量选用没有经过扰动的土样进行实验，并选取具有代表性的土样。

3. 现场测定法

现场测量比较准确、可靠，但是投入的人力、物力也比较大。现场测量时，一般是通过钻井或挖试验坑，采用抽水或注水的方式测定其流量及水头损失等，从而可由相应的理论公式反算出渗透系数。

11.3　渗流基本微分方程

11.3.1　渗流的运动方程

对于孔隙中水流的真实速度 v',N-S 方程仍然成立

$$\frac{\mathrm{d}\boldsymbol{v}'}{\mathrm{d}t}=\boldsymbol{f}-\frac{1}{\rho}\nabla p+v\nabla^2\boldsymbol{v}' \tag{11-10}$$

渗流全断面上的平均流速与孔隙中水流的真实速度的关系为

$$v=nv'$$

代入式(11-10)得

$$\frac{1}{n}\frac{\mathrm{d}\boldsymbol{v}'}{\mathrm{d}t}=\boldsymbol{f}-\frac{1}{\rho}\nabla p+\frac{v}{n}\nabla^2\boldsymbol{v} \tag{11-11}$$

如果认为渗流速度在各个坐标方向上的导数很小,则上式可改写为

$$\frac{1}{n}\frac{\partial\boldsymbol{v}}{\partial t}=\boldsymbol{f}-\frac{1}{\rho}\nabla p+\frac{v}{n}\nabla^2\boldsymbol{v}' \tag{11-12}$$

式中,单位质量力只有重力,即 $\boldsymbol{f}=-g\boldsymbol{k}$。

此外,总水头可以写成

$$h=z+\frac{p}{\rho g}$$

将上述两式代入式(11-12),得

$$\frac{1}{ng}\frac{\partial\boldsymbol{v}}{\partial t}=-\nabla h+\frac{v}{ng}\nabla^2\boldsymbol{v}' \tag{11-13}$$

对于渗流来说,上式的最后一项是液体对土颗粒表面的摩擦力,而液体质点间的内摩擦力相对较小可以忽略。因此,该项也就是单位长度上的能量损失,即

$$\frac{v}{n}\nabla^2\boldsymbol{v}=g\frac{\mathrm{d}h}{\mathrm{d}s}=-g\frac{\boldsymbol{v}}{k}$$

这样,就得到了不可压流体在不变形多孔介质中的 N-S 方程为

$$\frac{1}{ng}\frac{\partial\boldsymbol{v}}{\partial t}=-\nabla h-\frac{\boldsymbol{v}}{k} \tag{11-14}$$

称为地下水运动方程。该方程包含了 2 个未知数,因此需要增加另一个方程才能构成封闭方程组,这个方程就是下面的连续性方程。利用这 2 个方程,再加上边界条件和初始条件,就可以计算流速和水头。

11.3.2　渗流的连续方程

利用质量守恒定律,容易得到渗流的连续性方程仍然是

$$\frac{\partial v_x}{\partial x}+\frac{\partial v_y}{\partial y}+\frac{\partial v_z}{\partial z}=0 \tag{11-15}$$

将式(11-9)代入式(11-15)得

$$k_x \frac{\partial^2 h}{\partial x^2} + k_y \frac{\partial^2 h}{\partial y^2} + k_z \frac{\partial^2 h}{\partial z^2} = 0 \tag{11-16}$$

称为各向异性(anisotropy)土体的连续性方程。

对于各向同性(isotropy)土体,连续性方程为

$$\frac{\partial^2 h}{\partial x^2} + \frac{\partial^2 h}{\partial y^2} + \frac{\partial^2 h}{\partial z^2} = 0 \tag{11-17}$$

11.4 渗流计算方法

前面我们已经给出了达西定律和渗流连续性方程,并推导出了一些基本方程。为了唯一地确定方程的解,必须根据问题的实际情况,加上适当的边界条件和初始条件。边界条件和初始条件统称为定解条件。

11.4.1 初始条件

初始条件(initial condition)就是初始时刻流场内的整个流动状态,即

$$h(x,y,z,t)\Big|_{t=0} = h(x,y,z) \tag{11-18}$$

初始时刻可以任意选取,只要是所研究的起始状态就行,并不一定是渗流场的原始状态。初始条件表明的是地下水从什么状态出发继续运动的。

如果渗流场已经达到稳定状态,则初始状态的影响已经不起作用了,因此不需要初始条件。

11.4.2 边界条件

每一个流动过程都是在限定的空间流场内发生,沿这些流场边界起支配作用的条件,称为边界条件(boundary condition)。

边界条件有下面3类:

1. 第一类边界条件

第一类边界条件是在边界上给定水头的分布函数,也称为水头边界条件。其数学表达式为:

$$h\Big|_{\Gamma_1} = f(x,y,z,t) \tag{11-19}$$

例如,稳定渗流场中,淹没水中的渗流边界为等水头面,即 $h=$常数;土坝下游坡面的自由渗出段和自由面边界,其水头应与位置高度相等,即 $h=z$;均属已知水头的第一类边界条件。

2. 第二类边界条件

第二类边界条件为在边界上流量或水头的法向导数已知,也称为流量边界

条件。其数学表达式为

$$\left.\frac{\partial h}{\partial n}\right|_{\Gamma_2} = -\frac{v_n}{k} = f(x,y,z,t) \tag{11-20}$$

最常用的第二类边界条件是隔水条件，也就是边界上没有流量，则

$$\left.\frac{\partial h}{\partial n}\right|_{\Gamma_2} = 0 \tag{11-21}$$

3. 第三类边界条件

第三类边界条件为混合边界条件，是指含水层边界的内外水头差和交换的流量之间保持一定的线性关系，即在边界上有

$$h + \alpha\frac{\partial h}{\partial n} = \beta \tag{11-22}$$

式中，α 和 β 都是已知函数。

有时研究大区域地下水流动，含水层边界溢出水量受水位变化影响时，会碰到此类边界条件。河床面淤堵、井壁淤堵以及含水层中存在弱透水薄层的越流边界等也会碰到此类边界条件。

11.4.3　渗流计算方法

渗流计算的方法很多，可以归纳为两大类，即理论分析法和试验分析法，如图 11-5 所示。

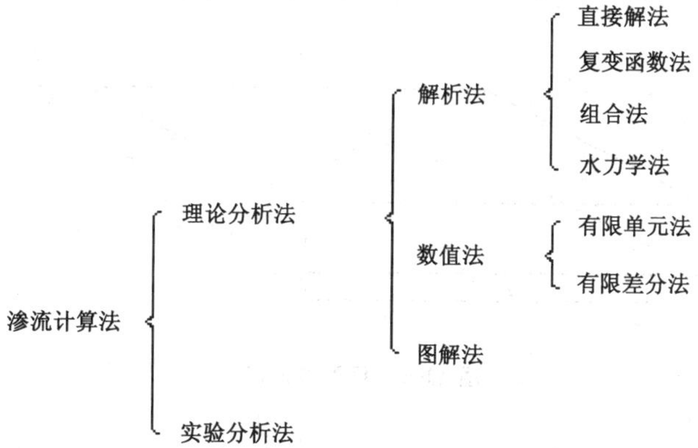

图 11-5　渗流计算方法

1. 解析法

根据渗流的基本定律，应用渗流运动的微分方程组，结合具体的边界条件和初始条件，求解渗流的速度场和压强场。解析法可以求出渗流的解析解，但求解过程非常复杂，而且能够解出的问题极少。一般需要将实际问题进行简化，如三

维渗流流动简化为平面问题或轴对称问题来求解。

2. 数值法

数值方法又分为有限单元法和差分法 2 种。有限单元法是将实际的渗流场离散为有限个以节点互相联系的单元体,并首先求得单元体节点处的水头,同时假定在每个单元体内的渗透水头成线性变化,因而可求得渗流场中任一点处的水头和其他渗流要素;差分法是将渗流基本方程转变为差分方程,并采用逐步逼近的计算方法来求得渗流场中各个节点处的水头。目前,利用数值法已经可以得到相当高的精度。

3. 实验法

目前常采用的实验方法有:砂槽(土槽)模型法、黏滞流模型法(也称缝隙水槽法)、水力网模型法和水力积分仪法、电拟试验法和电阻网模型法等。

11.4.4 两个简单的渗流解

本节对两个简单的渗流流动进行求解:一个是平面单向流,另一个是平面径向流,并导出其压强分布公式和流量公式。

1. 平面单向流

如图 11-6 所示,假设地层是均质而且是水平的,渗透系数为 k;地层的一端是供给边界,供给压头为 h_e;另外一端为排液边界,其压头为 h_B;地层尺寸如图所示。同时,假设液体沿 x 方向流动,与 z 轴垂直的任何平面内的流动情况相同。

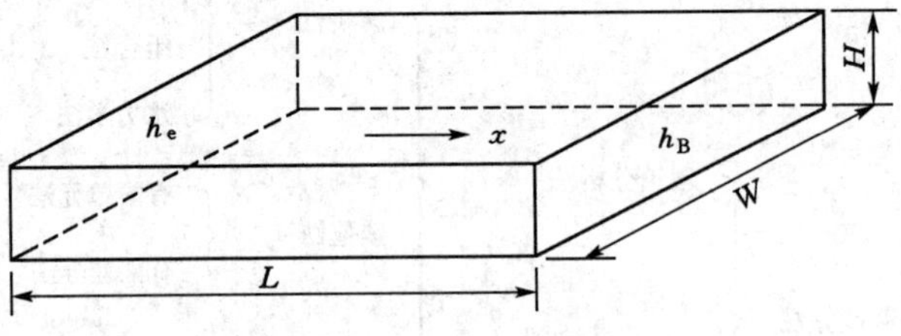

图 11-6 平面单向流

由上述假设可知,液体只沿 x 方向流动,则方程(11-17)可简化为一维形式

$$\frac{d^2 h}{dx^2} = 0 \tag{11-23}$$

模型的边界条件为

$$x=0, h=h_e \quad (\text{在供给边界})$$

$$x=L, h=h_B \quad (\text{在排流边界})$$

将式(11-23)积分,得

$$h = C_1 x + C_2 \tag{11-24}$$

代入边界条件，可求得积分常数为

$$C_1 = -\frac{h_e - h_B}{L}$$

$$C_2 = h_e$$

于是，地层内任意点的压头分布为

$$h = h_e - \frac{h_e - h_B}{L}x \tag{11-25}$$

式(11-25)表明，平面单向稳定渗流情况下，地层内的压头分布是线性的。

由达西定律(11-9)，可得到流量的表达式为

$$q = Av = -WHk\frac{dh}{dx} \tag{11-26}$$

式中，A 为渗流面积，且 $A=WH$。

将式(11-25)代入式(11-26)，可得平面单向稳定渗流的流量公式为

$$q = WHk\frac{h_e - h_B}{L} \tag{11-27}$$

2. 平面径向流

平面径向流的模型如图 11-7 所示。地层为水平圆盘形、均质等厚，渗透系数为 k；圆形边界是供给边界，供给水头为 h_e。在圆心处有半径为 r_w 的井，井底压头为 h_w。同时，假设与井轴垂直的任何平面内的流动情况相同。

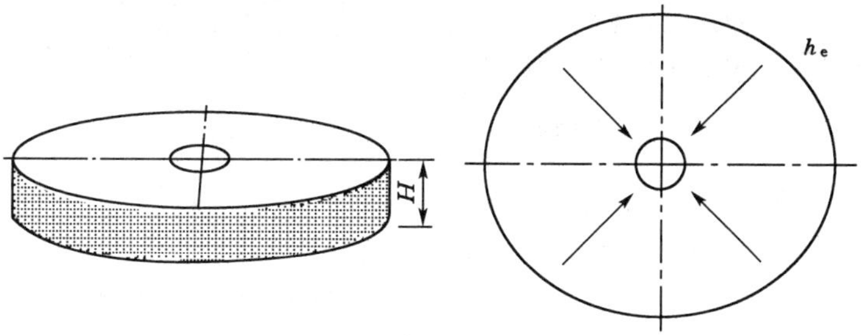

图 11-7　平面径向流

平面径向流为二维流动，因此式(11-17)可简化为

$$\frac{\partial^2 h}{\partial x^2} + \frac{\partial^2 h}{\partial y^2} = 0 \tag{11-28}$$

化成极坐标形式为

$$\frac{d^2 h}{dr^2} + \frac{1}{r}\frac{dh}{dr} = 0 \tag{11-29}$$

模型的边界条件为

$$r = r_e, h = h_e \quad （在供给边界）$$

$$r = r_w, h = h_w \quad （在排流边界）$$

将式(11-29)积分，得

$$h = C_1 \ln r + C_2 \tag{11-30}$$

根据边界条件，可确定上式中的积分常数。平面径向流的压头分布为

$$h = h_e - \frac{h_e - h_w}{\ln(r_e/r_w)} \ln \frac{r_e}{r} \tag{11-31}$$

式(11-31)表明，平面径向流的压头分布是按对数规律降低的。

由达西定律可得极坐标形式下平面径向流的流量公式为，即

$$q = 2\pi r H k \frac{\mathrm{d}h}{\mathrm{d}r} = 2\pi r H k \frac{h_e - h_w}{\ln(r_e/r_w)} \tag{11-32}$$

式(11-32)在工程实践中有广泛的应用。

11.4.5 渗流对建筑物安全性的影响

在渗水层地基上，在不透水材料建筑的水工建筑物的底面上，处处受到地下水产生的向上压强的作用，由此形成一个向上的合力，称为扬压力。扬压力的作用显然将极大地影响建筑物的稳定性和安全性。

图 11-8 为渗水层地基上的水坝，水坝上、下游的水头分别为 h_1 和 h_2，地下水将在坝底形成一个向上的压强分布，近似认为如图所示的线性分布，则单位宽度坝体受到的扬压力为

$$p_z = \frac{1}{2} \rho g (h_1 + h_2) \tag{11-33}$$

地下水渗流除了在建筑物底面产生扬压力影响建筑物的稳定性以外，还可能引起渗水层地基变形，影响建筑物的安全，其中最典型的是管涌和流土。

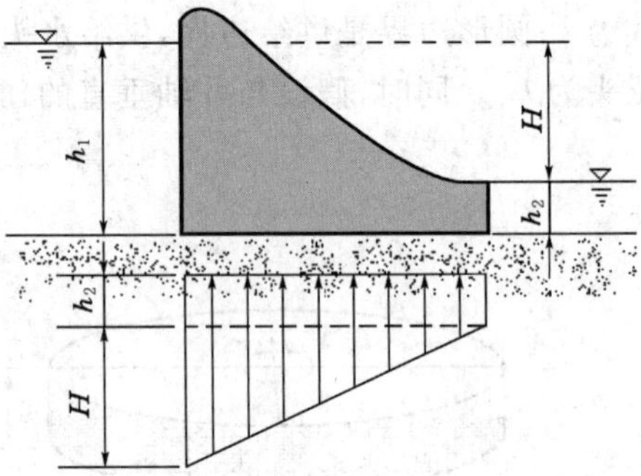

图 11-8 作用在水坝上的扬压力

在非黏性土壤中，当渗流速度达到一定值时，渗流水将把部分细小颗粒冲刷带走，使土壤孔隙变大，从而使得渗流水速增大。这样反复作用的结果，将在地基中产生过流通道，严重影响建筑物的安全，这种现象称为管涌。如图 11-9 所示，管涌发生时，上游水面出现翻花，并随着上游水位不断升高，且持续时间延长，致使险情不断恶化。大量涌水翻砂将使堤防、水闸地基土壤骨架破坏、孔道扩大、基土被掏空，引起建筑物塌陷，造成决堤、垮坝、倒闸等事故。

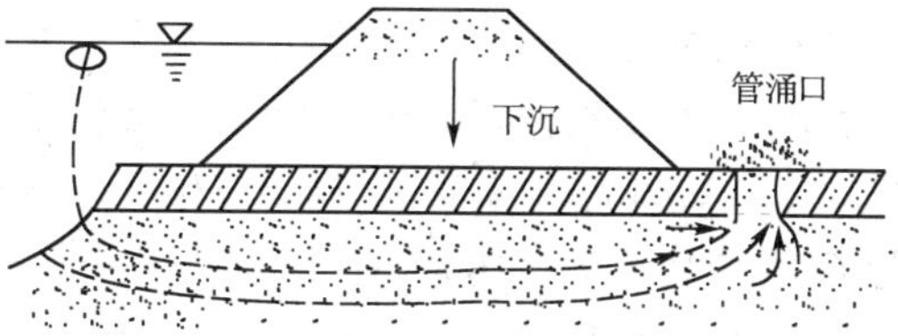

图 11-9　管涌

在黏性地基中，由于土壤结构较致密，土壤颗粒一般不会被渗流冲刷带走。但是，当地下水压强过大时，有可能在局部区域形成向上的压力而使地基上抬，这种现象称为流土，如图 11-10 所示。

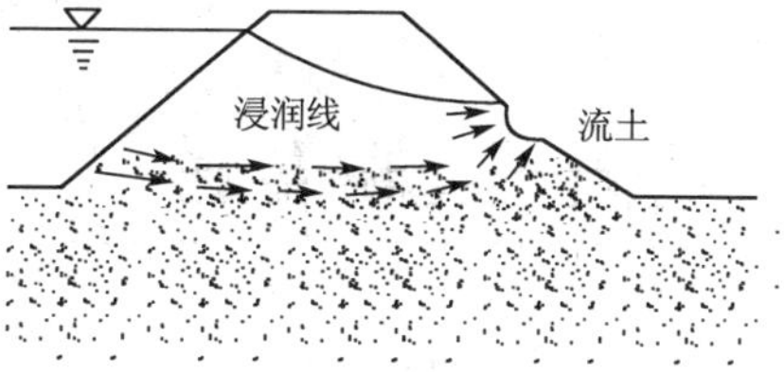

图 11-10　流土

管涌和流土现象都是安全隐患，在设计水工建筑物时应该采取适当的预防措施，避免事故的发生。

习　题　11

11-1　什么是渗流流动？

11-2　若将半径相同的球体进行正立方体排列（即最松排列），试求其孔隙度和孔隙比。

11-3　若将半径相向的球体进行斜立方体排列（即最紧排列），试求其孔隙度和孔隙比。

11-4　什么叫做渗透系数？渗透系数与哪些因素有关？

11-5　达西定律说明了渗流流动过程的什么关系？

11-6　解决渗流流动的一般思路是什么？

11-7　平面单向流和平面径向流的压头分布公式，说明其压头降低的特点。

11-8　由平面径向流的流量公式，说明提高油井产量有哪些途径？

11-9　土壤达西实验装置（图 11-2）中，已知装有土壤样品的圆筒直径 $D=$

20 cm，在土壤中选两个相隔 42 cm 的截面，并用测压管测出两截面间的水头差为 21 cm。如果测得渗流流量为 $1.67\times10^{-6}\ m^3/s$，求该土壤样品的渗透系数 k。

11-10　设温度为 10 ℃的水通过 Darcy 实验装置流动，装置中渗流截面 $A=200\ cm^2$，渗流高度 $L=120$ cm，两端水位差 $H_1-H_2=120$ cm。渗透系数 $k=20$ m/d，试确定流量 Q 和砂柱中渗流速度 v。

11-11　如图所示两水库 A、B 间为一座山，经地质勘探查明有一透水层，其厚度 $a=4$ m，宽度 $b=500$ m，长度 $L=2\ 000$ m。前段为细沙渗透系数 $k_1=0.001$ cm/s，后段为中砂渗透系数 $k_2=0.01$ cm/s。A、B 水库的水位分别为 130 m和 100 m。试求由 A 水库向 B 水库渗透的流量 Q。

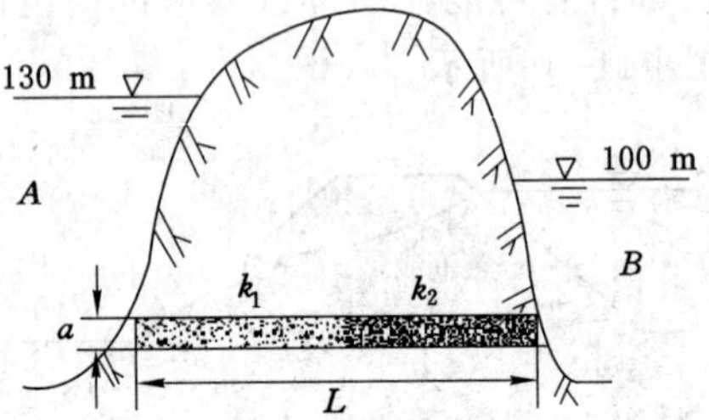

题 11-11 图

11-12　在重力水压驱动方式下，某井供给边界半径为 250 m，井半径为10 cm，供给边界上压力为 9 MPa，井底流压为 6 MPa。地层渗透系数为 5.4×10^{-7} m/s，油层厚度为 10 m，原油密度 850 kg/m^3。求：(1) 井的压力分布曲线；(2) 该井的日产量。

11-13　圆形均质等厚地层中的单相液体稳定渗流，中心一口井的半径 0.1 m，供给半径 10 000 m，试计算从供给边缘到距井 1 000 m、100 m、10 m、1 m 处的压力损耗百分数。(20%、40%、60%、80%)

11-14　在水压 h_e 驱动下单相均质液体向井作平面径向流，地层模型如图所示，渗透率分区发生突变，求产量公式和压力分布曲线的表达式。

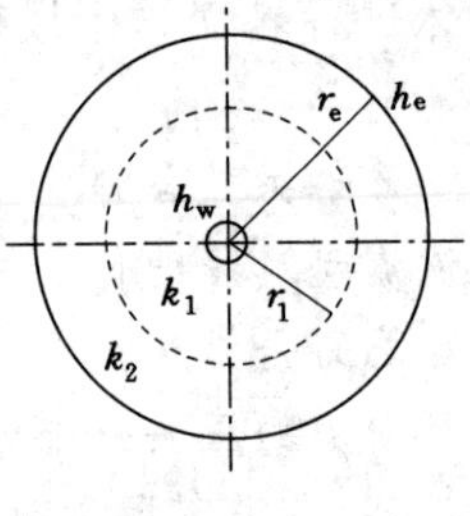

题 11-14 图

参考文献

[1] 罗惕乾.流体力学[M].北京:机械工业出版社,1999.

[2] 张也影.流体力学[M].北京:高等教育出版社,1999.

[3] 孔珑.工程流体力学[M].北京:水利电力出版社,1995.

[4] 周光垌,等.流体力学[M].北京:高等教育出版社,2000.

[5] 吴林高,等.渗流力学[M].上海:上海科技文献出版社,1996.

[6] 顾慰慈.渗流计算原理及应用[M].北京:中国建材工业出版社,2000.

[7] 毛昶熙.渗流计算分析与控制[M].北京:水利电力出版社,1990.

[8] Douglas J F. Fluid mechanics[M]. 3rd edition, Longman Group limited, 1995.

[9] 翟云芳.渗流力学[M].北京:石油工业出版社,1999.

[10] 张也影,王秉哲.流体力学题解[M].北京:北京理工大学出版社,1996.

[11] 夏泰淳.工程流体力学习题解析[M].上海:上海交通大学出版社,2006.

[12] 郭楚文.流体静力学压力体确定原则探讨[J].煤炭高等教育,徐州:1997.04.

[13] 邹正龙.流体力学学习辅导与习题解答[M].徐州:中国矿业大学出版社,2007.

[14] 严敬.工程流体力学[M].重庆:重庆大学出版社,2007.

[15] 黄卫星,陈文梅.工程流体力学[M].北京:化学工业出版社,2001.